21 世纪高等职业教育计算机技术规划教材

图形图像处理技术

沈凤池　主　编
张枝军　副主编

人 民 邮 电 出 版 社
北　京

图书在版编目（CIP）数据

图形图像处理技术 / 沈凤池主编．—北京：人民邮电出版社，2006.7（2010.11 重印）
21 世纪高等职业教育计算机技术规划教材
ISBN 978-7-115-14579-6

Ⅰ．图… Ⅱ．沈… Ⅲ．图形软件，Photoshop—高等学校：技术学校—教材 Ⅳ．TP391.41

中国版本图书馆 CIP 数据核字（2006）第 021543 号

内 容 提 要

本书主要介绍图像处理软件 Photoshop 与图形处理软件 CorelDRAW 的基本操作与灵活应用。全书分基础篇、提高篇、实训篇三大部分内容，共 11 章，力求达到使读者由入门到提高，再到能灵活应用图形图像处理软件进行数字艺术设计的教学目的。本书在内容安排上力求体现“以职业活动为导向，以职业技能为核心”的指导思想，使技术性、应用性与示范性贯穿全书，让读者在完成实际案例的过程中学习数字平面设计的知识与技能，充分体现高职高专教育的特色。为了巩固所学知识与掌握操作技能，本书还提供了操作案例与思考练习题。

本书是高职高专计算机应用技术专业学生的教学用书，也可以作为信息类专业、艺术设计专业及其他相关专业教学用书，以及作为有志于从事数字艺术设计的初学者用书。

21 世纪高等职业教育计算机技术规划教材

图形图像处理技术

◆ 主　　编　沈凤池
◆ 副 主 编　张枝军
　责任编辑　潘春燕
◆ 人民邮电出版社出版发行　　北京市崇文区夕照寺街 14 号
　邮编　100061　　电子函件　315@ptpress.com.cn
　网址　http://www.ptpress.com.cn
　北京鑫正大印刷有限公司印刷
◆ 开本：787×1092　1/16
　印张：20.5　　　　2006 年 7 月第 1 版
　字数：488 千字　　2010 年 11 月北京第 6 次印刷

ISBN 978-7-115-14579-6/TP

定价：27.00 元

读者服务热线：(010)67170985　印装质量热线：(010)67129223

反盗版热线：(010) 67171154

丛书编委会

丛书前言

随着我国经济的发展，近五年来高等职业教育超常规地迅猛发展，高职教育已成为我国高等教育的半壁江山。虽然高职教育的定位已明确，但是由于时间短，许多课题都在探索之中，教材已是高职教学中的一个突出问题，许多院校仍还选用本科或大专的教材，匆匆编写的教材或多或少还是遵循学科的体系，往往是本科教材的压缩，真正能体现高职教育特点的教材不多。据此，我会于2002年根据高职的定位，组织制定了14个专业的教学计划；于2003年又组织制定了8个专业95门主干课的教学大纲；于2004年再组织编写“财务会计”、“市场营销”、“旅游管理”、“电子商务”、“计算机应用”和“粮食工程”6个专业56门主干课的教材；2005年再组织编写第二批教材。我们要求教材充分体现高职教学的特点。以职业岗位知识、能力来决定课程内容，着重理论的应用，不强调理论的系统性、完整性。突出细化关键职业能力和课程实训。同时，教材要注意中职与高职的差别与衔接，以及高等教学与中等教学的差别。在遴选主、参编人员时，除了从教时间和职称要求外，特别强调“双师型”的职业能力。

经过一年来的努力，6个专业56门主干课程的教材相继出版，我们殷切希望各院校在使用过程中不断提出宝贵意见，以使这批教材日臻完善，进一步适应高等职业教育人才培养的需要。

中国商业高等职业教育研究会

2005年6月

前　言

本书是在全国商业高等职业教育研究会精心组织与安排下，统一编写的信息技术类专业系列教材之一，旨在为高职高专院校信息技术类及相关专业的学生提供简明易懂、便于实训的专业用书。因此，本书在内容上力求体现“以职业活动为导向，以职业技能为核心”的指导思想，突出高职高专的教育特色。本书由浅入深地介绍了图像处理软件 Photoshop 与图形处理软件 CorelDRAW，由入门起步，侧重提高。在讲授方法上对图形图像处理知识与技能进行整合，使之涵盖初学者学习图形图像处理技术所必须具备的基本理论知识和实际操作技能。

本书由基础篇、提高篇和实训篇三个层面共 11 章组成。第 1 章到第 3 章为基础篇。第 1 章介绍图形图像处理的基本知识和概念、矢量图形与点阵图像的特点、图形图像文件的格式和文件之间的转换方法以及图像文件的色彩模式；第 2 章介绍图像处理软件 Photoshop 的基本操作技术和操作方法；第 3 章介绍图形处理软件 CorelDRAW 的基本操作技术和操作方法。第 4 章到第 10 章为提高篇。第 4 章介绍 Photoshop 中图层的基本概念、图层面板的使用、图层的样式、图层蒙版与文字图层等各种使用方法；第 5 章介绍 Photoshop 的颜色模式及其相互转换、图像色彩和色调的调整；第 6 章介绍路径的基本功能以及路径的使用方法；第 7 章介绍运用通道实现图像特效、提高创作技巧与发挥思路的方法；第 8 章介绍各种不同滤镜的特点、参数设置及效果比较；第 9 章介绍历史记录面板、动作面板的功能和使用方法以及自动化处理图像的操作及应用；第 10 章介绍对图形对象编辑与组织的方法和技巧，以求制作出各种图形特效。第 11 章是实训篇，介绍图形图像处理技术的综合应用，以完成复杂图形图像、标志、纹理图案、文字特效、Logo 等的设计与制作。

本书是一本实训型的高职高专教材，参与此书编写的教师大多是具有丰富教学经验的高职高专教师，编写此书的一个指导思想就是让学生一边看书上的实例一边进行实际操作，在完成实例操作的过程中学习各种图形图像处理的方法与技巧；让教师在引导学生完成各种实例操作的过程中将图形图像处理的基本概念与基本知识有机地融合在一起，从而使学生具备灵活运用，积极创新的能力。

本书由沈凤池任主编，张枝军任副主编。沈凤池编写第 1、2 章，梁矗军编写第 3、4 章，马其玲编写第 6、8 章及第 10 章第 1 节与案例，张枝军编写第 7、11 章及第 2 章案例与第 5 章案例 2，王春燕编写第 9 章，李瑞强编写第 5 章、第 10 章第 2 节。由张枝军、沈凤池修订与统稿。本书在编写过程中得到了全国商业高等职业教育研究会领导的大力支持，在此深表感谢。

由于图形图像处理技术的发展非常迅速，计算机平面设计职业技能培训又是一个极具挑战性的领域。大量的新观念、新技术不断出现，使得本书编写有一定的难度。加之作者水平有限，书中难免有诸多不足之处，欢迎读者批评指正。

编　者

目　录

基础篇

提 高 篇

实 训 篇

基 础 篇

第 1 章 数字图形图像的基本知识

教学目标：本章主要介绍图形图像处理方面的基本知识和概念，理解矢量图形与点阵图像的相同点与不同点，了解常用图形图像文件的格式、文件之间的转换方法、图像文件的色彩模式。

教学内容：矢量图与点阵图的区别；图像的像素与分辨率；图像文件的格式；图像的色彩模式。

1.1 图形图像的文件类型

1. 矢量图形

矢量图形也称作向量式图形，它是以数学矢量的方式来记录图像内容的。矢量图形的内容以线条和色块为主，因此，其文件所占用的存储空间比较少。例如绘制一条线段，仅需要记录其两个端点的坐标、线段的粗细以及色彩就可以了。对于矢量图形，可以比较容易地进行放大、缩小、旋转等操作，不容易失真，线条平滑，无锯齿状。由于矢量图形精确度高，因此可以制作 3D 图像。矢量图形明显的缺点是不容易制作出色调丰富或者色彩变化大的图像，无法像照片般地精确描绘自然界的景色，不同软件之间难以交换文件。

制作矢量图形的软件比较多，如 FreeHand、Illustrator、CorelDraw、AutoCAD 等，工程制图、美工图通常用矢量式软件来绘制。在 Photoshop 软件中的“路径”绘图方法是属于矢量式的。

2. 点阵图像

点阵图像也称位图式图像，它是由许多点组成的。组成点阵图像的点称为像素（pixel），许许多多不同颜色的点（像素）组合在一起，便构成了一幅完整的点阵图像。在日常生活中，点阵图是常见的，如照片是由银粒子组成的，屏幕是由光点组成的，印刷品是由网点组成的。点阵图能够制作出颜色与色调变化丰富的图像，可以逼真地再现大自然的景色，能够在不同的软件之间交换文件。由于点阵图像要记录每一个像素的位置与色彩数据，因此文件的大小就要看图像的像素多少了。图像的分辨率越高，文件就越大，处理速度也就越慢，但也就可以更逼真地表现自然界的图像，达到照片般的品质。点阵图像的缺点是在缩放和旋转时会产生失真，无法制作真正的3D 图像，文件较大。

制作点阵图像的软件也比较多，如 Adobe Photoshop、Corel Photopaint、Design Paiter、Ulead PhotoImpact 等。

1.2 图像的像素和分辨率

1．像素

像素（Pixel）是由 Picture 和 Element 两个英语单词组成的，是图像最基本的单位。比如数码影像，我们若把它放大若干倍，会发现影像中的连续色调其实是由许多色彩相近的小方点所组成，这些小方点就是构成影像的最小单位：像素。因此，用通俗的话来说，像素就是能单独显示颜色的最小单位或点，也称作像素点或像点。

单一像素的长宽比例不见得是正方形（1∶1），依照不同的系统有“1.45∶1”或“0.97∶1”等，每一个像素都有一个对应的色板，如下表所示。

1bit=2 色	7bit=128 色
4bit=16 色	8bit=256 色
5bit=32 色	16bit=32768 色
6bit=64 色	24bit=16777216 色

也就是说，越高位的像素，其拥有的色板也就越丰富，越能表达颜色的真实感。

2．分辨率

分辨率是指单位长度内所含像素的多少，也就是点的多少。例如，说某幅图像的分辨率是 600，也就是说该幅图像每单位长度内含有 600 个像素，或者 600 个点。但是要注意，不能一提及分辨率，就把它理解成只是图像的分辨率。分辨率大致可以有以下几种类型。

（1）图像分辨率。图像分辨率是指每单位图像内含有的像素或者点数，其单位是点数/英寸，英文缩写记为 dpi。也可以用厘米（cm）为单位计算分辨率。不同单位所计算出的分辨率是不相同的，用厘米计算出的数值显然比前者要小得多。如果没有特殊标明，通常人们用点数/英寸为单位来表示图像分辨率的大小。

图像分辨率的大小直接影响着图像的品质，图像的清晰度随着分辨率的提高而加大，同时，图像文件的容量也就增加。在实际工作中，应当根据实际需要选择适当的图像分辨率，因为图像分辨率的不同，计算机处理图像时所需要的时间或者打印图像所需要的耗材会相差很大。比如打算上传到因特网的图像，应该充分考虑浏览者打开网页所需要的时间和耐心。

（2）屏幕分辨率。屏幕分辨率也叫屏幕频率，主要是由屏幕本身和它所使用的软件来决定。例如，VGA 显示卡的分辨率是 640×480，也就是说其宽为 640 个像素，高为 480 个像素，直接说明了屏幕的尺寸。

（3）设备分辨率。设备分辨率是指每单位输出长度所代表的像素或者点数。设备分辨率不能像图像分辨率那样进行修改，比如数码相机、扫描仪、计算机显示器等设备，都有一个固定的分辨率。

（4）输出分辨率。输出分辨率是指打印机等输出设备输出的图像每单位所产生的点数，输出分辨率越高，图像品质越好。

（5）位分辨率。位分辨率表示图像的每个像素中能够存放多少种颜色，用来衡量每个像素存储的信息位元数。比如一个 24 位的 RGB 图像，表示 R、G、B 各原色均使用了 8 位，因此三者之和为 24 位。

1.3 图像的色彩模式

色彩模式是将一种颜色转换成数字数据的方法，从而使颜色能在各种媒体中得到连续的描述，确保跨平台使用。常见的色彩模式有 RGB、CMYK、LAB、索引色、HSB 等。

1．RGB 色彩模式

RGB 是常用的一种加光色彩模式。自然界中万紫千红的色彩都是由红（Red）、绿（Green）、蓝（Blue）3 种基色光叠加产生。计算机显示器上的颜色系统便是基于此种模式。让 3 种基色中每一种都可取 0～255 的值，通过对不同的红、绿、蓝三种基色值进行组合，来改变像素的颜色。比如当三基色值都是 255 时，就是白色；当三基色值都是 0 时，便是黑色，如此等等。RGB 模式的色彩表现力很强，三种基色混合起来可以产生 1670 万种颜色，也就是常说的真彩。由此所产生的很多颜色只能用于屏幕显示，根本无法印刷出来。

RGB 模式是 Photoshop 中最常见的一种颜色模式，不管是扫描仪输入的图像，还是绘制的图像，几乎都是以 RGB 的模式储存。在 RGB 模式下处理图像比较方便，存储空间较小，并且能够使用 Photoshop 中所有的命令和滤镜。

2．CMYK 色彩模式

CMYK 色彩模式是一种印刷的颜色模式，它由分色印刷的 4 种颜色青、洋红、黄、黑色组成，分别用英文字母 C、M、Y、K 代表。它与 RGB 的区别，在于所采用的产生色彩方式不同。RGB 模式产生色彩采用的是加色法，而 CMYK 模式采用的是减色法，因此该模式又称为减色模式。 青色与红色、洋红与绿色、黄色与蓝色为互补色。如果将 R、G、B 的值都设置为 255，然后将 R 设置为 0，通过从基色光中减去红色的值就得到青色。同样，从基色光中减去绿色的值就得到洋红色，从基色光中减去蓝色的值就得到黄色。在 CMYK 色彩模式下，每一种颜色都是以 4 色的百分比来表示，原色的混合将产生更暗的颜色。在处理图像时，通常不采用 CMYK 模式，因为这种模式的文件大，所占用的存储空间较大。在这种模式下，有很多滤镜不能用，所以在 Photoshop 设计印刷品时才使用 CMYK 色彩模式。

3．LAB 色彩模式

LAB 是一种较为陌生的色彩模式，它以两个颜色分量 A、B 以及一个亮度分量 L 来表示。其中，A 代表由绿到红的光谱变化，范围在−120～120 之间；B 代表由蓝到黄的光谱变化，范围在−120～120 之间；L 代表亮度，范围在 0～100 之间。LAB 色彩模式就是基于 A、B，再结合亮度的变化来模拟各种各样的颜色。通常情况下人们很少使用 LAB 模式，但使用 Photoshop 进行图像处理时，实际上已经使用了这种模式，因为 LAB 模式是 Photoshop 内部的色彩模式。比如在人们要将 RGB 模式图像转换成 CMYK 模式图像时，Photoshop 首先将 RGB 模式转换成 LAB 模式，然后再由 LAB 转换成 CMYK 模式。LAB 模式是目前包含色彩最广泛的一种模式，它能毫无偏差地在不同系统和平台之间进行转换。

4．索引色色彩模式

索引色色彩模式（Indexed Color）在制作多媒体或者网页时十分有用，因为这种模式的图像要比 RGB 模式的图像小得多，通常只是 RGB 模式的三分之一，因此可以大大减少文件的存储空间。在索引色模式下，不能改变颜色的亮度。如果图像文件中的颜色亮度与索引色模式中的颜色亮度不符合，则它会自动将图像的色彩以相近的色彩取代，使图像文件只显现 256 色。这样，在索引色模式下对于连续的色调处理，就无法达到 RGB 或者 CMYK 那么平顺的效果，因此多用于网络或动画中。

当图像转化为索引模式后，通常会构件一个调色板来存放索引图像的颜色，如果原图像中的一种颜色没有出现在调色板中，程序会自动地选取已有颜色中最接近的颜色来模拟该颜色。

5．HSB 色彩模式

HSB 模式是一种基于人的直觉的色彩模式，利用此模式可以轻松自然地选择各种不同明亮度的颜色，许多用传统技术工作的画家或者设计者习惯使用此种模式，它为将自然颜色转换成计算机创建的色彩提供了一种直觉的方法。

基于人对颜色的感觉，将颜色看作是由色相（H）、饱和度（S）、明亮度（B）组成的。这里的色相是指物体反射或者透射的光的波长，也就是通常说的红色、蓝色等，范围是 0～359。饱和度是颜色成分所占的比例，范围是 0%～100%，当饱和度为 0 时，色彩即为灰色（白、黑与其他灰度色彩没有饱和度），当饱和度为 100%时，色彩变得最为鲜艳。明亮度是指颜色的明亮程度，范围也是 0%～100%。最大明亮度是色彩最鲜明的状态。

除了以上几种色彩模式外，还有位图模式、多通道模式、双色模式等，因为在一般情况下较少用到，就不再作介绍。

1.4　图形图像的文件格式及其转换

1.4.1　图形图像的文件格式

1．PSD（*.PSD）

PSD（Adobe Photoshop Document）是 Photoshop 中使用的一种标准图形文件格式，是使用 Photoshop 软件所生成的图像格式。这种格式支持 Photoshop 中所有的图层、通道、参考线、注释和颜色模式，还能够自定义颜色数并加以存储。虽然 PSD 在保存时已经将文件压缩以减少磁盘存储空间，但由于 PSD 格式所包含的图像数据信息较多，如图层、通道、剪辑路径、参考线等，因此，真正的文件大小要比其格式的图像文件大得多。不过 PSD 文件能够将不同的物件以层（Layer）的方式进行分离保存，便于修改和制作各种特殊效果。

需要注意的是，如果要把 PSD 格式图像文件保存为其他格式的图像文件，那么在保存时会合并图层，并且保存后的图像将不再具有任何图层。另外，目前只有很少几种图像处理软件能够读取这种格式。

2．BMP（*.BMP；*.RLE）

BMP（Bitmap）是 Windows 中的标准图像文件格式。它以独立于设备的方法描述位图，可用非压缩格式存储图像数据，其解码速度快，支持多种图像的存储，常见的各种图形图像软件都能对其进行处理。BMP 格式支持 RGB、索引色、位图等色彩模式。

3．TIFF（*.TIF）

TIFF（Tag Image File Format）是由 Aldus 公司开发的一种图形文件格式。目前，大多数扫描仪和基于 Windows 的图形图像处理软件都支持该格式。TIFF 支持的色彩数最高可达 16M，存储的图像质量高，细微层次的信息多，有利于原稿阶调与色彩的复制，但占用的存储空间非常大。TIFF 格式文件通常用来存储那些色彩绚丽、构思奇妙的贴图文件，它将 3DSMAX、Macintosh、Photoshop 有机地结合在一起，有压缩和非压缩两种形式。

4．JPEG（*.jPE；*.JPG）

JPEG（Joint Photographic Expert Group）是一种高效率的压缩文件格式，其压缩率是目前各种图像文件格式中最高的。它用有损压缩的方式去除图像的冗余数据，存在着一定的失真。由于高效的压缩效率和标准化要求，目前已广泛用于彩色传真、静止图像、电话会议、印刷及新闻图片的传送。由于各种浏览器都支持 JPEG 图像格式，因此它也被广泛用于图像预览和制作 HTML 网页。

5．GIF（*.GIF）

GIF（Graphics Interchange Format）是在各种平台的各种图形处理软件上均能够处理的、经过压缩的一种图形文件格式。该格式存储色彩最高只能达到 256 种，其特点是压缩比高、磁盘空间占用少、下载速度快，可以用来存储简单的动画。由于 GIF 图像格式采用了渐显方式，即在图像传输过程中，用户先看到图像的轮廓，然后随着传输过程的继续而逐步看清图像的细节，所以，因特网上的大量图像动画都采用这种格式。

6．PDF（*.PDF）

PDF 格式是 Adobe 公司专为线上出版而制定的格式，它以 PostScript Level2 语言为基础，可以覆盖向量式图形与位图式图像，并且支持超链接。它可以包含图形与文本，是网络下载经常使用的图形文件格式。Adobe PDF 文件紧凑，易于交换。无论创建它时使用的是何种应用程序或平台，文件的外观同原始文档无异，保留着原始文件的字体、图像、图形和布局。由 Adobe 公司研发的这种便携文档格式 PDF，已成为全世界各种标准组织用来进行更加安全可靠的电子文档分发和交换的出版规范。

7．PNG（*.PNG）

PNG（Portable Network Graphics）是 Macromedia 公司的 Fireworks 软件的默认文件格式。PNG 是目前保证最不失真的格式。它汲取了 GIF 与 GPEG 两者的优点，存储形式多种多样，兼有 GIF 与 GPEG 的色彩模式，其图像质量远胜过 GIF。与 GIF 一样，PNG 也使用无损压缩方式来减少文件的大小。PNG 图像可以是灰阶的（16 位）或彩色的（48 位），也可以是 8 位的索引色。不过，PNG 图像格式不支持动画。

8．SWF（*.SWF）

SWF（Shockwave Format）是 Macromedia 公司的 Flash 软件制作的一种动画图像格式，它的特点是用较小的文件来表现丰富的多媒体形式，以高清晰度的画面质量与小巧的体积赢得了广大网民的青睐。由于其能够做到下载与观看同步，因此十分适宜于网络传输。也由于 SWF 动画是基于矢量技术制作的，因此随意的缩放不会影响图像的质量。SWF 格式已经成为事实上的网络动画标准。

9．其他格式

CDR（CorelDraw）是 CorelDraw 中的一种图形文件格式。它是所有 CorelDraw 应用程序中均能使用的图形图像文件格式。

WMF（Windows Metafile Format）是 Windows 中常见的一种图形文件格式，它具有文件短小、图案造型化的特点，整个图形常由各独立的组成部分拼接而成，图形较显粗糙，只能在 Office 中调用编辑。

PCD（Kodak PhotoCD）是一种 Photo CD 文件格式，由 Kodak 公司开发。该格式主要用于存储只读光盘上的彩色扫描图像，它使用 YCC 色彩模式定义图像中的色彩。Photo CD 图像具有非常高的质量。

DXF（AutoDesk Drawing Exchange Format）是 AutoCAD 中的矢量文件格式，它以 ASCII 码方式存储文件，在表现文件的大小方面十分精确。目前许多基于 Windows 的应用软件都支持该格式。

1.4.2 文件格式转换

1．利用 ACDSee 5.0 进行格式转换

在 ACDSee 中打开保存有图像文件的文件夹，右键单击需要转换的图像文件，选择“转换”命令后，将打开“图像格式转换”对话框。在对话框的“格式”列表中选择需要转换的文件格式，然后单击“选项”按钮。在打开的对话框中单击“在下列文件夹中放置已修改的图像”选项，设置好输出文件夹的位置，单击“确定”按钮即可。值得注意的是，选中多个图像文件，可实现批量转换。

2．图像编辑软件转换法

图像编辑软件（如 Windows 自带的“画图”程序、Photoshop 等）支持且能处理绝大部分格式的图像。所以，利用图像编辑软件打开一幅图像，然后单击“文件”→“另存为”菜单命令，在打开的“保存”对话框中的“保存类型”框中选择另一种格式保存即可。

3．其他常用转换工具

（1）利用 Advanced Batch Converter 转换

运行 Advanced Batch Converter，在主界面中单击“Batch mode”（批量模式）按钮，打开相应的对话框。在对话框右边的图像文件选择框中，选择需要转换的图像文件，单击“Add”（添加）或“Add all”（全部添加）按钮添加图像文件。在“Output format”（输出格式）列表中设置好输出的文件类型，然后单击“Start”（开始）按钮即可。

另外，在“Batch mode”对话框中选中“Use advanced Options”（使用高级选项）项，然后单击“Options”（选项）按钮，即可在打开的对话框中对图像转换后的尺寸大小、像素、DPI 和色彩效果按设置值进行自动修改。

（2）利用 ImageConverter Plus 转换

运行 ImageConverter Plus，在主界面中选择“Files”（文件）选项卡，单击“Add file”（添加文件）或“Add folder”（添加目录）按钮，在打开的对话框中添加需要转换的图像文件。然后逐一选择“script”（转换脚本）项和“Save image PCX format”（将文件保存为 XX 格式）项。在打开的菜单中选择转换的文件格式，选中“Converted images will be saved to”（转换后的文件保存目录）项，在打开的菜单中选择转换后文件的保存目录。设置完毕，单击“GO!”

按钮即可。

本 章 小 结

本章所介绍的内容是图形图像处理的基本概念和知识，是学习和使用图形图像处理软件的基础，也是以后进行图形图像处理工作的前提。较好地掌握本章知识，才能更快、更好地学习图形图像处理的基本技术。

习　　题

1．矢量图与点阵图有何异同？
2．什么是分辨率？分辨率的种类有哪些？
3．分辨率对图形与图像的质量分别有什么影响？
4．什么是像素？它和分辨率有什么关系？
5．常见的图像色彩模式有哪些？
6．RGB 色彩模式的基本原理和功能是什么？
7．RGB 色彩模式与 CMYK 色彩模式有什么区别？
8．图形图像文件的常用格式有哪些？
9．如何实现图像文件之间的转换？
10．常用的图形图像编辑软件有哪些？

第 2 章

图像处理软件 Photoshop 的基本操作

教学目标：本章主要介绍图像处理软件 Photoshop 的基本操作技术和方法。通过讲解，要求掌握软件操作界面的基本知识；了解文件保存、建立等的设置和操作方法；掌握选择工具的基本功能和使用的技巧、手段；掌握图像对象的绘制、编辑、修饰的基本方法与步骤。

教学内容：Photoshop 的操作界面、工具面板、文件操作、辅助设置、选择工具、绘图与填充工具、编辑工具、修饰工具等。

2.1 Photoshop 的操作界面

1．Photoshop 的窗口外观

启动 Photoshop 之后，如果在菜单栏的“文件”菜单的下拉菜单里选择“打开”命令，打开一幅图像，那么 Photoshop 的桌面环境就如图 2.1 所示。它主要包括标题栏、菜单栏、工具选

图 2.1

项栏、工具箱、图像窗口、面板、面板选项和状态栏。

2．标题栏与菜单栏

Photoshop 的标题栏在操作界面的顶部，用来显示应用软件的名称，即 Adobe Photoshop。当编辑的图像文件最大化时，后面还会出现当前编辑的文档名称、缩放比例与色彩模式等信息。

菜单栏在标题栏的下面，共有 9 个主菜单选项，提供了 Photoshop 的主要功能。主菜单的选项有：文件（File）、编辑（Edit）、图像（Image）、图层（Layer）、选择（Select）、滤镜（Filter）、视图（View）、窗口（Windows）和帮助（Help）。当要使用某个具体的菜单命令时，只需将鼠标指针移动到菜单选项名上单击，即可弹出下拉菜单，里面列出了这个菜单中的所有命令，从中选择所要使用的命令即可。Photoshop 的菜单形式，与其他基于 Windows 的应用软件的菜单形式一样，都遵守共同的约定。即如果某菜单命令呈现暗灰色，则表示该菜单命令在当前状态下不能使用；如果某个菜单命令后面有个箭头，则表示该菜单命令有下级子菜单；如果某菜单命令后面有省略号，则表示单击该菜单命令后会出现对话框；如果菜单命令后面有个勾，则说明该菜单命令已经选定。有些菜单命令有快捷键，标示在菜单命令的后面，可以直接使用快捷键来执行该菜单命令，以提高工作效率。

Photoshop 也提供了快捷菜单。在操作界面中的任何地方单击鼠标右键，都可以调出快捷菜单。快捷菜单根据右击的位置不同和编辑状态的不同而有所差异，但都列出了当前状态下最可能要进行的操作命令。

3．工具箱与工具选项栏

在操作窗口界面的左边，有一个工具箱，如图 2.2 所示，存放着用于创建和编辑图像的各种工具。工具箱从上到下分别是："进入 Adobe Online"按钮、"图像编辑工具"、"切换前景与背景色工具"、"切换标准与快速蒙版模式工具"、"切换显示方式工具"和"跳至 Image Ready"按钮。如果单击"进入 Adobe Online"按钮，就可以访问 Adobe 公司站点，单击"跳至 Image Ready"按钮，则可以跳转至 Adobe Image Ready 软件状态。利用图像编辑工具栏内的各种工具，可以进行文字的输入、选择选区、编辑图像、注释与查看图像等操作。

Photoshop 的工具箱可以显示，也可以隐藏，单击"窗口"菜单，在弹出的下拉菜单中取消"工具"命令前面的勾，就可以隐藏工具箱；再次单击"工具"命令，就又可以显示工具箱。如果要移动该工具箱，可以用鼠标单击工具箱顶部的蓝色矩形条，按住鼠标不放进行拖动，就可以移动工具箱到屏幕的任何部位。如果将鼠标指针在工具箱的某一按钮上稍停片刻，该按钮的名称和相应的快捷键就会显示出来。

工具箱中工具右下角的黑色小箭头按钮，表示工具组。工具组内的各工具是可以互相切换的，用鼠标单击（左键或右键）工具组即可调出组内不

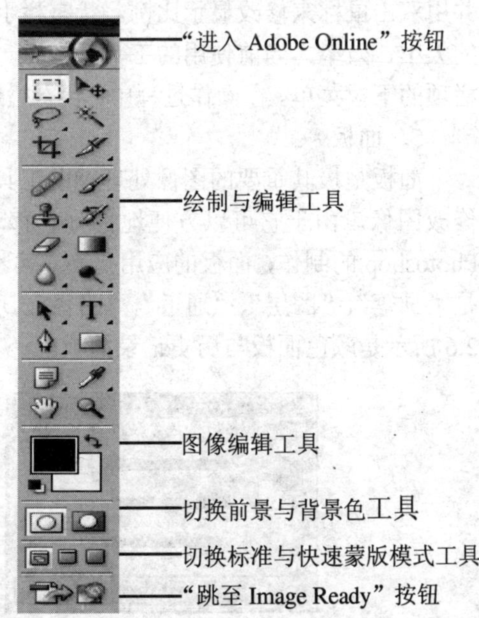

图 2.2

同的工具。单击组内某个按钮，即可完成工具组内的工具切换。图2.3就是框形工具组内的各种选框工具。

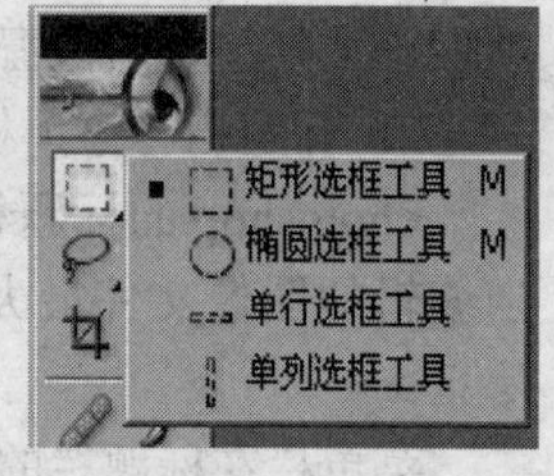

图 2.3

工具选项栏在菜单栏下面，其主要功能是设置各工具的参数。工具选项栏与上下文有关，并且会随所选的工具不同而发生变化。如选中文字工具“T”后，其选项栏如图 2.4 所示。

工具选项栏分为三个部分：头部区在最左边，用鼠标拖动它，可以移动工具选项栏所在的位置；其次是工具按钮，在头部区的右边，通常有向下的箭头可以调出相应菜单；再次是参数设置区，由一些按钮、复选框和下拉列表框等组成。工具选项栏内的一些设置都是通用的，但也有一些设置是专门针对某个工具的。比如，用于铅笔工具的“自动抹掉”设置就是如此。

图 2.4

4．图像窗口和状态栏

图像窗口也叫画布窗口，是用来显示、绘制和编辑图像的窗口。在图像窗口的标题栏上，除了图像的名字，还有缩放比例和色彩模式等信息。当图像窗口最大化时，这些信息会与主窗口的标题栏合并。在 Photoshop 中可以同时打开多个图像文档进行编辑，但任何时刻只能在一个窗口内进行操作。单击某个图像窗口的内部或者标题栏，即可选择该图像窗口，使其成为可以操作的当前窗口。多个图像窗口可以通过“窗口”菜单下“文档”子菜单中的各个命令进行调节，或“拼贴”或“层叠”。对于已经最小化的图像窗口，可以通过“排列图标”命令使其重新排列。

状态栏位于窗口的最底部，主要用于显示图像处理的各种信息。状态栏最左边是图像显示比例的文本框，该文本框显示的是当前图像窗口内图像的显示百分比，可以通过选中该框并用双击鼠标来修改显示比例。状态栏上还显示当前图像窗口内图像文件的大小，虚拟内存的大小、效率，当前使用的工具等信息。状态栏上有个下拉菜单按钮，单击它可以调出状态栏项的下拉菜单。在操作过程中，状态栏还可以显示当前选中工具的操作方法或者工作状态。

5．面板

面板是极其重要的图像处理辅助工具，它是 Photoshop 特有的界面形式，可用于监视与修改图像。由于它可以方便地拆分、移动和组合，所以也可以把它叫做浮动面板。要完成 Photoshop 的制作，面板的应用是必不可少的。Photoshop 提供了 15 个面板，其中，最重要的是“画笔”、“图层”、“通道”、“路径”，所有面板都可以在“窗口”菜单中找到。图 2.5 与图 2.6 所示是颜色面板与历史记录面板。

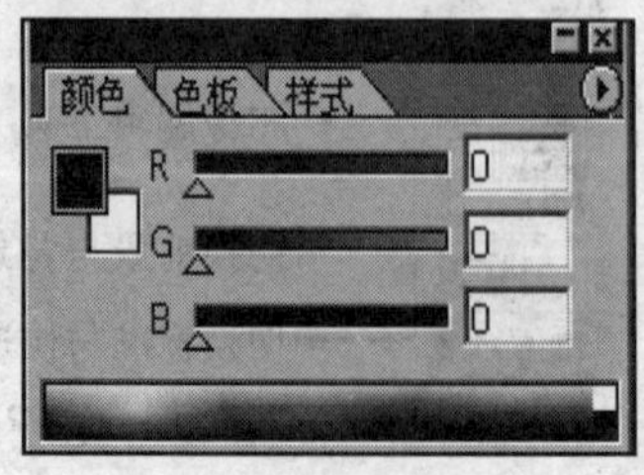

图 2.5

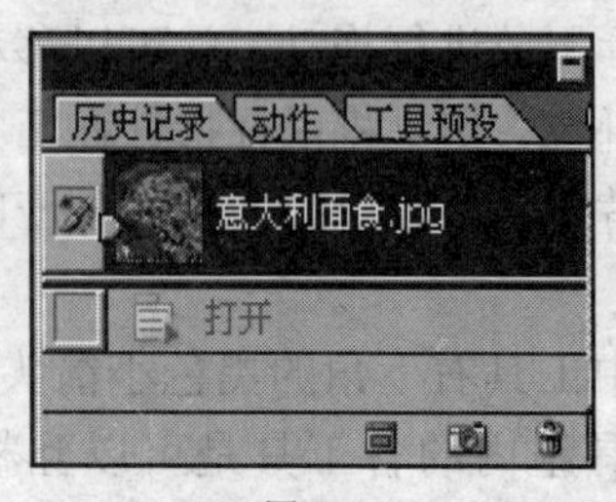

图 2.6

在默认情况下，面板均以面板组的方式堆叠在面板组中，要使用某一个面板，用鼠标单击该选项卡，或者从“窗口”菜单中选择该面板的名称，它就会显示在其所在组的最前面。面板的右上角均有一个黑色箭头按钮，单击该按钮可以调出面板菜单，利用它可以扩充面板的功能。双击某面板的标题栏，可以将该面板收缩；再次双出标题栏，则又可以将该面板展开。

如果用鼠标选中某个面板组中的面板标签并拖动，就可以将该面板移出面板组；用鼠标拖动面板标签到其他面板组中，就可以合并面板。面板的位置移动与窗口大小的调整，与 Windows 中的窗口操作相同。如果要将各面板恢复到系统默认的状态，可单击“窗口”菜单下“工作区”子菜单中的“复位面板位置”命令即可。

Photoshop 可以将当前的工作状态保存起来，以便下一次打开 Photoshop 时能立即使用自己熟悉的工作环境。其操作过程是单击“窗口”菜单下“工作区”子菜单中的“储存工作区”命令，调出“储存工作区”对话框，如图 2.7 所示。在对话框中输入欲储存工作区的名称，单击“保存”按钮，就可以将当前工作状态保存起来。对于已经储存的工作区可以删除，在多个工作区之间也可以方便地进行切换，其操作都是通过“窗口”菜单下“工作区”子菜单中所包含的命令与选项来完成。

图 2.7

2.2　文件的创建、保存和打开

2.2.1　显示器色彩的校正

同一个图像在不同的显示器中所显示的色彩是不尽相同的。为了保证图像在不同显示器中显示的色彩尽量相同，有必要在使用 Photoshop 前进行显示器的色彩校正。显示器色彩校正的步骤如下。

（1）双击 Windows 控制面板中的“Adobe Gamma”图标，调出“Adobe Gamma”对话框。如图 2.8 所示。

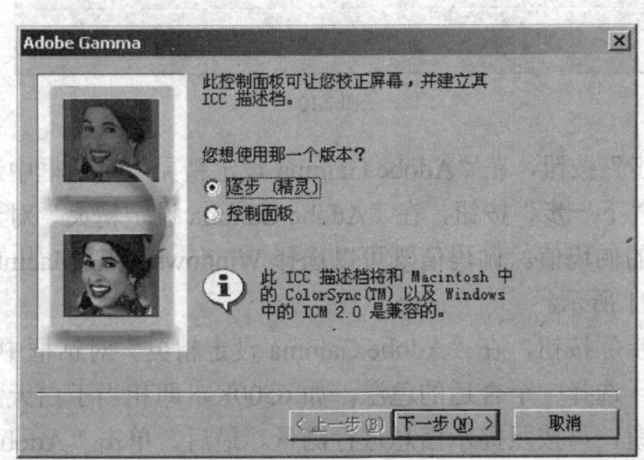

图 2.8

（2）单击“逐步（精灵）”单选按钮，也就是选择逐步完成的方式。单击“下一步”按钮，调出“Adobe Gamma 设定精灵”对话框，如图 2.9 所示。

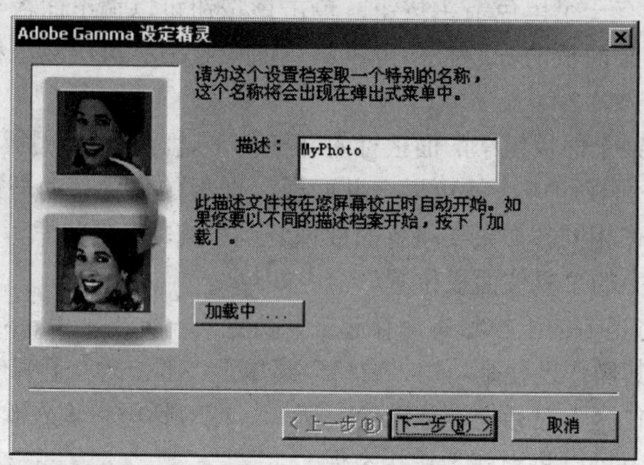

图 2.9

（3）如果要加载 ICC 工业标准的颜色配置文件，可单击“加载中”按钮。此时，会弹出打开屏幕描述文件对话框，根据需要选择合适的 ICC 工业标准的颜色配置文件。单击“打开”按钮后，返回到“Adobe Gamma 设定精灵”对话框。

（4）单击“下一步”按钮，按照对话框的提示，调整显示器的对比度与亮度。通常应使对话框右下方的中间方框尽可能地暗，边框为亮白色，如图 2.10 所示。

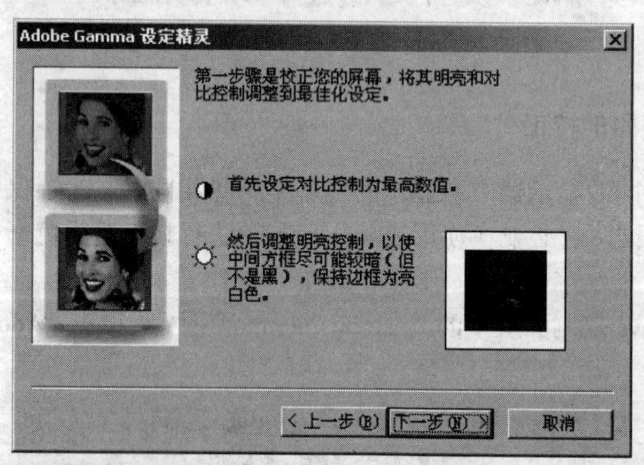

图 2.10

（5）单击“下一步”按钮，在“Adobe Gamma 设定精灵”对话框中选择合适的显示器荧光粉类型。再次单击“下一步”按钮，在“Adobe Gamma 设定精灵”对话框中按住鼠标拖动滑块，以调节显示器的伽玛值。伽玛值既可以选择 Windows 或者 Macintosh 的默认值，也可以自行设定，如图 2.11 所示。

（6）单击“下一步”按钮，在“Adobe Gamma 设定精灵”对话框中选择显示器的色温。在硬件最亮点选项中，选择一个合适的色温，如 6500K，即相当于白天太阳光的颜色。也可以单击“测量中”按钮，再按照提示信息进行测量。最后，单击“Adobe Gamma 设定精灵”对话框中的“完成”按钮，调出“另存为”对话框，将显示器的设置保存为 ICC 配置文件。

至此，完成了显示器显示色彩的校正工作。

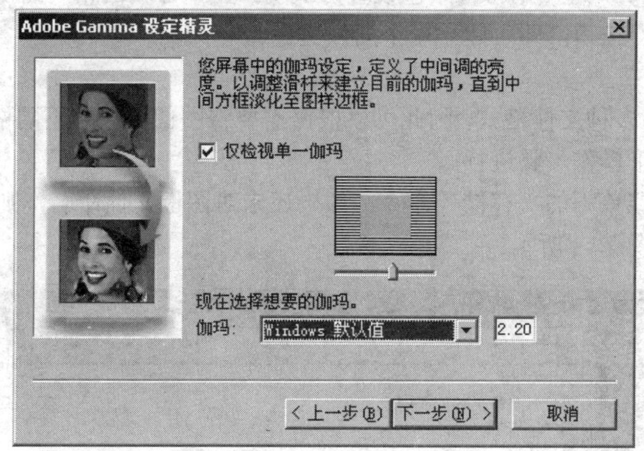

图 2.11

2.2.2　图像的新建、保存、打开和浏览

1．新建图像

在 Photoshop 中，为了创建一个图像文件，可以单击“文件”菜单下的“新建”命令，调出“新建”对话框，如图 2.12 所示。

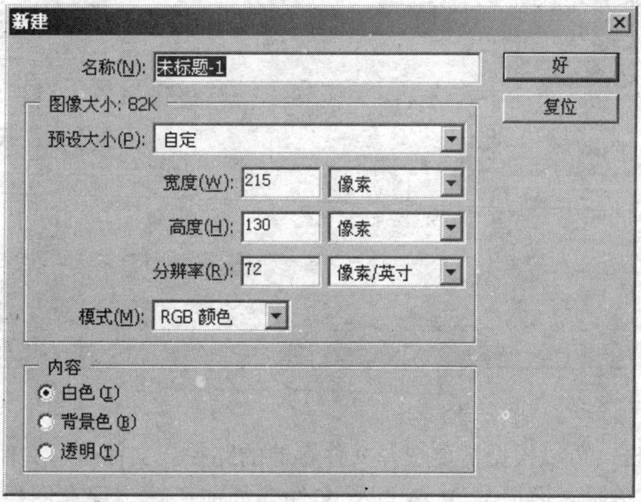

图 2.12

在该对话框中有多个选项，其中“名称”文本框用于输入欲创建图像文件的名称；“图像大小”后面的数值是 Photoshop 自动计算出来的，与文件的高度、宽度、分辨率、色彩模式等都有关。在“预置大小”栏的各选项中，“宽度”与“高度”用来设置图像尺寸，可以选择像素、英寸、厘米等做单位。“分辨率”是指图像的分辨率，根据需要设置。如果新建的图像只是在计算机上使用，就可以将图像的品质设置得好一点；如果需要打印或者印刷，则需要根据要求来设置。“模式”是指图像的色彩模式，可以根据需要进行选择。“内容”选项组

中，“白色”选项是指打开白色背景；“背景色”选项是指以工具箱中所设置的背景色作为新文件的背景色；“透明”选项则将背景色设置为透明，显示为灰白相间的棋盘图案。各选项设置好后，单击“好”按钮，即可建立一个图像文件。

2．保存图像

Photoshop 支持多种文件格式，因此可以根据需要将图像保存为不同格式的文件。为了保存文件，可以按以下操作步骤进行。

单击“文件”菜单下的“存储”命令，如果还未对图像文件命名，则会弹出一个“存储为”的对话框，如图 2.13 所示。

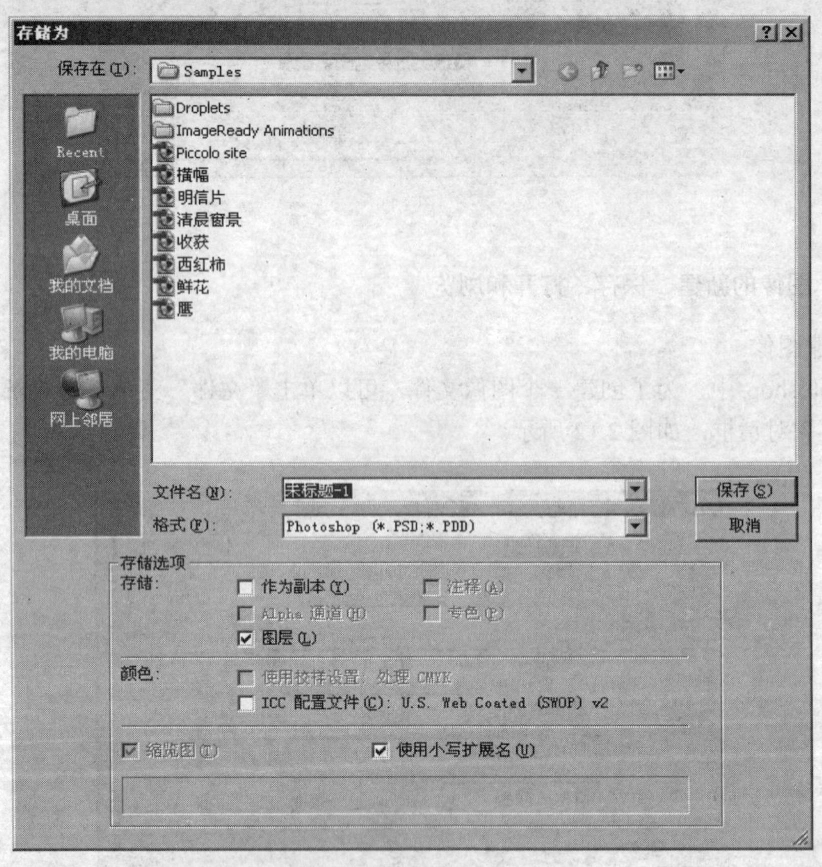

图 2.13

利用这个对话框，可以根据需要选择文件存储的路径、文件名、文件格式等，还可以确定是否保存图像的图层、通道与 ICC 配置文件。如前所述，保存图像文件时，只有采用 Photoshop 格式，才能保存图像的图层、通道与蒙版等。如果保存为 TIFF 格式，则只能保存图像的通道等。各选项设置好后，单击“保存”按钮，即可将文件保存。

对于文件保存时的一些选项设置，例如是保存图像的缩略图、与低版本的 Photoshop 相兼容等，可以单击“编辑”菜单“预置”子菜单下的“文件处理”命令，然后进行相应的设置即可。

3．打开图像

在 Photoshop 中要打开已有的图像，可以通过单击“文件”菜单中的“打开”命令，或者在窗口中双击，就会弹出“打开”对话框，如图 2.14 所示。在“打开”对话框中，默认的文件类型是所有格式，因此，在当前文件夹下的所有文件都会显示出来。如果从下拉列表框中选择某种文件格式，则只显示当前文件夹下相应格式的文件。在当前文件夹下选择某一文件名时，“打开”对话框下面部分会显示所要打开文件的预览图及其文件的大小。如果要打开多个文件，则可以借助【Shift】键或【Ctrl】键，选择连续的多个文件或者选择不连续的多个文件。此时，预览图无法显示。

图 2.14

4．图像文件的浏览

Photoshop7.0 以上的版本，新增加了一个文件浏览功能，可以用它快速检索与浏览图像。其操作步骤如下。

单击“文件”菜单下的“浏览”命令，打开浏览器。如图 2.15 所示。

利用文件浏览器可以快速地找到所需要的图像文件，并能方便地浏览。当打开某个包含图像的文件夹时，在浏览器右边的浏览窗口中，就可以看到当前文件夹中的所有图像文件的缩览图。这时选中一个文件，浏览器的左边就会显示出该文件的预览图和相关信息。

浏览器的底部有几个很实用的按钮：第一个是“文件名”按钮，当用鼠标单击时就会打开一个子菜单，从中可以选择确定图像排序的选项，其中有文件名、等级、文件大小、分辨率等多种改变文件排序的标志；第二个是“大”按钮，用鼠标单击时也弹出一个子菜单，其中包含了大、中、小等几种用来改变文件显示的方式；第三个是旋转按钮，选中浏览器中的某个文件，单击该旋转按钮，就会使图像旋转；最后一个是删除文件按钮，其作用是删除选中的图像文件。

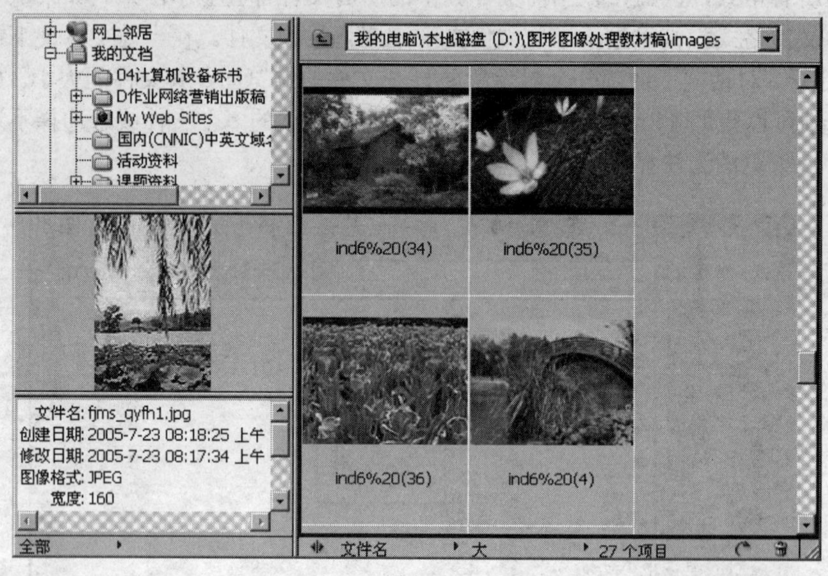

图 2.15

在使用浏览器快速浏览文件时，如果需要编辑选中的文件，只需要双击该文件或者用鼠标将该文件拖动到选项栏的空白处即可打开。

2.2.3 文件的显示与尺寸控制

1．图像的显示控制

Photoshop 提供了许多工具，如抓手工具、缩放工具、缩放命令和导航面板等，使使用者可以十分方便地按照不同的放大倍数查看图像的不同区域。下面分别做简要介绍。

（1）使用抓手工具改变图像的显示部位

当打开的图像很大，或者操作中将图像放大，以至于窗口无法显示完整的图像时，如果需要查看图像的各个部位，就可以使用工具箱里的抓手工具来移动图像的显示区域。使用时，先单击工具箱的“抓手工具”按钮，再在画布窗口内的图像上拖动鼠标，即可以调整图像的显示部位。如果双击工具箱的“抓手工具”就可以使图像尽可能大地显示在屏幕中。

抓手工具的选项栏上有三个按钮，它们分别是：“实际像素”、“满画布显示”和“打印尺寸”，如图 2.16 所示。“实际像素”是指使窗口以 100%的比例显示，这与双击“缩放工具”的效果相同。“满画布显示”是指使窗口以最合适的大小和显示比例显示出完整的图像。“打印尺寸”是指按图像 1:1 的打印尺寸显示。

图 2.16

（2）使用导航器面板改变图像的显示比例和显示部位

通过导航器面板来改变图像显示比例与显示部位是最为简便的显示控制方法，如图 2.17 所示。导航器面板下方显示了当前图像的显示比例，可以通过拖动右侧的三角形滑块或者改

图 2.17

变文本框内的数值来改变显示图像的比例。导航器正中显示的是当前编辑图像的缩略图，中间红色矩形框住部位表示的是工作区中图像窗口当前的显示内容。当图像大于画布时，可以利用鼠标拖动红色矩形，改变图像窗口中的显示部分。

（3）使用菜单命令改变图像的显示比例

在“视图”菜单中，有“放大”、“缩小”、“满画布显示”、“实际像素”、“打印尺寸”等命令。通过使用这些菜单命令，就可以来改变图像的显示比例。

（4）使用缩放工具改变图像的显示比例

单击工具箱上的“缩放工具”按钮，再单击画布窗口的内部，就可以将图像显示比例放大。按住【Alt】键，并单击画布窗口的内部即可将图像显示比例缩小。用鼠标拖动选中图像的一部分，即可使该部分图像布满整个画布窗口。

2．标尺、参考线与网格

标尺、参考线与网格都是用来进行图像定位与测量的工具。通过标尺可以显示当前鼠标所在位置的坐标，可以更准确地对齐对象与选取范围。图 2.18 是使用标尺的效果图。

需要使用标尺时，单击“视图”菜单下的“标尺”命令。就可以在窗口顶部与左边出现标尺。默认状态下，标尺的原点在窗口的左上角，坐标为（0，0）。鼠标在图像窗口移动时，水平标尺与垂直标尺上会出现一条虚线，该虚线所在位置的坐标会随着鼠标的移动而移动。

标尺的刻度单位一般情况下是厘米，当然也可以调整。双击标尺，会弹出一个“预置”对话框。在该对话框中，可以根据需要设置相关参数。

参考线是浮在整个图像上但不打印的线，利用它可以更方便地对齐图像。图 2.19 所示为使用参考线的效果。

参考线的优点是可以任意设置它的位置。在“标尺”上单击，再拖动鼠标到窗口内，即可产生垂直或水平的蓝色参考线。也可以单击“视图”菜单下的“新参考线”命令，调出“新参考线”对话框，利用对话框进行新参考线取向与位置的设置后，单击“好”按钮，就可以在指定位置处设置参考线。

图 2.18

图 2.19

若要移动参考线，在按住【Ctrl】键的同时用鼠标拖动参考线即可实现，或者通过使用移动工具也可以让参考线移动。为了改变参考线的显示或隐藏状态，可以单击“视图”菜单“显示”子菜单中的有关命令即可。为了清除或锁定参考线，同样可以分别使用“视图”菜单下的“锁定参考线”或“清除参考线”命令即可。如果需要对参考线默认的颜色进行修改，可以调用“编辑”菜单“预置”子菜单下的“参考线、网格和切片”命令，在打开的“预置”对话框里进行相应的设置。

网格的主要作用是对齐参考线，以便在操作中对齐物体，网格也不会随图像输出。单击“视图”菜单“显示”子菜单中的“网格”命令，即可在画布窗口内显示出网格来，如图 2.20 所示。再次单击“视图”菜单“显示”子菜单中的“网格”命令，即可取消画布窗口内的网格。当网格与图像混淆时，需要重新设置网格。此时，应单击“编辑”菜单“预置”子菜单中“参考线、网格和切片”命令，在调出的“预置”对话框中，可以对网格的颜色、样式、间隔线以及子网格进行设置，以达到满意的效果为止。

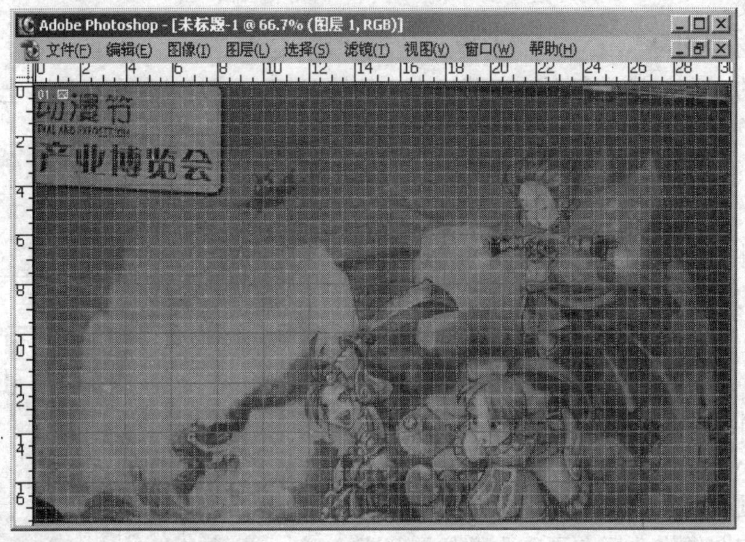

图 2.20

3．改变图像尺寸

改变图像的显示比例，并没有改变图像的实际大小。为了改变图像的大小，可通过以下方法实现。

单击“图像”菜单下的“图像大小”命令，调出“图像大小”对话框，如图 2.21 所示。

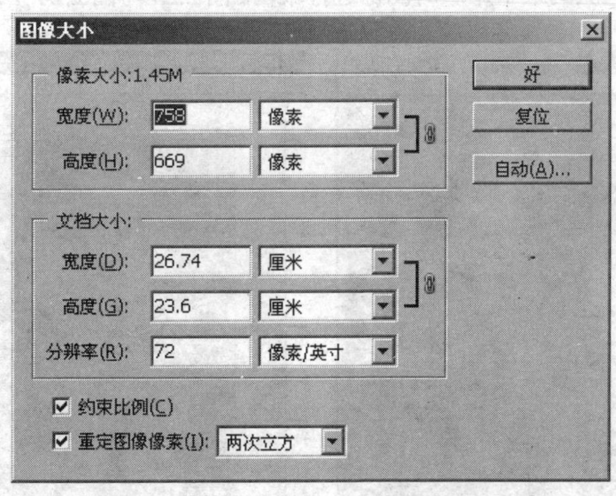

图 2.21

在“图像大小”对话框中，第一个选项是“像素大小”。在该选项组中，可以直接在文本框修改图像高度与宽度的像素值，也可以通过在右侧的下拉列表框中选择“百分比”来设置图像与原图像大小的百分比，从而确定图像的高度与宽度。

“图像大小”对话框中的第二个选项组是“文档大小”。在这里可以直接在文本框里输入数字设置图像的高度、宽度与分辨率，在右边的下拉列表框里设置单位。图像的尺寸与分辨率是紧密相关的，同样尺寸的图像，分辨率高的图像就会越清晰。当图像的像素数固定时，改变分辨率就会改变图像的尺寸。同样，如果图像的尺寸改变，则图像的分辨率也随之变动。

在“图像大小”对话框中，如果选中“约束比例”复选框，则改变图像的高度，并会使宽度等比例改变。

4．设置画布大小

调整画布的大小，就是在不改变图像大小的情况下，加大或者缩小屏幕上的工作区。单击“图像”菜单下的“画布大小”命令，可以调出“画布大小”对话框，如图 2.22 所示。

在“画布大小”对话框中，“当前大小”显示了当前图像文件的实际大小。“新建大小”选项组是设置调整后的图像高度与宽度的地方，默认值就是“当前大小”。如果设置的高度与宽度大于图像的尺寸，Photoshop 会在原图的基础上增加画布的面积，反之则会缩小画布面积。“相对”复选框表示“新建大小”中显示的是画大小的修改值，正数表示扩大画布，负数表示缩小画布。“定位”选项组用来确定图像修改后在画布中的位置，有 9 个位置可供选择，默认值为水平与竖直都居中。

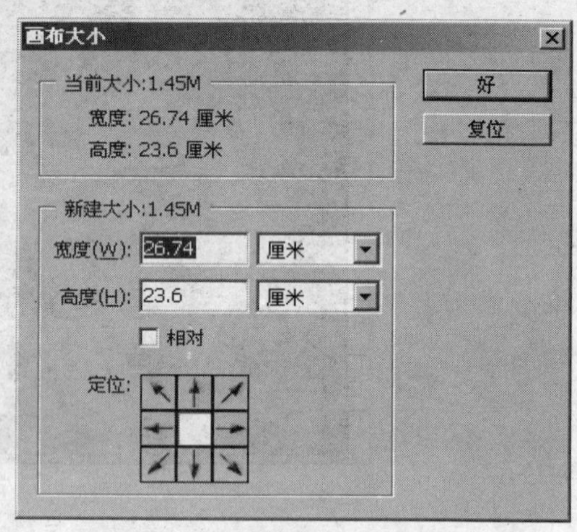

图 2.22

5．图像的裁剪

将图像中的某一部分剪切出来，就需要用到“裁切”命令。其方法是先使用“选取”工具将图像中要保留的部分选出来，然后选择“图像”菜单中的“裁切”命令。这时系统会自动以选区的边界为基准，用包围选区的最小矩形对图像进行裁切。图 2.23 与图 2.24 所示是图像的裁切过程。

图 2.23

图 2.24

除了“裁切”命令之外，Photoshop 还专门提供了功能强大的裁切工具，不仅可以自由控制裁切范围的大小和位置，还可以在裁切的同时对图像进行旋转和变形等操作，其过程如下。

首先在工具箱中选择裁切工具，移动鼠标指针到图像窗口中，按住鼠标左键并拖动，释放鼠标后就会出现一个四周有 8 个控制点的裁切范围框，如图 2.25 所示。选定范围后，将鼠标指针放在控制点附近，可对裁切区域进行旋转、缩放和平移等操作，对区域进行修改。最后，在裁切区域内双击，完成图像的裁切操作。

图 2.25

对图像裁切的更多设置，可以充分运用“裁切工具”的状态栏，那里包括了对裁切后图像大小、分辨率、不透明度等选项的设置内容。

2.3　创建、编辑选区与填充选区

2.3.1　创建选区

在 Photoshop 中，经常会对图像的一部分进行操作，这就需要将这一部分图像选取出来，构成一个选区。这个选区也可以叫做选框，是一个流动的虚线所围成的区域。一旦确定了选区，当前的各项操作就只针对这个选区了。如果不创建选区，则操作是针对整个图像的，因此那些针对选区的操作就不能进行。Photoshop 为了能够快速、准确地建立选区，提供了许多选择工具，它们是选取工具组、套索工具组与魔术棒工具。这些工具都放在工具箱的上部，以便能针对不同的情况方便快捷地创建选区。此外，Photoshop 也提供了菜单命令创建选区。下面分别予以介绍。

1．使用选取工具组

使用工具箱中的选取工具组来选取图像范围和确定工作区域是 Photoshop 中最基本的方

法，它们都被用来创建规则选区。选取工具组有四个工具，分别是矩形选取工具、椭圆选取工具、单行选取工具和单列选取工具。默认情况下是矩形选取工具。

（1）矩形选取工具

单击矩形选取工具，鼠标指标就会变成十字形状，按住鼠标在图像窗口内拖动便可创建一个矩形的选区，如图 2.26 所示。

（2）椭圆形选取工具

单击椭圆形选取工具，鼠标指标变成十字形态，按住鼠标在图像窗口内拖动便可创建一个椭圆形的选区，如图 2.27 所示。

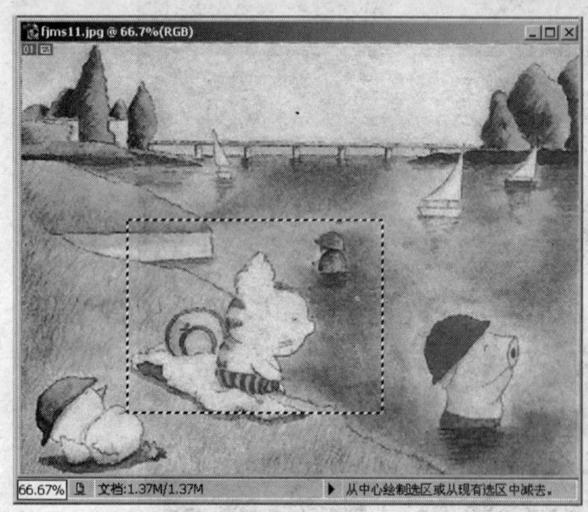

图 2.26

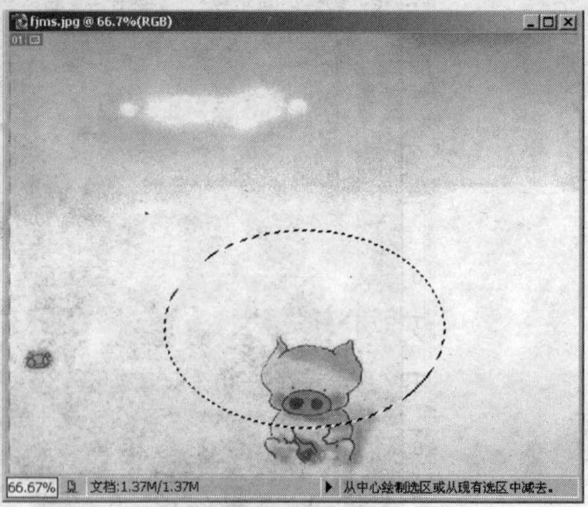

图 2.27

（3）单行与单列选取工具

单击单行选取工具或单列选取工具，鼠标指标均变成十字形态，用鼠标在图像窗口内单击，就可以创建一个单行或者单列的单像素的选区。

有必要提醒的是，在使用矩形选取工具与椭圆选取工具时存在着一定的技巧。按住【Shift】键，同时在图像窗口内按住鼠标拖动，就可以分别创建正方形与圆形选区；按住【Alt】键，同时在图像窗口内按住鼠标拖动，就可以创建以鼠标单击点为中心的矩形或椭圆形选区；如果同时按住【Shift】键与【Alt】键，并在图像窗口内拖动鼠标，就可以创建以鼠标单击点为中心的正方形或圆形选区。

如果要取消所选择的选区，则可以通过单击图像窗口或者用“选择”菜单下的“取消”命令来实现，也可以直接用快捷键【Ctrl】+【D】来取消。

（4）选取工具选项栏

选取工具选项栏有多个选项，可以对选取工具的许多功能进行设置，主要有“设置选区形式”、“消除锯齿”、“羽化”、“样式”等，如图 2.28 所示。

图 2.28

“设置选区形式”共有四个按钮。第一个是“新选区”按钮，单击该按钮只能创建一个新选区。在这个状态下，如果图像窗口内已经有了一个选区，那么创建一个新选区，原来的选区就会消失。第二个是“添加到选区”按钮，即如果已经有了一个选区的，那么单击该按钮就可以再创建一个选区，并且新选区与原有的选区连成为一个选区。注意，若按住【shift】键，创建一个新选区，那么也可以使新创建的选区与原有的选区合成一个新选区。第三个是“从选区中减去”按钮，单击该按钮就可以在原有的选区上减去与新选区重合的部分，得到一个新选区。若按住【Alt】键，用鼠标拖动一个新选区，也能完成相同的功能。最后一个是“与选区交叉”按钮，单击该按钮，可以得到一个只保留新选区与原有选区重合部分的选区。若按住【Shift】与【Alt】键，用鼠标拖动一个新选区，也可以得到相同的效果。

“羽化”是用来设置选取范围的柔化效果的。在其文本框中输入 0～250 之间的数值，就会在选区边界线处产生不同的羽化程度。若要创建有羽化效果的选区，应先设置羽化数值，再用鼠标拖动创建选区。

“消除锯齿”是用于消除选区锯齿，平滑选区边缘的。该复选框通常应为选中，使其有效。

“样式”提供了三种不同的选取方式，即“正常”、“固定长宽比”和“固定大小”，各项的作用各不相同。

- “正常”是默认的选取方式，在此方式下，可创建任意大小的矩形和椭圆形选区。
- 选择“固定长宽比”选取方式后，“样式”右边的“宽度”与“高度”文本框就变成有效。分别在“宽度”与“高度”文本框中输入数值，确定长度与宽度的比例，可以使其后创建的选区符合该长宽比。
- 选择“固定大小”选取方式后，“样式”右边的“宽度”与“高度”文本框就变成有效。可分别在“宽度”与“高度”文本框中输入数值，以确定选区的尺寸，使以后创建的选区符合该尺寸。

2. 使用套索工具组

套索工具组是一种常用的选取范围工具，它用于一些不规则的形状。用套索工具创建选区，类似于自由手绘一个选区。套索工具组包括 3 个工具，即“套索工具”、“多边形套索工具”和“磁性套索工具”。

（1）套索工具

单击工具箱上的“套索工具”，鼠标指针就变成套索状，将鼠标指针移至图像窗口，在需要选取图像处按下鼠标左键不放，拖动鼠标选取需要的范围。松开鼠标左键后，系统会自动将鼠标拖动的起点与终点进行连接，形成一个不规则的选取区域，如图 2.29 所示。

（2）多边形套索工具

多边形套索工具可以用来选取不规则形状的多边几何图像，如三角形、五角星之类的图形。多边形套索工具的操作方式与套索工具有所不同，其过程是先单击工具箱上的多边形套索工具，再将鼠标指针移到图像窗口，单击以确定起点位置。移动鼠标指针至要改变方向的转折点，选择好需要改变方向的角度和距离后单击鼠标。继续这种操作，直到选中所有范围，并回到起点。当多边形套索工具鼠标指针在右下角出现一个小圆圈时，双击鼠标，即可封闭选中的区域。

（3）磁性套索工具

单击工具箱上的磁性套索工具，鼠标指针变成磁性套索状。在图像中单击鼠标以设置第

图 2.29

一个紧固点，沿着要选取的物体边缘移动鼠标指针（转折处需要按住鼠标左键），当选取的紧固点回到起点时鼠标右下角会出现一个小圆点，此时双击鼠标，即可完成选取。

磁性套索工具使用时的特点是，系统会自动根据鼠标拖动出的选区边缘的色彩对比度来调整选区的形状。因此，对于选取区域比较复杂、与周围的色彩对比反差又比较大的图像，采用磁性套索工具选取范围是比较合适的。

（4）套索工具组工具的选项栏

套索工具与多边套索工具的选项栏基本一致，而磁性套索工具的先期栏有特殊之处，可以设置一些特殊的相关参数。图 2.30 是磁性套索工具选项栏。

图 2.30

磁性套索工具选项栏中的“宽度”是指选取对象时检测的边缘宽度，其范围在 1～40 之间，磁性套索只检测从指针开始指定距离以内的边缘。

“边对比度”选项可以设置选取时的边缘反差，范围在 1%～100%之间，较高的数值只检测与它们的环境对比鲜明的边缘，较低的数值则检测低对比度的边缘。

“频率”用来设置选取时的定点数，范围在 1～100 之间。数值大则产生的节点数多，选取的速度也就越快。

“钢笔压力”用于在使用光笔绘图板时来增加其压力，使边缘宽度减小。

3. 使用魔术棒工具

魔术棒工具用来选择图像中颜色相同或者相近的区域。单击工具箱中的魔术棒工具，鼠标指针就会变成魔术棒形状，在图像中单击某点即可选择与当前单击处颜色相同或相近的区域。例如，单击老鹰图像绿色背景的任何地方，就会创建一个包括全部背景色的选区，如图 2.31 所示。

魔术棒工具的选项栏如图 2.32 所示，其中有四个选项需要做一说明。

“容差”文本框用来设置系统选择颜色的范围，也就是选区有颜色容差值。数值范围在 0～255 之间。容差值越大，相应的选区也就越大，否则反之。

“消除锯齿”复选框，用于决定在系统创建一个选区时是否将选区内的锯齿消除。

“连续的”复选框，如果选中，表示只能选中单击处邻近区域的相同像素。取消该复选框，表示可以选中与该像素相近的所有区域。默认情况下，该复选框是被选中的。

“用于所有图层”复选框，如果选中，则在系统创建选区时会将所有可见的图层包括在内；不选择该复选框时，只将当前图层考虑在内。

图 2.31

图 2.32

4．使用菜单命令

使用菜单命令可以使整个图像成为一个选区和创建反选选区。单击“选择”菜单下的“全选”命令，或者按【Ctrl】+【A】键，就可以将整个图像选取为一个选区。当单击“选择”菜单下的“反选”命令，则可选择选区外的部分为一个选区。

若已经有了一个或者多少选区后，要扩大与选区内颜色和对比度相同或相近的区域为选区，可单击“选择”菜单下的“扩大选区”命令。扩大选区命令可以多次使用，直至达到所要的效果为止。

如果已经有了一个选区或者多个选区，要将选区内颜色与对比度相同与相近的像素选择为选区，可单击“选择”菜单下的“选取相似”命令。扩大选区是在原选区的基础上扩大选区的选取范围，而选取相似则可以在整个图像内选取与原选区颜色和对比度相近的像素，可创建多个选区。

2.3.2　编辑选区

在 Photoshop 中使用选框工具创建了一个选区之后，经常要对选区进行移动、增减等操作，甚至可能需要对选区进行旋转、翻转或者自由变换等操作。下面逐一做简要介绍。

1．移动选区

移动选区的方法通常是用鼠标拖动。在使用选框工具组工具的情况下，将鼠标指针移动到选区内部，此时鼠标指标变为三角箭头状，并且箭头的右下角有一个虚线的小框，拖动鼠标就可以移动选区了。如果要将移动的方向限制在 45° 的倍数，则在拖动的同时按住【Shift】键；如果以 1 个像素为单位移动选区，则可以直接使用键盘上的方向键，每按一次方向键，选区移动 1 个像素。如果以 10 个像素为单位移动选区，则在使用方向键的同时按住【Shift】键，这样每按一次方向键，选区就在这个方向上移动 10 个像素。

如果移动选区的同时按住【Ctrl】键，就可以移动选取范围内的图像，其功能与工具箱中移动工具的功能相同。

2．修改选区

修改选区是指对选区进行收缩、平滑、扩边等操作。扩边是在选区的边界线外增加一条扩展的边界线；平滑是使选区边界平滑；扩展是使选区边界向外扩展；收缩是使选区向内缩小。所有这些操作均可以通过菜单命令完成，即单击“选择”菜单下的“修改”子菜单中相应的命令即可。

执行修改选区的相应菜单命令后，系统都会打开一个相应的对话框，输入相应的修改量后，单击“好”按钮就完成了修改任务。图 2.33 与图 2.34 所示分别是扩边完成前后的选区。

图 2.33

图 2.34

3．变换选区

选区创建后，可以调整选区的大小，也可以调整选区的位置和旋转选区，这些都属于变换选区。单击“选择”菜单中的“变换选区”命令，就会在选区四周出现一个带有 8 个控制柄的矩形，如图 2.35 所示。然后可以根据需要，做出以下一些相应操作。

（1）调整选区的大小：将鼠标指针移到选区四周的控制柄处，此时鼠标指针变为直线的双箭头状，用鼠标拖动就可以调整选区的大小。

（2）调整选区位置： 将鼠标指针移动到选区内，鼠标指针就会变成黑箭头状，用鼠标拖动即可调整选区的位置。

（3）旋转选区：将鼠标指针移到选区四周的控制柄处，鼠标指针就会变成弧线的双箭头状，拖动鼠标即可旋转选区。如果将鼠标指针移到选区中心点图标处，拖动鼠标即可移动中心点标记，改变旋转的中心位置。图 2.36 所示为旋转后的选区。

在 Photoshop 中，经常需要重复使用选区，为此可以使用“选择”菜单下的“存储选区”命令来实现。

图 2.35

图 2.36

2.3.3　填充选区

1．设置前景色与背景色

在 Photoshop 中设置颜色的方法有很多种，而颜色的设置无疑是极其重要的。下面分别介绍几种颜色设置的方法。

(1)“切换前景色与背景色工具”栏

在 Photoshop 工具箱中，有一个切换前景色与背景色工具栏，如图 2.37 所示。

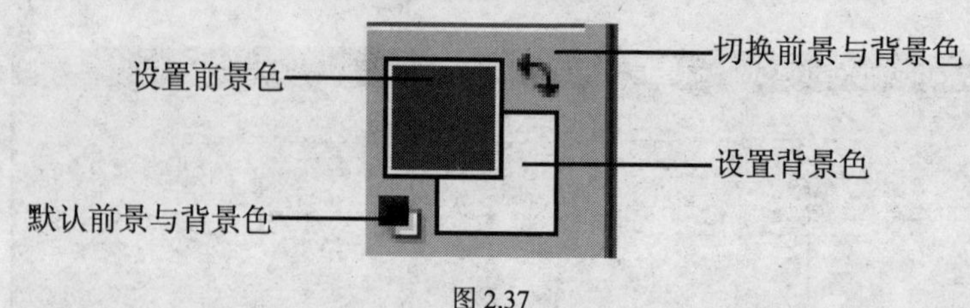

图 2.37

在切换前景色与背景色工具栏中各按钮的功能如下。

“设置前景色”按钮给出了所有的前景颜色，单色绘制和填充图像时的颜色，就是由前景色决定的。单击前景色按钮，就可以调出“拾色器”对话框，利用该对话框，可以设置前景色。

“设置背景色”按钮给出了所有的背景颜色，同时也决定了画布的背景颜色。单击“设置背景色”按钮，可以调出“拾色器”对话框，利用该对话框，可以设置背景色。

“默认前景和背景色”按钮，单击它可以恢复为默认状态，即前景为黑色，背景为白色的设置。

“切换前景与背景色”按钮，顾名思义就是单击它可以使前景色与背景色互换。

Adobe 的“拾色器”与 Windows 的“拾色器”功能基本相同。在 Photoshop 中，默认的拾色器是 Adobe“拾色器”，如图 2.38 所示。

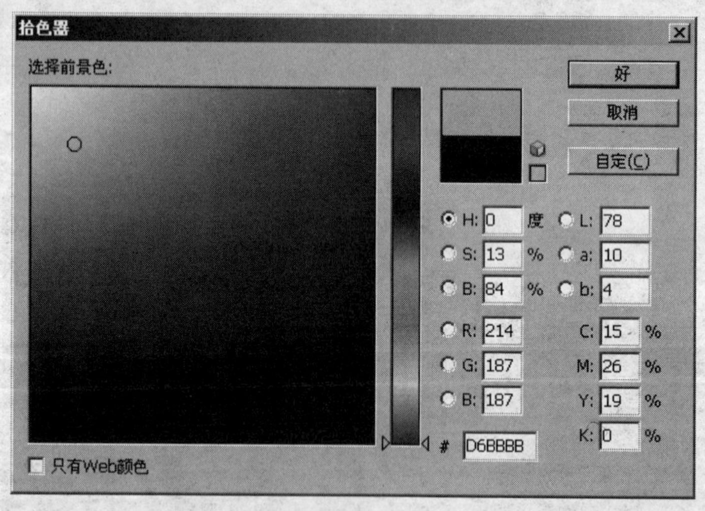

图 2.38

使用拾色器对话框选择颜色的方法如下。

粗选颜色：将鼠标指针移到“颜色选择条”，单击某种颜色，此时“颜色选择区域”的颜色会随之发生变化，并出现一个小圆圈，它就是当前选中的颜色。

细选颜色：将鼠标移动到“颜色选择区域”内，此时鼠标指针变为小圆圈，单击要选择的颜色。

选择自定义颜色：单击“自定”按钮，可以调出“自定颜色”对话框，利用该对话框可以选择“色库”中的自定义颜色。

精确设定颜色：在“拾色器”对话框的右边下半部的各种文本框内输入相应的数据，可以精确设定颜色。

（2）使用“颜色”面板设置前景与背景色

颜色面板如图 2.39 所示，利用颜色面板设置前景色与背景色的方法如下。

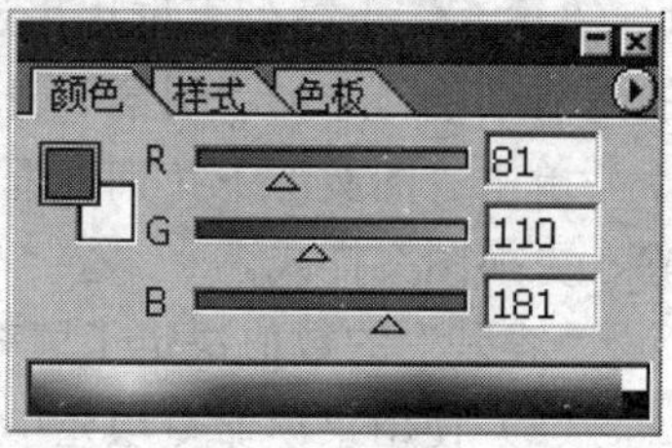

图 2.39

- 单击“前景色”或者“背景色”色块，确定是设置前景色还是背景色。
- 将鼠标指针移动到“颜色选择条”粗选颜色，此时鼠标指针变成吸管，单击某种颜色，可以看到其他部分的颜色与数据就变了。
- 用鼠标拖动 R、G、B 三个滑块细选颜色。
- 在文本框内输入数字精选颜色。
- 双击前景色或者背景色的色块，可以打开拾色器对话框，其设置与上述相同。也可以通过颜色面板菜单来进行设置，即单击颜色面板右上方带有三角形箭头的按钮，就可调出颜色面板的菜单。

（3）使用“色板”面板设置前景色

使用“色板”面板可以设置前景色，其方法是将鼠标移到“色板”面板的色块上，此时鼠标变成吸管，单击色块就可将前景色设置成所选色块的颜色。如果“色板”面板内没有与前景色一致的色块，则可单击面板底部“创建前景色的新色板”按钮，即可在面板内色块的最后边创建与前景色一样的新色块。与颜色面板一样，色板面板也有相应的菜单，单击色板面板右上方带有三角形箭头的按钮，就可调出色板面板的菜单。

（4）使用吸管工具设置前景色

单击工具箱内的“吸管工具”按钮，将鼠标移动到图像窗口内部，此时的鼠标指针已经变成一支吸管。单击图像的任何一处，都可以将单击处的颜色设置成前景色。吸管工具的选项栏如图 2.40 所示。通过选择“取样大小”下拉列表框内的不同设置，可以改变吸管工具取样点的大小。

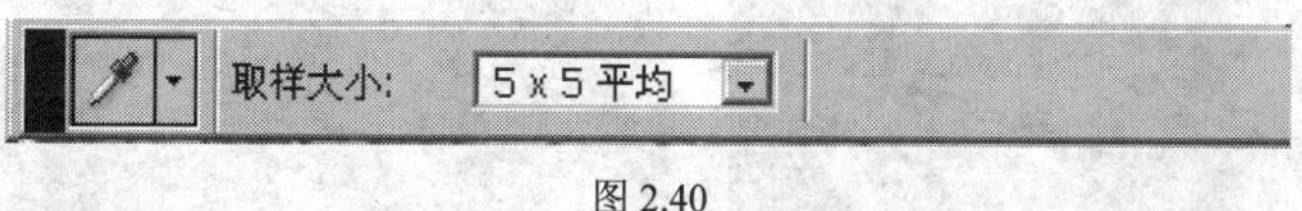

图 2.40

2．填充图像

给图像中的选区填充单色或者图案的方法有多种，这里简要介绍主要的方法。

（1）使用油漆桶工具填充单色或图案

油漆桶工具可以在图像中填充颜色，但只是对图像中颜色相近的区域进行填充。使用油漆桶填充颜色之前，需要先选定前景色，然后才可在图像的选定区域单击鼠标以填充前景色。没有选区时，则是针对当前图层的整个图像，因此单击图像就可以给图像填充颜色或图案。

要使油漆桶工具在填充时的颜色更准确，可以在其选项栏中设置参数。图 2.41 是油漆桶工具选项栏。下面对几个主要的选项做简要说明。

图 2.41

“填充”下拉列表框用来选择填充的两种方式，即前景与图案。选择“前景”表示填充的是前景色，选择“图案”表示填充的是图案。

单击“图案”下拉列表框，可调出“图案样式”面板，利用该面板可以选择、增加、删除、更换图案样式。

“容差”的数值决定了填充色的范围，其值越大，填充色的范围也越大。

（2）使用菜单命令填充单色或图案

单击“编辑”菜单下的“填充”命令，即可调出填充对话框，如图 2.42 所示。利用该对话框，可以给选区填充单色或者图案。

（3）使用“粘贴入”菜单命令填充图像

为用菜单命令将图像中的某一部分“粘贴入”另一图像中，应先将第一图像中的某一部分作为一个选区，并将其复制到剪贴板中去。然后在另一图像中建立一个选区，单击“编辑”菜单下的“粘贴入”命令，将剪贴板上的图像粘贴到选区中。例如，若希望将图 2.43 中的小猪复制到风景画图 2.44 中去，就应先将小猪作为一个选区，并复制到剪贴板；然后在风景画中创建一个选区，单击“编辑”菜单下的“粘贴入”命令，小猪就被复制到风景画中了。

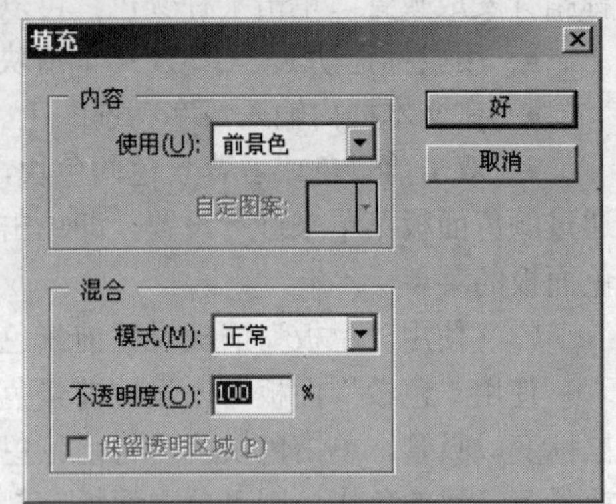

图 2.42

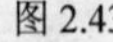
图 2.43

图 2.44

（4）使用渐变工具填充渐变色

使用渐变工具，可以创建多种颜色间的逐渐混合，其实质就是在图像或者图像的某一区域中填入一种具有多种颜色过渡的混合色。这个混合色可以是前景色与背景色的过渡，可以是前景色与透明背景间的相互过渡，也可以是其他颜色间的相互过渡。

当使用工具箱中的渐变工具时，通过鼠标在图像内的拖动，就可以给图像的选区填充渐变颜色。如果图像中没有选区时，则是对整个图像填充渐变颜色。

单击工具箱内的“渐变”按钮，其对应的选项栏如图 2.45 所示。

图 2.45

选项栏上有由五个按钮组成的一组工具是用来选择渐变色填充方式的，五种填充方式的效果如图 2.46 所示。单击其中的一个按钮，都可以进入对应的渐变色填充方式。这五种填充方式介绍如下。

“线性渐变”填充方式：它形成起点到终点的线性渐变效果，起点是单击鼠标开始拖动的点，终点是松开鼠标左键的点。

“径向渐变”填充方式：它形成由起点到选区四周的辐射状渐变效果。

“角度渐变”填充方式：它形成围绕起点旋转的螺旋渐变效果。

“对称渐变”填充方式：它形成两边对称的渐变效果。

“菱形渐变”填充方式：它可以产生菱形渐变的效果。

图 2.46

单击“渐变样式”列表框的下拉箭头，可以调出“渐变样式”对话框，双击其中的一种样式，即可完成填充样式的设置。“反向”选项的功用在于选中了该复选框后，可以产生反向的渐变效果。选中“仿色”复选框，可以使填充的渐变色色彩过渡更加平滑与柔美。

渐变工具填充渐变色的方法是用鼠标在选区内或选区外拖动，而不是单击。鼠标拖动时的起点不同，所得到的效果也是不同的，这一点与油漆桶填充颜色是不一样的。

2.3.4　实训案例

实训案例的具体步骤如下。

（1）建立一个新文件，文件大小为 15cm×15cm，RGB 色彩模式，分辨率为 72 像素/英寸，白色背景。

（2）运用椭圆选取工具，建立一个椭圆形选区，如图 2.47 所示。

（3）执行“选择”→“变换选区”命令，对选取进行调整，转动一个角度；在图层面板，新建立一个图层为“图层 1”；设置前景色为#660000，背景色为 FF0000；运用渐变填充工具，在工具选项栏选择“径向渐变”样式，从右上角到左下角，对选区进行填充，如图 2.48 所示。

（4）“图层 1”为当前工作图层，执行“编辑”→“自由变换”命令和“编辑”→“斜切”命令，对图像进行调整，使之形成透视的感觉。如图 2.49 所示。

（5）新建立一个图层为“图层 2”，不取消选区，工作在“图层 2”，执行“编辑”→“描边”命令，对选区进行描边，描边大小为 3 个像素，位置为居内，结果如图 2.50 所示。

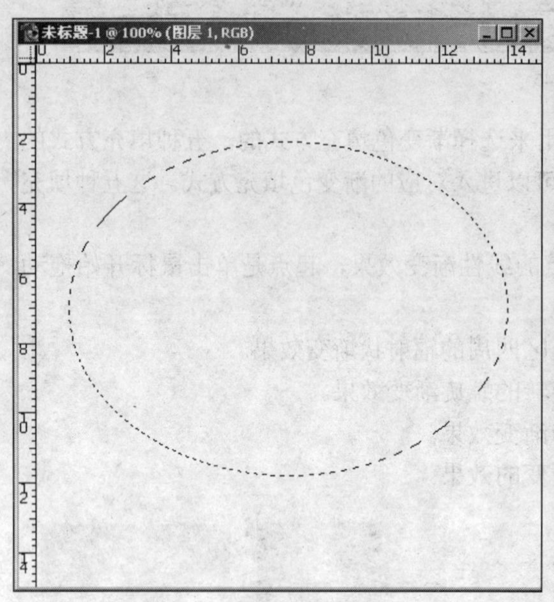

图 2.47

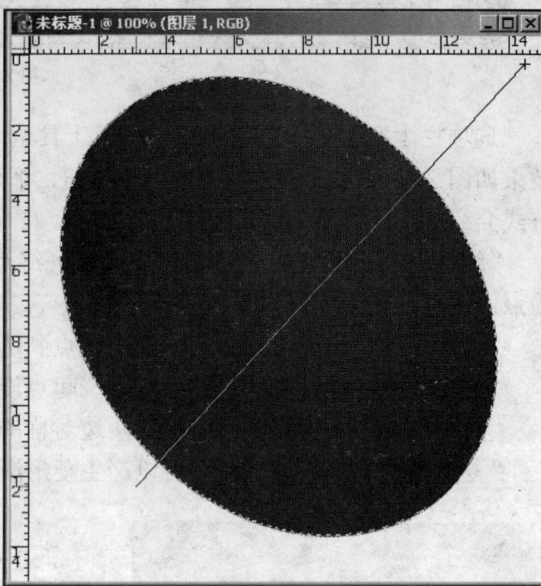

图 2.48

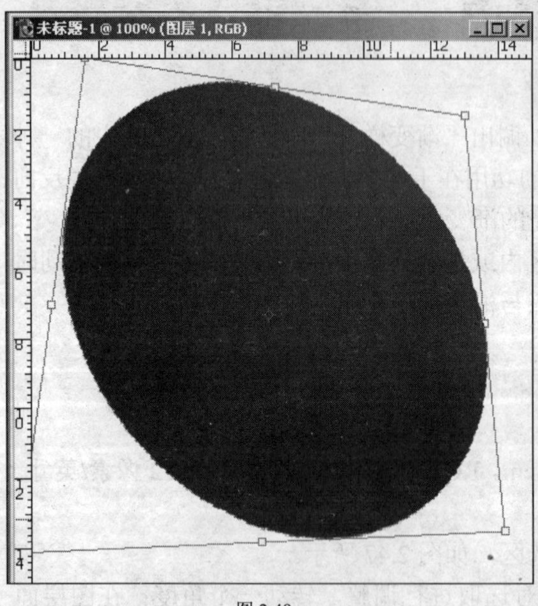

图 2.49

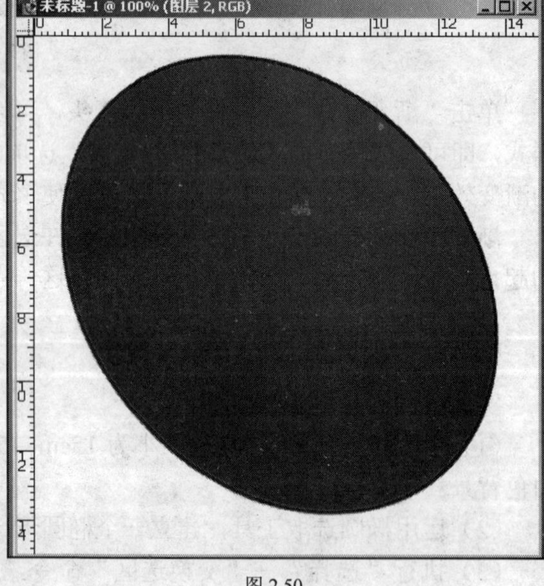

图 2.50

（6）在图层面板的“图层 2”上双击，给图像添加图层样式，设置如图 2.51 所示。

（7）按住【Ctrl】键单击“图层 2”，载入选区，执行“选择”→“变换选区”菜单命令，同时按住【Shift】+【Alt】键，缩小选区，如图 2.52 所示。

（8）确定当前图层为“图层 1”，单击键盘上的【Del】删除键，回到“图层 2”，即当前的工作图层为“图层 2”。执行“编辑”→“描边”命令，描边方式为“居内”，其他与上面一样设置，结果如图 2.53 所示。

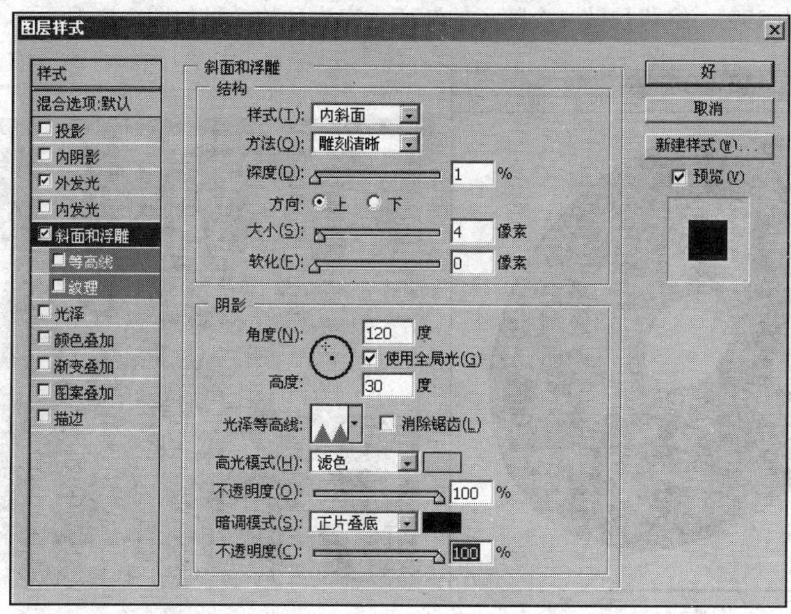

图 2.51

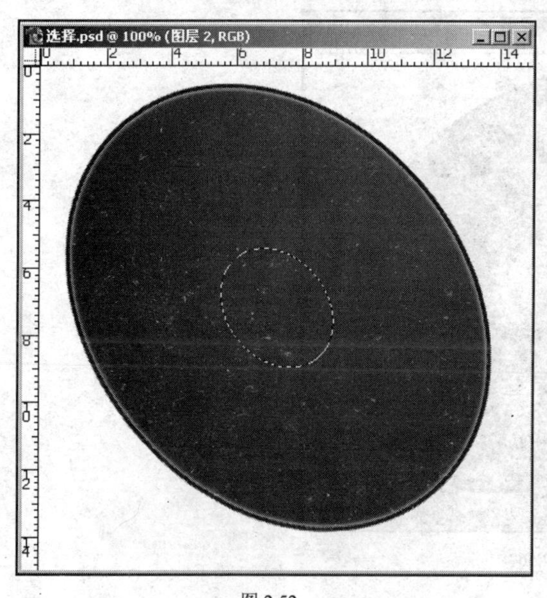

图 2.52

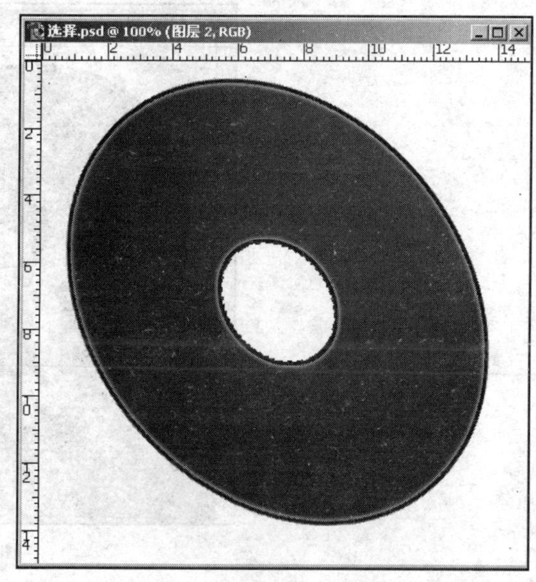

图 2.53

（9）执行“选择”→“修改”→“收缩”命令，使选区收缩 6 个像素。新建立一个图层为“图层 3”；执行“编辑”→“描边”命令，描边颜色为#3333CC，3 个像素，居外；执行“编辑”→“描边”命令，用黑色，2 个像素，居内描边；在图层面板，把“图层 3”的不透明度设置为 70%，结果如图 2.54 所示。

（10）任意打开一图像文件，如图 2.55 所示，用“多边形选取工具”随意的建立一选区，执行羽化命令，羽化值为 20。

（11）执行【Ctrl】+【C】命令，回到上面这个文件，按住【Ctrl】键单击“图层 1”载入选区，执行“编辑”→“粘贴入”命令，调整粘贴入的图像，把新产生的“图层 4”的不透明度设置为 39%；给背景做一个随意的渐变，完成后的效果如图 2.56 所示。

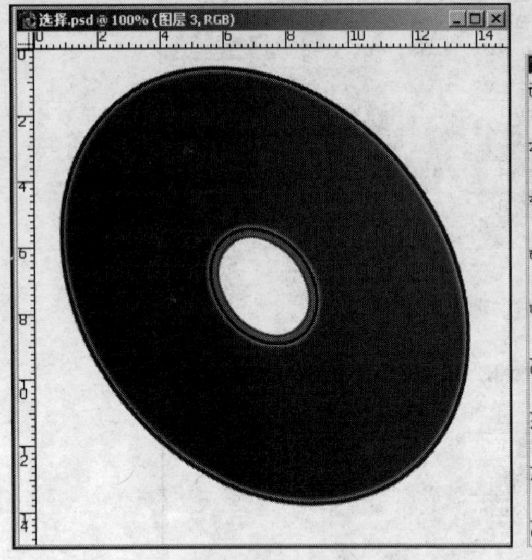

图 2.54

图 2.55

图 2.56

2.4 绘制、编辑与修饰图像

2.4.1 编辑与修整图像

1．图像的移动、制作与删除

要移动图像或者图像中的某一部分，必须先创建或编辑好选区以确定移动的范围。然后单击工具箱上的“移动工具”按钮，鼠标指针变成一个带剪刀的黑色箭头状，按住鼠标拖动选区内的图像，就可以移动了，如图 2.57 所示。被选中的图像不仅可以在同一个窗口中移动，也可以移动到另一个窗口。

图像的复制与移动操作基本相同，只是在用鼠标拖动选区中的图像时要按住【Alt】键，此时的鼠标指针会变成重叠的黑白双箭头状，复制后的图像如图 2.58 所示。

图 2.57

图 2.58

要删除图像，首先也要将准备删除的图像用选区围住，然后单击“编辑”菜单下的“清除”命令，即可将所选的图像删除。也可以用“编辑”菜单下的“剪切”命令来清除图像，或者直接按【Del】键清除。

2．图像的旋转

对于所要处理的图像，Photoshop 可以让其整幅旋转，也可以让选区内的图像发生各种位移，以达到所需要的效果。

要旋转整幅图像，可单击“图像”菜单下的“旋转画布”命令，系统提供了多种可供选择的旋转角度，如 180 度旋转，90 度顺时针与 90 度逆时针旋转，还有任意角度的旋转等等。如果选择是任意角度的旋转就会调出旋转画布对话框，在对话框填入要旋转的角度，并选择好顺时针还是逆时针的旋转方向，单击“好”按钮，即可实现任意角度的旋转。

如果要变换选区内的图像，则应单击“编辑”菜单下的“变换”命令，系统则提供了变换的多种选项，如图 2.59 所示。利用该菜单，可以对选区内的图像作出缩放、旋转、斜切、扭曲和透视等处理。图 2.60 和图 2.61 分别是经过旋转与斜切后的效果。

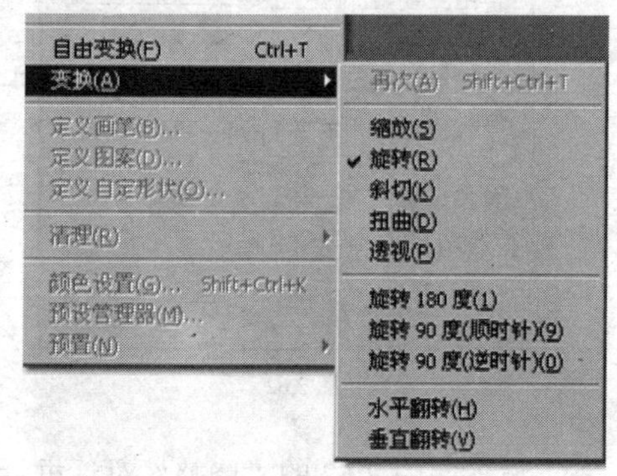

图 2.59

需要注意的是，变换选区与变换图像，虽然各自属于不同的菜单命令，操作结果也不一样，但操作方法有相同之处。

单击“编辑”菜单下的“自由变换”命令，则会在选区的四周显示出一个矩形框，该框有 8 个控制柄和 1 个中心点，可以按照缩放、旋转、斜切等变换选区的方法自由变换选区。

图 2.60

图 2.61

3．图像的修整

为了在完整保留图像的情况下能减少图像文件的大小，有时候就需要用到图像的修整。进行图像修整的方法是，首先选中需要修理的图像窗口，再单击“图像”菜单下的“修整”命令，调出“修整”对话框，如图 2.62 所示。该对话框选项的含义如下：

“基于”选项栏是用来确定修整依据的像素或者像素颜色；

“修掉”选项栏是用来确定哪部分是多余的。

为了比较图像修整前后的文件大小与画布大小，可以单击“图像”菜单下的“图像大小”命令，调出“图像大小”对话框，如图 2.63 所示。对话框中显示的是修整前图像大小的数据，这些数据也可以从图 2.64 修整前的图像状态栏上显示的内容看出。

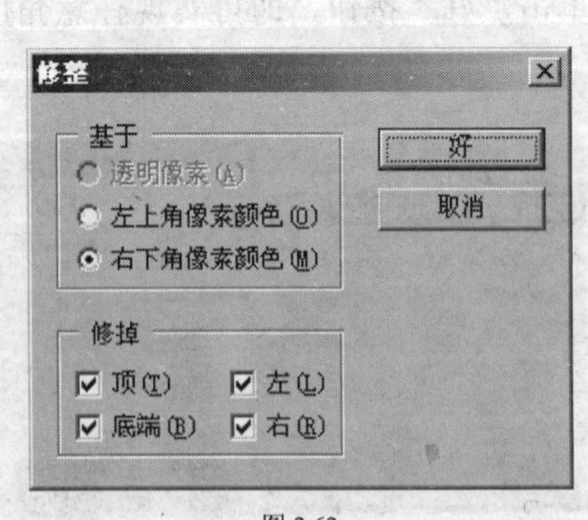

图 2.62

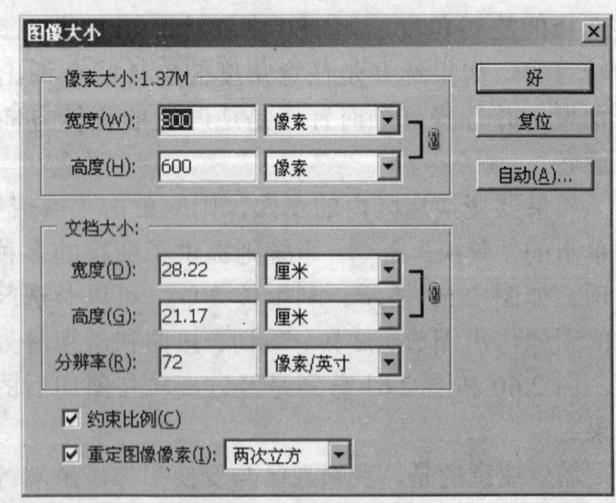

图 2.63

设置完图 2.62 的“修整”对话框后，单击对话框上的“好”按钮，系统修整图像。修整后的图像如图 2.65 所示，与图 2.64 对比，可以明显地看出图像发生的变化体现在图像的高度、宽度与文档的字节数上，而图像的分辨率不变。

图 2.64

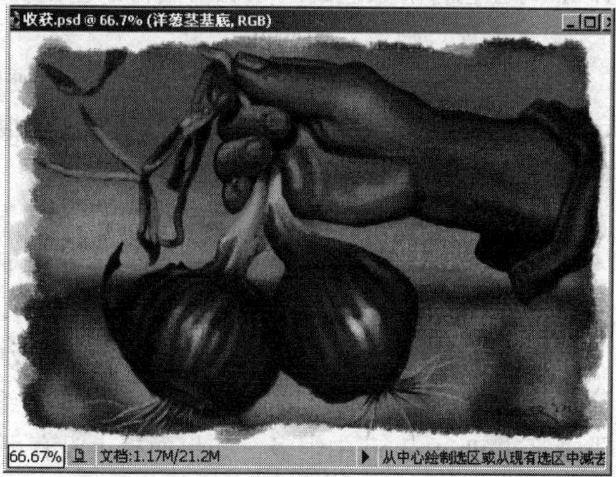

图 2.65

2.4.2　绘制图像

绘制图像是 Photoshop 的基本功能，Photoshop 提供了比较强大的绘图工具，所有绘图工具的操作方式基本相似，一般要经过以下几个步骤：

（1）确定要绘图的颜色，设置好前景色；

（2）在工具选项栏中选取需要的笔刷形状和大小；

（3）在工具选项栏中设置绘图的相关参数；

（4）在文件中进行绘制。

1．画笔与铅笔工具

Photoshop 提供了画笔工具和铅笔工具，可以用当前所选定的前景色进行绘画。默认情况下，画笔工具创建颜色的柔描边，而铅笔工具创建硬边手画线。不过，通过复位工具的画笔选项可以更改这些默认特性。也可以将画笔工具用作喷枪，对图像应用颜色喷涂。画笔工具的工具选项栏如图 2.66 所示。

图 2.66

画笔工具选项栏中的各项含义如下：

（1）“毛笔形状”为预先设定的工具选项，在那里可以选择一种预先设定好的工具；

（2）“画笔”用来选取画笔和设置画笔选项；

（3）“模式”下拉列表中可以选择使用画笔作图时使用的颜色与背景图的混合模式，具体可以参考第 4 章中图层的混合模式；

（4）“不透明度”用于设置所绘图形的透明度；

（5）“流量”是指颜色的流动速率；

（6）喷枪按钮可将画笔用作喷枪。

铅笔工具与画笔工具类似。特别一提的是，对于铅笔工具，在其选项栏中选择“自动抹掉”，可在包含前景色的区域上绘制背景色。

2．设置“画笔”的属性

“画笔”的属性包括形状、大小、间距、硬度、纹理和各种动态效果。“画笔”通过设置可以产生丰富的形状造型，能为图像制作增添很好的效果。通常设置“画笔”，有在工具选项栏中设置和在画笔面板中设置两种方法。

(1) 在工具选项栏中设置

单击工具选项栏的“画笔”选项，能弹出下拉面板，如图 2.67 所示。在下拉面板的右上角有一个黑三角，单击可以弹出面板菜单，如图 2.68 所示。在那里可以设置“画笔”的直径大小和选择画笔的形状。在“画笔”的下拉面板中可以有三种不同类型的“画笔”：硬边画笔，这类画笔边缘不柔和；柔边画笔，这类画笔边缘柔和，不能用于铅笔工具；不规则画笔，这类画笔在 Photoshop 中很多，如果面板上没有可以到面板菜单中去追加。

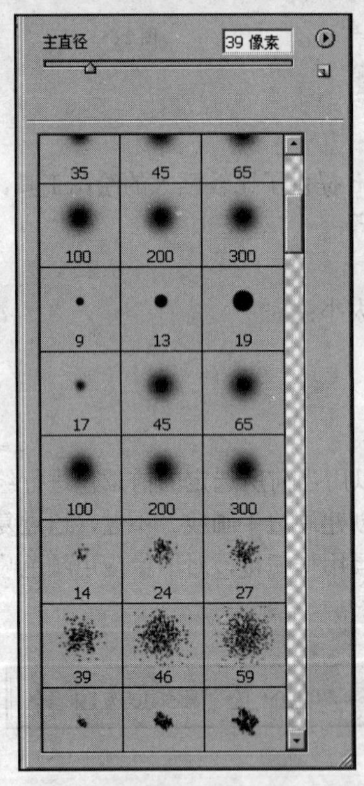

图 2.67

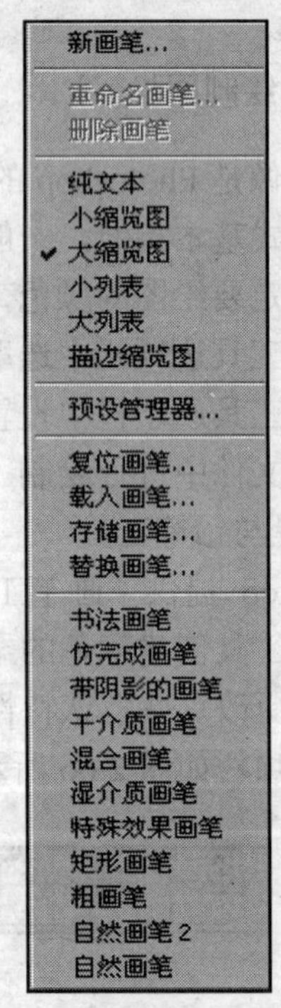

图 2.68

(2) 在画笔面板中设置

在 Photoshop 中使用画笔面板可以预设画笔、设计自定画笔、设置画笔笔尖形状、设置动态画笔等。执行“窗口”→“画笔”命令，或者在工具选项栏的右侧单击面板按钮，可以打开画笔面板，图 2.69 所示的是“画笔预设”状态时的面板。

在“画笔预设”状态可以有以下的主要操作。

① 选择预设画笔：单击“画笔”弹出式面板或“画笔”面板中的画笔，就可以应用预设的画笔。如果是使用“画笔”面板，则一定要选中面板左侧的“画笔预设”才能看到载入的预设。拖移面板下面的滑块或输入值，用来指定画笔的“主直径”。如果画笔具有双重笔尖，

主画笔笔尖和双重画笔笔尖都将被缩放。

② 更改预设画笔的显示方式：从“画笔”弹出式面板菜单或“画笔”面板菜单中可以选取不同的显示选项。“纯文本”是以列表形式查看画笔的，如图 2.70 所示；“小缩览图”或“大缩览图”是以缩览图形式查看画笔的；“小列表”或“大列表”是以列表形式查看画笔；“描边缩览图”是查看样本画笔描边。

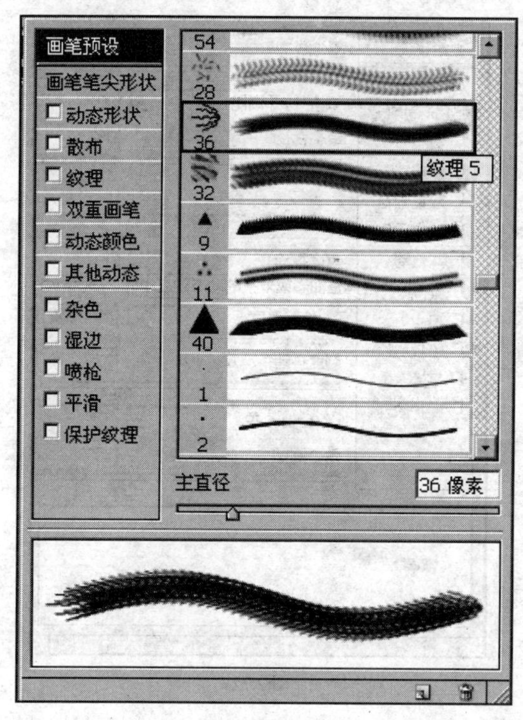

图 2.69

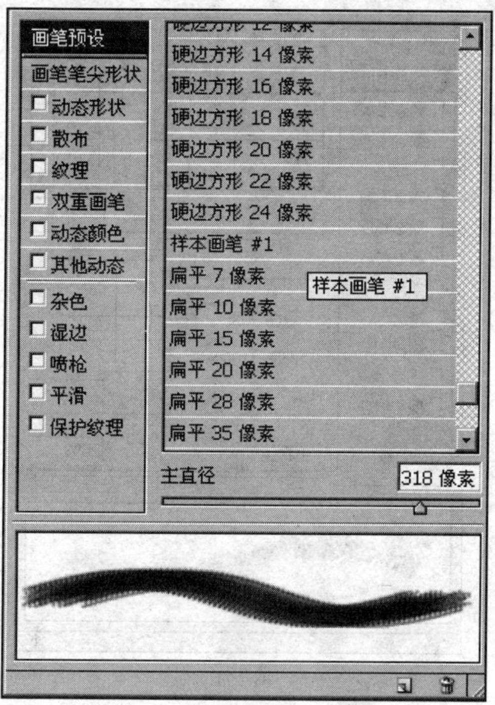

图 2.70

③ 载入预设画笔库：从“画笔”弹出式面板菜单或“画笔”面板菜单中选取“载入画笔”，则可以将库中的画笔添加到当前列表。为此可选择想使用的库文件，然后单击“载入”即可。画笔面板还可以有“替换画笔”、“存储画笔”、“复位画笔”等操作，可以使用“预设管理器”载入和复位画笔库。

（3）设置笔尖形状

在“画笔笔尖形状”状态下可以自定义画笔，如图 2.71 所示，具体有以下参数。

直径：控制画笔大小。输入以像素为单位的值，或拖移滑块来决定。

“使用取样大小”按钮：将画笔复位到它的原始直径。只有在画笔笔尖形状是通过采集图像中的像素样本创建的情况下，才能使用此选项。

角度：指定椭圆画笔或样本画笔的长轴从水平方向旋转的角度。键入度数，或在预览框中拖移水平轴。

圆度：指定画笔短轴和长轴的比率。输入百分比值，或在预览框中拖移点。100%表示圆形画笔，0%表示线性画笔，介于两者之间的值表示椭圆画笔。

硬度：控制画笔硬度中心的大小。键入数字，或者使用滑块输入画笔直径的百分比值。

间距：控制描边中两个画笔笔迹之间的距离。如果要更改间距，请键入数字，或使用滑块输入画笔直径的百分比值。当取消选择此选项时，光标的速度决定间距。

（4）设置动态画笔

“画笔”面板提供了许多将动态（或变化）元素添加到预设画笔笔尖的选项，以便在绘图过程中改变画笔笔迹的大小、颜色和不透明度等。图 2.72 为动态设置面板，Photoshop 提供了“动态形状”、“动态颜色”、“散布”、“纹理”等主要的动态效果。

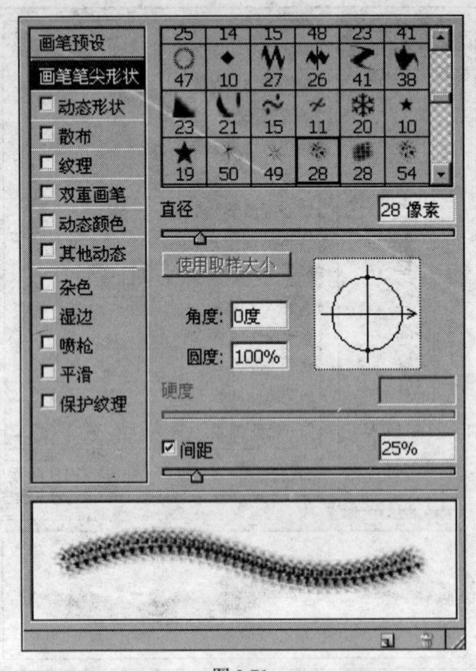

图 2.71

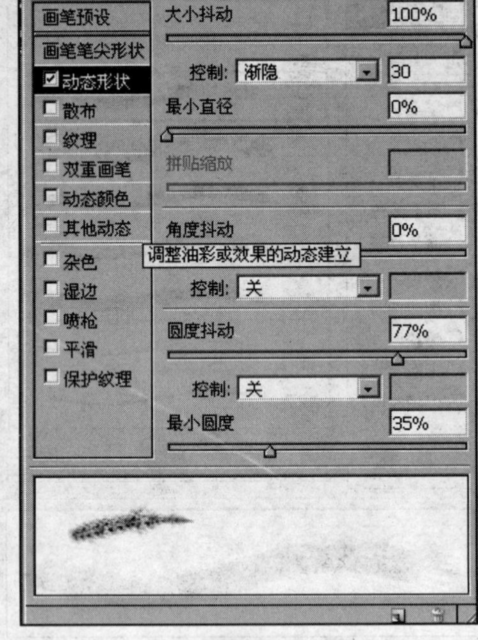

图 2.72

“动态形状”是指描边中画笔笔迹大小的改变方式，通过指定抖动的最大百分比，来控制画笔笔迹的大小变化。如果在“控制”弹出式菜单选项中设置“渐隐”选项，则可通过步长来控制初始直径到最小直径之间渐隐画笔笔迹的大小，每个步长等于画笔笔尖的一个笔迹，该值的范围可以从 1 到 9999。而“钢笔压力”、“钢笔斜度”或“光笔轮”选项，可以在初始直径和最小直径之间改变画笔笔迹的大小。

“散布”是用来设置画笔笔迹在描边过程中的分布方式。当选择“两轴”时，画笔笔迹按径向分布。当取消选择“两轴”时，画笔笔迹垂直于描边路径分布。“渐隐”可按指定数量的步长将画笔笔迹的散布从最大散布渐隐到无散布。

“纹理”是利用系统中的图案，在绘图规程中用图案填色，使描边看起来像是在带纹理的画布上绘制的一样。可以在图案样本窗中单击，打开图案列表，选择图案；通过设置“缩放”、“深度”等选项设置图案的填充方式。

“动态颜色”是指在画笔绘图过程中绘制颜色发生的变化。它以前景色及背景色为基本颜色，通过设置色相、明度、亮度、纯度的变化来使颜色发生改变。

2.4.3 擦除、仿制与修饰图像

图像的擦除、仿制与修饰是图像编辑和制作中的一个不可缺的技术，Photoshop 提供了一

些图像的擦除、仿制与修饰工具，这些工具在图像的编辑过程中相辅相成，经常通过联合使用来达到调整图像的目的。图像的擦除是指将不需要的图像去除，Photoshop 中属于图像擦除的工具是橡皮擦工具、背景橡皮擦工具和魔术橡皮擦工具；属于仿制工具的是图章工具、图案章工具、修补工具、修复画笔工具；属于图像修饰工具的是模糊工具、锐化工具、涂抹工具、减淡工具、加深工具和海绵工具。这些工具的功能和使用，在操作上有类似的地方，也有不同的地方。

1．图像的擦除工具

橡皮擦工具、背景橡皮擦工具和魔术橡皮擦工具可将图像区域抹成透明或背景色。三个工具的相同点是都改变图像中像素的颜色。

橡皮擦工具在图像中拖移时，如果正在背景中或在透明被锁定的图层中工作，像素将更改为背景色，否则像素将抹成透明。“抹到历史记录”复选框可以使受影响的区域返回到“历史记录”调板中选中的状态。橡皮擦工具的选项栏如图 2.73 所示，各选项的含义与上一节画笔工具类似。

图 2.73

背景色橡皮擦工具在拖移时可将图层上的像素抹成透明，从而在抹除背景的同时在前景中保留对象的边缘。通过指定不同的取样和容差选项，可以控制透明度的范围和边界的锐化程度。背景色橡皮擦工具选项栏如图 2.74 所示。

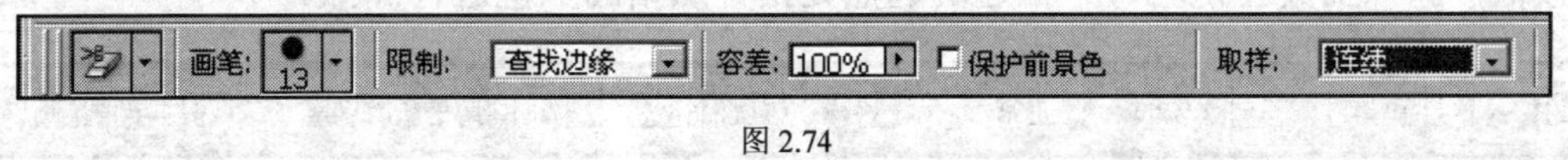

图 2.74

在图层中单击魔术橡皮擦工具时，会影响所有相似的像素。如果是在背景中或是在锁定的透明图层中工作，像素会更改为背景色，否则像素会抹为透明。魔术橡皮擦工具选项栏如图 2.75 所示。

图 2.75

2．图像的仿制工具

仿制图章工具能从图像中取样，然后将样本应用到其他图像或同一图像的其他部分。具体的用法是先选取画笔和设置画笔选项，设置好混合模式、不透明度和流量等个参数，按住【Alt】键并单击用来复制的图像区域，以设置取样点，放开【Alt】键后就可以进行图像的复制了。选择“用于所有图层”选项，可以从所有可视图层对数据进行取样；取消选择“用于所有图层”，将只从当前图层取样。

图案图章工具可以从图案库中选择图案或者以自己创建的图案来填充图像，用法比较简单方便，图 2.76 是它的工具选项栏。

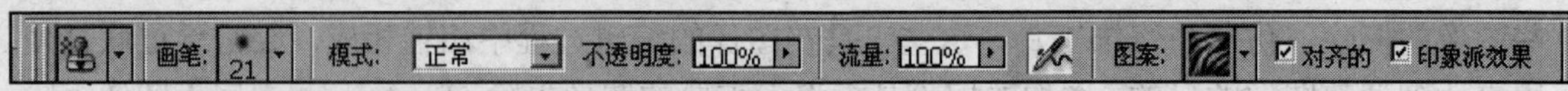

图 2.76

修复画笔工具可用于校正图像照片中的瑕疵与不足，使它们与周围的图像融合。用法与仿制工具一样，工具选项栏如图 2.77 所示。使用修复画笔工具，可以利用图像或图案中的样本像素来绘画。修复画笔工具还可将样本像素的纹理、光照和阴影与源像素进行匹配，从而使修复后的像素不留痕迹地融入图像的其余部分。

图 2.77

修补工具可以用图像中的其他区域或图案中的像素来修复选中的区域。如修复画笔工具似地，修补工具会将样本像素的纹理、光照和阴影与源像素进行匹配，还可以使用来仿制图像的隔离区域。

3．图像的修饰工具

运用模糊工具、锐化工具、涂抹工具、减淡工具、加深工具和海绵工具，可以从图像的清晰光亮度、明暗、色彩等角度对图像进行修饰。但要注意，在位图、索引颜色模式或 16 位通道的图像中不能使用这些工具。

涂抹工具可模拟在湿颜料中拖移手指的动作，即在图像中用涂抹的方式揉和附近的像素。该工具可拾取描边开始位置的颜色，并沿拖移的方向展开这种颜色。涂抹工具的工具选项栏如图 2.78 所示。“手指绘画”复选框可用每个描边起点处的前景色进行涂抹，如果取消选择该框，涂抹工具会使用每个描边的起点处指针所指的颜色进行涂抹。

图 2.78

模糊工具和锐化工具可以统称聚焦工具。模糊工具是一种通过画笔使图像模糊的工具，可以柔化图像中的硬边缘或图像区域，降低像素之间的反差度，减少细节。锐化工具与模糊工具相反，增大像素之间的反差度，可调整图像的软边缘，以提高清晰度或聚焦程度。两个工具的选项栏相似，图 2.79 是模糊工具的工具选项栏。

图 2.79

减淡工具和加深工具也叫色调工具，减淡、加深工具采用了调节照片特定区域曝光度的传统摄影技术，可使图像局部区域变亮或变暗。减淡工具通过提高图像的亮度来校正曝光，加深工具正好相反。两个工具的选项栏相似，图 2.80 是减淡工具的工具选项栏。“范围”选项的“中间调”，可更改灰度的中间范围；“暗调”可更改黑暗的区域；“高光”可更改明亮的区域。

图 2.80

海绵工具是一种调整图像色彩饱和度的工具，可以提高或降低图像局部色彩的饱和度，精确地更改区域的色彩。在灰度模式下，该工具通过使灰阶远离或靠近中间灰色来增加或降低对比度。海绵工具的选项栏如图 2.81 所示。“加色”模式可以增强颜色的饱和度；“去色”模式可以减弱颜色的饱和度。

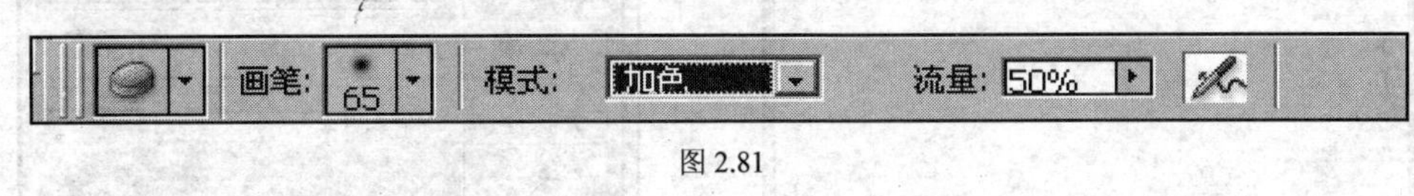

图 2.81

2.4.4　实训案例

实训案例的具体步骤如下。

（1）新建立一个文件，大小为 20cm×15cm，RGB 模式。其他为默认选项。

（2）应用画笔工具，选择画笔库中的“交叉排序 1”画笔形状，设置直径为 38 像素，间距为 21%。

（3）对笔尖进行动态形状设置，参数如图 2.82 所示；对笔尖设置动态颜色，参数如图 2.83 所示。

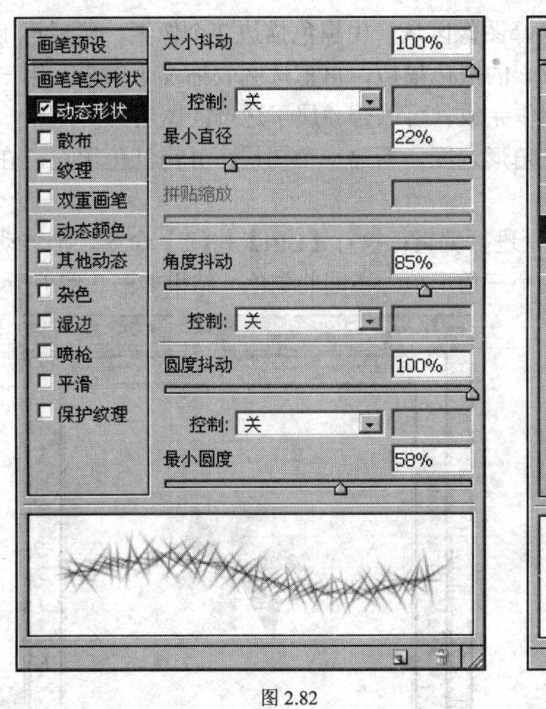

图 2.82

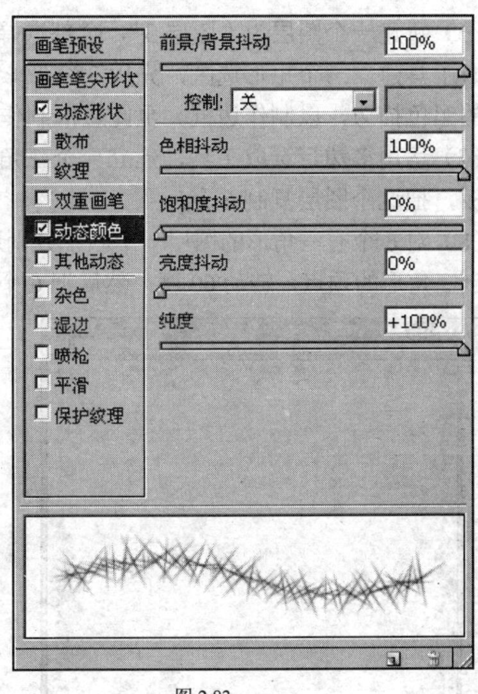

图 2.83

（4）新建一个图层为“图层 1”，在文件的四周设置四条与文件边框均匀的参考线，用画笔工具和设置好的笔尖形状绘图，如图 2.84 所示。

（5）继续运用画笔工具，选择像素为 5 的、边缘柔软的圆形笔尖，硬度为 0，间距为 550%。新建一个图层为“图层 2”，前景色为黑色，设置画笔的“散布”选项，如图 2.85 所示。完成的效果如图 2.86 所示。

图 2.84

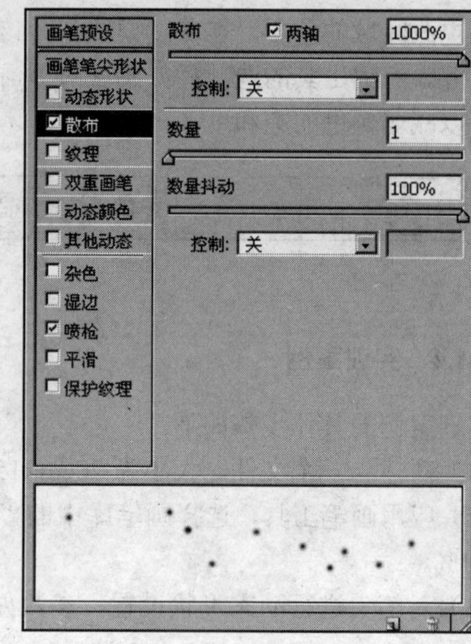

图 2.85

（6）新建一个图层为“图层 3”，全部选择图像区域，用黑色描边 2 个像素，然后再用矩形选取工具建立一个矩形选区，先用 3 个像素的黑色描边，再把选区收缩 3 个像素，用一个像素的黑色描边，以制作边框。至此边框制作完成，可以合并属于边框的图层。

（7）运用多边形选取工具，建立一个三角形选区，新建一个图层，并用红色填充。在图层面板，把这个图层复制 6 个。

（8）对 6 个有三角形的图层一个一个分别进行编辑：执行【Ctrl】+【T】命令，把转动中心移到三角形的顶点，转动 60 度；然后把 6 个三角形填上不同的颜色，结果如图 2.87 所示。

图 2.86

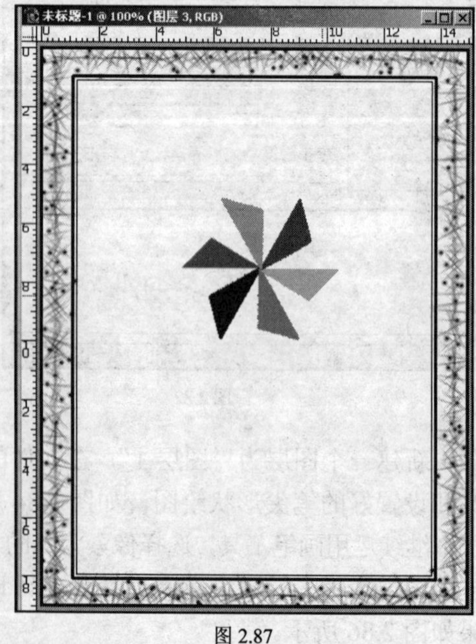

图 2.87

（9）执行【Ctrl】+【E】命令，合并 6 个三角形所在的图层，再把它复制一个，并用【Ctrl】+【T】命令和“编辑”→“变换”→“透视”等命令进行调整，如图 2.88 所示。

（10）新建图层，运用渐变工具，渐变样式为直线渐变，渐变颜色为白色与浅绿色，在文件的下面部分进行渐变填充，如图 2.89 所示。

图 2.88

图 2.89

（11）运用画笔工具，选择“#134 号草”的笔尖形状，在画笔面板，调整直径的大小，适当调整其他各选项。前景为浅绿色，背景色为深绿色，在文件的下面进行绘图。用同样的方法，选择“＃112 号沙丘草”的笔尖形状进行绘图，结果如图 2.90 所示。

（12）新建图层，与上一步一样选择“散步枫叶”的笔尖形状，前景色为#FF9900，背景色为绿色，调整笔尖的各项设置，在图的上部进行绘制，结果如图 2.91 所示。

图 2.90

图 2.91

（13）用矩形选择工具，在文件的上部工作区建立一个矩形选区，执行“羽化”命令，羽化值为 20，如图 2.92 所示。

（14）新建立一个图层，在选区内用适当大小的柔边圆形笔尖，涂上一定的蓝色与白色，然后执行“滤镜”→“渲染”→“云彩”命令，制作天空背景，调整好图层的位置，最后效果如图 2.93 所示。

图 2.92

图 2.93

本章小结

本章较为简洁地介绍了 Photoshop 界面、文件操作等基本知识，重点介绍了选择工具和选择的技巧与方法、绘图工具和绘图技巧。另外对修图、修饰工具也做了简要说明。本章从具体应用的角度入手，讲解各工具命令的功能与用法，体现图像处理的基本思想。要想得心应手的处理好图像，首先要掌握好本章讲解的内容。

习　　题

1．图像标题栏中提供了哪些信息？

2．Photoshop 中有多少种面板，它们各有什么功能？

3．Photoshop 工作桌面的布局主要有几部分？

4．新建立图像文件的方法有哪些？

5．网格与参考线的区别是什么？各有什么作用？

6．图像大小设置对话框中有哪些设置选项？“文件大小”与“像素大小”有什么区别？

7．图章工具有几种？它们的作用与功能是什么？

8．图像擦除工具有哪些？各有什么区别？

9．渐变工具中有哪几种渐变方式？渐变工具与油漆桶工具有什么异同？

10．模糊与锐化工具有什么异同？

11．颜色加深与减淡工具有什么异同？

12．利用选择工具创建一个复杂的造型选区。

13．利用选取工具选择一个人物头像，并进行描边处理。

14．利用绘图、编辑工具和画笔面板设计制作一作品。

15．利用仿制与修饰工具修改创作一作品。

第3章

图形处理软件 CorelDRAW 的基本操作

教学目标：CorelDRAW 是当今最流行的矢量图形设计软件之一。通过本章的学习，应该掌握 CorelDRAW 的页面设置，CorelDRAW 的图形绘制和编辑方法，创建复杂图形的方法，以及 CorelDRAW 的文本编辑功能。

教学内容：CorelDRAW10 系统配置、CorelDRAW 页面设置、CorelDRAW 图形的绘制和编辑、创建复杂图形的方法、CorelDRAW 的文本编辑功能等。

3.1 CorelDRAW 的工作界面设置

1．CorelDRAW 的系统配置

CorelDRAW 绘图设计系统集合了图像编辑、图像抓取、位图转换、动画制作等一系列实用的程序，构成了一个高级图形设计和编辑的出版软件包。

CorelDRAW 作为一个大型的图形设计软件，需要有较高的计算机软硬件配置来保障它的正常运行。以下给出的是运行 CorelDRAW 系统所要求的最低配置和建议配置。需要强调的是，较高配置的计算机将使 CorelDRAW 的运行更为流畅，更能保障用户的使用。

操作系统：Windows 95/98、Windows NT4.0 以上。

内存：32MB RAM，建议 128M RAM 以上。

CPU：Pentiuml66，建议 PentiumII 以上。

显卡：建议具有专业图形加速功能的显卡。

显示器：VGA，建议 SVGA（15 英寸以上）。

硬盘可用空间：300MB 以上。

2．CorelDRAW 的工作界面

启动 CorelDRAW 后，在欢迎窗口中单击 New Graphic（创建新图形）图标选项，就会出现如图 3.1 所示的绘图操作界面，CorelDRAW 所有的绘图工作都是在这里完成的。熟悉操作界面，是熟练使用 CorelDRAW 绘图的开始。

菜单栏：CorelDRAW 的主要功能都可以通过执行菜单栏中的各种命令选项来完成，CorelDRAW 的菜单栏包括文件（File）、编辑（Edit）、查看（View）、布局（Layout）、排列（Arrange）、效果（Effect）、位图（Bitmaps）、文本（Text）、工具（Tools）、窗口（Windows）

和帮助（Help）等 11 个功能各异的菜单。如图 3.2 所示。

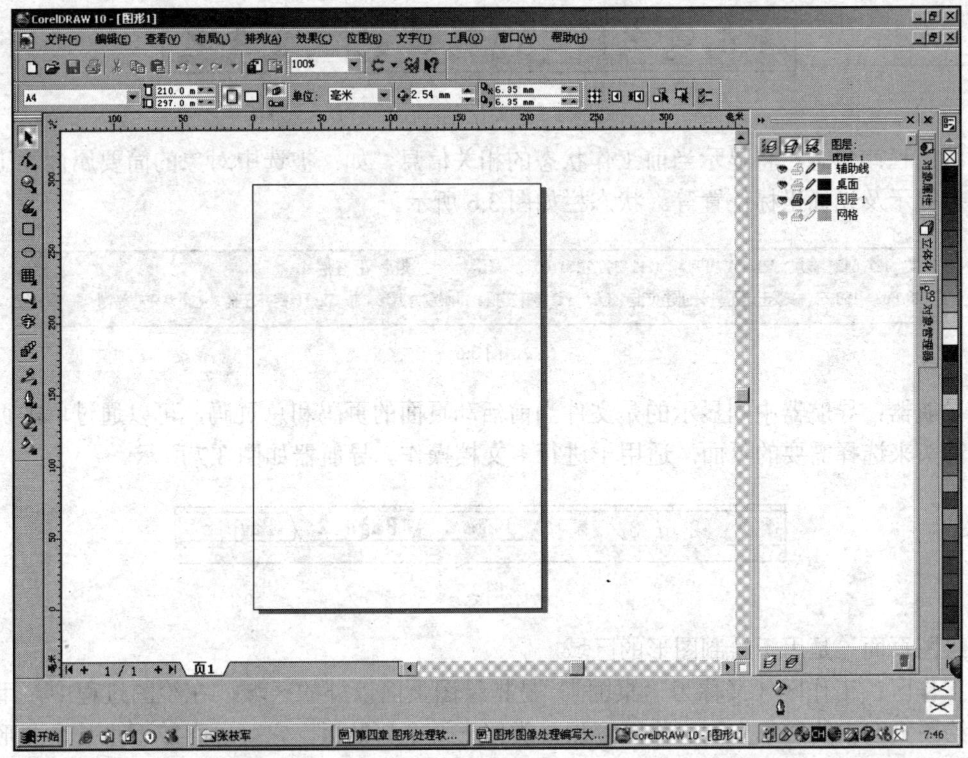

图 3.1

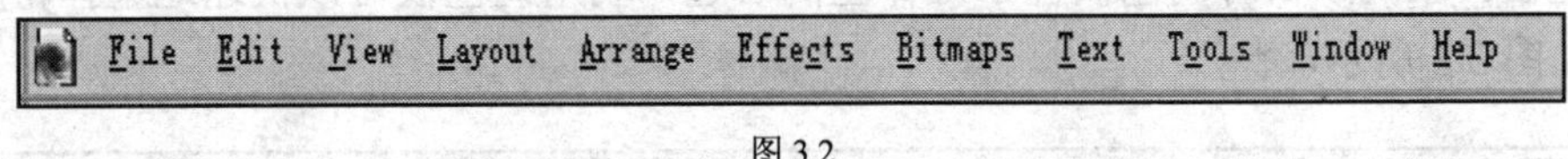

图 3.2

常用工具栏：在常用工具栏上放置了最常用的一些功能选项并用按钮的形式体现出来，这些功能选项大多数都是从菜单命令中挑选出来的。常用工具栏如图 3.3 所示。

图 3.3

属性栏：属性栏提供操作中所选对象和使用工具的相关属性，通过对属性栏中相关属性的设置，可以控制对象产生相应的变化。没有选中任何对象时，属性栏中系统默认的是文档的一些版面布局信息。属性栏如图 3.4 所示。

图 3.4

工具箱：系统默认时工具箱位于工作区的左边，工具箱中放置了经常使用的编辑工具，并将功能近似的工具以展开的方式归类组合在一起，从而使操作更加灵活方便。图 3.5 是

CorelDRAW 的工具箱。

图 3.5

状态栏：状态栏将显示当前工作状态的相关信息，如：被选中对象的简要属性、工具使用状态提示及光标坐标位置等。状态栏如图 3.6 所示。

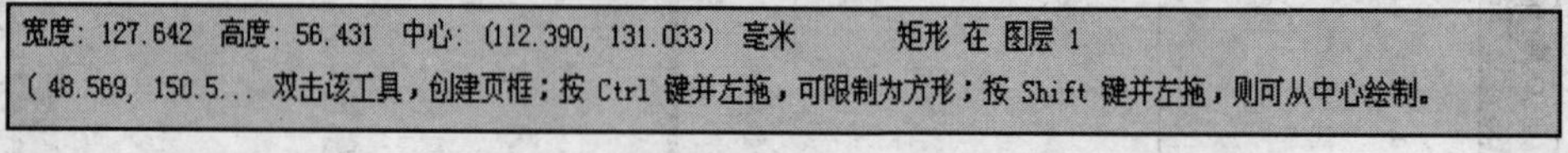

宽度: 127.642 高度: 56.431 中心: (112.390, 131.033) 毫米 矩形 在 图层 1
(48.569, 150.5... 双击该工具，创建页框；按 Ctrl 键并左拖，可限制为方形；按 Shift 键并左拖，则可从中心绘制。

图 3.6

导航器：导航器中间显示的是文件当前活动页面的页码和总页码，可以通过单击页面标签或箭头来选择需要的页面，适用于进行多文档操作。导航器如图 3.7 所示。

2 of 3 Page 1 Page 2 Page 3

图 3.7

绘图页面：是用于绘制图形的区域。

工作区：工作区（又称为“桌面”）是指绘图页面以外的区域。在绘图过程中，用户可以将绘图页面中的对象拖到工作区存放，类似于一个剪贴板，它可以存放不止一个图形，使用起来很方便。

调色板：系统默认时调色板位于工作区的右边，利用调色板可以快速地选择轮廓色和填充色，如图 3.8 所示。

图 3.8

视图导航器：通过单击工作区右下角的视图导航器图标启动该功能，在弹出的含有当前文档的迷你窗口中，文档可以随意移动，以显示文档的不同区域。视图导航器特别适合对象放大后的编辑，如图 3.9 所示。

图 3.9

3．CorelDRAW 文件格式及文件操作

CDR 是 CorelDRAW 的专用图形文件格式。由于 CorelDRAW 是矢量图形绘制软件，所以 CDR 可以记录文件的属性、位置和分页等。CDR 文件格式的兼容性较差，即在 CorelDraw 应用程序中均能够使用，但其他图像编辑软件却打不开此类文件。

在使用 CorelDRAW 进行设计时，第一步必然是创建或打开一个文件。下面列出几种新建和打开文件的方法。

（1）利用 CorelDRAW 启动时的欢迎窗口新建和打开文件；

（2）利用 CorelDRAW 菜单栏中文件菜单下的新建、从模板新建和命令新建和打开文件命令；

（3）利用 CorelDRAW 标准工具栏中的新建“按钮”和“打开”按钮来新建和打开文件。

当制作完成某一作品后，就要进行保存并且关闭文件。下面列出完成这一操作的几种方法：

（1）利用 CorelDRAW 菜单栏中文件菜单下的保存或另存为命令保存或更名保存文件；

（2）利用 CorelDRAW 标准工具栏中的保存按钮来存储文件；

（3）利用 CorelDRAW 菜单栏中文件菜单下的关闭命令或绘图窗口上的×关闭按钮，来关闭文件。

3.2 CorelDRAW 页面设置

1. 常规页面设置

页面大小是指图形对象所在页面的尺寸。可以自定义页面的大小，也可以使用系统提供的数十种页面大小样式，还可以让 CorelDRAW 自动调整页面大小来适应当前的打印机和纸张尺寸。

可以在选取工具属性栏中进行简单的页面尺寸设置，也可以在选项对话框中进行进一步的设置。具体操作步骤如下。

（1）单击“工具”→“选项”命令，弹出“选项”对话框。

（2）在对话框左边列选框中单击“文档”→“页面”旁边的“+”号，在弹出的目录内容中选择“大小”选项，这时在对话框的右边即可弹出该选项的页面内容，如图 3.10 所示。

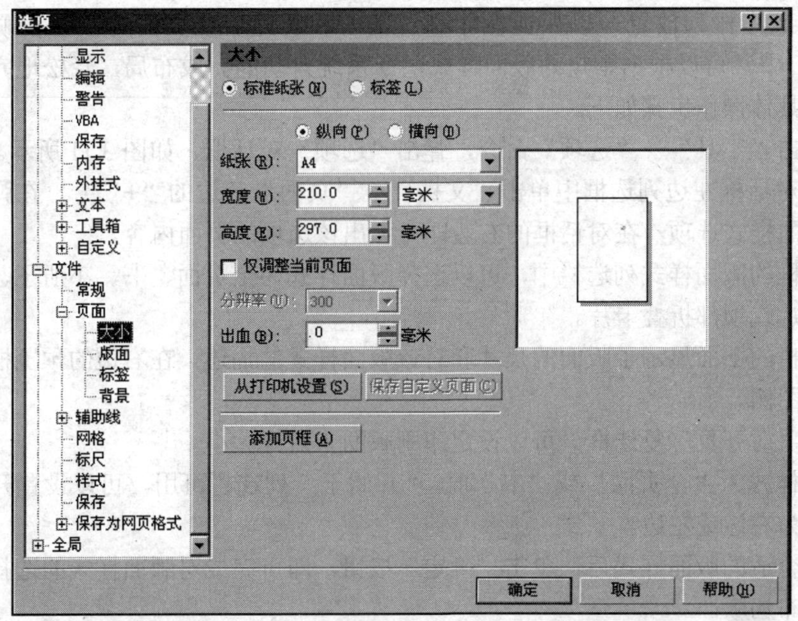

图 3.10

默认时，对话框上的“标准纸张”（Normal Paper）单选按钮被选中，表示将对常规页面进行设置。选择它下方的“纵向”或“横向”单选按钮，则可以分别对竖置的页面或横置的页面进行设置。

在“纸张”下拉列栏中可以选择系统预置的页面大小。当选中某一个页面大小时，在“宽度”和“高度”增量框中就会显示出该页面大小的实际尺寸。

在“宽度”增量框后面的列选框中，可以选择页面大小尺寸的度量单位，系统默认为毫米，如果选择像素为度量单位，则对话框中的分辨率列选栏被激活，可以在此设置打印图像的分辨率。

在“出血”增量框中，可以设置指定图像的出血程度，指为防止印刷后裁剪时破坏图像画面而预留的边缘是多少。

选中“仅调整当前页面”复选框时，设置的页面大小只可以对当前的页面进行调整；反之，则对该文档中的所有页面都有效。

单击“从打印机设置”按钮，则系统将自动重新设置页面的大小来与所安装的打印机相匹配。

如果在“宽度”和“高度”增量框中自定义了新的页面尺寸，则“保存自定义页面”按钮被激活。单击该按钮，在弹出的保存用户页面到类型对话框中输入名称，就可以将新设置的页面大小保存到页面类型尺寸列选栏中，以供今后使用。

单击“添加页框”按钮，可以在页面中添加一个页面大小的边线框架，边框的大小和形状可以调整。

设置好各项参数后，单击“确定”按钮，即完成了对页面大小的设置。

2．设置版面样式

当编辑完成多页面文档后，可以将文档中的各个页面依次打印出来。但如果要将设计的文挡印刷出来，页面就不必按顺序打印。因为在商业印刷中，为了有效地利用纸张，需将页面以适当的顺序排列放置，以保证在印刷、裁剪和装订后，页面的位置和顺序正确。在CorelDRAW 中，可以根据指定的版面样式，令系统自动的完成布局，轻松地完成这一专业性的操作。具体操作步骤如下。

（1）单击“工具”→“选项”命令，弹出“选项”对话框，如图 3.11 所示。

（2）在对话框左边列选框中单击“文档”→“页面”旁边的“+”号，在弹出的目录内容中选择版面样式选项，在对话框的右边即可弹出该选项的页面内容。

在对话框的版面样式列选栏中，可以选择版面样式为全页面、书、小册子、对折卡片、侧面折叠卡片或顶部折叠卡片。

在列选栏的下面显示了版面的尺寸和对该版面样式的描述，在右边的预览框中显示了该版面样式的图例。

若选中“对开页”复选框，可以设定印刷版面为对开大小。

当版面样式为“全页面”或“书”时，“开始于”列选栏可用，可以设置开始页（第一页）的位置为右边或左边。

选择了合适的版面样式后，单击“确定”按钮，即可完成对版面样式的选择，系统将在打印时自动布局版面。

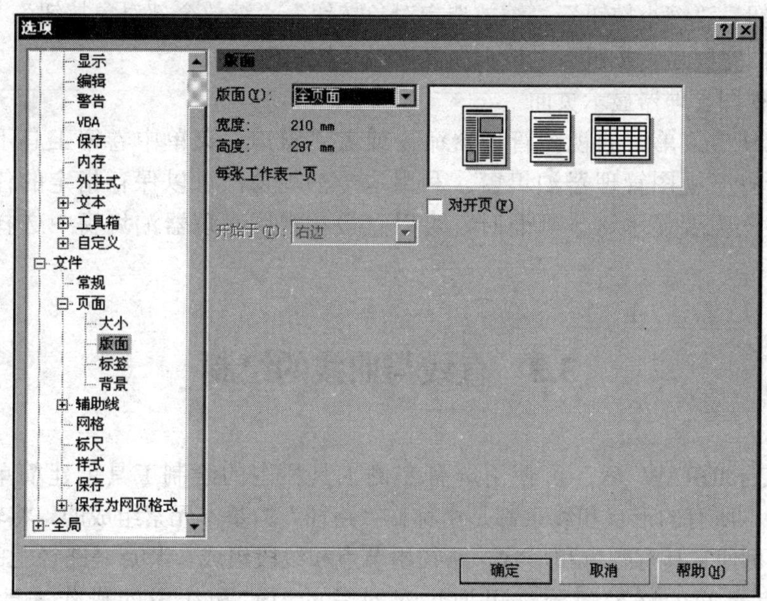

图 3.11

3．CorelDRAW 视图控制

在用 CorelDRAW 进行图形绘制的过程中，可以随时改变绘图页面的显示模式以及显示比例，以利于我们更加细致地观察所绘图形的整体或局部。

（1）设置视图的显示方式

在 CorelDRAW 菜单栏的“查看”菜单下有 5 种视图显示方式：简单线框、线框、草稿、普通、增强。每种显示方式，对应的屏幕显示效果都不相同。

简单线框模式只显示图形对象的轮廓，不显示绘图中的填充、立体化、调和等操作效果。此外，它还可显示单色的位图图像。

线框模式只显示单色位图图像、立体透视图、调和形状等，不显示填充效果。

草稿模式可以显示标准的填充和低分辨率的视图。在此模式中，利用特定的样式来表明所填充的内容。如平行线表明是位图填充，双向箭头表明是全色填充，棋盘网格表明是双色填充，“PS”字样表明是 PostScript 填充。

普通模式可以显示除 PostScript 填充外的所有填充以及高分辨率的位图图像。它是最常用的显示模式。它既能保证图形的显示质量，又不影响计算机显示和刷新图形的速度。

增强模式可以显示最好的图形质量。

（2）设置预览显示方式

CorelDRAW 在屏幕上提供了最接近实际图形的显示效果。在菜单栏的“查看”菜单下还有 3 种预览显示方式：全屏预览、全屏预览对象和页面分类视图。全屏预览显示可以将绘制的图形整屏显示在屏幕上；全屏预览对象只整屏显示所选定的对象；页面分类视图则可将多个页面同时显示出来。

（3）设置显示比例

在图形绘制过程中，可以利用手形工具或绘图窗口右侧和下侧的滚动条来移动视窗，利用缩放工具及其属性栏来改变视窗的显示比例。在缩放工具属性栏中，依次为“缩放级别列表"、"放大按钮"、"缩小按钮"、"缩放选定对象按钮"、"缩放全部对象按钮"、"按页面显示按钮"、"按页面宽度显示按钮"、"按页面高度显示按钮"。

（4）利用视图管理器显示页面

选择"工具"菜单中的视图管理器命令或者"窗口"菜单中卷帘工具下的视图管理器命令，均可打开视图管理器泊坞窗。利用这一泊坞窗，可以保存指定的任何视图显示效果。以后再次需要显示这一画面时，可以直接在视图管理器泊坞窗中选择，无须再次重新操作。

3.3 直线与曲线的绘制

当启动 CorelDRAW 后，可使用屏幕左侧工具栏中的绘制工具创建简单的对象。在 CorelDRAW 中，所有的形状和线条都是由称作"路径"的基本元素组成的。将轮廓或颜色添加给路径，就可使它具有颜色和形状。路径由节点和线段组成，节点是路径上的一个点，线段是两个节点之间的路径部分，可通过对对象的节点和线段的操作来改变其形状。CorelDRAW 提供了 3 种绘制直线、曲线和不规则形状的工具：Freehand 工具、Bezier 工具和 Artistic Media 工具，这里只介绍前面两种工具的使用方法。

1．使用 Freehand 工具创建直线、折线

手绘工具（Freehand Tool），是使用鼠标在绘图页面上直接绘制直线或曲线的一种工具。从工具箱中选择 Freehand Tool（手绘工具）后，鼠标光标将会变成右下角带波浪形的十字形状，表明此时可以开始直线的绘制。

（1）使用手绘工具绘制直线

- 在绘图页面中单击鼠标，作为直线的起点，将鼠标移动到欲绘制直线的终点处，再次单击鼠标，即可完成直线的绘制。
- 如需绘制垂直线、水平线或斜线，应在绘制时按住【Ctrl】键并拖动鼠标光标，可以水平地绘制直线，或呈一定增量角度（系统默认 15°）地倾斜绘制直线。

（2）使用手绘工具绘制折线

在绘图页面中单击鼠标，作为折线的起点，然后在每一个转折处双击，到达终点时再单击鼠标，即完成折线的绘制。

（3）使用手绘工具绘制任意线

在绘图页面中按住鼠标左键不放，拖动鼠标绘制曲线，曲线绘制完成后释放鼠标。连续绘制曲线，最终回到起点位置后，单击鼠标即可完成一个封闭区域的绘制。该绘图工具通过在页面上拖动光标进行绘制，就像在纸上使用铅笔一样方便，最接近传统绘画工具，但在精度上有些不足，适用于精度要求不高的场合。

（4）手绘工具的属性栏

手绘工具除了绘制简单的直线（或曲线）外，还可以配合其属性栏的设置，绘制出各种粗细、线型的直线（或曲线）以及箭头符号。如图 3.12 所示。

2．使用 Bezier 工具创建曲线

贝塞尔工具（Bezier Tool），可以比较精确地绘制直线和圆滑的曲线。由于矢量图形

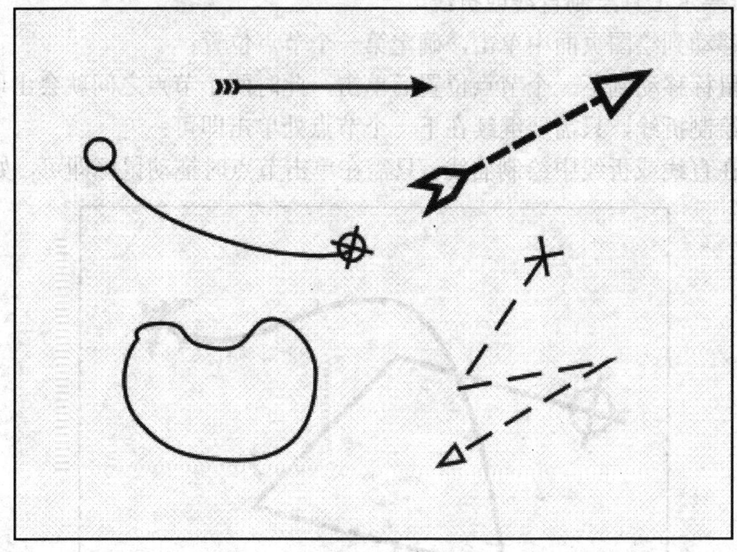

图 3.12

中的曲线是由邻接的节点构成的，曲线上的任何一个拐弯处节点的变化都可以使曲线改变方向，贝塞尔工具就是通过改变节点控制点的位置来控制曲线的弯曲程度的。

（1）用贝塞尔工具绘制一段曲线

- 从工具箱中选择手绘工具级联菜单中的贝塞尔工具；
- 在绘图页面中单击并拖动鼠标，确定起始节点，此时该节点两边出现两个控制点，连接两个控制点的是一条蓝色的控制虚线；
- 将鼠标移动到下一个节点处单击并拖动鼠标，此时两个节点之间会出现一条曲线线段，同时第二个节点的两端也出现两个控制点，如图 3.13 所示；

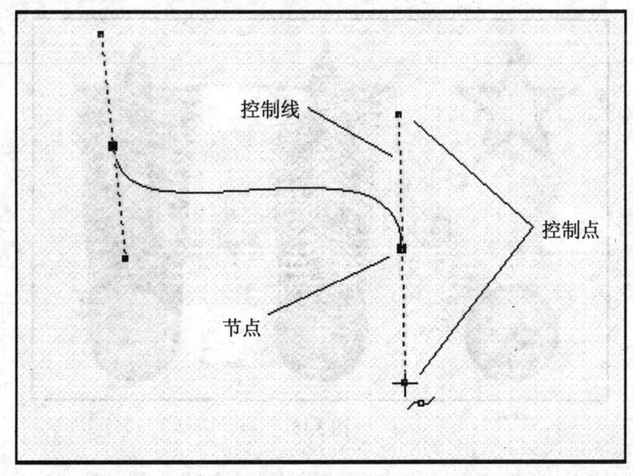

图 3.13

- 按住鼠标左键不放，拖动鼠标调节控制点连线的长度和角度，曲线的外观也会随着发生改变；
- 调整完成后，释放鼠标即可完成曲线线段的绘制。

（2）使用贝塞尔工具绘制直线或折线

- 将鼠标移动到绘图页面中单击，确定第一个节点位置；
- 然后将鼠标移动到下一个节点位置后单击，此时两个节点之间就会出现一条直线；
- 如果要绘制折线，只需要继续在下一个节点处单击即可；
- 如果要在直线或折线中绘制曲线，只需在单击节点时拖动鼠标即可，如图 3.14 所示；

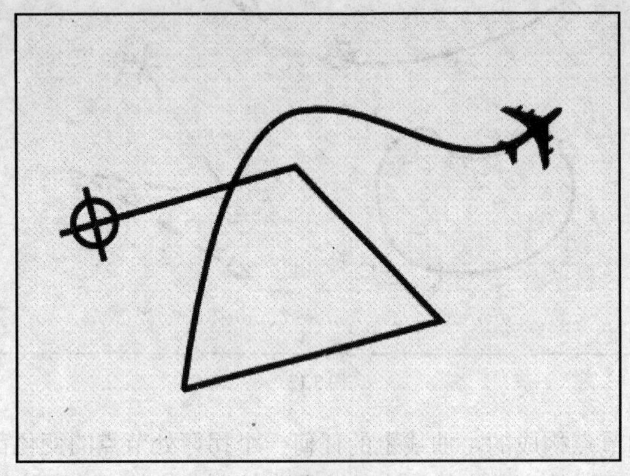

图 3.14

- 贝塞尔工具的属性栏主要在曲线编辑时才可用。

3．实训案例：简单调和效果

（1）首先绘制两个用于制作调和效果的对象；

（2）在工具箱中选定交互式调和工具；

（3）在调和的起始对象（如五角星）上按住鼠标左键不放，然后拖动到终止对象（如圆形）上，释放鼠标即可。如图 3.15 所示。

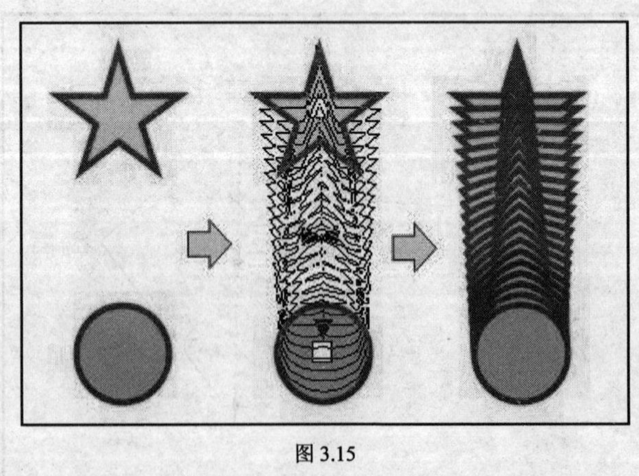

图 3.15

3.4 创建基本形状的方法

在绘制的图形对象中，大部分是由几何图形组成的，矩形、椭圆和多边形是各种复杂图形最基本的组成部分。因此，CorelDRAW 在其 Tool Box（工具箱）中提供了一些用于绘制几何图形的工具。这些工具的使用方法是一样的，即：

- 用鼠标在工具箱中选中需要的工具；
- 将鼠标移动到绘图页面中，用拖动的方式就可以绘制出所需的图形对象；
- 按住【Ctrl】键拖动鼠标，可绘制出“正”的图形；
- 按住【Shift】键拖动鼠标，可绘制出以鼠标单击点为中心的图形；
- 而按住【Ctrl】+【Shift】键后拖动鼠标，则可绘制出以鼠标单击点为中心的“正”的图形。

3.4.1 基本形状工具的使用方法

使用 Rectangle Tool（矩形工具）绘制矩形或正方形后，在属性栏中显示出该图形对象的属性参数。通过改变属性栏中的相关参数设置，可以精确地创建矩形或正方形。

使用 Ellipse Tool（椭圆工具）可以绘制椭圆、圆、饼形和圆弧。在选中 Ellipse Tool（椭圆工具）后，使用属性栏中的（椭圆）、（饼形）或（圆弧）选项，可以比较精确地绘制和修改图形的外观属性。

使用 Polygon Tool（多边形工具）可以绘制出多边形、星形和多边星形。选中 Polygon Tool（多边形工具）后，在属性栏上的栏中选定多边形（或星形）按钮，即可开始绘制多边形或星形；在多边形工具的属性栏中的栏中设置和更改多边形（或星形）的边数（或角数），可以得到不同的多边形（或多角星）。

Spiral（螺旋线）是一种特殊的曲线。利用 Spiral Tool（螺旋线工具）可以绘制两种螺旋线：Symmetrical Spiral（对称螺旋线）和 Logarithmic Spiral（对数式螺旋线）。具体操作方法如下：

（1）从工具箱中Polygon Tool（多边形工具）的级联菜单中选择Spiral Tool（螺旋线工具）；

（2）在 Spiral Tool（螺旋线工具）属性栏的栏中设置螺旋线的圈数值，如图 3.16 所示；

图 3.16

（3）在栏中选定所需绘制的螺旋线类型为Symmetrical Spiral（对称式螺旋线）或Logarithmic Spiral（对数式螺旋线）；

（4）如果选中Logarithmic Spiral（对数式螺旋线），还需在栏中设置螺旋扩张的速度值。

注意：对称螺旋是对数螺旋的一种特例，当对数螺旋的扩张速度为 1 时，就变成了对称螺旋（即螺旋线的间距相等）。螺旋的扩张速度越大，相同半径内的螺旋圈数就会越少。在设置完属性后，将鼠标移动到绘图页面中，用拖动的方式就可以绘制出所需的螺旋线图形。

Graphic Paper Tool（图纸工具）主要用于绘制网格，以便在绘制曲线图或其他对象时帮助用户精确排列对象。它的绘制方法非常简单，即：

（1）从工具箱中 Polygon Tool（多边形工具）的级联菜单中选择 Graphic Paper Tool（图纸工具）；

（2）在 Graphic Paper Tool（图纸工具）属性栏中的 框中设置纵、横方向的网格数；

（3）将鼠标移动到绘图页面中，用拖动的方式就可以绘制出所需的网格图形，如图 3.17 所示。

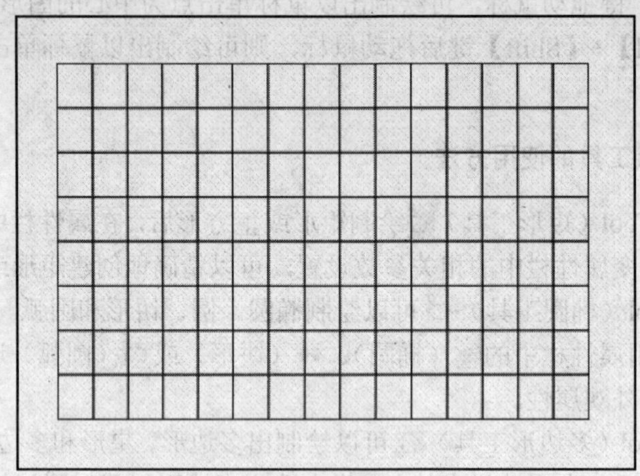

图 3.17

技巧：按住【Ctrl】键拖动鼠标，可绘制出正方形边界的网格（边界内的网格数是根据用户设定的纵、横向的网格数值分别平均划分）；按住【Shift】键拖动鼠标，即可绘制出以鼠标单击点为中心的网格；而按住【Ctrl】+【Shift】键后拖动鼠标，则可绘制出以鼠标单击点为中心的正方形边界的网格。

3.4.2 实训案例

实训案例 1：星光点点

本案例将利用正五边形对象变形得到的五角星，应用轮廓效果，得到具有层次感、立体感的星星图像，将它们点缀在页面中，得到如图 3.18 所示的效果。具体步骤如下所述。

图 3.18

（1）新建页面，在工具栏中单击按钮，选择多边形工具，弹出如图 3.19 所示的属性栏。

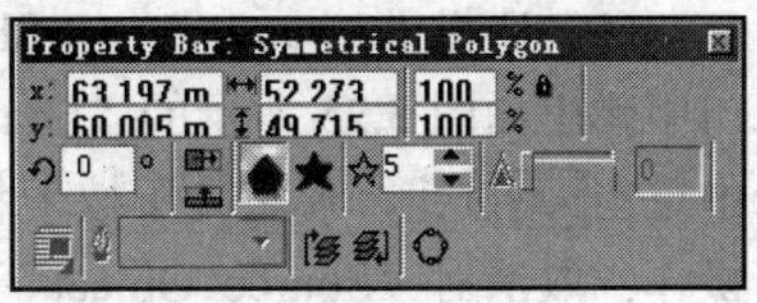

图 3.19

（2）在属性栏中单击按钮，设置多边形工具的属性为绘制多边形，在5输入框中填入数值“5”，设置多边形的边数。

（3）按住【Ctrl】键，在页面中拖动鼠标，绘制正五边形，如图 3.20 所示。

（4）在工具箱中单击按钮，选择“Shape”工具，用鼠标单击正五边形对象上任意一条直边上的节点，向中心拖动，此时其他直边上的节点也同时向中心移动。调整节点的位置，得到如图 3.21 所示的正五角星形状。

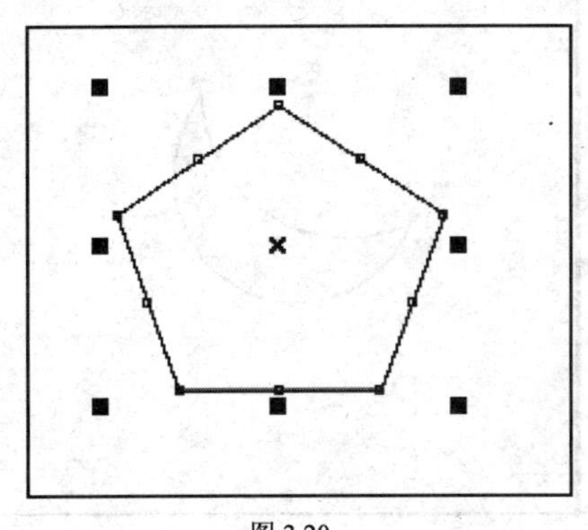
图 3.20

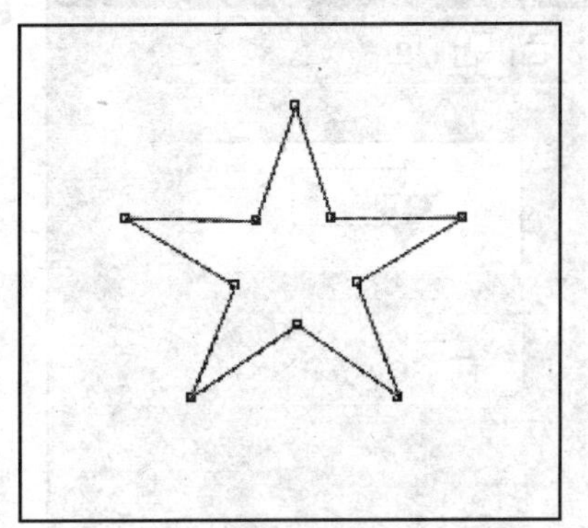
图 3.21

（5）选中正五角星对象，在工具箱中单击按钮，按住鼠标弹出隐藏的工具菜单，得到如图 3.22 所示的工具栏。从中单击按钮，选择交互式轮廓工具，得到如图 3.23 所示的轮廓工具属性栏。

图 3.22

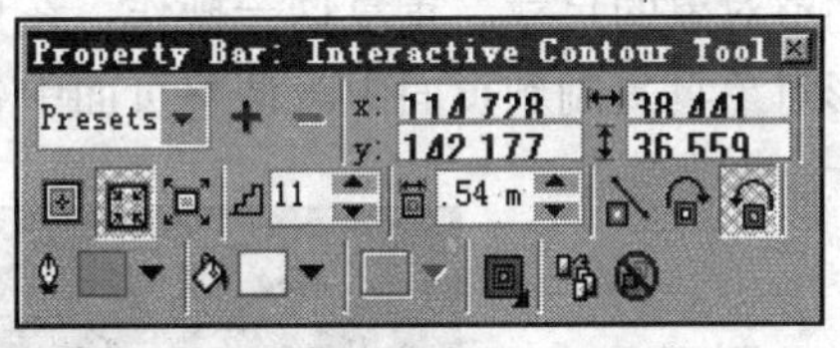

图 3.23

（6）在图 3.23 所示的属性栏中单击按钮，使它处于按下的状态，设置轮廓效果的类型为向内扩展。用鼠标单击正五边形对象并拖动鼠标，创建基本的轮廓效果。

（7）在图 3.23 所示的属性栏中，单击选项输入框中的微调按钮，调整选项的取值为 29，设置轮廓效果的步长；调整选项输入框中的数值为 0.54mm，设置轮廓线的线宽；单击选项的按钮，在弹出的调色板中选择蓝色，作为轮廓线的颜色；单击选项的按钮，在弹出的调色板中选择白色，作为轮廓效果的填充颜色；单击使它处于按下的状态，设置轮廓效果的颜色变换方式为逆时针方向。对轮廓进行如上设置后，得到如图 3.24 所示的具有立体感的五角星效果。

（8）新建页面，在工具箱中单击按钮，选择椭圆工具；按住【Ctrl】键，在页面中拖动鼠标，绘制一大一小两个圆形对象。

（9）选择“Arrange”→“Shaping”→“Trim”，在绘图窗口中弹出如图 3.25 所示的“Shaping”浮动面板。在浮动面板中单击按钮，使它处于按下状态，对两个圆形对象进行剪操作；取消对“Source Object”和“Target Object”复选框的选择，在绘图页面中单击一个圆形对象，然后在浮动面板单击“Trim”命令按钮，再用鼠标单击页面中另一个圆形对象，得到如图 3.26 所示的月牙对象，在调色板中单击颜色块，用黄色填充此对象。

图 3.24

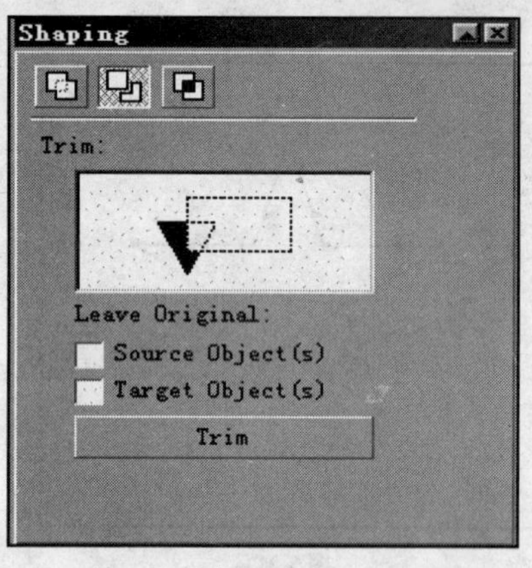

图 3.25

图 3.26

（10）新建页面，将页面设置为横向。选择“Layout”→“Page Background”，在弹出的对话框中进行设置，用深蓝色作为页面的背景。选中应用轮廓效果的五角星对象，按【Ctrl】+【C】键复制对象，在添加了背景的页面中按【Ctrl】+【V】键，将五角星对象添加到页面中，并调整对象的尺寸。重复这一操作，在页面中添加若干五角星对象。重复同样的操作，把月牙形对象页复制到页面中。调整页面中各个对象的相互位置，如图 3.27 所示。

图 3.27

（11）在工具箱中单击按钮，按住鼠标弹出隐藏的工具菜单。在如图 3.28 所示的工具栏中单击按钮，选择“Artistic Media”工具。该工具的属性栏如图 3.29 所示。

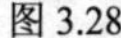
图 3.28

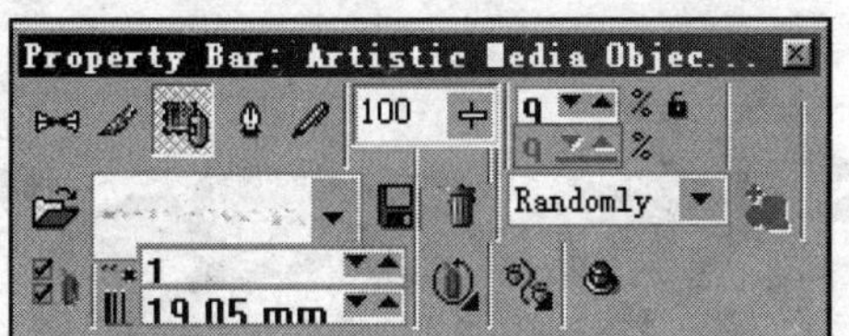

图 3.29

（12）在“Artistic Media”工具的属性栏中单击按钮，使它处于按下的状态，表示选择喷涂工具。单击属性栏中的下拉列表框，在弹出的下拉列表中选择喷涂图案。在页面中拖动鼠标，喷涂设定的图案，并在属性栏中调整其他选项，设置喷涂图案的分布状况。经过以上操作，得到最终的效果图。

实训案例 2：沿路径进行调和

让物体沿一定的路径渐变，可以使设计更有动感。用 Interactive Blend Tool（交互式调和工具）属性栏中的Path Properties（路径属性）按钮，可以使选定的调和对象按特定的路径进行调和。具体操作步骤如下。

（1）用绘图工具准备好新的路径对象，选中已建立了调和的对象。

（2）单击属性栏中的Path Properties（路径属性）按钮，在弹出的菜单中选择 New Path（新路径）选项。

（3）将已变成曲柄箭头的光标，移动到作为路径的对象上单击，效果如图 3.30 所示。

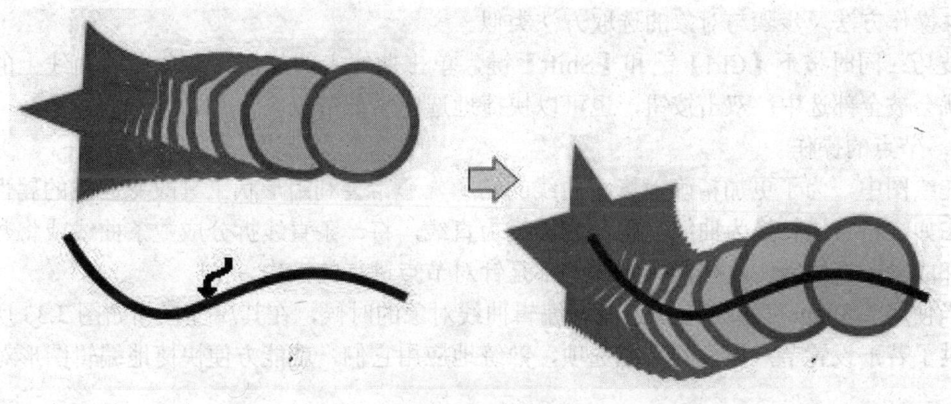

图 3.30

（4）如果在 Path Properties（路径属性）按钮弹出的菜单中选择 Detach From Path（从路径中分离）选项，可以使调和的起始对象和终止对象在路径上，而其他的过渡对象不覆盖路径，如图 3.31 所示。

图 3.31

（5）在Miscellaneous Blend Options（混合调和选项）按钮的菜单栏中选择 Blend along full（填满调和路径）复选框，可以使调和对象填满整个路径；选择（旋转所有对象）复选框，可以使调和的过渡对象在沿路径调和的同时产生旋转。效果如图 3.32 所示。

图 3.32

3.5　创建复杂图形的方法

3.5.1　编辑曲线、路径的方法

1．Pick Tool（选取工具）

在对曲线对象进行编辑和修饰之前，必须用 Pick Tool（选取工具）先选取该对象。

由于曲线是由节点构成的，故对曲线对象的选取实际上就是对其节点的选取。选取节点通常选用 Shape Tool（形状工具）。

在使用 Shape Tool（形状工具）选取节点时，同样可以进行点选、圈选、加选及减选等操作。操作方法及步骤与对象的选取方法类似。

技巧：同时按下【Ctrl】键和【Shift】键，单击曲线上的任何一个节点，曲线上的所有节点就会被全部选中；双击按钮，也可以快捷地选中全部节点。

2．节点的操作

在绘图中，为了更加精确地修改曲线的轮廓，通常会利用形状工具改变曲线的属性和形状。比如，将直线转换为曲线，将曲线转换为直线，将一条直线拆分成数条曲线或将数条直线合并成一条直线等。这些操作实际上都是针对节点进行的操作。

当使用 Shape Tool（形状工具）编辑曲线对象的时候，在其属性栏（如图 3.33 所示）中提供了若干设置节点属性的功能选项，熟练地应用它们，就能方便快捷地编辑图形对象。

图 3.33

下面将分组介绍属性栏中各个按钮的功能。

（1）添加与删除节点

Add Node（添加节点）用于在选定的位置上添加节点。使用 Shape Tool（形状工具）单击确定欲添加节点的位置后，单击 Add Node（添加节点）按钮，即可完成节点的添加。

Delete Node（删除节点）用于删除选定的节点。使用 Shape Tool（形状工具）选定欲删除的节点后，单击 Delete Node（删除节点）按钮，即可完成节点的删除。

技巧：选用 Shape Tool（形状工具）后，在轮廓曲线上双击，即可添加新的节点；在节点上双击，即可删除该节点。

（2）断开曲线与连接节点

Break Curve（断开曲线）用于在所选的节点处将曲线断开。

Join Two Nodes（连接节点）用于将选定的两个节点合并在一起。

注意：在实际绘图中，应将要连接的节点拖到另外一个节点上面去，然后再连接。

（3）直线与曲线的转换

Convert Line To Curve（直线转换成曲线）用于将选定的直线转换成曲线，并保持其对称性。直接拖动曲线节点，可生成各种图形。

注意：如果使用属性栏中的 Convert To Curves （转换成曲线）按钮，几何图形对象将会失去其对称性属性。

Convert Curve To Line（曲线转换成直线）用于把选定的曲线转换成一条直线。

注意：由于该图形具有对称性属性，故图形变成了五角星形。

（4）曲线的封闭与摘取

Reverse Curve Direction（反转曲线方向）用于使选定曲线的方向反向；Extract Subpath（摘取线段）用于从曲线中摘取选中的线段。

Extend Curve To Close（延伸封闭曲线）可以通过添加线段来封闭一条曲线；Auto|Close Curve（自动封闭曲线）可以自动封闭选中的曲线。

注意：Auto|Close Curve（自动封闭曲线）工具与 Extend Curve To Close（延伸封闭曲线）工具的工作方式是相同的，它们都是在起始节点和终止节点之间添加一条线段来封闭曲线。不同点在于 Auto|Close Curve（自动封闭曲线）工具能自动找到选中对象的起始节点和终止节点，然后封闭选中的对象；Extend Curve To Close（延伸封闭曲线）工具则需要用户选定起始节点和终止节点后才能工作。

（5）曲线调整与弹性模式

Stretch and Scale Nodes（比例缩放）用于按比例缩放与断定节点相连接的曲线；Rotate and Skew Nodes（旋转|倾斜曲线）用于旋转或倾斜与选定的节点相连接的曲线；Align Nodes（对齐节点）用于对齐选中的多个节点；Elastic Mode（弹性模式）用于选择弹性模式；Select All Nodes（全选节点）可以选择曲线的全部节点；Curve Smoothness（曲线平滑度）用于调节曲线的平滑程度。

在 CorelDRAW 中，对齐节点是一项很有用的技巧，使用 Align Nodes（对齐节点）功能，能使两个节点或图形对象紧密地结合在一起。在进行对齐节点的操作时，应先选定欲移动对齐的节点，后选定被对齐的节点。

3.5.2　使用 Transformation 面板调整图形的形状

使对象移动、旋转、镜像、缩放及倾斜等的操作，都可以通过对 Transformation（变换）面板中的选项设置，得到更加方便、更加精确的实现。

执行“Arrange（排列）”→“Transformation（变换）”命令，在 Transformation 命令的子菜单中包含了 Position（位置）变换、Rotate（旋转）变换、Scale（比例和镜像）变换、Size（尺寸）变换和 Skew（倾斜）变换 5 个功能命令，单击其中一个即可弹出相应的 Transformation

（变换）面板，如图 3.34 所示。

Transformation （变换）面板中的变换功能很齐全。在变换操作选项设置完毕后，单击 Apply（应用）按钮，即可将变换效果应用到对象上去。如果单击 Apply To Duplicate（应用到再制）按钮，将会得到一个该对象的已经产生变换效果的副本。

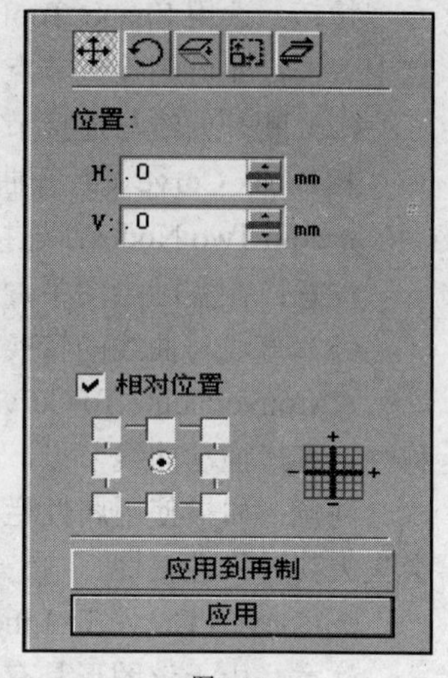

图 3.34

1. Position

在 Transformation（变换）面板中选择 Position（位置）变换按钮后，面板将显示有关的设置选项。通过对这些选项的设置，可以很精确地移动对象，并且还可以分别选择对原始对象或其副本进行操作。

注意：所有的移动都是相对于对象的定位点进行的，对象默认的定位点是其旋转中心点。如果改变了定位点，对象也会相对于新的定位点进行移动。

在 Transformation （变换）面板中，如果选中 Relative Position（相对位置）复选框，还可以将对象或其副本沿某一方向移动到相对于原位置指定距离的新位置上去。也就是说，将原对象的定位点作为相对的坐标原点，直接输入在各个方向要移动距离的值即可。

2. Rotate

在 Transformation（变换）面板中，可以通过设置选定对象的旋转角度、定位点及其相对旋转中心等选项，对对象进行旋转操作。在该面板中改变对象的定位点后，会生成更丰富的效果。图 3.35 是以旋转中心为定位点生成的旋转效果，图 3.36 是改变定位点后生成的旋转效果。

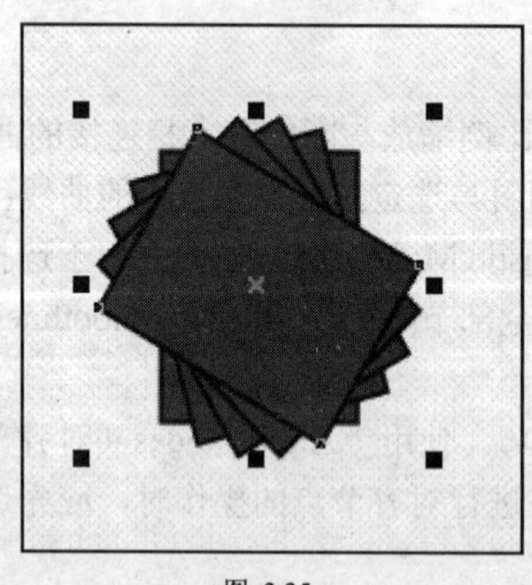

图 3.35

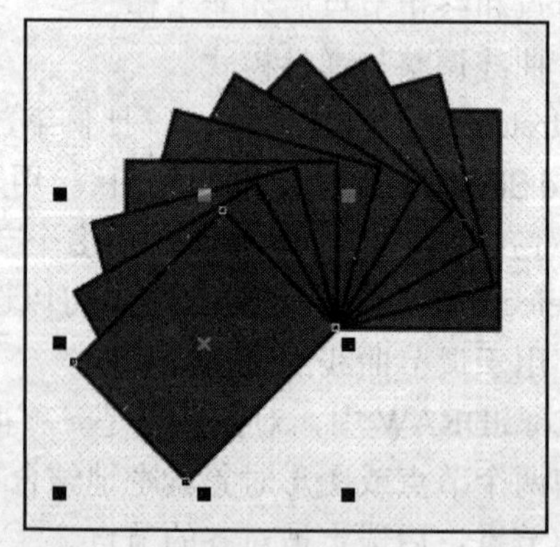

图 3.36

注意：对对象进行旋转操作时，如果没有选中 Relative Center（相对中心）复选框，在 Center（中心）标签下的两个微调框中显示的坐标值是该对象定位点的绝对坐标值；如果选中 Relative Center（相对中心）复选框，则在 Center（中心）标签下的两个微调框中显示的坐标值是新的相对中心点相对于原对象旋转中心的距离值。在 Transformation （变换）面板中，Scale and Mirror（比例和镜像）变换提供了对对象进行镜像处理的功能，如图 3.37 所示。

图 3.37

3．Size

尺寸变换是对对象在水平方向或垂直方向的尺寸进行比例或非比例的缩放操作。使用 Transformation（变换）面板可以精确地完成这一操作，如图 3.38 所示。在 Scale and Mirror（比例和镜像）变换及 Size（尺寸）变换中，取消 Non|Proportional（不成比例）选项后，对象的变换是成比例的；而选中 Non|Proportional（不成比例）选项后，在对对象的变换中，用户可以设置任意的比例值，产生的变换效果也就不同。

4．Skew

使用倾斜变换倾斜对象或生成倾斜面，能获得透视效果，使对象的立体效果更强。改变对象的定位点，可以调整倾斜对象的位置和形状。如果取消 Use Anchor Point（使用定位点）选项，则系统默认该对象的旋转中心为定位点，就地进行倾斜转换。图 3.39 是倾斜变换的效果。

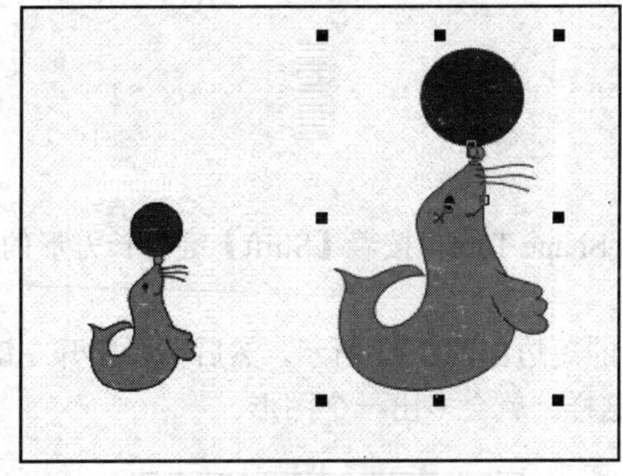

图 3.38

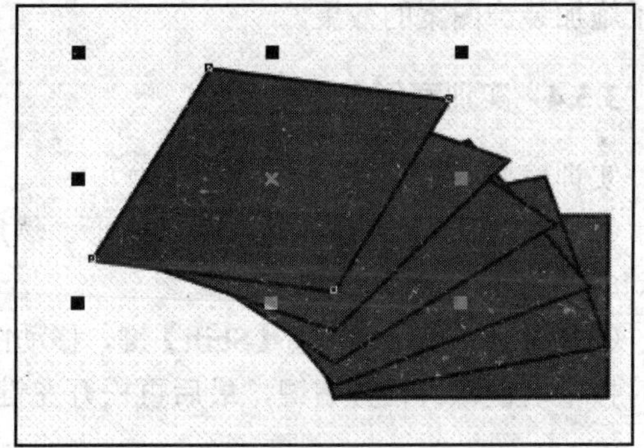

图 3.39

3.5.3　使用 Shaping 面板修整图形的形状

Shaping 面板中的 Weld、Trim、Intersect 功能可以用来编辑复杂的对象，从而创建出新的图形形状。

1．接合对象

Weld 功能可以把两个或多个对象焊接在一起，以创建一个单独的对象。如果焊接的是重叠的对象，这些对象将连接起来创建一个只有单一轮廓的对象。如果焊接的是不重叠的对象，则形成一个“结合群组”，如同一个单一对象一样。在这两种情况下，对象都将采用目标对象的填充和轮廓属性。使用 Weld 功能，可创建用户所需要的不规则图形。其操作步骤如下。

（1）使用 Ellipse 工具、Rectangle 工具创建两个圆和一个矩形。

（2）执行“Arrange（排列）”→“Shaping（整形）”→“Weld（接合）”命令，在弹出的Shaping 面板中单击 Weld 按钮。

（3）按住【Shift】键的同时选取两个圆，在 Shaping 面板中单击 Weld To 按钮，将箭头光标指向矩形，则 3 个对象被接合为一体。

2．修剪对象

修剪对象是指在被修剪的对象上重叠一个其他的对象，通过除去重叠其他对象的区域来改变目标对象的形状。目标对象的形状虽然改变了，但将保留其填充和轮廓属性。步骤如下。

（1）在 Shaping 面板中单击 Trim 修剪按钮。

（2）创建柱形和椭圆形并同时选取，单击 Trim 按钮，将箭头光标指向柱形。

3．交叉对象

所谓交叉是指用两个或多个重叠对象的公共区域来创建新对象。新建对象的大小和形状是重叠区域的大小和形状，新建对象的填充和轮廓属性取决于定义为目标对象的那个对象。使用 Intersect 命令可以创建许多特殊的图形。其操作步骤如下。

（1）在 Shaping 面板中单击 Intersect 按钮，保持 Target Object 复选框被选取。

（2）创建多角图形和杯形，放在适当的位置上。

（3）选取多角图形，单击 Shaping 面板中的 Intersect 按钮，将箭头光标指向杯形。

（4）保持原选取，执行“Arrange”→“Order”→“To Front”命令将对象置前，得到给杯子施加装饰图案的效果。

3.5.4 实训案例

实训案例：玻璃按钮

（1）用 Rectangle Tool 画一个长方形。然后用 Shape Tool，按着【Shift】键将长方形的点移动成如图 3.40 所示的样子。

（2）用 Pick Tool，按着【Shift】键，移动图形的短边如图 3.41 所示，然后不要松开左键，同时按下右键，再松开右键，最后再松开左键。这样，就会多出一个图形。

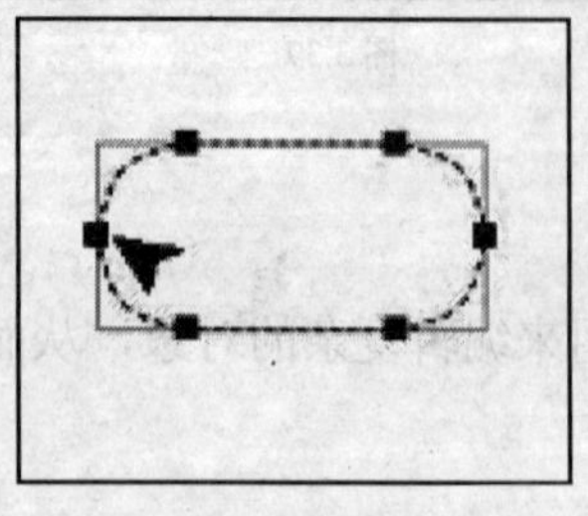

图 3.40

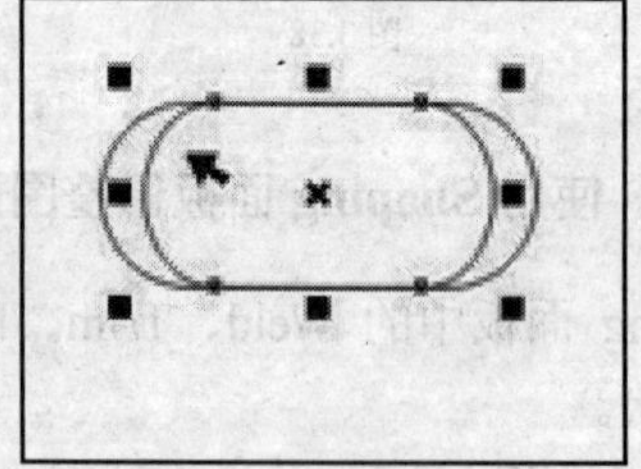

图 3.41

（3）按着【Shift】键，移动新图形的长边，使其压缩。再按着【Ctrl】键，把它移动到原来图形的底部，如图 3.42 所示。

（4）再用 Rectangle Tool 画一个长方形。用画第一个图形的方法，画一个相似的圆角矩形，形状如图 3.43 所示。

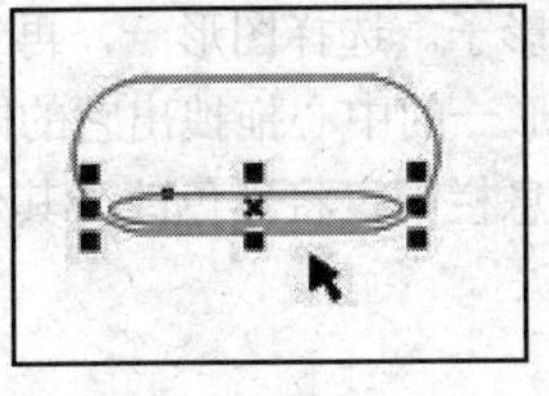
图 3.42

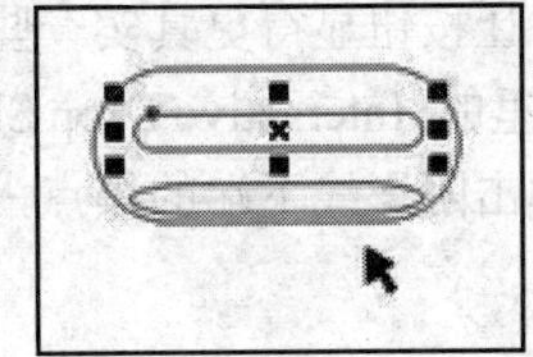
图 3.43

（5）按着【Shift】键，拉拽新图形的长边，使其变高，再将它移到第一个图形的顶端，如图 3.44 所示。

（6）在第三个图形选中的情况下，选择 Effects 里的 Add Perspective，图形三就会被加上红色栅格。同时按【Shift】键和【Ctrl】键，拖拽图形底部的一个点，使其如图 3.45 所示。

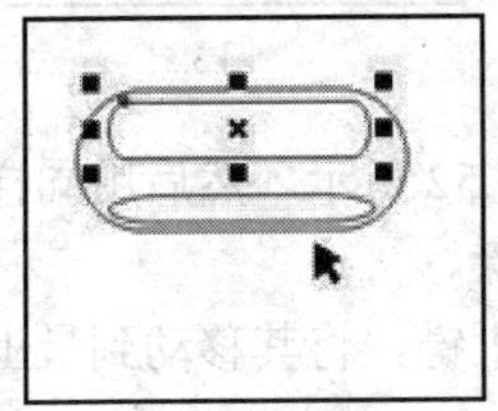
图 3.44

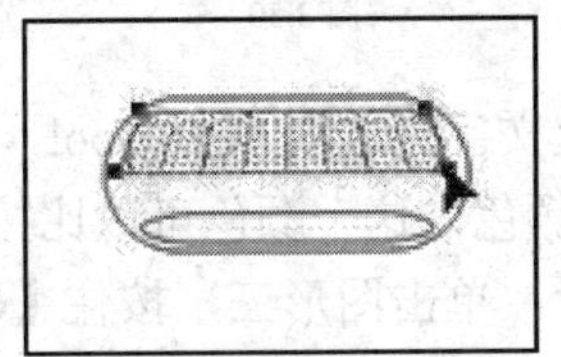
图 3.45

（7）现在，有了所有需要的图形，检查一下，看看图形和图 3.46 所示的是不是差不多。

（8）现在要做的就是给按钮上颜色了。选择合适的任意一种颜色，（注：深颜色的按键能和它的浅色反光形成较强烈的对比，效果会比较好）选择 Navy Blue（Hsb：220，100，60）做主色。选中第一个图形，用 Navy Blue 填充，线框选择“无”。选中第二个图形，用 Hsb：189，100，100 填充，线框选择“无”。第三个图形是反光，用白色填充，线框选择“无”。效果如图 3.47 所示。

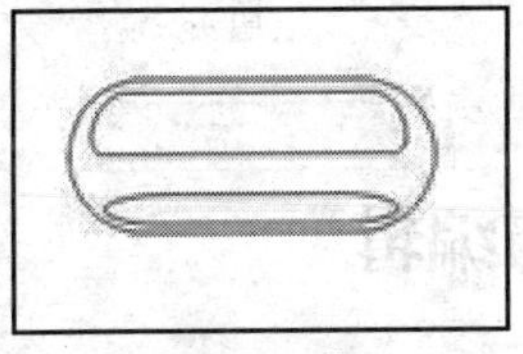
图 3.46

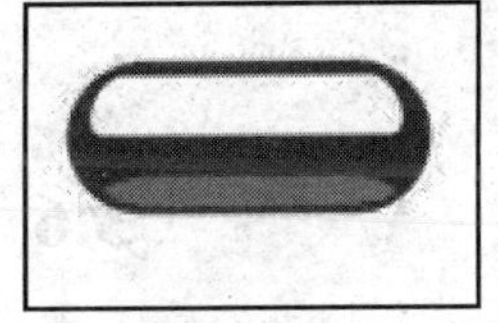
图 3.47

（9）选择 Interactive Effective Tool 里的 Interactive Blend Tool，单击第一个图形的中央并拖动到底部的图形上，如图 3.48 所示。

（10）选择 Interactive Effective Tool 里的 Interactive Transparency Tool，按住【Ctrl】键，从图形三的顶端单击拖动到其底端。如图 3.49 所示。改变过渡线两端的颜色，改变按钮的反光程度。选择顶端的点，将它的颜色设置为 Hsb：0，0，90，如图 3.50 所示。

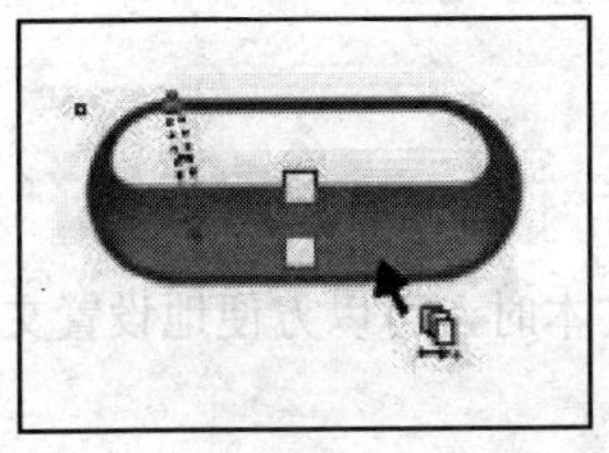
图 3.48

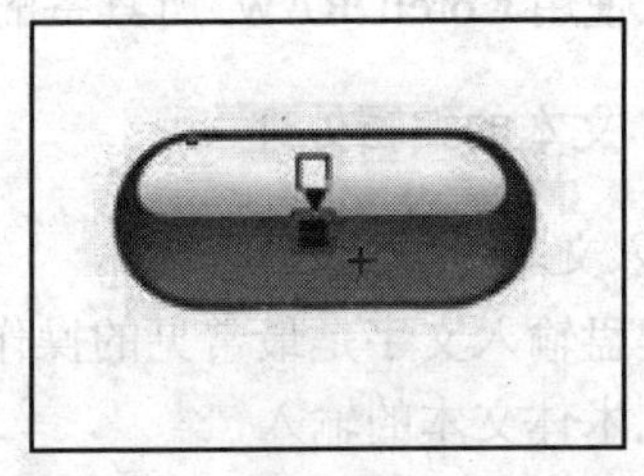
图 3.49

（11）为了让按钮显得更真实一些，需要给它加上影子。选择图形一，再选择 Interactive Effective Tool 里的 Interactive Drop Shadow Tool，从图形一的中心拖拽出它的阴影（如图 3.51 所示）。然后单击阴影线下端的黑点，在窗口上面的信息栏中，将黑色改为其他颜色（Hsb：194，77，88）。

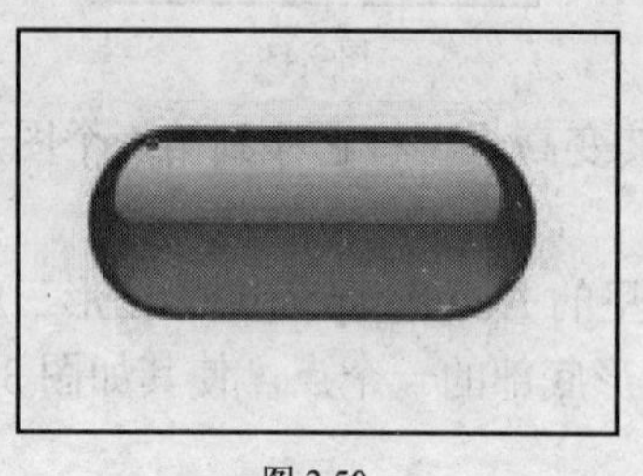

图 3.50

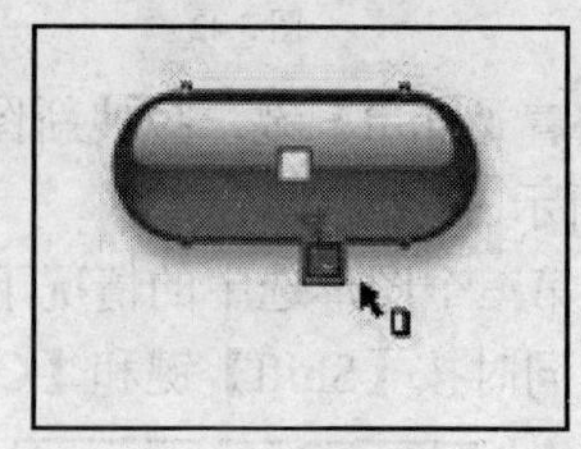

图 3.51

（12）加上文字。选取 Text Tool，键入文字，如图 3.52 所示。然后用同样的方法拖拽出阴影，并改变颜色，这个颜色可以比按钮阴影的颜色略深。

（13）最后，单击图形三，按住【Ctrl】+【Page Up】键，将其移动到最上层。如图 3.53 所示的玻璃按钮就完成了。

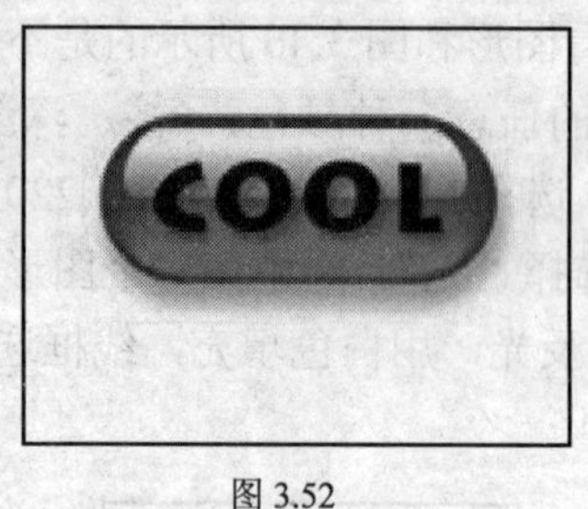

图 3.52

图 3.53

3.6　文本的创建与编辑

文本（Text）是 CorelDRAW 中具有特殊属性的图形对象。在 CorelDRAW 中有两种文本模式：Artistic Text（艺术体文本）和 Paragraph Text（段落文本）。

Artistic Text（艺术体文本）实际上是指单个的文字对象。由于它是作为一个单独的图形对象来使用的，因此可以使用各种处理图形的方法对它们进行编辑处理。

Paragraph Text（段落文本）是建立在艺术体文本模式的基础上的大块区域的文本。对段落文本可以使用 CorelDRAW 所具备的编辑排版功能来进行处理。

3.6.1　文本的编辑处理

1. 输入文本

使用键盘输入文字是最常见的操作之一。在输入文本时，可以方便地设置文本的属性。

（1）艺术体文本的输入

在工具箱里选中 Text Tool（文本工具）或按快捷键【F8】，然后在绘图页面中适当的位置单击鼠标，就会出现闪动的插入光标，此时就可以直接输入艺术体文本了。

（2）段落文本的输入

在工具箱中选定Text Tool（文本工具）后，在绘图页面适当位置处按住鼠标左键拖动，就会画出一个虚线矩形框，此时即可在虚线框中直接输入文本。

在段落文本的输入中，按【Enter】键输入硬回车，按【Shift】+【Enter】键可插入软回车。对于在其他文字处理软件中已经编辑好的文本，只需先将其复制到 Windows 的剪贴板，然后在 CorelDRAW 的绘图页面中插入光标或段落文本框，按下【Ctrl】+【V】键（粘贴）即可完成复制文本的操作。

2．编排文本格式

（1）使用文本样式

文本样式（Text Style）包含字体颜色、类型、大小、对齐方式及缩排等多种属性，它能快捷地使选定的文本产生出指定的样式效果，大大地减少了在文本处理过程中的重复操作，使整篇文章编排的风格保持一致。

（2）应用文本样式

在 Text Tool（文本工具）属性栏的 Style List（样式列表）列选框中，提供了 Default Artist Text（缺省艺术体文本）、Bullet1（项目 1）、Bullet2（项目 2）、Bullet3（项目 3）、Default Paragraph Text（缺省段落文本）、Special Bullet1（专用项目 1）、Special Bullet2（专用项目 2）、Special Bullet3（专用项目 3）及 Default Graphic（缺省图片）等 9 种文本样式供选用。使用应用文本样式的方法很简单，只需先用 Pick Tool（选取工具）或 Text Tool（文本工具）选定一段落文本，然后单击 Style List（样式列表）列选框中的任意一个文本样式即可。

（3）创建文本样式

如果对系统提供的预置样式不够满意，使用者可以自己定义一个样式并保存到 Style List（样式列表）中，供随时选用。创建艺术体文本样式和段落文本样式的操作是相似的。

3．编排段落文字

（1）编辑段落文本

用于艺术体文本编辑的许多选项都适用于段落文本的编辑，包括字体设置、应用粗斜体、排列对齐、添加下划线等等。下面介绍专用于段落文本编辑的一些选项。

单击（减少缩进量）或（增加缩进量）按钮，可以使选定的段落文本整段向左或向右缩进。

单击（项目符号）按钮，可在选定的段落文本前添加项目符号标记。

单击（首字下沉）按钮，可以使选定段落文本首行的第一个字符放大并下沉。

（2）段落文本的格式编辑

单击属性栏中的按钮，即可弹出 Format Text（格式化文本）对话框。在该对话框中，可以在 Paragraph（段落）、Tabs（制表符）、Column（分栏）、Effects（效果）及 Rules（规则）等属性页面中，进行添加制表符、设置分栏、设置项目符号、设置首字下沉及设置段落文本规则等操作。

（3）设置分栏

设置分栏的具体操作步骤如下。

- 使用 Pick（选取）工具，选择段落文本。

- 单击属性栏中的 F 按钮，在弹出的 Format Text（格式化文本）对话框中选择 Column（分栏）标签。
- 在 Number of columns（分栏数）微调框中设置想要设定分栏的列数。
- 可以在选项框中更改 Width（栏宽）及 Gutter（栏间距）的值；如果选中 Equal column width 复选框，则分栏宽度相等，否则需在 Width（栏宽）中输入栏宽值。
- Vertical justification（垂直对齐）列选框中可以选择各分栏的垂直对齐方式为 Top（顶部）对齐、Center（居中）、Bottom（底部）对齐或 Full（上下）对齐。在预览框中可以看到各选项设置的预览效果。

（4）设置项目符号

设置项目符号的具体操作步骤如下。

- 使用 Pick（选取）工具，选择段落文本。
- 单击属性栏中的 F 按钮，在弹出的 Format Text（格式化文本）对话框中选择 Effects（效果）标签。
- 在 Effect Type（效果类型）列选栏中选择 Bullet（项目符号）选项。
- 在 Font Properties（符号特性）选项框中设置 Font（字体）、Symbol（符号）、Size（尺寸）及 Baseline shift（移动基准线）等选项。
- 在 Indents（缩进）选项框中设置 Position（缩进位置），选择缩进方式为 Bullet（项目符号）或 Hanging Indent（悬挂式缩进）。
- 设置好相关选项后，单击"确定"按钮即可。

（5）设置首字下沉

设置首字下沉的具体操作步骤如下。

- 在 Effects（效果）标签的 Effect Type（效果类型）列选栏中选择 Drop cap（首字下沉）选项。
- 在 Dropped lines（下落行数）增量框中设置首位字符下落时占位的行数，系统默认为3行。
- 在 Indents（缩进）选项框中设置 Position（缩进位置），选择缩进方式为 Drop cap（首字下沉）或 Hanging Indent（悬挂式缩进）。
- 设置好相关选项后，单击"确定"按钮即可。

（6）设置段落文本规则

通过设置 Rules（规则）标签页面 Line breaking（断行）选项框中的相应选项，可以更改段落文本断行的规则。具体的规则有：

- 在 Leading character（行首）选项栏中设定可以排列在行首的字符及符号；
- 在 Following character（行尾）选项栏中设定在指定的字符及符号之后进行断行；
- 在 Overflow character（溢出字符）选项栏中设定可以在行尾溢出的字符及符号。

4．编辑美术文字

（1）设置字体大小

使用 Pick Tool（选取工具）选定已输入的文本，即可看到 Text Tool（文本工具）的属性栏。该属性栏的设置选项非常简单，与常用的字处理软件中的字体格式设置选项类似。在属性栏中的 Font List（字体列表）列选框中选择字体；在 Font Size List（字体尺寸列表）列选框中选择字号，即可完成字体大小的设置。

单击（对齐方式）列选框按钮，可以选择文本的对齐方式为：None（无对齐）、Left（左对齐）、Center（居中）、 Right（右对齐）、Full（全部对齐）或 Force Full（两端对齐）。

单击（编辑文本）按钮，可在弹出的 Edit Text（编辑文本）对话框中编辑选定文本（如字体、尺寸、对齐等）。

单击或按钮，可设置所选定文本为水平排列还是垂直排列。

（2）调整间距及位置

使用 Shape Tool（选取工具）选中文本，此时文本处于节点编辑状态，每一个字符左下角的空心矩形框（选中时为实心矩形）为该字符的节点，如图 3.54 所示。

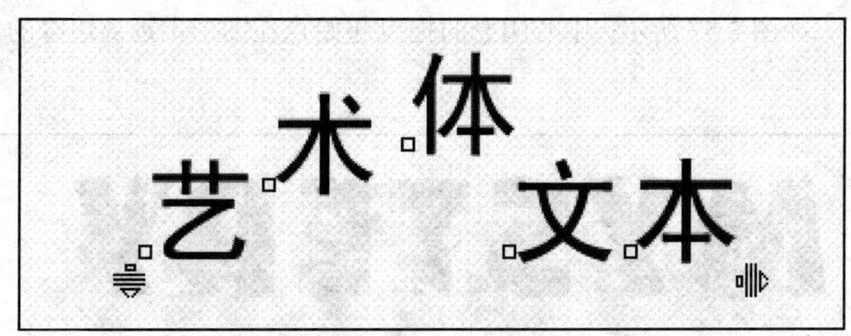

图 3.54

拖动字符节点，即可将该字符移动；拖动或图标，可以调节文本间距。

技巧：使用 Shape Tool（选取工具），按住【Shift】键，以加选的方式选中多个节点后，拖动节点即可以同时移动多个文本字符。

选中字符节点后，可以通过调色板和属性栏，单独设置该字符的颜色、字体、大小、位置及其他特殊格式。通过对话框中 Character（字符）属性页，可以对选定字符进行 Underline（下划线）、Strikethru（删除线）、Overline（上划线）、Uppercase（大、小写字符转换）及 Position（上、下标位置）等选项设置。图 3.55 是使用属性栏设置艺术体文本的各种效果。

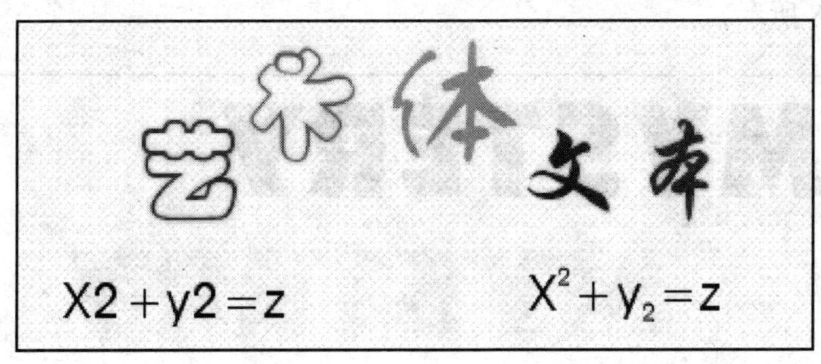

图 3.55

3.6.2　实训案例

实训案例 1：虚化文字制作

虚化文字制作的具体步骤如下。

（1）新建一个文件，然后用文字工具输入文字，如图 3.56 所示。

MYSTERY

图 3.56

（2）在工具栏中选择“交互式阴影”工具，单击选中文字，再拖曳出阴影来。注意，因拖曳方式不同，阴影分成整体阴影和边缘阴影，这里要做的是整体阴影。拖曳时的起始点如果是原图形的边缘，阴影会变成边缘阴影，与原图形的大小比例不一致，看上去像是光从侧面打过来的样子，如图 3.57 所示。中心阴影的拖曳起始点在图形上远离边缘的部位或图形正中的位置。

图 3.57

（3）单击选中控制条上的阴影控制按钮，可以改变阴影的位置。由于手动拖拽有不确定性，也可以在交互式阴影工具的属性栏里输入 X 轴与 Y 轴的数值来精确控制阴影的位置。在交互式阴影工具属性栏中，单击“阴影颜色”就可改变其颜色。

（4）设置阴影不透明度为 50，阴影羽化输入“20”。阴影角度属性现在无法调整，因为在边缘阴影下可用，中心阴影下为不可用。设置阴影羽化方向为平均。

保持阴影群组的选择状态，执行“排列|分离阴影群组在图层 1”，可以将阴影与原图形分离开来，如图 3.58 所示。

图 3.58

（5）分离后的阴影是一个独立的对象，也就是我们要的虚化文字了，具有淡淡的、模糊的感觉，如图 3.59 所示。

实训案例 2：沿路径排列文字

在 CorelDRAW 中，可以将 Artistic Text（艺术体文本）沿着特定的路径排列，从而得到

图 3.59

特殊的文本效果。当路径改变时，沿路径排列的文本也会随之改变。

（1）使用绘图工具绘制一曲线（或几何形状）；

（2）使用 Pick Tool（选取工具）选定需要处理的文本；

（3）单击菜单命令“Text（文本）”→“Fit Text To Path（使文本沿路径）”，此时光标变成黑色的向右箭头；

（4）移动该箭头单击曲线路径，就可将文本沿着该曲线路径排列，如图 3.60 所示；

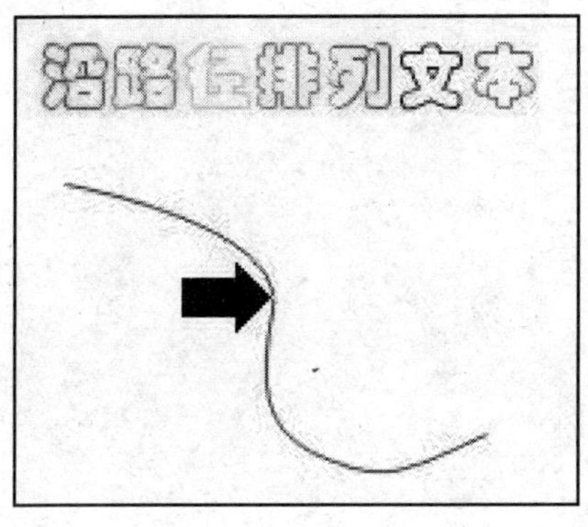

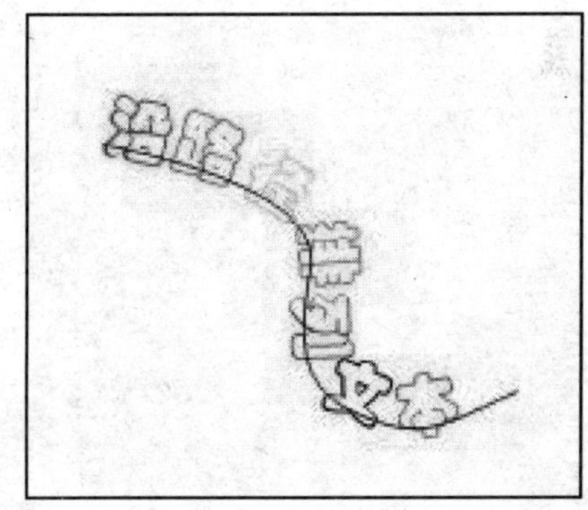

图 3.60

（5）为了不使曲线路径影响文本排列的美观效果，可以选中路径曲线，将其填充为透明色或按下【Del】键将其删除。

本 章 小 结

通过本章的学习，要求初步掌握 CorelDRAW 的系统配置、页面设置、图形的绘制和编辑、创建复杂图形的方法、文本编辑功能等基本知识与操作技术，会用 CorelDRAW 进行一些图形设计。

习　　题

1．CorelDRAW 文件有什么样的特点？

2．新建一个页面，在页面中绘制简单的图形，绘制好后，对文件进行存储。

3．绘制一个电灯泡。在绘制的过程中，尽量使用所学过的知识。如先绘制一个圆形，通过使用转换为曲线、添加节点、调节节点、贝塞尔工具等方法制作出需要的电灯泡形状。制作好后进行存储。

4．打开练习 3 的文件，在绘制好的灯泡效果的页面中输入需要的文本，设置字体的属性和文本的格式，制作简单的文本效果来装饰画面。制作好后进行存储。

5．运用文本工具的各种功能设计并制作一特效文字。

6．运用绘图与编辑工具绘制 3 个复杂的图形。

提 高 篇

第 4 章 图层应用技巧

教学目标：图层是 Photoshop 中最基本的组成部分。在那里，所有的图片、文字、图层样式、调节层，都是以图层方式存在的，使用图层便于对各种对象分别处理。图层是 Photoshop 中非常重要的一个概念，也是制作出精致图像效果不可少的工具。本章将学习 Photoshop 中的图层工具和应用技巧。

教学内容：图层的基本概念、图层面板的使用、图层的样式、图层蒙版与文字图层等的使用。

4.1 图层的基本概念与操作

4.1.1 图层的概念、属性与面板

1．图层的概念

直观地说，图层就像是在透明片上画的一些图案，然后一张一张地将透明片叠上去。实际上，是把许多图片叠放在同一个文件上，每一张图片都被视为一个独立的元素，在操作上可以独立地编辑与修改，并相互参照。对很多图像处理软件来说，图层是一个不可或缺的功能，也是一件非常便利的工具。

在 Photoshop 中，图层有 4 种类型，它们分别是普通图层、文本图层、调节图层和背景图层。

（1）普通图层

普通图层即是一般概念上的图层。在图像的处理中，用得最多的就是普通图层，这种图层是透明无色的，用户可以在其上添加图像、编辑图像，然后使用图层菜单或图层控制面板对其进行图层的控制。

（2）文本图层

当用户使用文本工具进行文字的输入后，系统即会自动地新建一个图层，这个图层就是文本图层。文本图层是一个比较特殊的图层，在 Photoshop 中文本图层可以直接转换成路径进行编辑，不需要转换成普通图层就可使用普通图层的所有功能。

（3）调节图层

调节图层不是一个存放图像的图层，主要用来控制色调及色彩的调整。它存放的是图像的色调和色彩，包括色阶、色彩平衡等的调节。将这些信息存储到单独的一个图层中，用户就可以在其中进行编辑调整，不会去永久性地改变原始图像。

（4）背景图层

背景图层是一种特殊的图层，是不透明的图层，它以背景色作为底色来显示的。当使用Photoshop打开不具有保存图层功能的图像文件格式（如Gif、Tif）时，系统将会自动地创建一个背景图层。背景图层可以转换成普通的图层，也可以基于普通图层来建立。

2．图层属性

“图层属性”对话框提供了在调板中更改图层或图层组的名称及其颜色代码的选项，如图4.1所示。设置图层属性的步骤如下。

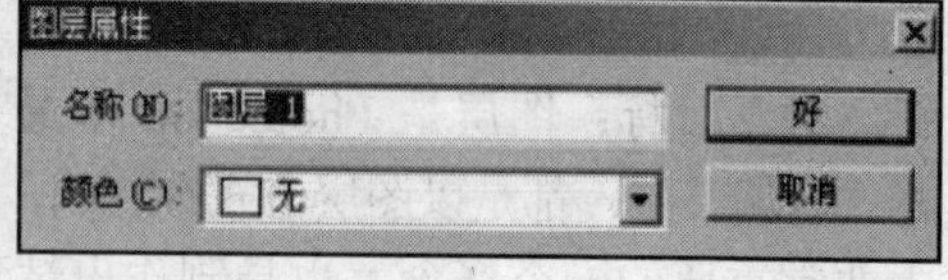

图 4.1

（1）可选择执行下列操作之一，以便调出“图层属性”对话框：

- 按住【Alt】键并双击图层名称；
- 双击图层组名称；
- 在Photoshop窗口选取“图层”→“图层属性”命令，或从“图层”调板菜单中选取“图层属性”命令。

（2）若要更改图层出现在“图层”调板中的名称，请在“名称”框里键入一个新名称。

图 4.2

（3）若要更改图层在调板中的颜色代码，请从“颜色”列表中选取颜色。

3．图层面板

图层面板上显示了图像中的所有图层、图层组和图层效果，可以使用图层面板上的各种功能来完成一些图像编辑任务，例如创建、隐藏、复制和删除图层等。可以使用图层模式改变图层上图像的效果，如添加阴影、外发光、浮雕等等。另外也可以对图层的光线、色相、透明度等参数进行修改，制作出不同的效果。图层面板如图4.2所示。

4.1.2 图层的基本操作

1．建立图层

在Photoshop中，可以用许多种方法建立图层。可以直接创建图层，有些操作在被执行时会自动地生成图层。例如，每当粘贴素材到图像中或创建文本时，Photoshop就创建一个新的图层。下面列举一些创建图层的方法。

图层菜单：通过“图层”菜单“新建”子菜单中的命令，弹出“新图层”对话框，如图4.3所示。设置对话框中的参数后，单击“好”按钮即可创建一个图层。

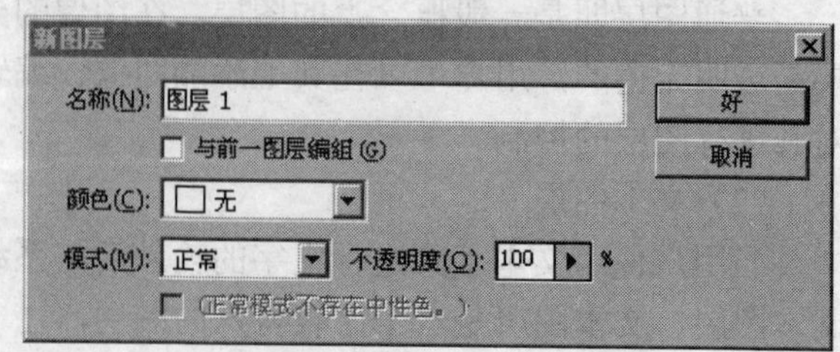

图 4.3 “新图层”对话框

面板菜单：从“图层”控制面板的面板菜单中选择“新图层”，同样可打开如图

4.3 所示的"新图层"对话框，建立普通图层。

面板图标：在"图层"控制面板中单击"新图层"图标（）。

剪贴板粘贴：把图像从剪贴板粘贴到图像中时，Photoshop 会自动创建一个新的图层。

拖动创建：把图层从一个图像拖到另一个图像，或把图层从"图层"控制面板拖动到另一个图像时，Photoshop 自动创建一个新的图层。

2．复制图层

在使用图层时，经常会要创建一个原图层的精确拷贝，这就是所谓的图层复制。

为此，可以从"图层"控制面板菜单中选择"复制图层"命令，或者从"图层"菜单中选择"复制图层"命令，弹出"复制图层"对话框，如图 4.4 所示。对话框中各参数的含义如下。"文档"项是接受复制图层的文件。可以在下拉式列表列出的所有打开图像文件名中进行选择，最后一个选项为"新建"，表示复制的图层要新建一个文件。"名称"项中设置复制后的图层名称。

图 4.4

如果复制的图层是背景层，则"为"栏会被激活，可以在此设置是否还是以一个背景层的形式粘贴到要接受复制图层的文件中。

设置完这些参数后，单击"好"按钮即可完成设置。

3．删除图层

有的图层对于用户制作是无用的或者是没有必要的，这时就要删除这些图层。只需从"图层"菜单或"图层"控制面板中选择"删除图层"命令即可。也可以简单地把图层拖到"图层"控制面板右下部的"垃圾桶"图标上，以达到删除图层的目的。

由于在删除图层时，系统并不像通常执行删除命令那样弹出一个对话框让用户再次核实，所以删除图层时要考虑清楚。不过，现在用户也可以使用"历史"面板进行恢复操作。

4．调整图层的叠放次序

图层的叠放次序对于图像来说非常重要，因为图层像一张透明的纸，图层的位置就是图层中内容的位置。由于一个图层会使用一些不透明的对象，所以图层的叠放就决定了图层中的哪些内容被遮住，哪些内容是可见的，正是这些可见的内容叠放在一起，形成了图像的效果。

下面介绍如何调整图层的叠放次序。

改变图层的叠放次序时，只要将鼠标移到"图层"控制面板中要调整次序的图层上，然后拖曳鼠标至适当的位置就可完成次序的调整，如图 4.5 所示。

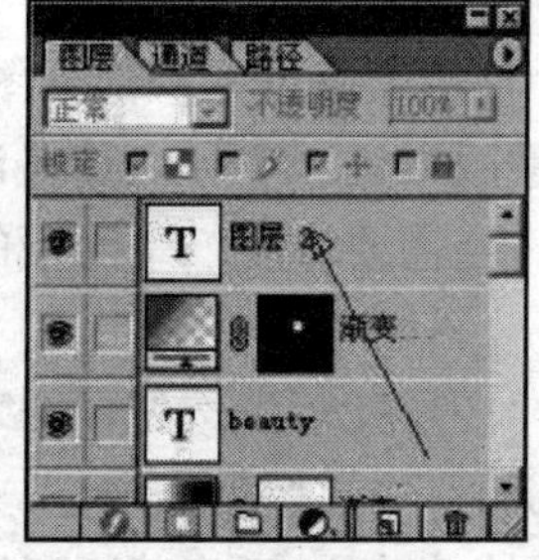

图 4.5

也可以使用“图层”菜单“排列”子菜单下的命令，来改变图层的叠放次序。

5．图层的链接

图层的链接功能可以方便用户同时移动多层图像，也可以对图像中的层进行合并、排列和重新分布。当几个层进行链接后，用户对其中一个层进行排列等操作，同时也就完成了与其链接的几个层的操作。

要使几个层成为链接的层，方法是先选定一个层（称为作用层），然后在想要链接的层左侧单击即可，如图 4.6 所示。当要取消层的链接时，只需单击一下链接符号，当前层的链接就取消了，如图 4.7 所示。

图 4.6

图 4.7

6．图层的合并

如果用户觉得几个图层可以进行合并，以节省内存空间和提高操作速度，就可以使用合并图层的功能。合并图层有 3 个命令，这 3 个合并命令既出现在“图层”菜单中，又出现在“图层”控制面板的弹出菜单中，下面分别介绍各个命令的功能。

“合并可视图层”：应用该命令时合并所有可视图层，这是清理图像和精简文件尺寸的一种好方法。若用户不想合并所有的图层，那么先关闭仍想分离的任何一个图层的可视性，然后选择“合并可视图层”命令合并其余图层。按住【Alt】键可把所有可视图层合并到活动图层上。

“合并链接图层”：该命令把多个被链接在一起的图层合并成一个单独的图层，这条命令只有有图层被链接在一起时才可利用。按住【Alt】键可把链接图层合并到活动图层上。

“展平图像”：此命令是一种比较特殊的合并命令，它首先获取所有可视或不可视的图层，然后把它们合并成一个展平的、无图层的图像。如果在选择这条命令时存在不可视的图层，那么 Photoshop 会提出是否想删除这些隐藏着的图层的询问。如果想把它们增加到图像上或复制到另一文件中，那么应该单击“取消”按钮。

7．图层的蒙版

蒙版也是 Photoshop 图层中的一个重要概念，使用蒙版可保护部分图层，使其不被编辑，并且随时又能把被删除的部分恢复过来。就图层蒙版来说，实际上是在该图层上面建立一个蒙版，把某些部分隐藏掉，让其余部分透视过来。当需要恢复一个隐藏的部分时，只需返回来擦除掉该蒙版即可。

直接在图层面板（如图 4.8 所示）下方单击“图层蒙版”按钮，即可新建图层蒙版；在“图层”菜单下选择“添加图层蒙版”中的“显示选区”或“隐藏选区”命令，即可显示或隐藏图层蒙版；单击图层面板中的“图层蒙版缩览图”按钮，可将蒙版激活，然后选择任一编辑或绘画工具在蒙版上进行编辑；将蒙版涂成白色可以从蒙版中减去并显示图层；将蒙版涂成灰色可以看到部分图层，将蒙版涂成黑色可以向蒙版中添加并隐藏图层。

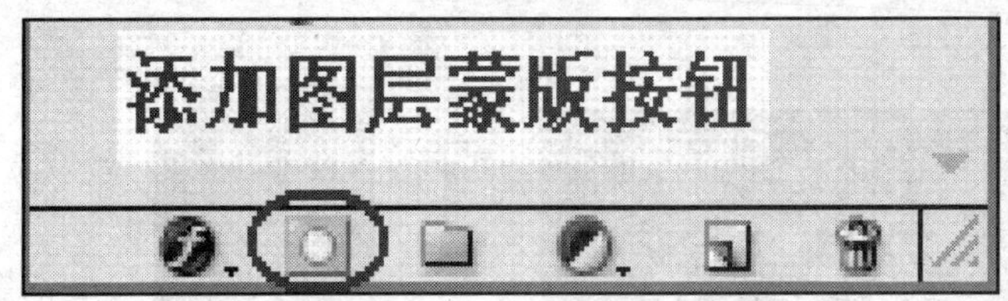

图 4.8

4.1.3　实训案例

实训案例 1：制作一支“中华”牌香烟。

该实训案例的具体步骤如下。

（1）新建一个文件，运用矩形选取工具，建立一个长方选区。

（2）使用渐变工具拉出渐变色，渐变设置如图 4.9 所示；然后运用“滤镜”→“模糊”→“高斯模糊”命令，模糊值为 0.5 左右。

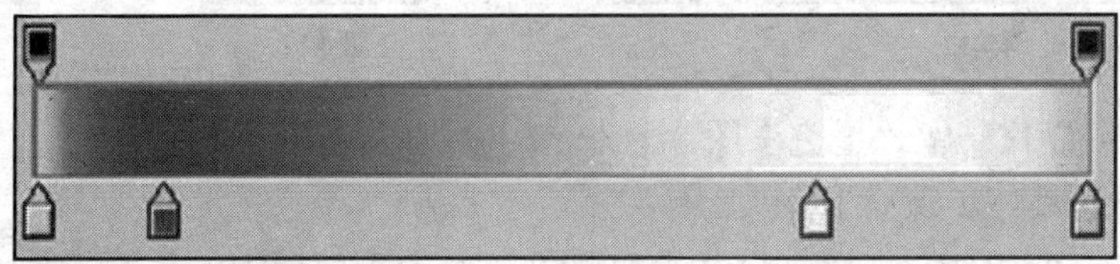

图 4.9

（3）设置前景色为#CC9933，背景色为#FFFFCC，如图 4.10 所示。建一个新层，执行“滤镜”→“渲染”→“云彩效果”命令，将其缩小至烟嘴大小。

（4）注意图层安排，把“图层 2”的图层色彩混合模式改为“正面叠底”，如图 4.11 所示。然后执行“图像”→“调整”→“亮度/对比度”命令，进行一些对比度和色彩的调整。

图 4.10

图 4.11

（5）回到“图层 1”，运用矩形选取工具选择一块选区，执行“图像”→“调整”→“亮度/对比度”命令，进行明暗度调节。如图 4.12 所示。

（6）选择一小块选区，按【Ctrl】+【C】命令进行拷贝，然后执行【Ctrl】+【V】命令粘贴。到新粘贴的图层上工作，执行“图像”→“调整”→“亮度/对比度”命令，改变颜色和对比度，调节满意后复制一个，摆放到合适位置。结果如图 4.13 所示。

（7）最后运用文字工具，加上品牌文字，合并图层后可再进行对比度以及色彩调整，完成后如图 4.14 所示。

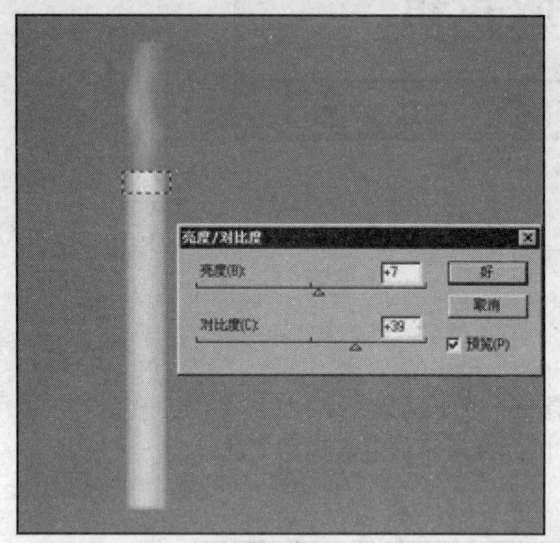

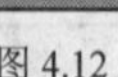
图 4.12

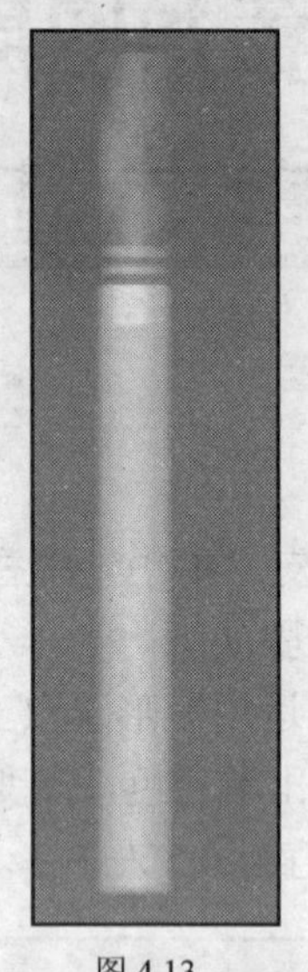
图 4.13

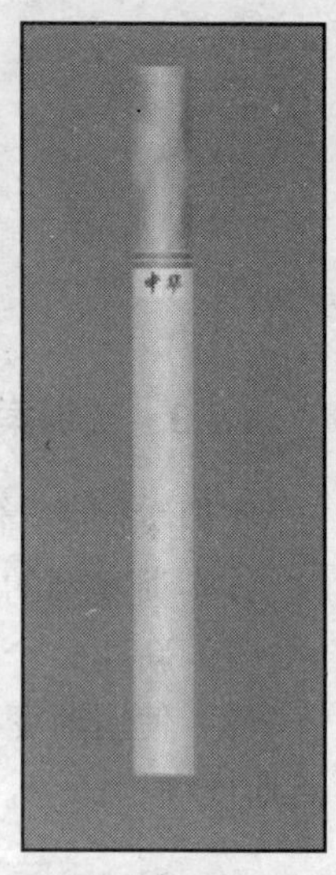

图 4.14

实训案例 2：制作一幅“星空”图片。

该实训案例的具体步骤如下。

（1）新建立一个 RGB 文档，设背景为黑色，单击工具箱中的毛笔工具，选择合适的笔刷，把不透明度设为 70%，前景色设置为白色，在背景图片上点上一些白点， 作为星星，还可以再将不透明度改一下，多画几个星星，有明有暗。如图 4.15 所示。

（2）新建一层，用白色填充，使用毛笔工具，选择不同的笔刷，如图 4.16 所示。使用深浅不同的蓝色和白色，在新层上随意地画上几道图像。

图 4.15

图 4.16

（3）运用“滤镜”→“扭曲”→“波纹”命令，结果如图 4.17 所示。

（4）再用“滤镜”→“扭曲”→“旋转扭曲”命令，效果如图 4.18 所示。

（5）选取“滤镜”→“渲染”→“3D 变换”命令，如图 4.19 所示。

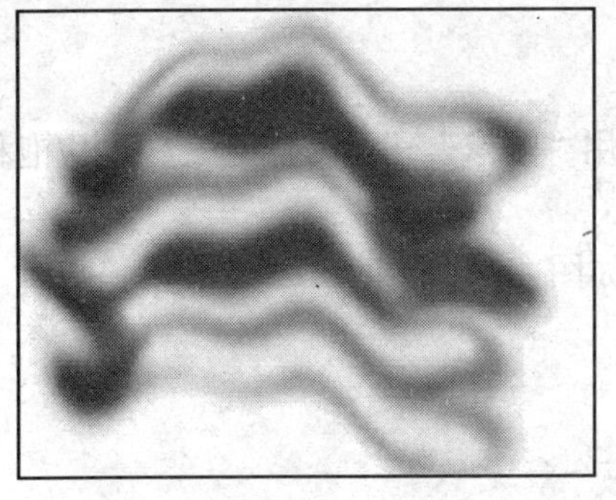

图 4.17

图 4.18

（6）按住【Shift】键，用椭圆选取工具在图上做一正圆，按【Shift】+【Ctrl】+【I】命令反转选区，按【Delete】键删除选取区域。如图 4.20 所示。

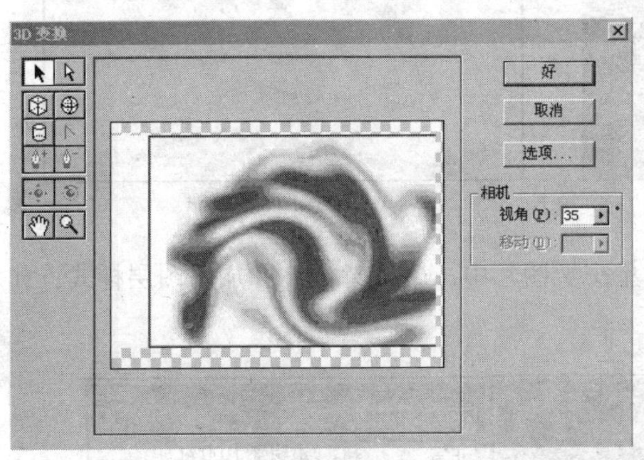

图 4.19

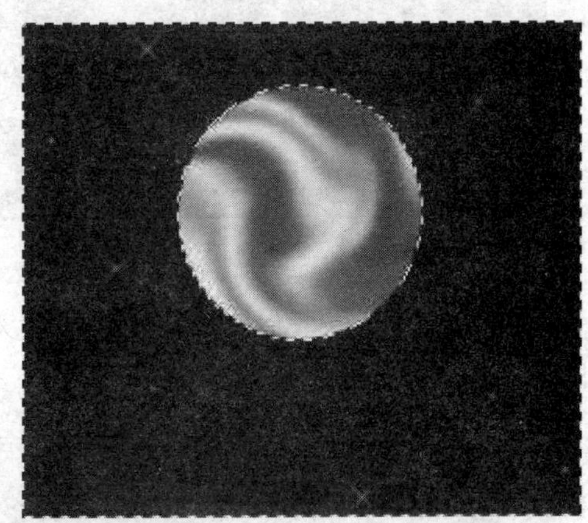

图 4.20

（7）按【Ctrl】+【D】取消选择，运用渐变工具，选取从透明到前景色到透明的渐变方式，把前景色设为黑色。从球体的右下方到左上方做渐变，如果一次不理想，可以多做几次，一直到有一个好的效果为止。然后调整其位置，如图 4.21 所示。

（8）单击背景层，执行“滤镜”→“渲染”→“镜头光晕”命令。选用 50mm～300mm 镜头，调整位置，完成的最后作品如图 4.22 所示。

图 4.21

图 4.22

实训案例 3：两张图片的融合效果。

该实训案例的具体步骤如下。

（1）打开实训案例 2 中的“星空”图片，调节运用“图像”→“调整”→“色相/饱和度”命令，调整一下色相，让图变亮，如图 4.23 所示。

（2）再打开另一实例图片“流线型金属字体”，如图 4.24 所示。

图 4.23

图 4.24

（3）将“流线型金属字体”拷贝到“星空”图片中，去掉背景，并加入图层样式。如图 4.25 所示。

图 4.25

（4）在图层面板中，单击下方的添加图层蒙版按钮，为新图层添加图层蒙版。

（5）在工具箱中选择“渐变”工具，在工具栏选项中选择“线性渐变”，将颜色设为白色到黑色，在图像中由左上到右下添加渐变效果，这时的渐变是填充在图层蒙版中的，在 Layers 面板中如图 4.26 所示。

（6）使用【Ctrl】+【E】命令将两个图层合并，即得到图 4.27 所示最终图像的融合效果。

图 4.26

图 4.27

4.2　图层的样式

图层样式可以帮助我们快速应用各种效果，可以查看各种预定义的图层样式，也可以通过对图层应用多种效果创建自定样式。可应用的效果样式有投影效果、外发光、浮雕、描边等等。

4.2.1　图层的样式

1．图层样式选项

（1）图层样式

Photoshop 提供了很多预设的图层样式，可以在样式模板中直接选择所要的效果，应用预设样式后可以在它的基础上修改效果。通过在混合选项面板（图 4.28）中添加各种效果，也可以自定义样式。混合选项面板中的各种参数含义如下。

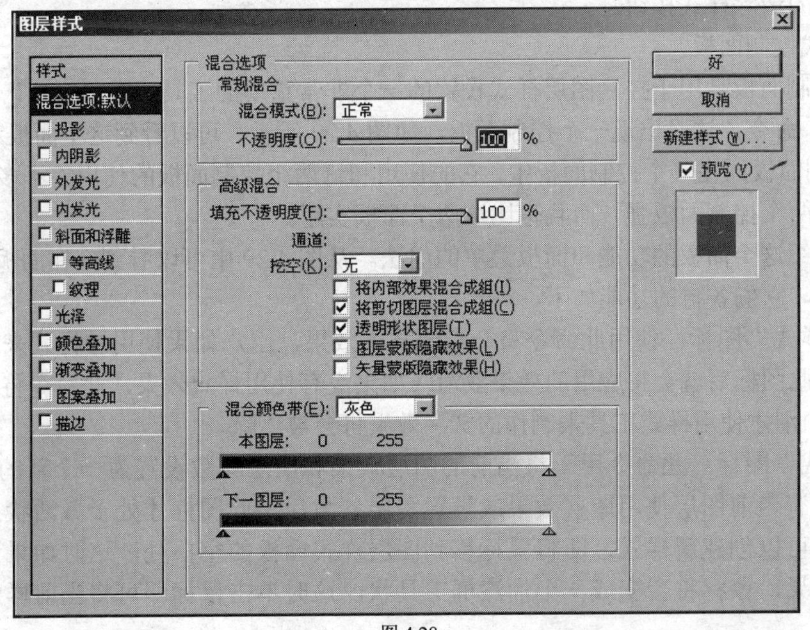

图 4.28

投影：在图层内容的后面添加阴影。

内阴影：紧靠图层内容的边缘内添加阴影，使图层具有凹陷外观。

外发光和内发光：添加从图层内容的外边缘或内边缘发光的效果。

斜面和浮雕：对图层添加高光与暗调的各种组合。

光泽：在图层内部根据图层的形状应用阴影，通常会创建出光滑的磨光效果。

颜色、渐变和图案叠加：颜色、渐变或图案填充图层内容。

描边：使用颜色、渐变或图案在当前图层上描画对象的轮廓。

以上每一种效果模式都可以在“混合选项”面板中对其进行详细的参数设置，通过这种灵活的应用效果模式，可以创造出花样别出的特殊效果。

（2）隐藏/显示图层样式

在“图层”菜单下的“图层样式”命令中，可以选择“隐藏所有图层效果”或“显示所有图层效果”命令，来隐藏或显示图层的样式。在图层面板中可以展开图层样式，也可以将它们合并在一起。

（3）拷贝和粘贴样式

如果希望别的图层应用同一个样式，可以使用拷贝和粘贴样式功能。为此应先选择要拷贝的样式的图层，然后选择“图层”菜单下“图层样式”中的“拷贝图层样式”命令。为将样式粘贴到另一个图层中，先在图层面板中选择目标图层，再选择“图层”菜单下“图层样式”中的“粘贴图层样式”命令。若要同时粘贴到多个图层中，则需要先链接目标图层，然后选择“图层样式”中的“将图层样式粘贴到链接的图层”命令，于是粘贴的图层样式将替换目标图层上的现有图层样式。除此之外通过鼠标拖移效果，也可以拷贝粘贴样式。

（4）删除图层效果

若想取消那些已经应用的样式，可以在图层面板中将效果栏拖移到删除图层按钮上，或者选择“图层”菜单下“图层样式”中的“清除图层样式”命令，或者选择图层，然后单击图层面底部的清除样式按钮。

2．样式控制面板

样式控制面板是用于控制图层样式设置的一个非常重要的工具。在“窗口”菜单中单击“显示样式”命令，这时出现一个控制面板，如图 4.29 所示，可以看到这个面板和“颜色”、“色板”控制面板同在一个控制面板中，它的使用和这两个控制面板的使用差不多，但是它的功能远比这两个控制面板强，而且也比这两个面板实用。

下面介绍这个面板的功能和面板菜单的用法。从图 4.29 中可以看到，在面板的下方有 3 个图标按钮，它们各自的功能如下。

“清除样式”图标：使用此命令将会撤消样式效果，用户如果使用过样式来刷新图层，那么在单击此图标后就会将应用的效果取消（如果没有使用样式效果，此命令将不处于激活状态），比如刚才使用样式工具来制作的文字效果将会被清除。

“新样式”图标：此命令用于将当前的图层效果和图层参数设置为一个新的图层样式。同样地，只有当前图层使用图层效果或设置图层参数后，此图标才处于激活状态。另外还有一种方法可以创建新样式，即将鼠标移到图层样式面板的空白处，这时如果当前图层使用了图层效果，鼠标将会变成一个油漆桶工具状，这时单击鼠标即可将当前样式设置为一个新样式。

“删除当前样式”图标：此图标命令用于将当前的图层样式删除。

单击面板右上角的三角形图标，这时会出现一个下拉式的面板菜单，菜单里可以直接用来设置图层样式的命令如图 4.30 所示。用户可以在此设置一些面板的参数。

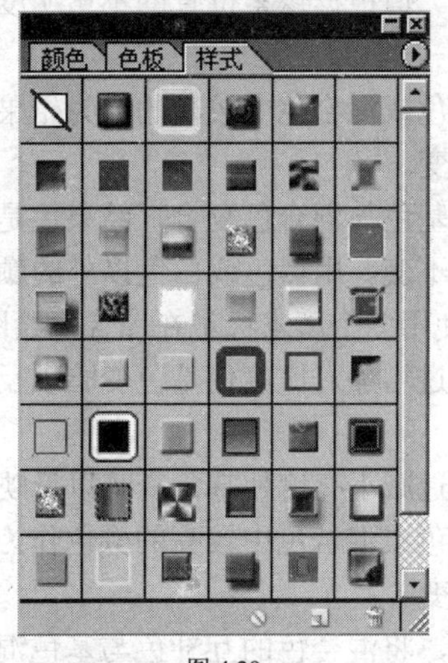

图 4.29

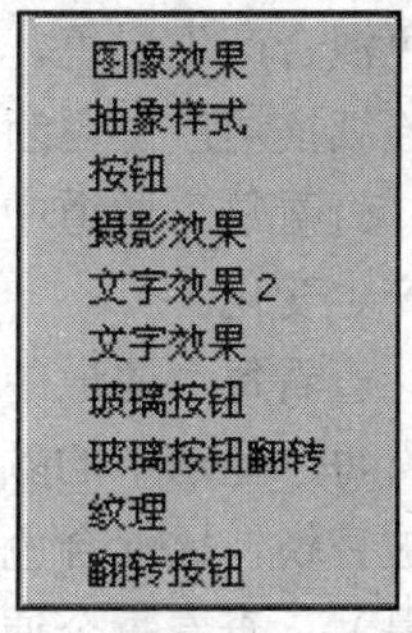

图 4.30

以上讲述了面板的使用，下面将对图层样式的创建等内容作一实质性的介绍，使用户能逐步地掌握图层样式的用法。

3．图层的混合模式

使用 Photoshop 丰富的图层混合模式，可以创建各种特殊的图像效果。使用混合模式很简单，只要选中要添加混合模式的图层，然后到图层面板的混合模式菜单中去找所要的效果。图 4.31 所示的是使用“排除”混合模式所得到的效果。

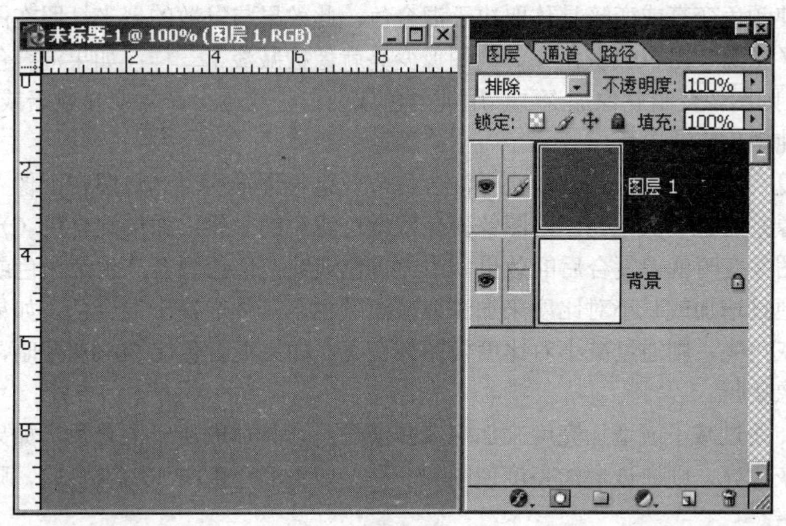

图 4.31

在菜单选项栏中指定的混合模式可以控制图像中像素的色调和光线，应用这些模式之前，应从下面 3 个颜色应用角度来考虑：基色，指图像中的原稿颜色；混合色，指绘画或编辑工具应用的颜色；结果色，指混合后得到的颜色。

下面是各类混合模式选项的详解。

正常　编辑或绘制每个像素使其成为结果色（默认模式）。

溶解　编辑或绘制每个像素使其成为结果色。但根据像素位置的不透明度，结果色由基色或混合色的像素随机替换。

变暗　查看每个通道中的颜色信息，选择基色或混合色中较暗的作为结果色，其中比混合色亮的像素被替换，比混合色暗的像素保持不变。

正片叠底　查看每个通道中的颜色信息，将基色与混合色复合，结果色是较暗的颜色。任何颜色与黑色混合产生黑色，与白色混合保持不变。用黑色或白色以外的颜色绘画时，绘画工具绘制的连续描边产生逐渐变暗的颜色，与使用多个魔术标记在图像上绘图的效果相似。

颜色加深　查看每个通道中的颜色信息，通过增加对比度使基色变暗以反映混合色，与黑色混合后不产生变化。

线性加深　查看每个通道中的颜色信息，通过减小亮度使基色变暗以反映混合色。

变亮　查看每个通道中的颜色信息，选择基色或混合色中较亮的颜色作为结果色。比混合色暗的像素被替换，比混合色亮的像素保持不变。

滤色（屏幕）　查看每个通道中的颜色信息，将混合色的互补色与基色混合。结果色总是较亮的颜色，用黑色过滤时颜色保持不变，用白色过滤将产生白色。

颜色减淡　查看每个通道中的颜色信息，并通过减小对比度使基色变亮以反映混合色，与黑色混合则不发生变化。

线性减淡　查看每个通道中的颜色信息，并通过增加亮度使基色变亮以反映混合色，与黑色混合则不发生变化。

叠加　复合或过滤颜色具体取决于基色。图案或颜色在现有像素上叠加，同时保留基色的明暗对比（不替换基色），以基色与混合色相混反映原色的亮度或暗度。

柔光　使颜色变亮或变暗具体取决于混合色，此效果与发散的聚光灯照在图像上相似。如果混合色（光源）比 50%灰色亮，则图像变亮就像被减淡了一样；如果混合色（光源）比 50%灰色暗，则图像变暗就像加深了。用纯黑色或纯白色绘画会产生明显较暗或较亮的区域，但不会产生纯黑色或纯白色。

强光　复合或过滤颜色具体取决于混合色，效果与耀眼的聚光灯照在图像上相似。如果混合色（光源）比 50%灰色亮，则图像变亮就像过滤后的效果；如果混合色（光源）比 50%灰色暗，则图像变暗就像复合后的效果。用纯黑色或纯白色绘画会产生纯黑色或纯白色。

亮光　通过增加或减小对比度来加深或减淡颜色，具体取决于混合色。如果混合色（光源）比 50%灰色亮，则通过减小对比度使图像变亮；如果混合色比 50%灰色暗，则通过增加对比度使图像变暗。

线性光　通过减小或增加亮度来加深或减淡颜色，具体取决于混合色。如果混合色（光源）比 50%灰色亮，则通过增加亮度使图像变亮；如果混合色比 50%灰色暗，则通过减小亮度使图像变暗。

点光　替换颜色具体取决于混合色。如果混合色（光源）比 50%灰色亮，则替换比混合色暗的像素，而不改变比混合色亮的像素；如果混合色比 50%灰色暗，则替换比混合色亮的像素，而不改变比混合色暗的像素。这对于向图像添加特殊效果非常有用。

差值　查看每个通道中的颜色信息并从基色中减去混合色，或从混合色中减去基色，具体取决于哪一个颜色的亮度值更大。与白色混合将反转基色值，与黑色混合则不产生变化。

排除　创建一种与“差值”模式相似但对比度更低的效果。与白色混合将反转基色值，与黑色混合则不发生变化。

色相　用基色的亮度和饱和度以及混合色的色相创建结果色。

饱和度　用基色的亮度和色相以及混合色的饱和度创建结果色。在无（0）饱和度（灰色）的区域上用此模式绘画不会产生变化。

颜色　用基色的亮度以及混合色的色相和饱和度创建结果色，这样可以保留图像中的灰阶，并且对于给单色图像上色和给彩色图像着色都会非常有用。

亮度　用基色的色相和饱和度以及混合色的亮度创建结果色。此模式创建与“颜色”模式相反的效果。

4.2.2　实训案例

实训案例 1：让“星空”图片更加完美。

该实训案例的具体步骤如下。

（1）使用【Ctrl】+【N】键新建一幅图片，背景为白色。

（2）在工具箱中选择矩形选取工具，在图像中间拖移出一个大的矩形区域。

（3）选择工具箱上的线性渐变工具，在工具栏选框中将颜色设为黑色到白色，然后在选区中由左上向右下填充，得到如图 4.32 所示的图像。

（4）运用“选择”→“修改”→“收缩”命令，在对话框中将缩小量设为 10 像素，单击“确认”。继续使用工具箱上的“线性渐变”工具，在选框中与步骤 3 反方向填充，得到如图 4.33 所示的图像。

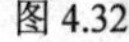
图 4.32

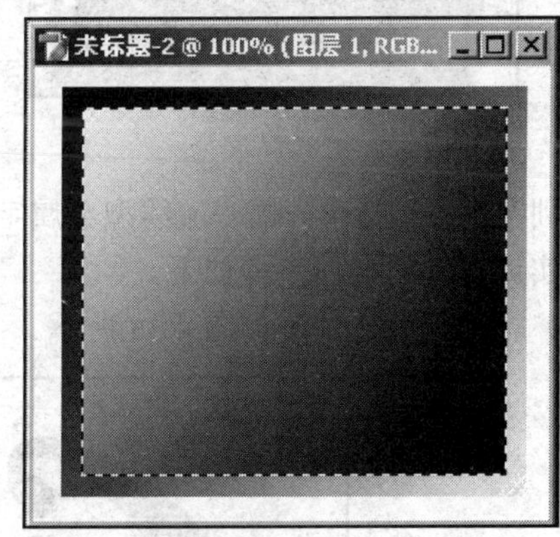

图 4.33

（5）再使用“选择”→“修改”→“收缩”命令，在对话框中将缩小量设为 10 像素，单击“确认”。按【Del】键删除选区内的图像。如图 4.34 所示。

（6）在图层面板中，在“图层 1”上单击鼠标右键，在弹出的子菜单中选择“混合选项”命令，调出混合选项的编辑对话框。在其中选择“投影”，将距离设为 10，不改变其他设置，然后选择“斜面与浮雕”，不改变设置，单击“OK”按钮确认，得到如图 4.35 所示的立体效果。

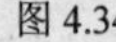
图 4.34

图 4.35

（7）打开前面制作完成的“星空”文件，将整个风景图像全部选中，然后按住【Ctrl】键用鼠标将图像拖至原编辑图像内。用【Ctrl】+【T】自由变换命令，在画布中将星空图像变换为如图 4.36 所示的位置和大小，按【Enter】键确认。

（8）在图层面板中，将自动产生的“图层 2”图层拖放至“图层 1”图层的下方，即可得到最终的效果。如图 4.37 所示。

图 4.36

图 4.37

实训案例 2：制作一幅“流线型金属字体”画面。

该实训案例的具体步骤如下。

（1）打开一个文件，如图 4.38 所示。

图 4.38

（2）将文件中白色背景去除后，双击该图层，加入图层样式，各项设置如图 4.39（1）、4.39（2）、4.39（3）、4.39（4）所示。

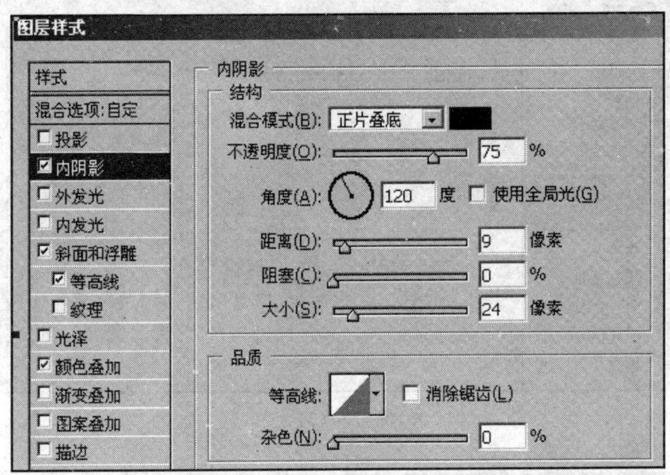

图 4.39（1）

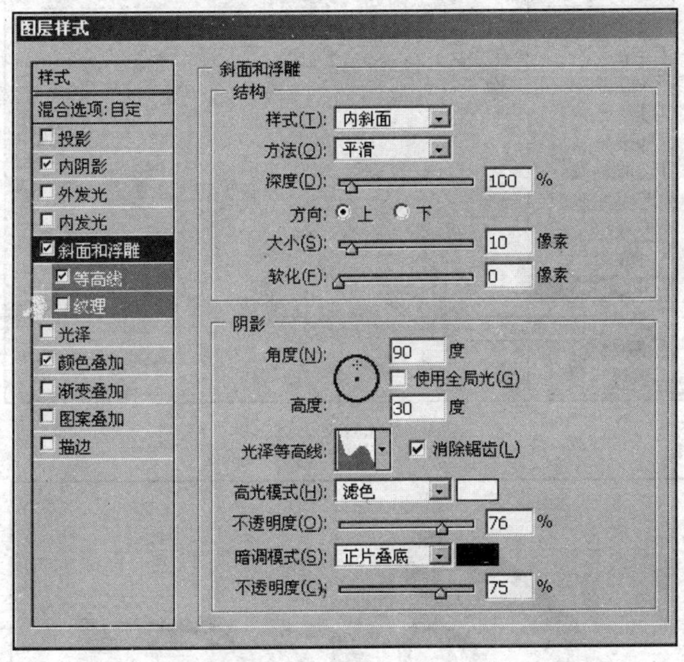

图 4.39（2）

（3）完成后的效果如图 4.40 所示。

实训案例 3：制作具有斜面和浮雕效果的文字。

该实训案例的具体步骤如下。

（1）新建一个图像文件，输入文字，如图 4.41 所示，没有此字体的也可以用其他字体。

（2）在文字层的“T”字图标上单击鼠标右键，在弹出的菜单中选“混合选项”，如图 4.42 所示。

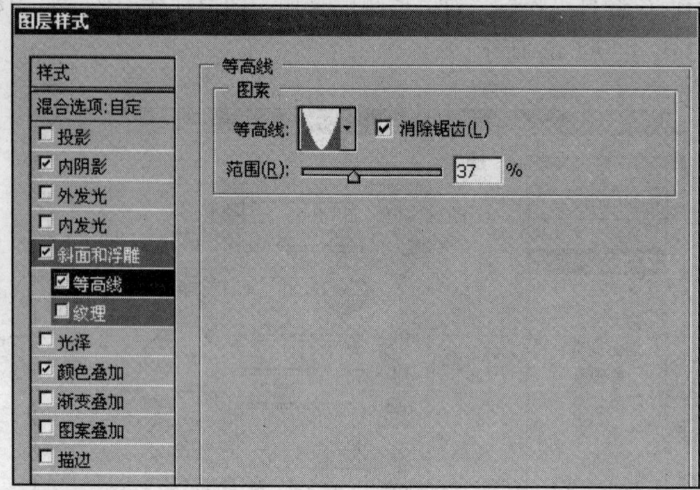

图 4.39（3）

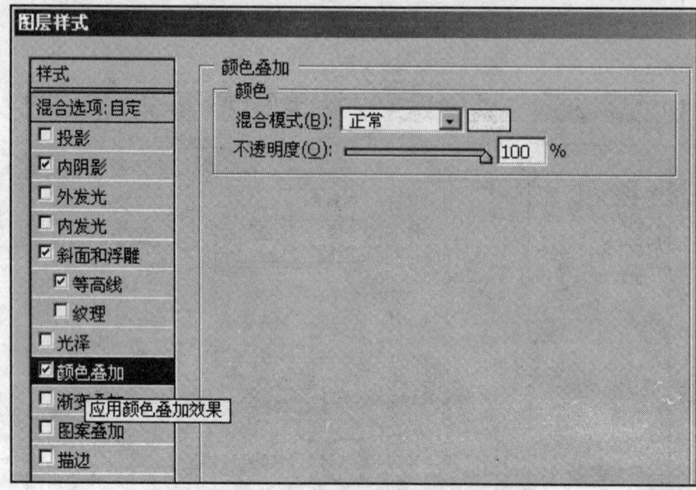

图 4.39（4）

图 4.40

图 4.41

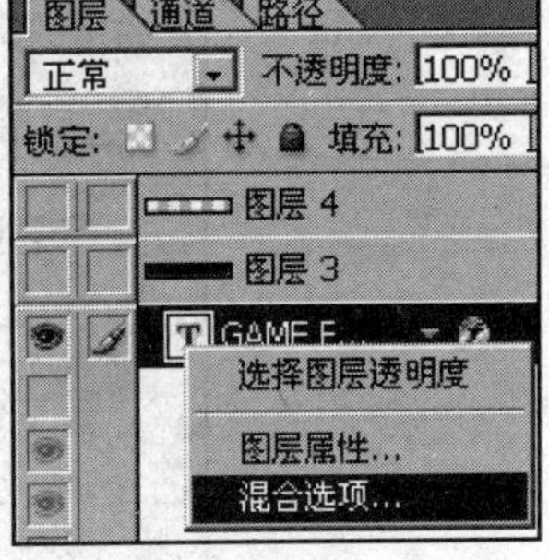

图 4.42

（3）按照图 4.43 所示，设置内发光的各个参数，其中颜色为#112A90。

（4）设置斜面和浮雕效果，参数如图 4.44 所示。

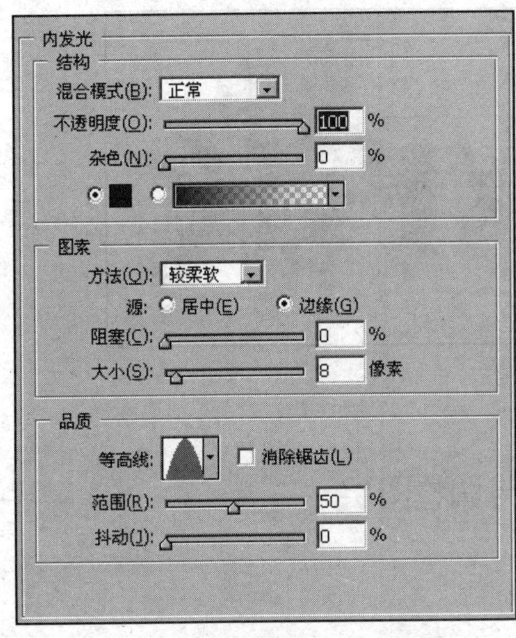

图 4.43

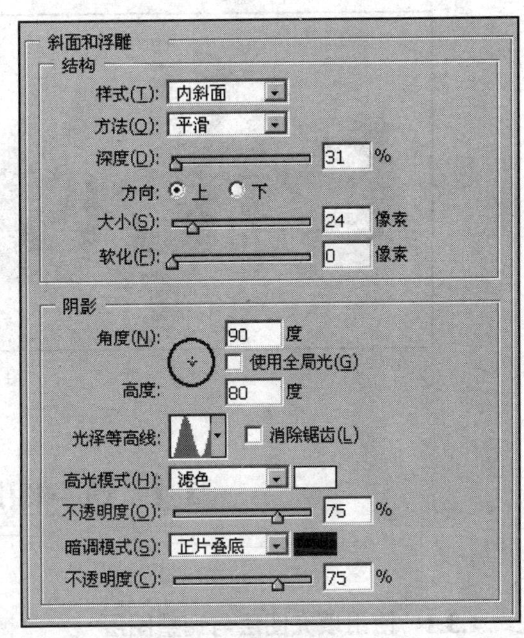

图 4.44

（5）设置渐变填充（gradient overlay）效果，设置渐变类型为“线性渐变（linear）”，混合模式为“变亮（lighten）”，角度为–90（垂直向上），与图层对齐（align with layer）。调整比例，使 2 个高光点处于恰当的位置。

渐变设置如下：两端为：83.91.94，中间为 74.81.84。白就是纯白色，过渡色的位置都是中间（50%），如图 4.45 所示。

（6）设置描边（stroke），位置为中间（center），混合模式（blend mode）为正常（normal），不透明度（opacity）为 100%，填充模式（fill）为颜色（color），颜色是银灰色（181.181.181），宽度为 3 pixel。

（7）最后制作阴影（drop shadow），设置参数可以自己决定。完成后效果如图 4.46 所示。

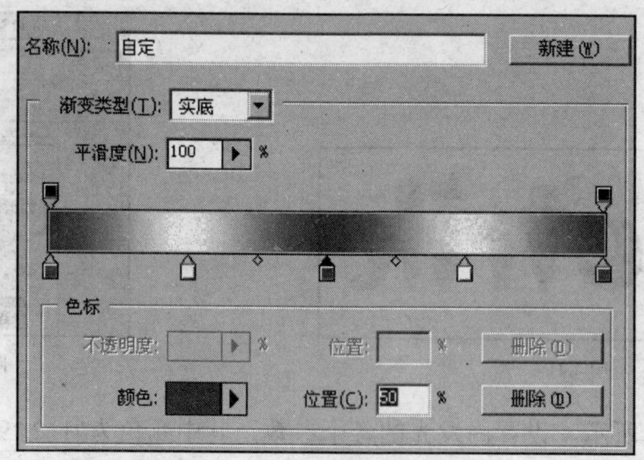

图 4.45

图 4.46

4.3　填充图层与调整图层

4.3.1　使用填充图层与调整图层

1．使用填充图层

用户可以新建 3 种填充层，分别为纯色填充层、渐变填充层和图案填充层。新建填充层的方法很简单，这里介绍两种建立填充层的方法。

方法 1：执行“图层”控制面板中“创建新的填充或调整图层”图标下拉菜单中的“新纯色填充图层”、“新渐变图层”或“新图层填充层”命令，即可新建纯色填充、渐变填充或图案填充层。

方法 2：执行“图层”菜单中“新填充层”子菜单中的“新纯色层”、“新渐变图层”或“新图层填充层”命令，即可新建纯色填充、渐变填充或图案填充层。

比如执行“新渐变图层”命令，这时会出现一个对话框，如图 4.47 所示。

用户可以在那里设置渐变填充层的“名称”、“颜色”、“色彩模式”和“不透明度”，设置完后单击“好”按钮，这时会出现如图 4.48 所示的对话框。用户可以在那里设置渐变色，设置完后单击“好”按钮，即可创建一个渐变填充层，新建的层将会出现在“图层”控制面板中，如图 4.49 所示。

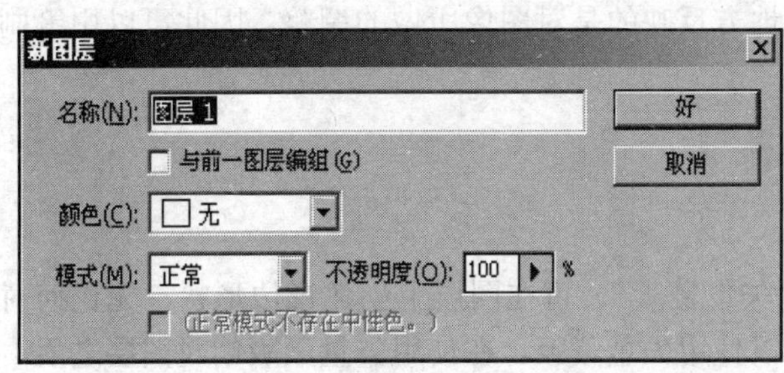

图 4.47

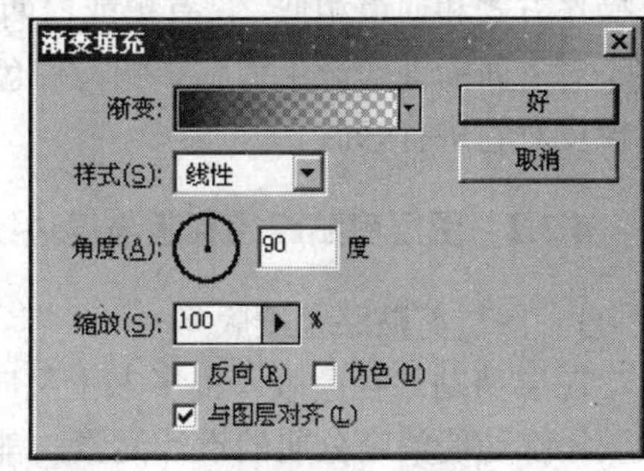

图 4.48

最初新建的渐变填充层相当于一个图层蒙版，用户可以看到在图层的左边状态栏中有一个蒙版的标志，另外这时在“通道”控制面板中自动地新建了一个蒙版。如图 4.50 所示。

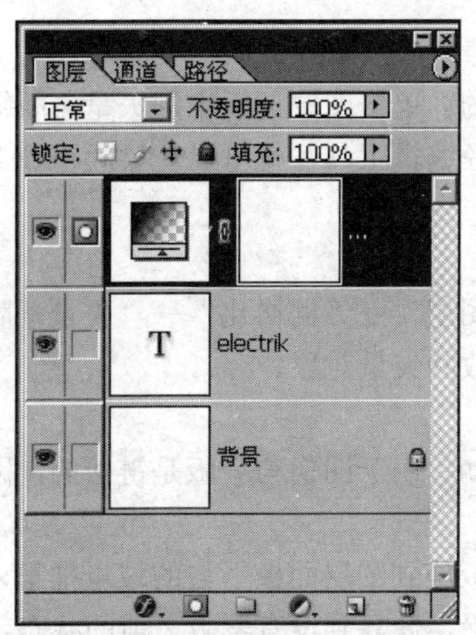

图 4.49　“图层”控制面板

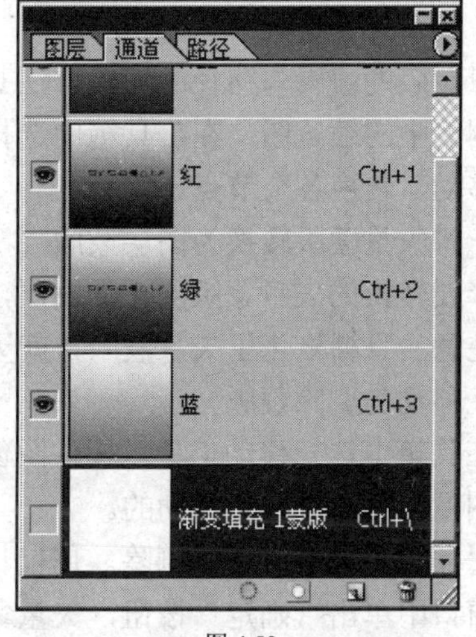

图 4.50

以上即是新建渐变填充层的方法，新建颜色填充层或图案填充层的方法和新建渐变填充层差不多。

2．使用调整图层

调整图层可以对图像颜色和色调进行调整，而不永久地修改图像中的像素。颜色或色调更改位于调整图层内，该图层像一层透明膜一样，下层图像图层可以透过它显示出来。调整图层会影响它下面的所有图层。这意味着可以通过单个调整校正多个图层，而不是分别对每个图层进行调整。

（1）创建调整图层

单击图层调板底部的“新调整图层”按钮，选取要创建的图层类型；或选取“图层”→“新调整图层”命令，从子菜单中选取选项。然后命名图层，设置其他图层选项，单击“好”按钮。

（2）调整图层的使用和修改

每个调整图层都带有一个图层蒙版，可以对其进行编辑或修改，以符合编辑图像的要求。其操作方式和通道相似，只有黑或白两种颜色。在图层蒙版上黑色的地方可以看成是透明的，它不对下面的图像产生调整影响；白色的地方反映的是对图像所做的调整，因此可以用笔刷和橡皮对它进行修改。

4.3.2 图层剪贴路径蒙版与层边缘修饰

1．图层剪贴路径蒙版

图层剪贴路径蒙版（很多书上又叫“矢量蒙版”）可在图层上创建锐边形状，无论何时需要添加边缘清晰分明的设计元素，都可以使用矢量蒙版。在使用矢量蒙版创建图层之后，可以给该图层应用一个或多个图层样式，如果需要，还可以编辑这些图层样式。

（1）生成矢量蒙版

矢量蒙版可以用路径工具生成，也可以直接用矢量图形来做。在工具箱中选择矢量图形工具，在上边选项栏中选定路径方式，打开图形库，选择一个所需的图形，就可在图像中所需的位置用鼠标拉出一个矢量图形路径。

（2）编辑矢量蒙版

矢量蒙版的编辑与路径的编辑方法是完全相同的。单击图层调板中的矢量蒙版缩览图，或路径调板中的缩览图，在工具箱中选择相应的路径编辑工具，就可以在蒙版路径上增加、删除、移动、转换各个节点。

（3）将矢量蒙版转换为图层蒙版

选择要转换的矢量蒙版所在的图层，并选取“图层”→“栅格化”→“矢量蒙版”菜单命令。注意一旦栅格化了矢量蒙版，就无法再将它改回矢量对象。

（4）移动与删除蒙版

在工具箱中选择移动工具，按住图像就可以移动。由于图像与蒙版是链接的，因此，可以看到图像与蒙版是同步移动的。

矢量蒙版不需要时可以删除。用鼠标将矢量蒙版施到图层面板下边的垃圾桶里，然后在弹出的窗口中单击“确定”按钮，矢量蒙版即被删除，恢复到没有蒙版之前的状态。

2．层边缘修饰

层边缘修饰命令用于消除图像的背景边缘。用户在进行图像拷贝时，有时由于设置的图像不够精确，会出现一些边缘区域，或当选择区域变为图层时也会出现一些边缘区域，如图4.51所示，这时就需要用层边缘修饰命令来消除杂点，如图4.52所示。

涉及图层边缘修饰的有3个菜单命令：

去边　用于删除不想要的颜色，它允许用户指定将要褪色的边缘区域的宽度；

移除黑色杂边　用于删除图层边缘像素中多余的黑色像素；

移除白色杂边　用于删除图层边缘像素中多余的白色像素。

4.3.3 实训案例

实训案例1：调节图片亮度。

该实训案例的具体步骤如下。

图 4.51

图 4.52

（1）有时用数码相机拍出的照片因天气原因亮度可能不足，如图 4.53 所示，我们可以用调整图层来调节亮度。为此，先打开文件。

（2）运用【Ctrl】+【J】命令，从背景图层复制出新图层，如图 4.54 所示。

图 4.53

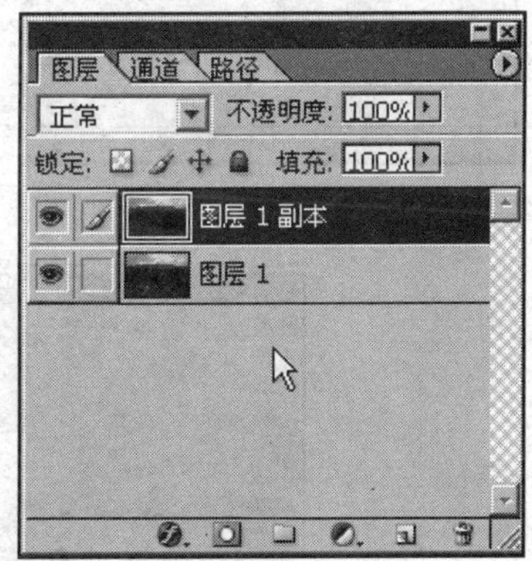

图 4.54

（3）用【Ctrl】+【Alt】+【Shift】+【～】键命令，选中图片中亮度区域，如图 4.55 所示。

（4）在图层面板的底部，单击“添加图层矢量蒙版”按钮，给图层添加蒙版，如图 4.56 所示。添加蒙版后，执行【Ctrl】+【I】命令反选选区。

（5）在选中图片后执行【Ctrl】+【M】命令，调出曲线调整窗口，调节亮度，如图 4.57 所示。

（6）调节合适后，单击“好”按钮完成，最后效果如图 4.58 所示。

图 4.55

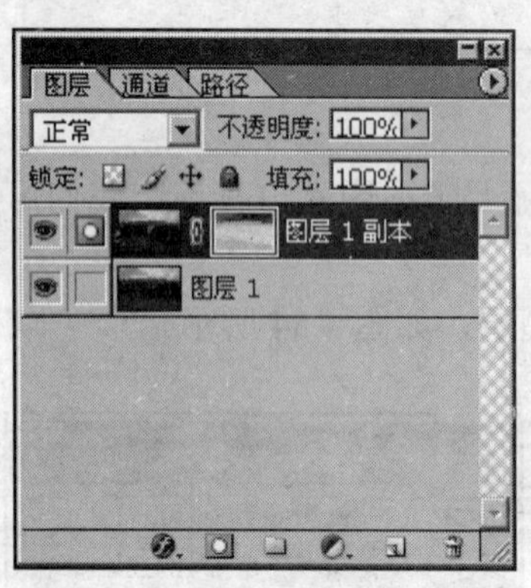

图 4.56

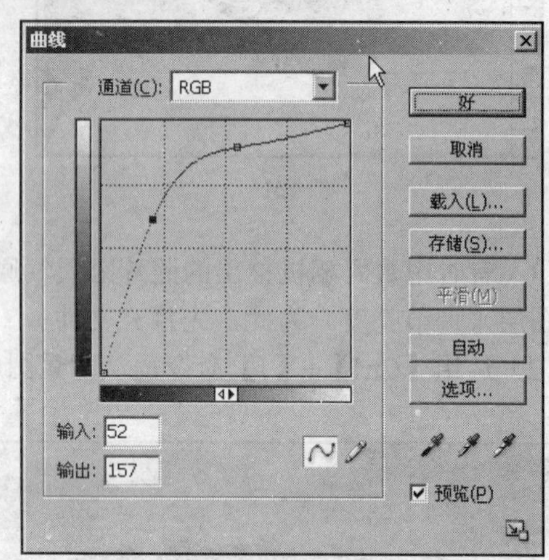

图 4.57

图 4.58

实训案例 2：调节图片亮度的另一种方法。

该实训案例的具体步骤如下。

在实训案例 1 中，用了图层蒙版加曲线调整改变图片亮度，本案例将用调节图层改变图片亮度，可以对比一下，以便加深对调节图层的理解。

（1）打开上案例中使用过的原图。

（2）单击“图层”→“新调整图层”→“曲线”命令，生成“曲线 1”图层。

（3）在打开的曲线窗口中调节曲线，如图 4.59 所示。

（4）注意图层变化，图层状况如图 4.60 所示。

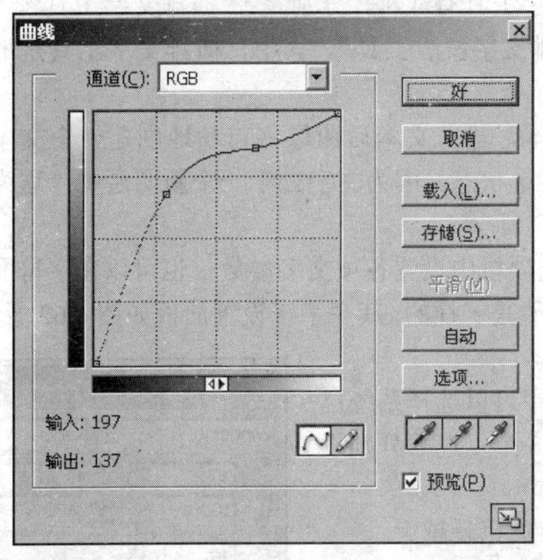

图 4.59

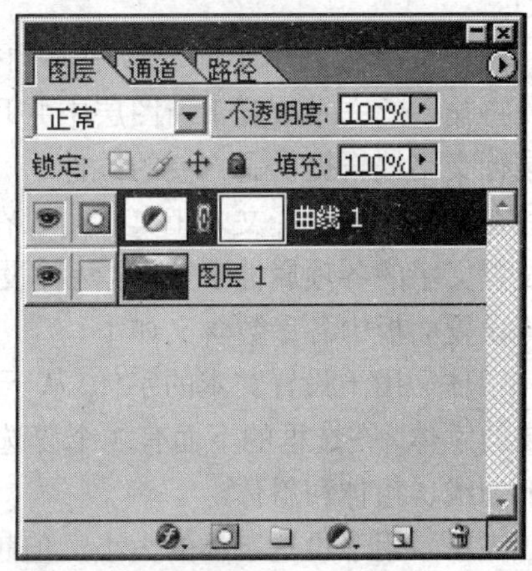

图 4.60

（5）完成作品与图 4.58 接近，如图 4.61 所示。

图 4.61

4.4 文字图层

4.4.1 文字图层

1. 文字工具及属性

利用 Photoshop 可以制作出很神奇的文字特效，文本工具是制作文字特效的基础，用来在图像中输入、编辑文字。Photoshop 中的文字工具有 4 种，分别是："横排文字工具"、"横排文字蒙版工具"、"竖排文字工具"和"竖排文字蒙版工具"。其中，横排文字工具是最常用的。

横排文字工具用于向图像中添加横向文本，输入文本后图像将自动地创建一个文本图层，将输入的文本放置于新图层中并且处于浮选状态。因为文字处于一个新图层中，这为以后进行文字编辑提供了方便的条件。

在工具箱中选择文本工具，可以在工具选项栏中设置各项文字参数，也可以在字符面板中设置文字的各项属性参数，这两种设置的功能是一样的，其中字符设置面板如图 4.62 所示。字符设置面板中各参数含义如下。

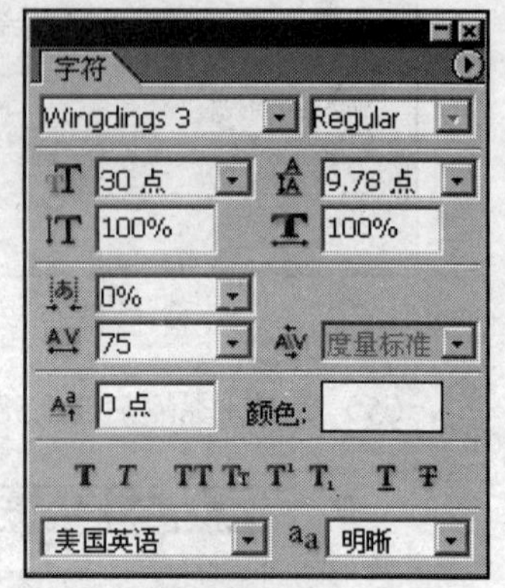

图 4.62

字体　用于设置文本的字体，从下拉列表中可以选择系统已安装的字体。在选框的下面有 3 个复选框，这 3 个复选框分别设置下划线、粗体和斜体。

大小　用于设置字体的大小，值越大则字体也就越大。

颜色　用于设置字体的颜色，单击颜色方块，可以打开一个"拾色器"对话框。

行距　用于设定行与行之间的距离，一般用户可以不设置此项，系统会自动调节行距。

字距　用于设定字与字之间的距离，对于已经输入的文字，该项每次只能调整光标左右两字之间的距离。

追加　用于设定字距，当选中多个字符时，它就可以控制选中的几个已输入的文字。

基线　用于设定文本当前行的垂直距离，正值时，文本上升；负值时，文本下降。

消锯齿　用于在列表框中选择消锯齿的效果，可以有 4 种效果，分别为"无"、"微皱"、"强"和"平滑"。

细微宽度　该项可使文字的宽度发生细微的变化。

预览　选择该项即可使输入的文本预览显示。

适应窗口　选中此项使"文本工具"对话框中的文本以最合适的比例显示。

2. 文字图层的编辑

创建文字图层后，可以编辑文字并对其应用图层命令。可以更改文字取向、应用消除锯齿、在点文字与段落文字之间转换、基于文字创建工作路径或将文字转换为形状等。可以像处理正常图层那样移动、重新叠放、拷贝和更改文字图层的图层选项，也可以对文字图层做以下编辑。

（1）在文字图层中编辑文本

具体步骤如下：

- 选择文字工具（T）；
- 在“图层”面板中选择文字图层，或者单击文本项自动选择文字图层；
- 在文本中的适当位置单击鼠标，以设置插入点，或选择要编辑的一个或多个字符；
- 输入需要输入的文本；
- 确认对文字图层的更改。

（2）栅格化文字图层

栅格化文字图层的作用是将文字图层转换为正常图层。为此，先在图层面板中选择文字图层，然后选择“图层”→“栅格化”→“文字”命令来实现。

（3）更改文字图层的取向

文字图层的取向决定了文字行相对于文档窗口（对于点文字）或定界框（对于段落文字）的方向。当文字图层垂直时，文字行上下排列；当文字图层水平时，文字行左右排列。不要把文字图层的取向与文字行中字符的方向混淆。为此，先在图层面板中选择文字图层，再执行“图层”→“文字”→“水平”命令，或“图层”→“文字”→“垂直”命令来实现。

3．段落文本及属性

段落是末尾带有回车的任何范围的文字，使用“段落”面板设置应用于整个段落的选项，例如对齐、缩进和文字行间距等。对于点文字，每行是一个单独的段落。对于段落文字，一段可能有多行，具体视定界框的尺寸而定。

选择要进行编辑的段落文字，进行段落格式设置可以有以下三种操作方式：

- 选择文字工具（T）并在段落中单击，设置单个段落的格式；
- 选择文字工具并选择包含多个段落的选区，设置多个段落的格式；
- 选择图层面板中的文字图层，设置该图层中的所有段落的格式。

可以将文字与段落的一端对齐（对于水平文字是左、中或右对齐，对于直排文字是上、中或下对齐）以及将文字与段落两端对齐。对齐选项适用于点文字和段落文字；对齐段落选项仅适用于段落文字。段落设置面板如图 4.63 所示。

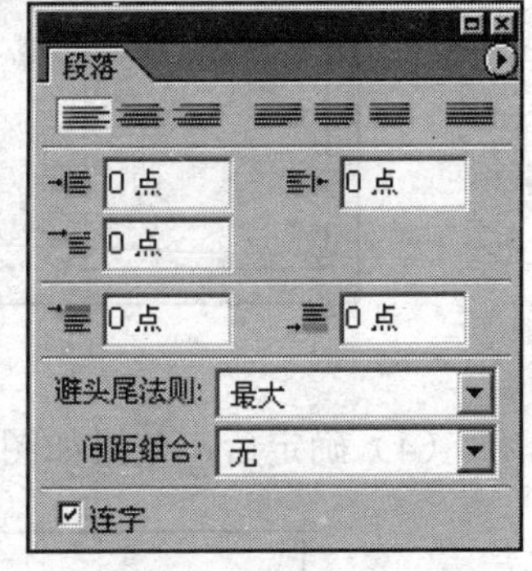

图 4.63

4.4.2　实训案例

实训案例 1：制作具有浮雕效果的文字。

本实训案例的具体步骤如下。

（1）首先，新建一个空白文件，尺寸随意确定。

（2）运用文字工具输入文字，选择合适的颜色，如图 4.64 所示。

（3）选择文字层，设置图层效果，应用“斜面与浮雕”图层效果，各参数设置如图 4.65 所示。

我的文字

图 4.64

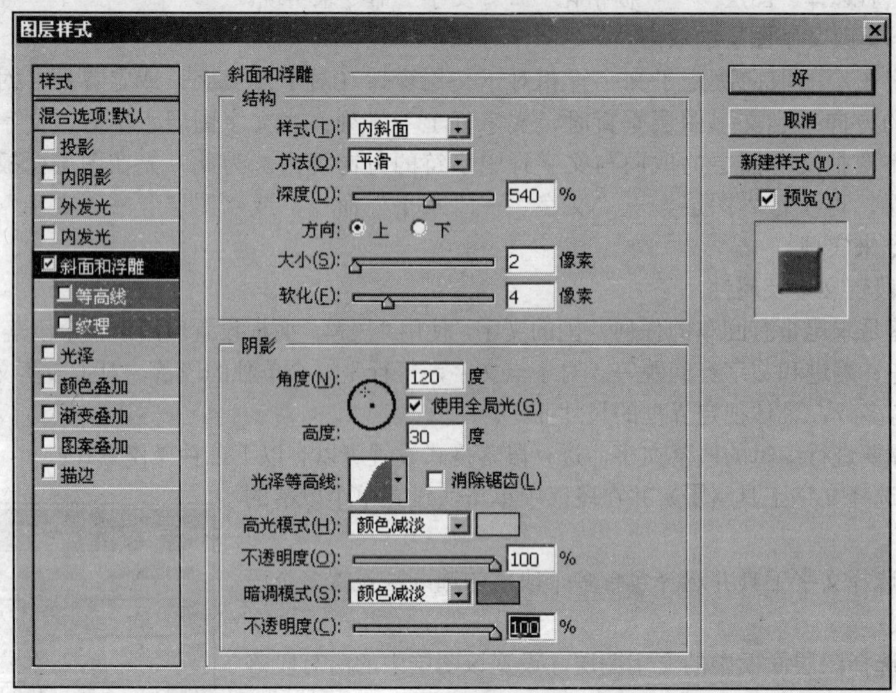

图 4.65

（4）确定后，效果如图 4.66 所示。

图 4.66

（5）给文字描一个边，即在图层样式中选择“描边”选项，如图 4.67 所示。

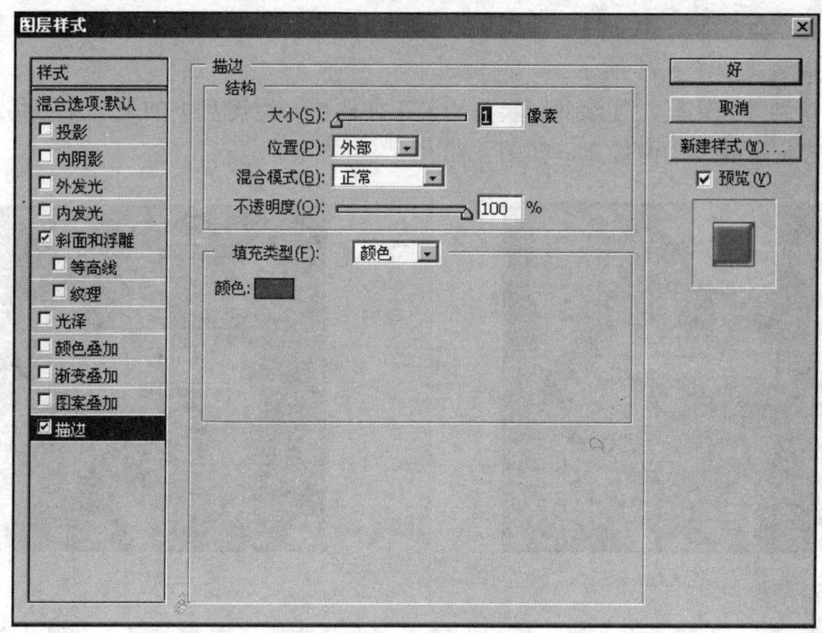

图 4.67

（6）完成后的效果如图 4.68 所示。

图 4.68

实训案例 2：制作一个“返回首页”按钮。

本实训案例的具体步骤如下。

（1）建立一个新文件，用灰蓝色填充背景。新建图层，选择矩形选取工具，建立一个矩形选择区域，并用白色填充，如图 4.69 所示。

（2）保存选择区域，再新建一个图层，运用渐变工具，前景色与背景色为黑白，按住【Shift】键用黑至白填充，注意要淡一点，如图 4.70 所示。

图 4.69

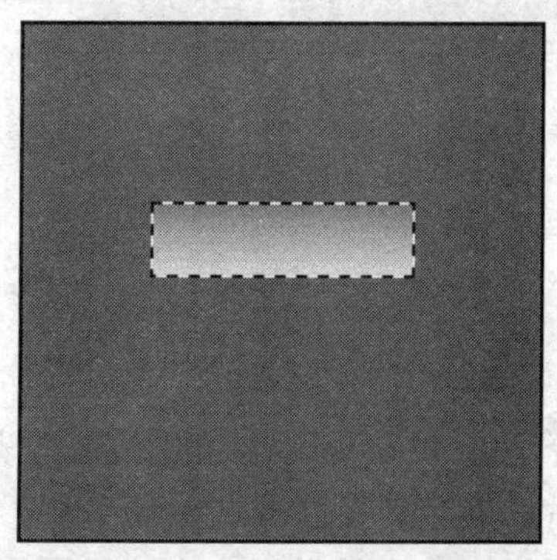

图 4.70

（3）保存选择区域，再新建一个图层，执行“编辑”→“描边”菜单命令，用 1 个像素的黑色居内描边，如图 4.71 所示。

（4）切换到选择工具，使渐变图层为当前工作图层，用键盘上的上下左右移动键，将渐变图层向右和向下各移动两像素，如图 4.72 所示。

图 4.71

图 4.72

（5）按住【Ctrl】键，在图层面板用左键单击白色方块所在的图层，出现一个选择区域，然后执行【Ctrl】+【Shift】+【I】命令进行反选，结果如图 4.73 所示。

（6）回到有渐变填充的图层，按【Del】键删除不需要的图像。

（7）运用文字工具输入文字，文字大小为 12 个像素，不去锯齿。为文字添加阴影效果，混合方式为正常，颜色为白，距离 1 像素，大小为 0 像素。再用文字工具用英文输入“::”，文字属性与阴影设置与上面文字相同，结果如图 4.74 所示。

图 4.73

图 4.74

本 章 小 结

本章学习了 Photoshop 中的图层，它是 Photoshop 中图像制作最基本的组成部分。在那里所有的图片、文字、图层样式、调节层，都是以图层方式存在。使用图层便于对各种对象分别处理。通过对本章的学习，应该对图层的基本知识有所了解，同时要掌握图层的各种应用技巧，能够运用图层做出一些图像特效。

习　题

1．层的功能与作用是什么？
2．用调节图层和不用调节图层有什么区别？
3．图层剪贴路径蒙版的功能与作用是什么？
4．图层的混合模式对图层上的像素有什么影响？
5．文字图层有什么特点，文本的属性如何设置？
6．图层样式有什么特点，如何使用图层样式？
7．运用图层设计制作一图层混合特效图片。
8．运用填充图层技术设计制作一图片效果。
9．运用调整图层技术设计制作一图片效果。
10．运用图层样式和图层技术设计制作一文字效果。
11．运用图层样式和图层技术设计制作一按钮效果。

第5章

色彩模式及色彩调整技巧

教学目标：本章主要介绍 Photoshop 的颜色模式及它们之间的相互转换，以及图像菜单的“调整”子菜单中各个命令的使用，利用它们来调整图像的色彩和色调。

教学内容：色彩模式的种类、色彩模式的转换、色彩调整、色调调整。

5.1　色彩模式的分类与转换

5.1.1　色彩模式的种类

1．关于色彩的基础知识

对于制作图像的人来说，创建完美的色彩是至关重要的。颜色是一个强有力的、高刺激性的设计元素，颜色能激发人的感情，完美的色彩可以使一幅图像充满活力，能向观察者表达出一种信息，收到事半功倍的效果。当色彩运用得不得当时，表达的意思就不完整，甚至可能表达出一种错误的感情。为了在计算机图像处理中能成功地选择正确的颜色，首先得懂得色彩模式（Color Models）。

在图像中，将图像中各种不同的颜色组织起来的方法，称之为色彩模式。色彩模式决定着图像以何种方式显示和打印。制作各种精美的图像、或者用于各种输出的稿件，选择正确的色彩模式是重要的。各种色彩模式之间存在一定的通性，可以很方便地相互转换。但它们之间又存在各自的特性，不同的色彩模式对颜色的组织方式有各自的特点。色彩模式除了决定图像中可以显示的颜色数目外，还会直接决定图像的通道数量和图像的大小。

色彩模式是一种将颜色转换成数字数据的方法，使颜色能够在多种媒体中得到连续的描述，跨平台使用。比如从显示器到打印机，从 MAC 机到 PC 机。常见的色彩模式有：RGB、CMYK、HSB 和 Lab。RGB 颜色模式，是一种加光模式，是基于与自然界中光线相同的基本特性的。自然界的颜色可由红（Red）、绿（Green）、蓝（Blue）三种波长产生，这就是 RGB 色彩模式的基础。红、绿、蓝三色称为光的基色。显示器上的颜色系统就是采用 RGB 色彩模式的。这三种基色中的每一种都有一个 0～255 的取值范围，通过对红、绿、蓝各种值的组合，来改变像素的颜色。当所有基色的值都为 255 时，便形成白色；当所有基色的值都为 0 时，便得到黑色。值得注意的是，RGB 色彩空间是与设备有关的，不同的设备 RGB 再现的颜色是不完全相同的。

2．颜色的基本属性

一般地，颜色都用色相、饱和度、亮度三个特性来描述，也就是所谓的 HSB。严格地说，在 Photoshop 中 HSB 并不是一种色彩模式，只是一种配色方式，可以根据它的特性配出需要的颜色，来为其他色彩模式的图像所用。Photoshop 中不存在 HSB 模式，其他的色彩模式也不能转换为 HSB 模式。只要选定了一定的色相、饱和度、亮度，就能配出所需要的颜色。

（1）色相（Hue）

色相是物体透射或反射光波的波长有关的颜色物理的心理特性。它的范围以 0 至 360 度之间的角度值来表示。色相是以颜色的名称来识别的，如红色、橙色或绿色。

（2）饱和度（Saturation）

饱和度指颜色的强度或纯度，表示色相中灰色成分所占的比例，用 0%-100%（纯色）来表示。

（3）亮度（Brithtness）

亮度是颜色的相对明暗程度，通常用 0%（黑）～100%（白）来度量。

3．色彩模式的种类

在 Photoshop 中，常用的色彩模式有位图、灰度、RGB、CMYK、Lab 几种色彩模式，还包括索引、双色调、多通道等几种不常用到的色彩模式。

（1）位图模式

位图模式其实就是黑白模式，它只能用黑色和白色来表示图像，只有下面的灰度模式可以转换为位图模式，所以一般的彩色图像只有先转换为灰度模式，才能接着转换为位图模式。

位图模式实际上是由一个个黑色和白色的点组成的，也就是说它只能用黑白来表示图像的像素。它的灰度需要通过点的抖动来实现，即通过黑点的大小与疏密在视觉上形成灰度。它的每个像素只能负载两种亮度级别，即黑色和白色。

（2）灰度模式

灰度模式就是用 0～255 的不同灰度值来表示图像，0 表示黑色，255 表示白色，灰度模式可以和彩色模式直接转换。在灰度模式的图像上，每个像素能负载 2 的 8 次方（256）种灰度级别，范围值从 0（黑色）至 255（白色），具体用油墨的覆盖浓度来表示。当彩色图像转换成灰度模式后，图像会去掉颜色信息，以灰度显示图像，类似黑白照片的效果。图像的单色通道实际上可以看作是一张灰度图片，即灰度模式的图像只有一个灰色通道。

在 Photoshop 里对彩色图像执行“图像”→“模式”→“灰度”命令，会弹出警告对话框，提示此操作会扔掉图像的颜色信息，并且不能恢复（除非使用历史记录取消操作）。

如果图像中含有多个图层，那么在转换过程中会提示是否在扔掉颜色信息时合并图层。

灰度模式的图像支持多个图层，如果选择不合并图层，则其转换后的图层信息被完全保留。图 5.1 和图 5.2 是色彩模式转化前后的效果。

在图中，当把彩色模式的图像转换为灰度模式时，Photoshop 会自动计算每种彩色相对灰度的亮度，并在灰度图像中还原，得到完整的灰度图像。

灰度模式的图像也可以转换为其他的彩色模式，转换过程中灰度色会被其他模式的颜色代替。比如转换为 RGB 或 CMYK 模式时，在人的视觉上仍是一张灰度图片，只是它原有的灰度色已经被 RGB 或 CMYK 的各种单色混合出来的灰色代替了。

图 5.1

图 5.2

（3）RGB 模式

RGB 色彩模式由自然界中光的三原色的混合原理发展而来。RGB 分别代表红色（Red）、绿色（Green）、蓝色（Blue）。它的每个像素对三种颜色都可以负载 2 的 8 次方（256）种亮度级别，这样三种颜色通道合在一起就可以产生 256 的 3 次方（1670 多万）种颜色。RGB 在理论上可以还原自然界中存在的任何颜色。

RGB 模式的图像支持多个图层，有 R、G、B 三个单色通道和一个由它们混合颜色构成的彩色通道。

在 RGB 色彩模式的图像中，某种颜色的含量越多，那么这种颜色的亮度也越高，产生的结果中这种颜色也就越亮。例如，如果三种颜色的亮度级别都为 0（亮度级别最低），则它们混合出来的颜色就是黑色；如果它们的亮度级别都为 255（亮度级别最高），则其结果为白色，这和自然界中光的三原色的混合原理相同。图 5.3 为 RGB 色彩模式的颜色混合原理。

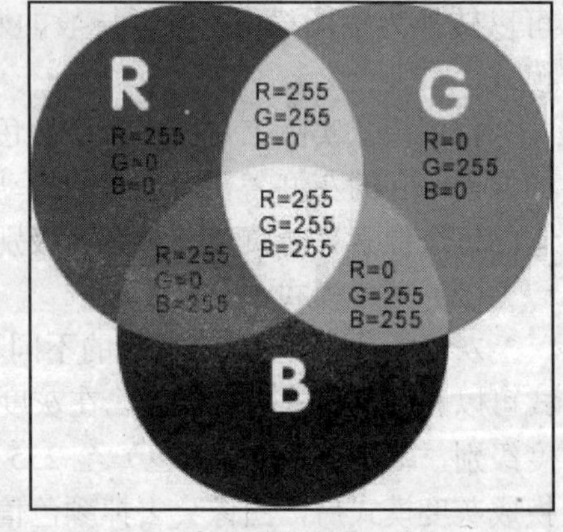

图 5.3

RGB 色彩模式是目前运用最广泛的色彩模式之一，它能适应多种输出的需要，能较完整地还原图像的颜色信息。现在大多数的显示屏、RGB 打印、多种写真输出设备都用 RGB 色彩模式的图像来输出。

（4）CMYK 模式

CMYK 模式和印刷中油墨配色的原理相同。它由青（Cyan）、洋红（Magenta）、黄（Yellow）、黑（Black）四种颜色混合而成。它和 RGB 模式一样，每个像素在每种颜色上可以负载 2 的 8 次方（256）种亮度级别，范围值从 0%至 100%（0 为白色，100 为黑色）。理论上它可以产生 256 的 4 次方种颜色，但由于输出过程中颜色信息的损失、输出技术和环境的限制（如某些油墨的浓度不能过高，否则会产生溢色），实际上能产生的颜色数量比 RGB 还少。

CMYK 模式的图像支持多个图层，有 C、M、Y、K 四个单色通道和一个由它们混合颜色构成的彩色通道。

CMYK 模式的图像中，某种颜色的含量越多，就如同印刷中某种油墨的浓度越高，那么它的亮度级别就越低，在其结果中这种颜色表现得就越暗，这与 RGB 模式的颜色混合原理是相反的，但和颜色的物理混合原理相同。图 5.4 为 CMYK 色彩模式的颜色混合原理。

由于 CMYK 模式所能产生的颜色数量要比 RGB 模式产生的颜色数量少，所以当 RGB 模式的图像转换为 CMYK 模式后，图像的颜色信息会有明显的损失。

CMYK 模式能完全模拟出印刷油墨的混合颜色，目前主要应用于印刷技术中。虽然它所产生的颜色并没有 RGB 模式丰富，但是它在颜色的混合中比 RGB 模式多了一个黑色通道，这样所产生的颜色的纵深感要比 RGB 模式更加稳定（RGB 图像会让人产生“漂”或“浮”的感觉，这是由于它没有黑色通道，所以感觉颜色的暗部深不下去）。

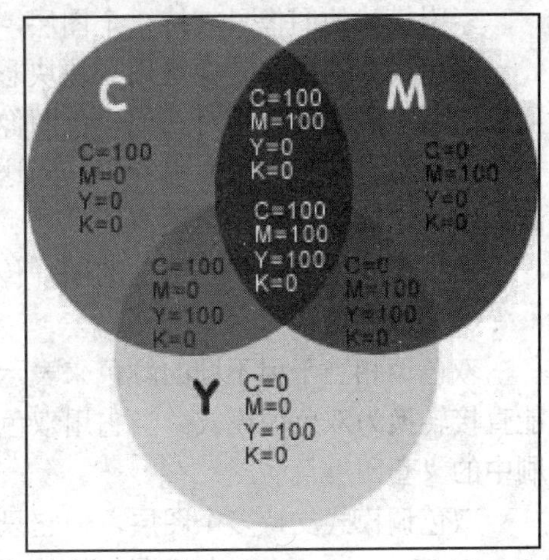

图 5.4

（5）Lab 模式

Lab 模式是惟一不依赖外界设备而存在的一种色彩模式。它由亮度（L）通道、a 通道和 b 通道组成，其中亮度的范围从 0～100；a 代表从绿色到红色，b 代表从蓝色到黄色，a 和 b 的颜色值范围都是从–120～120。这三种通道包括了所有的颜色信息。

Lab 模式也支持多个图层，有 L、a、b 三个单色通道和由它们混合构成的彩色通道。

Lab 能创造理论上能产生的所有颜色，颜色范围涵盖了 RGB 模式和 CMYK 模式的所有颜色。当 RGB 模式和 CMYK 模式转换为 Lab 模式时，它们的颜色信息不会有任何损失，当 RGB 模式和 CMYK 模式互相转换时，实际上是将它们先转换为 Lab 模式，再转换为另一种模式的。这种过程能减少颜色信息的损失，不过在 Photoshop 中却将这个过程省略了。

（6）索引模式

索引色彩模式使用 0-256 种颜色来表示图像，当一幅 RGB 或 CMYK 的图像转化为索引颜色时，Photoshop 将建立一个 256 色的色表来储存此图像所用到的颜色，因此索引色的图像占硬盘空间较小，但是图像质量不高，适用于多媒体动画和网页图像制作。索引模式和灰度模式比较类似，它的每个像素点可以有 256 种颜色容量，但它可以负载彩色。索引模式的图像最多只能有 256 种颜色。当图像转换成索引模式时，系统会根据图像上的颜色归纳出能代表大多数的 256 种颜色，然后用这 256 种来代替整个图像上所有的颜色信息。下面的图 5.5 和图 5.6 是转化为索引模式前后的两张图。

图 5.5

图 5.6

索引模式的图像只支持一个图层，并且只有一个索引彩色通道。

索引模式的图像就像是用一块块彩色小瓷砖拼成的图像，由于最多只能有 256 种彩色，所以它所形成的文件相对其他彩色图像要小得多。索引模式的另一个好处是，它所形成的每一个颜色都有其独立的索引标识。当这种图像在网上发布时，只要根据其索引标识将图像重新识别，它的颜色就完全还原了。

索引模式主要用于网络上的图片传输和一些对图像像素、大小等有严格要求的地方。

（7）双色调

双色调相当于用不同的颜色来表示灰度级别，深浅由颜色的浓淡来实现。只有灰度模式能直接转换为双色调模式。当它用双色、三色、四色来混合形成图像时，其表现原理就像印刷中的“套印”。

双色调模式支持多个图层，但它只有一个通道。

在 Photoshop 中对灰度图像执行“图像”→“模式”→“双色调”命令，调出双色调设置面板，如图 5.7 所示。

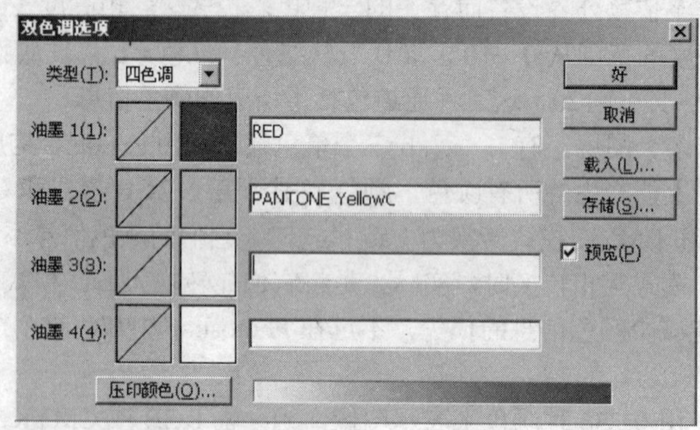

图 5.7

双色调设置面板的“在类型”中，设置所要混合的颜色数目，可以有单色、双色、三色、四色 4 种选择；在中间的颜色方框中，可以任意指定用何种颜色来混合；单击其左边的曲线框，可以在调出的双色调曲线面板中调节每种颜色的浓淡。如图 5.8 所示。

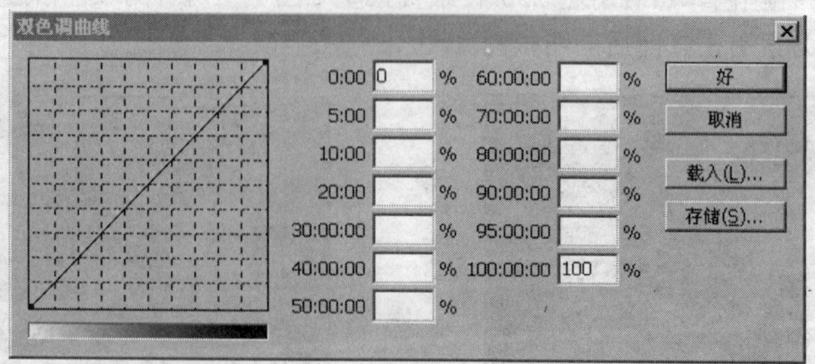

图 5.8

下面的图 5.9（1）和图 5.9（2）是将一只黄色的蝴蝶经过转换为双色调模式后，呈现出一种古朴的蓝色效果图。

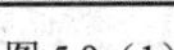

图 5.9（1）

图 5.9（2）

双色调模式只能模拟出印刷的套色，不能在真正意义上还原图像的本色。运用这种方式，可以对黑白图片进行加色处理，得到一些特别的颜色效果。这种方法在处理一些艺术照片时会经常用到。

（8）多通道

多通道模式没有固定的通道数目，它可以由任何模式转换而来，当 RGB 模式或 CMYK 模式丢掉一个通道后，其余的通道也会转换成多通道模式。它只支持一个图层。

多通道模式适用于有特别要求的输出。例如图像只有两个或三个单色混合而成，这样用多通道模式输出时可以在减少成本的情况下保证图像的输出效果。

通过上面对 Photoshop 色彩模式的分析，初步了解了各种色彩模式之间的共性与个性，以及各种色彩模式的适用范围。

5.1.2　色彩模式的转换

在 Photoshop 中，可以自由地转换图像的各种色彩模式。但是由于不同的色彩模式所包含的颜色范围不同，特性存在差异，因此在转换时会或多或少产生一些数据的丢失。此外，色彩模式与输出设备也有关。因而在进行模式转换时，应该考虑到这些问题，尽量做到按照需求、适当谨慎地处理图像色彩模式，避免产生不必要的损失，以获得高效率、高品质的图像。

1．色彩模式转换注意的问题

在选择色彩模式时，通常要考虑以下几个方面的问题。

（1）图像输出和输入方式：输出方式是指图像以什么方式输出。若以印刷输出，则必须使用 CMYK 模式存储图像；若只是在屏幕上显示，则以 RGB 或索引色彩模式输出较多。输入方式是指在扫描输入图像时以什么模式存储，通常使用的是 RGB 模式，因为该模式有较广阔的颜色范围和操作空间。

（2）编辑功能：在选择模式时，需要考虑在 Photoshop 中能够使用的图像编辑功能。例如 CMYK 模式的图像不能使用某些滤镜，位图模式下不能使用自由旋转、层功能等。所以，在编辑时常选择 RGB 模式来操作，完成编辑后再转换为其他模式进行保存。这是因为 RGB 图像可以使用所有滤镜和其他 Photoshop 功能。

（3）颜色范围：不同模式的颜色范围不同，编辑时可以选择颜色范围较广的 RGB 和 Lab 模式，以获得最佳的图像效果。

（4）文件占用的内存和磁盘空间：不同模式形成的文件大小是不一样的，索引色彩模式的文件大约是 RGB 模式文件的 1/3，CMYK 模式的文件比 RGB 的大得多。文件越大所占用的内存和磁盘空间就越多。为了提高工作效率和操作需要，可以选择文件较小的模式，但同时还应该考虑到上述 3 个方面，比较而言，RGB 模式是最佳选择。

2．各种色彩模式之间的转换

（1）将彩色图像转换为灰度模式

将彩色图像转换为灰度模式时，Photoshop 会扔掉原图中所有的颜色信息，只保留像素的灰度级。

灰度模式可作为位图模式和彩色模式间相互转换的中介模式。

（2）将其他模式的图像转换为位图模式

将图像转换为位图模式会使图像颜色减少到两种，这样就大大简化了图像中的颜色信息，并减小了文件大小。要将图像转换为位图模式，必须首先将其转换为灰度模式。这样的转换会去掉像素的色相和饱和度信息，只保留亮度值。但是，由于只有很少的编辑选项能用于位图模式图像，所以最好是在灰度模式中编辑图像，然后再转换它。

在灰度模式中编辑的位图模式图像转换回位图模式后，看起来可能会不一样。例如，在位图模式中为黑色的像素，在灰度模式中经过编辑后可能会成为灰色。如果像素足够亮，当转换回位图模式时，它将成为白色。

（3）将其他模式转换为索引模式

在将色彩图像转换为索引颜色时，会删除图像中的很多颜色，仅保留其中的 256 种颜色，那是多媒体动画应用程序和网页所支持的标准颜色数。只有灰度模式和 RGB 模式的图像可以转换为索引颜色模式。由于灰度模式本身就是由 256 级灰度构成，因此转换为索引颜色后，无论颜色数量还是图像大小都没有明显的差别。但是将 RGB 模式的图像转换为索引模式后，图像的尺寸将明显减少，图像的视觉品质也将受到不同程度的损失。

（4）将 RGB 模式的图像转换成 CMYK 模式

如果将 RGB 模式的图像转换成 CMYK 模式，图像中的颜色会产生分色，颜色的色域会受到限制。因此，如果图像是 RGB 模式的，最好选在 RGB 模式下编辑，然后再转换成 CMYK 图像。

（5）用 Lab 模式进行模式转换

在 Photoshop 所能使用的颜色模式中，Lab 模式的色域最宽，它包括 RGB 和 CMYK 色域中的所有颜色。所以使用 Lab 模式进行转换时不会造成任何色彩上的损失。Photoshop 是以 Lab 模式作为内部转换模式来完成不同颜色模式之间的转换的。例如，在将 RGB 模式的图像转换为 CMYK 模式时，Photoshop 内部首先会把 RGB 模式转换为 Lab 模式，然后再将 Lab 模式的图像转换为 CMYK 模式图像。

（6）将其他模式转换成多通道模式

多通道模式可通过转换颜色模式和删除原有图像的颜色通道得到。

将 CMYK 图像转换为多通道模式可创建由青、洋红、黄和黑色专色（所谓专色，是特殊的预混油墨，用来替代或补充印刷四色油墨；专色通道是可为图像添加预览专色的专用颜色通道。）构成的图像。

RGB 图像转换成多通道模式可创建青、洋红和黄专色构成的图像。

从 RGB、CMYK 或 Lab 图像中删除一个通道，会自动将图像转换为多通道模式，原来的通道被转换成专色通道。

5.1.3　实训案例

将 RGB 模式的图像转换为位图色彩模式。具体步骤如下。

（1）打开一个 RGB 色彩模式的文件，欲将其转换为位图模式，原图如图 5.10 所示。

图 5.10

当把其他色彩模式的图像转化为位图模式时，会损失大量的细节，而且只有灰度模式的图像能直接转换为位图，RGB、CMYK 等常用的色彩模式在转换成位图时，必须先转换为灰度模式，然后才能转换为位图。位图模式的图像只支持一个图层，在转换的过程中所有的图层会被自动压平。它只有一个位图通道。

（2）对文件执行“图像”→“模式”→“灰度”菜单命令，将其转换为灰度模式。

（3）再执行“图像”→“模式”→“位图”菜单命令，调出位图设置面板，如图 5.11 所示。

位图设置面板“分辨率”栏的“输入”，是原图像的分辨率，“分辨率栏”的“输出”为转换后位图的分辨率。输出分辨率越大，图像所保留的细节越多。由于位图只能以黑白来表示图像的像素，所以当它的输出分辨率大于输入分辨率时，增加图像的像素大小所产生的视觉模糊感被削弱了。

（4）在“方法”选项中选择 50%阈值。50%阈值表示在转换过程中，色彩浓度（这里指灰度，因为只有灰度图像可以转换为位图）大于 50%的像素全部变成黑色，小于 50%的像素全部变成白色，形成一种强烈的黑白对比效果，并在黑白相交的地方产生少量的独立黑点。

转换后效果如图 5.12 所示。

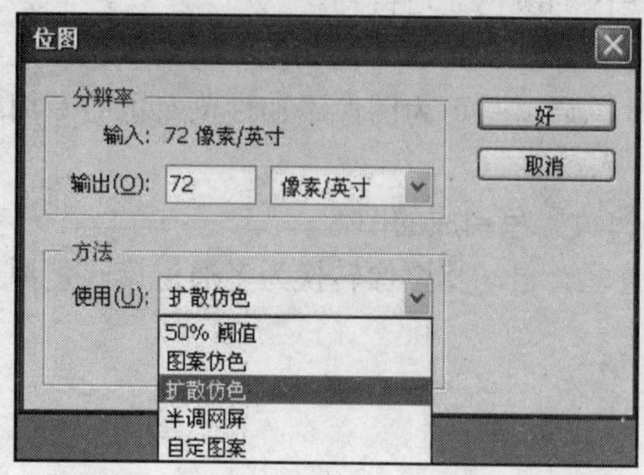

图 5.11

图 5.12

（5）取消上一步操作，如果在“方法”选项中选择图案仿色，这是将黑白像素点排列成一定序列，然后使用形成的序列代替黑点对图像进行抖动得到的结果，效果如图 5.13 所示。

（6）取消上一步操作，在“方法”选项中选择扩散仿色。它是转换位图过程中保留图像细节最多的一种方式，由无数的细小黑点组成图像，其转换过程比图案仿色更精确。效果如图 5.14 所示。

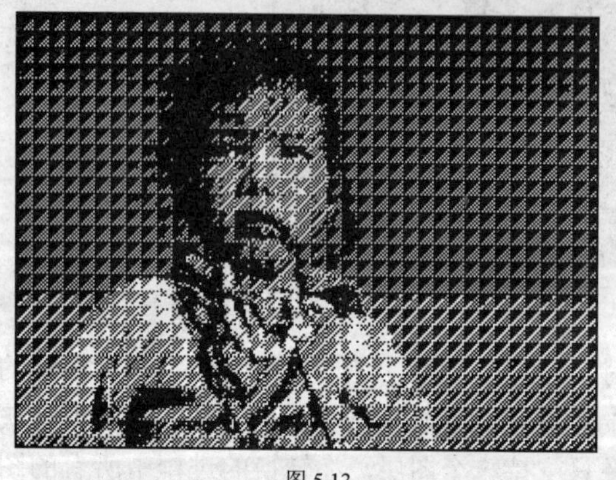

图 5.13

图 5.14

（7）取消上一步操作，在“方法”选项中选择半调网屏。选择这种转换方式时，它会调出半调网屏的设置面板，用以设置网线的频率、角度及形状，类似印刷过程中的加网方式。设置参数如图 5.15 所示，效果如图 5.16 所示。

（8）取消上一步操作。

（9）执行【Ctrl】+【N】命令，新建立一个大小为 10×10 像素、分辨率为 72、背景为白色的图像文件。

（10）运用文字工具，输入一个字母“A”。执行【Ctrl】+【T】命令，对文字大小和位置进行调整，最后效果如图 5.17 所示。

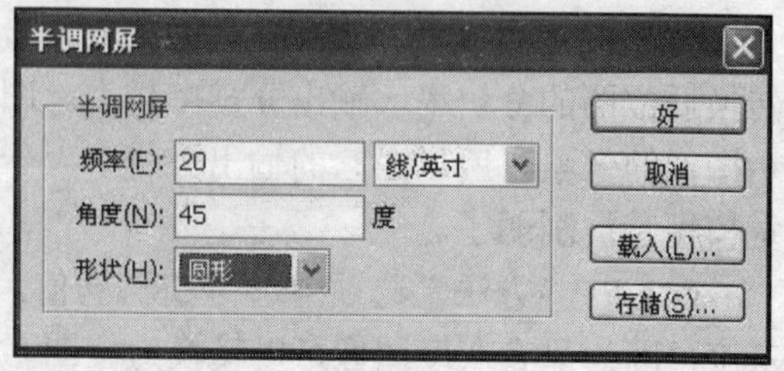

图 5.15

图 5.16

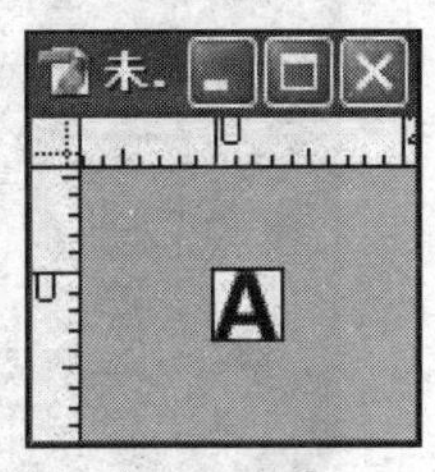

图 5.17

（11）执行“编辑”→“定义图案”菜单命令，进行定义图案。自定义的图案命名为“aa”。

（12）回到原图执行“图像“→“模式”→“位图”命令，在“方法”选项中选择自定义图案，使用自定图案代替黑点对图像作抖动处理。为此选择刚才自定义的图案“aa”。为了方便观察，“输出”的分辨率可以设大一些。参数设置如图 5.18 所示。

（13）图 5.19 是执行的结果。可以看出，是用刚才自定义的图案（字母 A）代替了黑点，对图像进行了抖动处理。

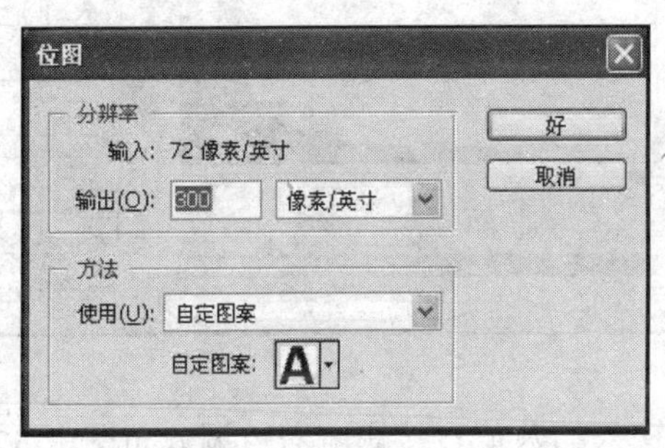

图 5.18

图 5.19

5.2　图像的色调与色彩调整

5.2.1　色调调整

1．色阶与自动色阶

色阶是指图像中颜色或者颜色中某一个组成部分的亮度范围。在“图像”→“调整”子菜单中提供了两个命令来调整图像的色阶：色阶（L），快捷键是【Ctrl】+【L】；自动色阶，快捷键是【SHIN】+【Ctrl】+【L】。当使用自动色阶命令时，系统不会显示任何对话框，而只以默认的值来调整图像颜色的亮度。一般说来，这种调整是对该图像的所有颜色进行，而不能只针对某一种色彩做调整。例如打开一个文件，如图 5.20 所示，使用自动色阶的快捷键

【SHIN】+【Ctrl】+【L】命令对其进行调整，得到如图 5.21 所示。

图 5.20

图 5.21

但是色阶命令够精确地用手工调整色阶。执行色阶命令后，会打开“色阶”对话框，如图 5.22 所示。

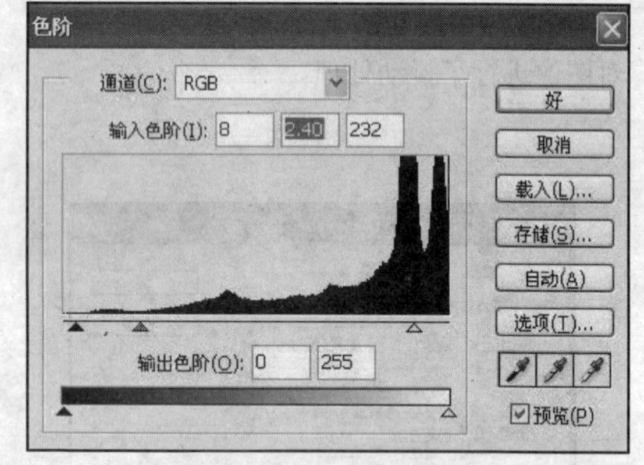

图 5.22

使用对话框中的选项能够修改图像的最亮处，最暗处及中间色调，使用吸管工具可以精确地读出每个位置在变化前后的色调值。对话框中各选项含义如下。

（1）通道：该列表框中包括了所使用的色彩模式以及各种原色通道，默认时图像使用 RGB 颜色模式。可以选择 RGB 颜色模式、红色通道，绿色通道和蓝色通道，在这里所做的选择直接影响到对话框的其他选项。

（2）输入色阶（L)：该参数用来指定通道下图像的“最暗处”、“中间色调”、“最亮处”的值，输入的数值直接影响着色调分布图中 3 个滑块的位置。

（3）色阶分布图：是显示图像中明、暗色调分布的示意图。根据在通道选项中选择的颜色通道的不同，该示意图会有不同的显示。

（4）最暗色调控制滑块：该滑快用来调整图像中最暗处的值，默认时该滑块位于最左端，向右拖动会使图像的颜色变暗。

（5）中间色调控制滑块：用以调整图像的中间色调的值。默认时位于中间位置，向左拖动增加图像的亮度，向右拖动则会使图像变暗。

2．曲线调整

曲线调整命令是一个用途非常广泛的色彩调整命令，它不像“色阶”对话框那样只用了 3 个控制点来调整颜色，而是将颜色范围分为若干个小方块，每个方块都能够控制一个亮度层次的变化。

利用曲线调整命令可以综合调整图像的亮度、对比度等。因此，该命令实际上是反相、色调分离、亮度/对比度等多个色彩调整命令的综合，用户可以调整 0～255 范围内的任意点，同时又可以保持 15 个其他值不变。“曲线”命令对话框如图 5.23 所示。

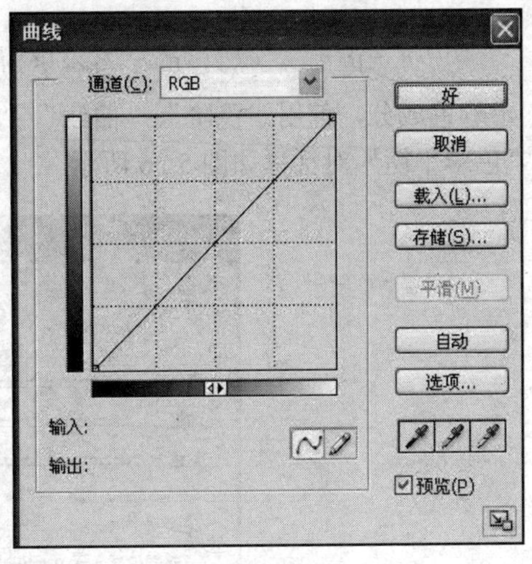

图 5.23

3．亮度/对比度命令

“亮度”→“对比度”命令是对图像的色调范围进行调整的最简单方法。与“曲线”和“色阶”不同，该命令一次调整图像中所有像素的高光、暗调和中间调。另外，“亮度”→“对比度”命令对单个通道不起作用，建议不要用与高档输出。

执行“亮度”→“对比度”命令，打开“亮度/对比度”对话框，拖移滑块以调整亮度和对比度。向左拖降低亮度和对比度，向右拖移则增加亮度和对比度。每个滑块右侧的数字显示有亮度或对比值，数值的范围为–100～100。对比度命令自动将图像中最暗和最亮的像素映射为白和黑，使得高光更亮，阴影更黑。自动调整对比度时，Photoshop 忽略图像中黑白像素前 0.5%的范围，对颜色值的这种裁剪可保证白值和黑值是图像中有代表性的。

要自动调整对比度，可以选择执行“图像”→“调整”→“自动对比度”命令。

4．反相命令

“反相”命令可以对图像进行反相，即使黑色的图像部分转化为白色，使白色的图像部分转化为黑色。使用这个命令可以将一个阳片变成黑白阴片，或从扫描的黑白阴片中得到一个阳片。要反相一个图像可执行“图像”→“调整”→“反相”命令。

5．色调均化命令

“色调均化”命令能重新分布图像中像素的亮度值，以便它们更均匀地呈现所有亮度级范围。当扫描的图像显得比原稿暗，而要平衡这些值以产生较亮的图像时，可以使用此命令。

6．阈值命令

使用“阈值”命令可将一个灰度或色彩图像转换为高对比度的黑白图像。此命令将一定的色阶指定为阈值，所有比该阈值亮的像素被转化为白色，所有比该阈值暗的像素被转换为黑色，其对话框如图 5.24 所示。

7．色调分离命令

“色调分离”对话框如图 5.25 所示，当在照片中需要制作特殊效果时，此命令非常有用；在要减少灰度图像中的灰色色阶数时，它的效果最明显。也可以用它在彩色图像中产生一些特殊效果。

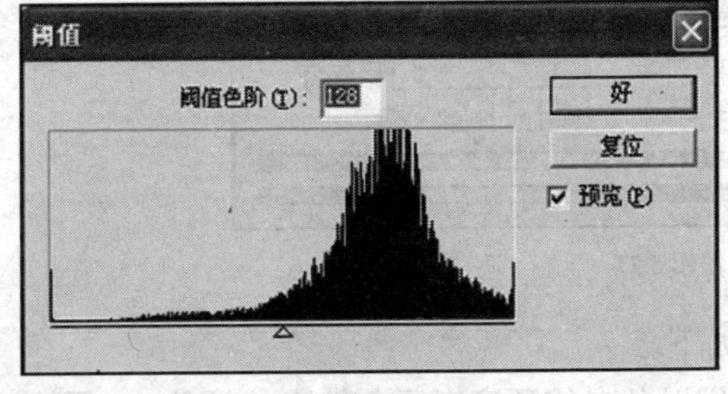

图 5.24

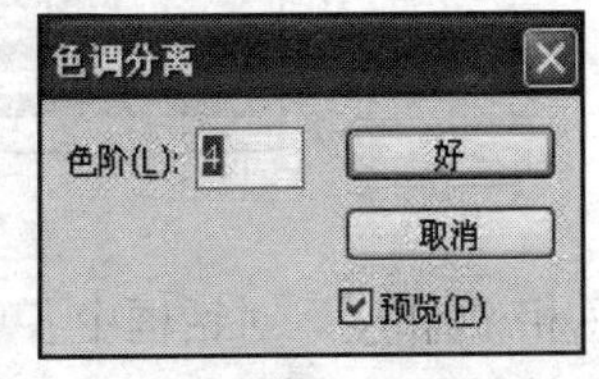

图 5.25

8．色彩平衡命令

与“亮度”→“对比度”命令类似，这个工具提供一般化的色彩校正。要想精确控制单个颜色成分，使用“色阶”、“曲线”、“色相/饱和度”、“替换颜色”等专门的色彩校正工具。“色彩平衡”对话框如图 5.26 所示。

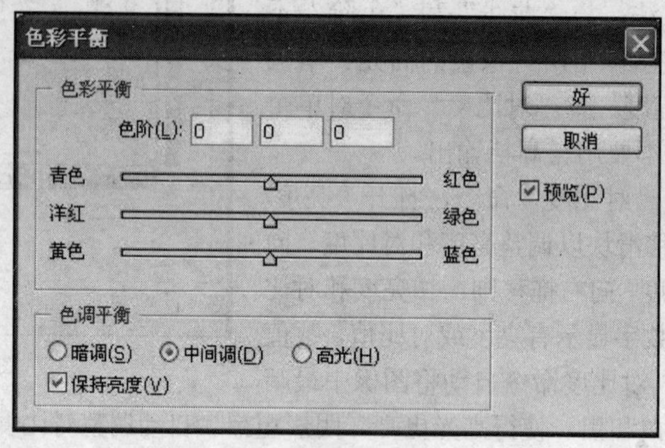

图 5.26

可以将三角形拖向需要在图像中增加的颜色或减少的颜色，颜色条上的值显示出红色、绿色和蓝色通道的颜色变化，数值范围从–100～+100。

5.2.2　色彩调整

1．色相/饱和度命令

“色相”→“饱和度”命令是用来调整图像中单个颜色成分的色相、饱和度和亮度的。调整色相或颜色，表现为在色轮中移动；调整饱和度或颜色的纯度，表现为在半径上移动。可以使用“着色”选项将颜色添加到已转换为 RGB 的灰度图像，或添加到 RGB 图像，通过将颜色值减到一个色相，使其看起来象双色调图像。执行命令打开“色相/饱和度”对话框，如图 5.27 所示。

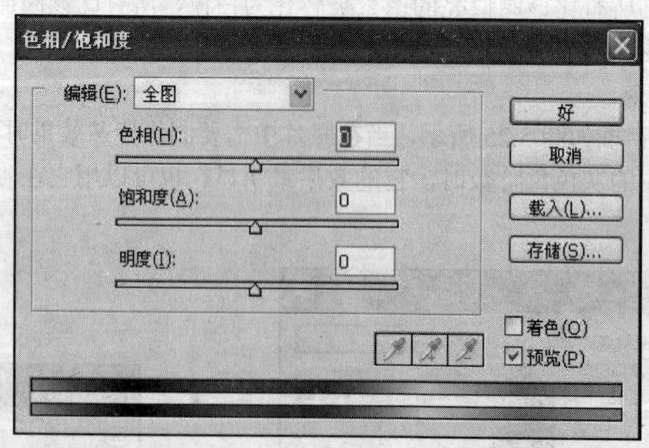

图 5.27

“色相/饱和度”对话框中各项的含义如下。

在对话框下方显示有两个颜色条，它们以各自的顺序表示色轮中的颜色。上面的颜色条显示调整前的颜色，下面的颜色条显示调整如何以全饱和状态影响所有色相。

"编辑"选项有多个可选值，选取"全图"可以一次调整所有颜色。如果要调整的颜色选取列出的是其他一个预设颜色范围，一个调整滑块会出现在颜色条之间，可以用它来编辑任何范围的色相。

对于"色相"选项，可以输入值或拖移滑块，直至出现需要的颜色。文本框中显示的值反映像素原来的颜色在色轮中旋转的度数，正值表示顺时针旋转，负值表示逆时针旋转。数值的范围可以从–180 到 +180。

对于"饱和度"选项，可以输入值，或将滑块向右拖移（增加饱和度）、向左拖移（减少饱和度）。颜色相对于所选像素的起始颜色值，从色轮中心向外移动，或从外向色轮中心移动。数值范围可以从–100 到+100。

对于"明度"选项，可以输入值，或将滑块向右拖移（增加明度）、向左拖移（减少明度）。数值范围可以从–100 到+100。

2．替换颜色命令

"替换颜色"命令基于在图像中取样的颜色来调整图像的色相、饱和度和明度值。实际上是在图像中根据特定颜色创建蒙版，然后替换图像中的那些颜色，蒙版是暂时的。选取"图像"→"调整"→"替换颜色"命令，出现的"替换颜色"对话框如图 5.28 所示。

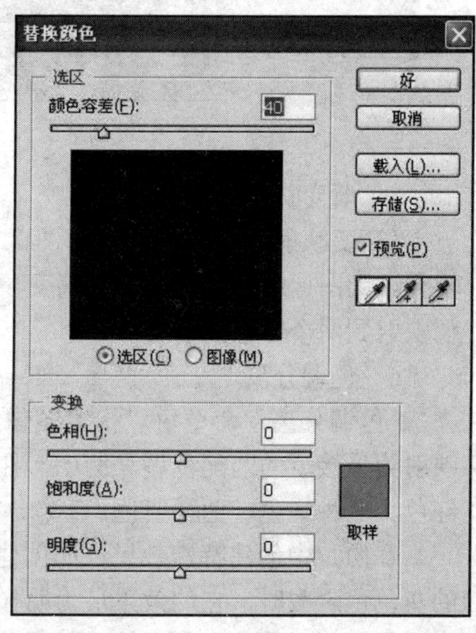

图 5.28

其中"选区（C）"单选钮表示在预览框中显示蒙版，被蒙版区域是黑色，未蒙版区域是白色。"图像（M）"单选钮表示在预览框中显示图像。在处理放大的图像或仅有有限屏幕空间时，该选项非常有用。通过拖移"颜色容差"滑块或输入一个值，可以调整蒙版的容差，用来控制选区中包括相关颜色的程度。

3．变化命令

"变化"命令可以调整图像或选区的色彩平衡、对比度和饱和度，此命令对于不需要精确色彩调整的平均调图最有用，但不能用在索引颜色图像上。

变化对话框如图 5.29 所示，对话框顶部的两个缩览图（"原稿"和"当前挑选"）显示原来和调整后的图像。

在第一次打开该对话框时，这两个图像是一样的。随着一步步地调整，"当前挑选"图像会发生改变，以反映操作的设置。每次单击一个缩览图，所有的缩览图都会改变。中间缩览图总是反映当前的选择。

4．去色命令

"去色"命令将彩色图像转换为相同颜色模式下的灰度图像。例如，它给 RGB 图像中的每个像素指定相等的红色、绿色和蓝色值，使图像表现为灰度，每个像素的明度值不改变。此命令与在"色相/饱和度"对话框中将"饱和度"设置为–100 有相同的效果。如果正在处理多层图像，则"去色"命令仅转换所选图层。执行该命令会去掉彩色图像中的所有颜色值，并将其转换为相同颜色模式的灰度图像。选取"图像"→"调整"→"去色"命令后，即可得到去色效果了。

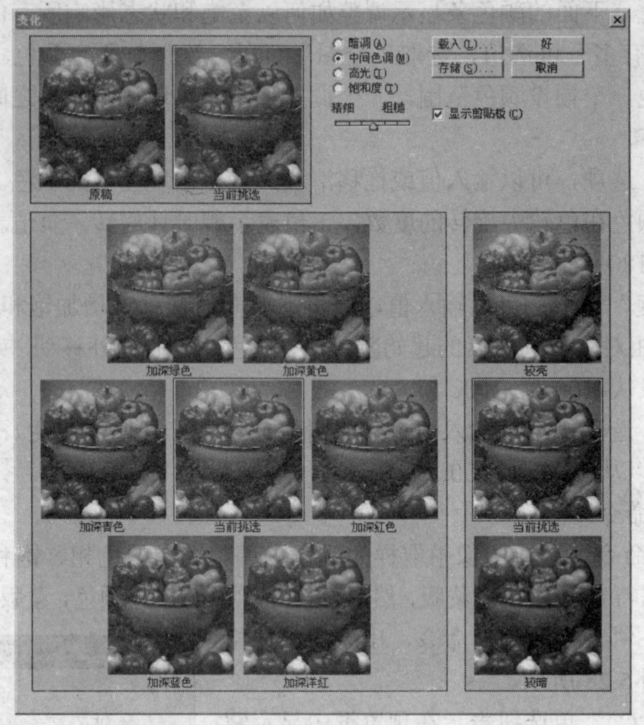

图 5.29

5．渐变映射

“渐变映射”命令将相等的图像灰度范围映射到指定的渐变填充色。如果指定双色渐变填充，则图像中的暗调映射到渐变填充的一个端点颜色，高光映射到另一个端点颜色，中间调映射到两个端点间的层次。

6．色调分离

“色调分离”命令可以指定图像中每个通道的色调级（或亮度值）的数目，然后将像素映射为最接近的匹配色调。例如，在 RGB 图像中选取两个色调级可以产生六种颜色：两种红色、两种绿色、两种蓝色。

在照片中创建特殊效果，如创建大的单调区域时，此命令非常有用。在减少灰度图像中的灰色色阶数时，它的效果最为明显。但它也可以在彩色图像中产生一些特殊效果。

如果想在图像中使用特定数量的颜色，则将图像转换为灰度并指定需要的色阶数。然后将图像转换回以前的颜色模式，并使用想要的颜色替换不同的灰色调。

7．可选颜色

可选颜色是校正高端扫描仪和分色程序使用的一项技术，它在图像中的每个加色和减色的原色图素中增加和减少印刷色的量。即使“可选颜色”使用 CMYK 颜色校正图像，也可以将其用于校正 RGB 图像以及将要打印的图像。可选颜色校正基于这样的一个表，该表显示用来创建每个原色的每种印刷油墨的数量。通过增加和减少与其他印刷油墨相关的印刷油墨的数量，可以有选择地修改任何原色中印刷色的数量，而不会影响任何其他原色。例如，可以使用可选颜色校正显著减少图像绿色图素中的青色，同时保留蓝色图素中的青色不变。

5.2.3　实训案例

实训案例 1：观察图像颜色调整的不同效果。

本实训案例的具体步骤如下。

（1）执行【Ctrl】+【O】命令，打开一个图像文件，如图 5.30 所示。

（2）执行“图像”→“调整”→“曲线”命令，调整图像。

（3）在弹出的曲线对话框中首先试几个颜色调整的不同效果。设置出第一个偏红绿的低调色调。通道选择“红”把曲线调整为“S”形，上面一端往上拉是偏红色，下面一端往下拉是偏绿色，这样就调整出红绿的色调。对话框设置如图 5.31 所示，执行后效果如下图 5.32 所示。

图 5.30

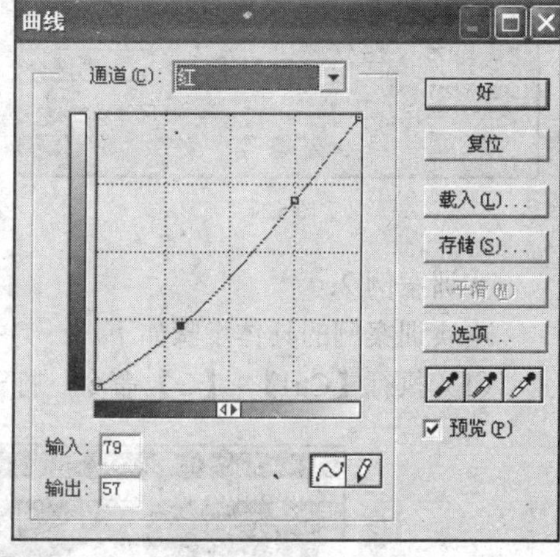

图 5.31

（4）如果觉得次色调不很满意，可以按住【Alt】键不放，曲线对话框中原来是“取消”的按纽就变成了“复位”，这样就可以把前面操作的步骤恢复到初始状态。如图 5.33 所示。

图 5.32

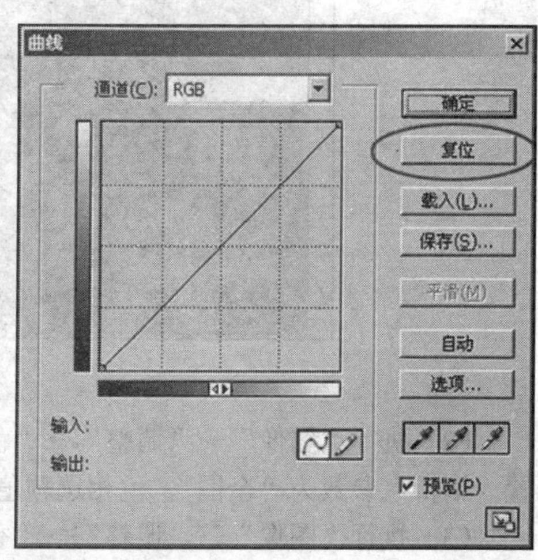

图 5.33

（5）下面再来调整一个比较温暖的色调。把通道调到“红”，上端往上拉动曲线调整，然后再切换到“绿”通道，和“红”通道一样，往上拉动曲线调整。如图 5.34 所示。

（6）执行命令后看一下图 5.35 的效果。再和原图比较一下。

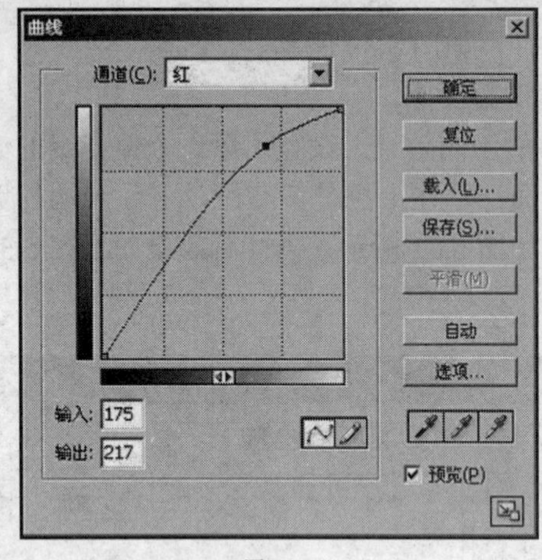

图 5.34

图 5.35

实训案例 2：

本实训案例的具体步骤如下。

（1）执行【Ctrl】+【O】命令，打开一个 RGB 色彩模式的图像文件，如图 5.36 所示。

图 5.36

（2）执行“图像”→“调整”→“色相→饱和度”命令，在“色相/饱和度”对话框中设置“编辑”参数为“全图”，色相选项值为–40。图像效果如图 5.37 所示。

（3）执行“图像”→“调整”→“替换颜色”命令，各参数设置如图 5.38 所示，执行后图像效果如图 5.39 所示。

图 5.37

图 5.38

（4）设置辅助线，用圆形选取工具，绘制一个圆形选区，新建立一个图层，前景色设置为白垩，并在选区填上白色。

（5）前景色设置为黑色，在同一图层，选择铅笔工具，笔刷大小设置为 2 个像素的，沿着辅助线绘制两条圆的中心线，取消选择，结果如图 5.40 所示。

（6）运用魔棒选取工具，在“图层 1”中选择其中的一个四分之一圆。工作到背景图层，使“图层 1”不可见。

图 5.39

图 5.40

（7）执行“图像”→“调整”→“色相/饱和度”命令，色相选项数值为–180，效果如图 5.41 所示。取消选择。

（8）用同样的方法，分别选择另外的三个四分之一圆，执行“图像”→“调整”→“色相/饱和度”命令，色相选项数值分别为–89、–25 和 106。

（9）分别对圆的四个四分之一选区，用 2 个像素的黑色进行描边。最后运用文字工具输入文字，效果如图 5.42 所示。

图 5.41

图 5.42

本 章 小 结

在使用 Photoshop 绘制作品时，除了创意、内容、布局等项目外，主要是靠色彩与色调来表现。对图像处理而言，图像的颜色是很重要的一个环节。由于不同设备与软件使用了不同的颜色设置，从而导致了颜色的匹配问题。为了解决这个问题，就需要对颜色进行管理。

在 Photoshop 中，系统提供了众多图像色彩和色调的命令，以便对图像进行快速、简单及全局性的调整。色彩和色调调整主要是指对图像的亮度、对比度、饱和度和色相进行调整。

在本章中重点介绍了色彩的基本概念，色彩的基本模式和之间的相互转换，以及色彩和色调调整。

习　题

1．目前比较常用的颜色模式有哪些？它们各自的特点是什么？

2．什么是色域？RGB，CMYK 与 Lab 颜色模式的色域具有哪些特点？

3．如何在 Photoshop 中设置前景色与背景色？若希望将当前图像中某些颜色设置为背景色，应该怎么做？

4．Variations（变化命令）对话框中，用户可以改变哪些选项，实现对图像的色彩调整？

5．哪种方法是通过调整图像的高光、中间色调和暗调区域，改变图像的过渡色彩来对图像进行颜色调整的？

第 6 章

路径与型的应用

教学目标：路径是用钢笔、几何形状类工具描述的一些曲线。在 Photoshop 中，通过创建和编辑路径，可以绘制出复杂的曲线，然后利用这些路径曲线将其转换为复杂选区或直接描绘或填充路径。路径的引入使绘画、选择操作、输出操作更加方便。通过本章的学习，应该掌握路径的基本功能以及路径的使用方法，并亲身体验路径的强大功能。

教学内容：路径的基本知识、路径面板的使用、路径工具的使用、路径的调整、路径的绘制与编辑、用形状工具创建路径、路径的实际应用。

6.1 创 建 路 径

6.1.1 路径的基本概念

路径是由贝赛尔曲线组成的矢量图形，可以任意放大缩小而不改变其平滑度。路径不属于图像像素，图像中路径不会被真正地添加到图像画面中，也不会被打印出来，它仅仅是定义了绘制的路线或区域。

路径不同于用画笔工具绘制的线条。画笔工具绘制的线条是由图层中的实际像素点组成，一旦用画笔在当前图层的工作区拖移绘画，那么绘制的线条颜色、粗细、方向、位置就都是固定的，即产生了实际的像素。由于鼠标不同于真实的画笔，在对绘制的图形不满意时，就会将实际的线条像素擦除再重新绘制。

用钢笔工具、形状工具创建的路径线条，它存在于一个独立的隐形层上，不会对图层的像素点产生丝毫影响。也就是说不管创建了何种路径，只要不对路径执行描边或填充操作，图层中不会产生实际的像素点。创建的路径保存在路径选项板中，具有不影响图层像素的特点，因此可以用钢笔类工具对路径重新调整、修正，以得到满意的线条，以便和所要的复杂选区相同。如果要用路径绘制图像，就要用描边路径和填充路径命令沿路径勾画或为封闭路径区填充实际的像素颜色；如果要用路径制作选区，就要将路径转换为选区或将路径存储为剪贴路径，路径的任务也就完成了。

路径与选区不同，它是由贝赛尔曲线组成的图形。利用路径可以选取或绘制复杂的图形，尤其是具有各种方向和弧度的曲线图形。另外，可以利用各种工具和命令来修改与编辑路径，在路径和选区之间可以进行转换。

路径是一个矢量化的计算机图形，由一系列锚点、直线或曲线段组成。

锚点是定义路径中每条线段开始和结束的点，以一个小方块的形式出现。锚点用来固定路径，就像是路径的骨骼。通过移动锚点可以改变路径的形状。锚点分为直线点和曲线点，曲线点的两端有调节柄可以调节长度和方向，用来控制曲线的曲度，如图 6.1 所示。

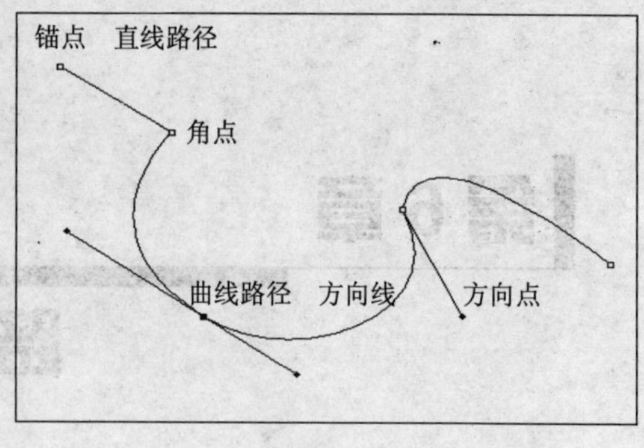

图 6.1

直线路径：在两锚点之间是以直线连接的路径。

曲线路径：在两锚点之间是以曲线连接的路径。

方向线：控制曲线路径方向和形状的直线段。

方向点：方向线的端点，用以控制方向线的长度和方向。

路径主要有以下几个功能。

（1）使用路径可以绘制出精确而复杂的区域，用以填充、描绘等编辑，这里的路径起到确定路线的作用。

（2）通过将路径和选区相互转换，可以编辑并得到复杂的选择区域。

（3）在保存文件时，路经也会被保存下来。因此，可以将那些并不容易得到的选区转换为路径保存起来。这样，占用的磁盘空间较小，在以后需要使用时，还可以再转换为选区，进行编辑。

6.1.2 路径面板的使用

路径作为平面图像处理中的一个要素，显得非常重要，所以和通道、图层一样，在 Photoshop 中也提供了一个专门的路径控制面板。路径控制面板主要由系统按钮区、标签区，列表区、路径工具图标区、路径控制菜单区构成。利用路径面板，用户可以执行所有涉及路径的操作。图 6.2 所示是路径面板和面板菜单。

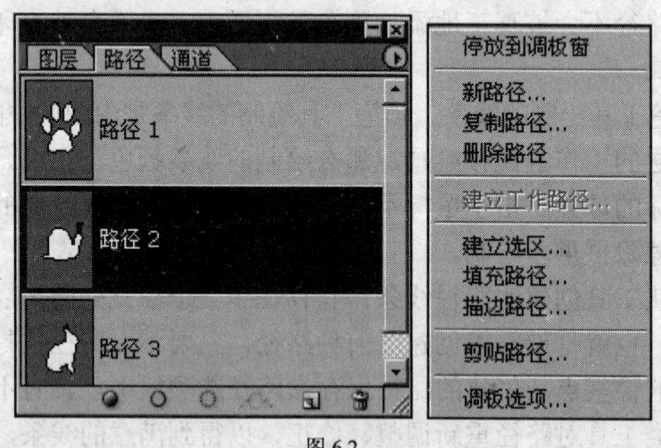

图 6.2

路径面板中各项功能如下：

（1）路径列表：列出当前图像中的所有路径层，在其中显示了路径缩略图、路径名称。以蓝色显示的列表项为当前路径。

（2）路径工具图标区

路径工具图标区在路径面板的底部，下面按从左到右的顺序，对 6 个按钮进行说明。

- 用前景色填充路径：单击此按钮，将当前所设置的前景色填充路径所包围的范围。

- 用画笔描边路径：单击此按钮，将按用户设定的绘图工具和前景色沿路径描边。
- 将路径作为选区载入：单击此按钮，将当前被选中的路径转换成选区。
- 从选区建立工作路径：单击此按钮，将当前选区转换为路径。
- 创建新路径：单击此按钮，可以创建一个新的路径。
- 删除当前路径：单击此按钮，可以删除当前选定的路径。

（3）路径右键菜单的功能和控制

与通道等控制面板类似，使用鼠标左键单击路径控制面板上方右侧的小三角按钮处，即可弹出暗藏的路径控制菜单。菜单中的命令如图 6.2 所示，有些菜单命令的功能与面板下面的路径工具按钮相同。其中，建立工作路径、填充路径、描边路径、剪贴路径相对重要些。

建立工作路径的方法是在工作区创建一个选定范围，然后执行此命令。这时，将打开如图 6.3 所示的“建立工作路径”对话框。在“容差”文本框中指定容差大小后，单击“好”按钮，可以将选定的范围转换为工作路径，“路径”面板中原来的工作路径将自动消失。

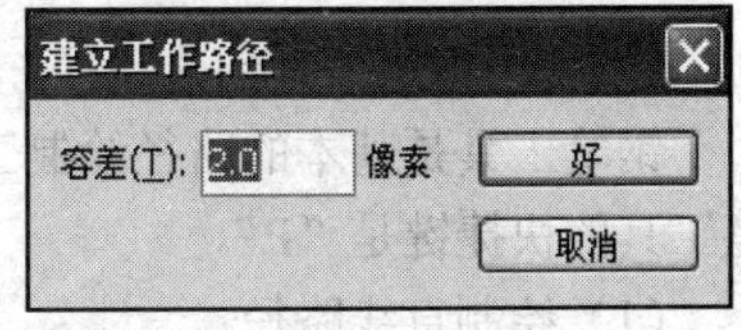

图 6.3

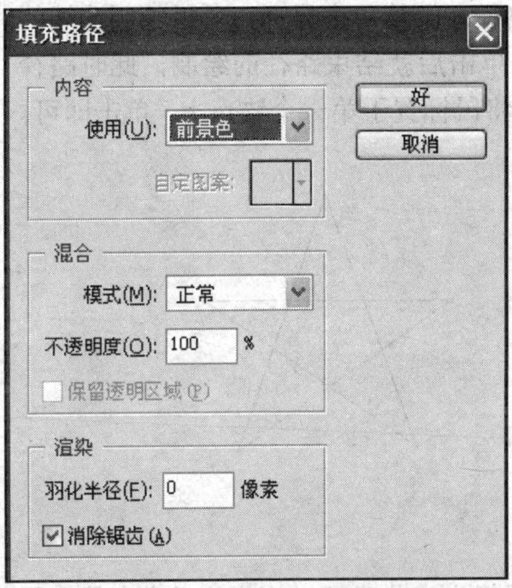

图 6.4

执行填充路径命令，将打开“填充路径”对话框，如图 6.4 所示。在该对话框中设置填充路径的方式。

执行描边路径命令，将打开如图 6.5 所示的“描边路径”对话框。在该对话框中设置描边路径所使用的工具，单击“好”按钮，就可以用指定的工具设置描边属性。

打印图像时，使用“剪贴路径”命令可以隔离前景对象。在“路径面板”中选中一个路径，然后单击“剪贴路径”命令，将打开如图 6.6 所示的“剪贴路径”对话框。在该对话框中可以选择想要转换为剪贴路径的路径名，保持“展平度”文本框为空白，以使用打印机的默认设置。如果打印出错，可以在这里重新输入合适的展平度数值，然后单击“好”按钮。

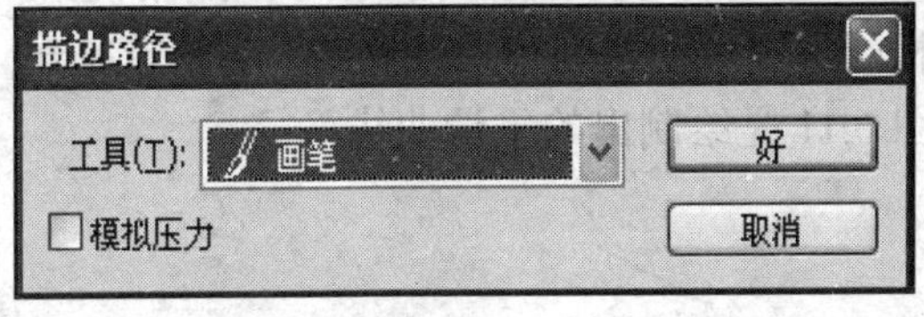

图 6.5

图 6.6

6.1.3　路径工具

Photoshop 中提供了一组用于生成、编辑、设置路径的工具组，它们位于 Photoshop 软件工具箱的浮动面板中。默认情况下，其图标呈现为钢笔图标，如图 6.7 所示。使用鼠标左键单击此处图标保持两秒钟，系统将会弹出隐藏的工具组。

另外，系统还提供有路径选择工具（如图 6.8 所示）及几何形状工具（如图 6.9 所示），这两组工具下面有专门讲解。一般地，创建路径主要有如下几种方法：由钢笔工具创建、由几何形状工具创建和由选区转换得到。

图 6.7

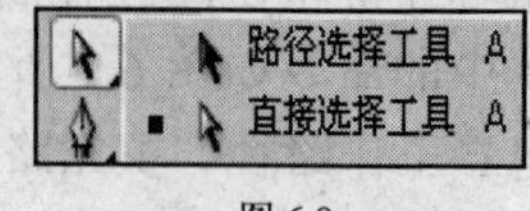

图 6.8

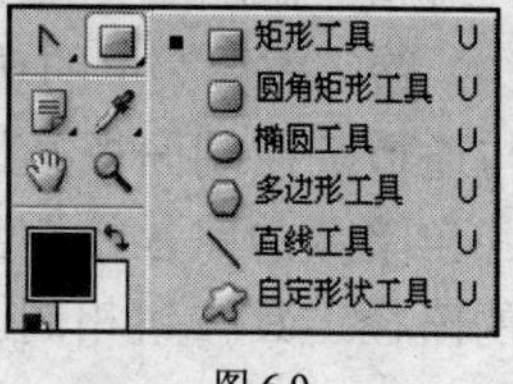

图 6.9

1．使用钢笔工具创建路径

钢笔工具是基本的路径绘制工具，使用该工具可以绘制出直线路径或曲线路径。选择钢笔工具的快捷键是“P”。

（1）绘制直线路径

选择钢笔工具，将鼠标置于路径开始点，单击后确定第一个锚点。移动鼠标，在直线段的结束点处再次单击，将会在两次单击点间绘制直线路径。继续单击鼠标，可以绘制连续的直线路径。按住【Ctrl】键，此时鼠标指针变为箭头，单击后就结束路径的绘制，此时路径上的所有锚点都消失了。若要完成闭合的路径绘制，则将鼠标置于第一个锚点上，单击即可。图 6.10 是绘制的各种直线路径。

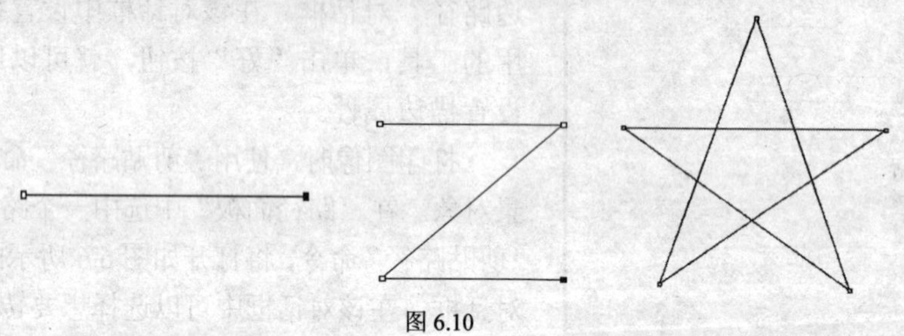

图 6.10

（2）绘制平滑的曲线路径

在曲线路径的开始点单击并拖动鼠标，指针变为黑箭头，此时可以拖出一条方向线。释放鼠标，在曲线路径的终点再次单击并拖动鼠标，则可以拖出第二条方向线，同时两点之间绘制出一条曲线路径。若两次拖出的方向线方向相同，则可创建 S 形曲线路径；若两次拖出的方向线方向相反，则可创建圆弧形曲线路径。图 6.11 是绘制出的平滑曲线路径。

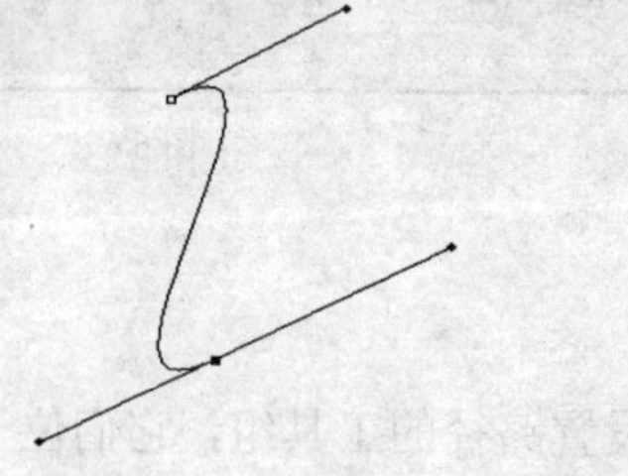

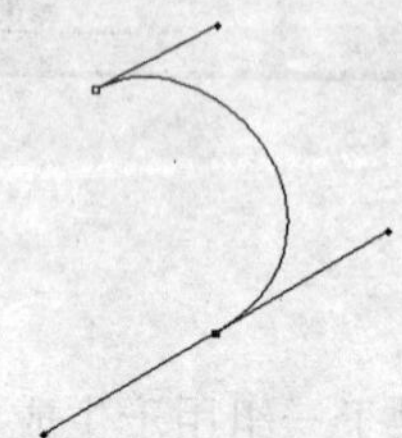

图 6.11

（3）绘制具有尖角的路径

先建立平滑路径，按住【Alt】键，单击此平滑路径结束的锚点，此锚点的方向线变为单向，再次单击并拖动鼠标，则形成具有尖角的曲线。如图 6.12 所示。

（4）绘制直线与曲线混合的路径

交叉地使用上面介绍的绘制直线和曲线路径的方法，可以绘制出基本的直线与曲线混合路径。下面介绍 2 种特殊混合路径的绘制方法。

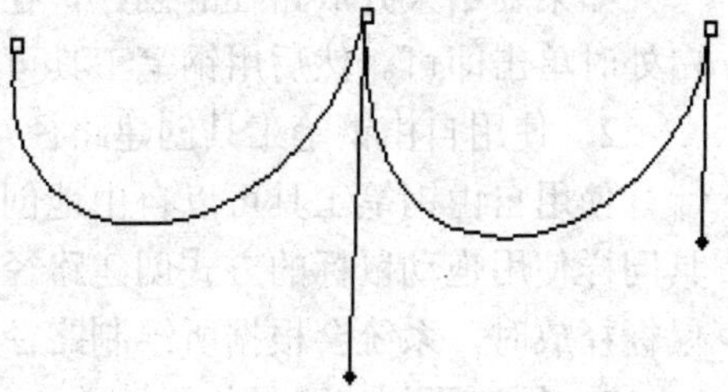

图 6.12

直线路径后接曲线路径的绘制方法。

方法 1：建立直线路径后，单击并拖动鼠标则可在直线路径后接曲线路径。

方法 2：将鼠标移到直线段的结束锚点上，指针变为 ，拖动鼠标，可以拖出一条方向线，释放鼠标指针恢复原状。移动鼠标到合适的位置，再次单击并拖动鼠标可以绘制出曲线路径。

曲线路径后接直线路径的绘制方法。

方法 1：单击并拖动鼠标，建立一条方向线。释放鼠标，在适当的位置再次单击不拖动鼠标，再次单击，完成直线路径的绘制。

方法 2：将鼠标移到曲线段结束锚点上，指针变为 。按【Alt】键，指针变为 ，单击鼠标，可以看到此锚点的方向线变为单向，移动鼠标至合适的位置，则绘制出直线段。

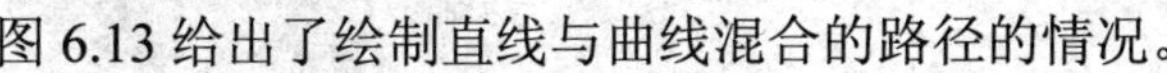

图 6.13 给出了绘制直线与曲线混合的路径的情况。

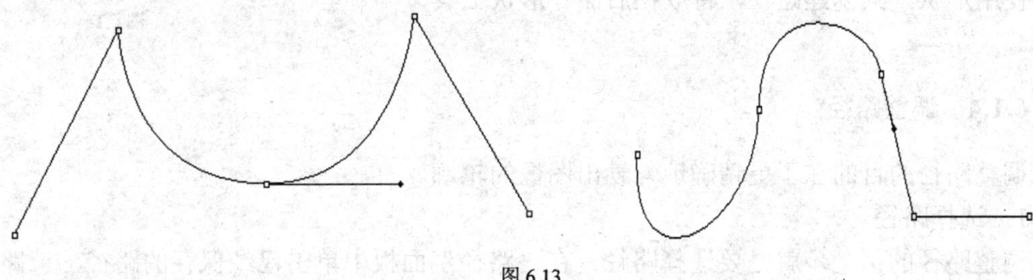

图 6.13

（5）创建闭合路径

用前面介绍的方法创建直线段或曲线段路径，将鼠标指针指向起始锚点，此时鼠标指针右下角出现了一个小圆圈，表示已经回到起点，单击路径起点，就会将创建的路径闭合，如图 6.14 所示。

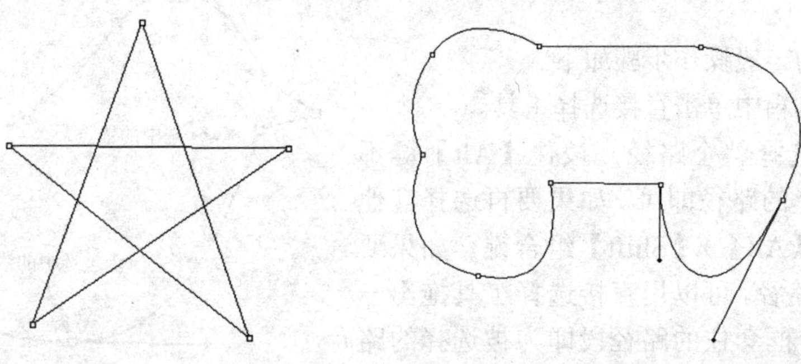

图 6.14

通过以上曲线路径的创建，你会发现，拖移锚点时，实际上是在改变锚点方向线的长短和方向。向下拖动时，曲线向上弯曲；向上拖动时，曲线向下弯曲。方向线越长，曲线越弯曲。

如果要结束开放路径的创建，在创建完最后一个锚点后，按住【Shift】键，鼠标指在空白处时单击即可。然后用钢笔工具可继续创建下一个路径。

2．使用自由钢笔工具创建路径

使用自由钢笔工具可以自由地创建路径。类似使用自由套索工具创建选区，自由钢笔工具同样使用拖动鼠标的方式创建路径。在路径的创建过程中，不需要单击鼠标确定锚点，当鼠标释放时，系统会根据所绘制路径的形状自动添加锚点。

3．用选区创建路径

下面用一个例子来说明用选区创建路径。

首先打开“小鸭”文件，用魔棒工具选择白色区域，反选得到小鸭选区。

单击路径下方的“从选区创立工作路径”按钮或执行选项板菜单“建立工作路径”命令，将当前选区转换为工作路径。

在弹出的容差值对话框中，输入范围为 0.5 到 10 之间的像素，容差值越小，用来描述路径的锚点越多，路径也越平滑。如图 6.15 所示。

图 6.15

4．使用形状工具创建路径

使用形状工具创建路径，将放在后面“形状工具”一节里介绍。

6.1.4 调整路径

调整路径的目的在于更精确地勾勒出图像的轮廓。

1．选择路径

调整路径的第一步就是要选择路径。在“路径”面板中单击已经保存的路径，该路径的内容就会在图像中显示，这就是调整的对象。在工具箱中单击直接选择工具，用它可以选择需要调整的路径段。被选择的路径段会有特殊的标记，系统将显示此路径段上所有的锚点，以及被选择路径段上的方向点和方向线。方向点以实心小菱形表示，被选中的锚点为实心小方块，未被选中的锚点为空心小方块。如图 6.16 所示。

选择路径的一般操作步骤如下。

（1）从工具箱中单击直接选择工具。

（2）若要选择整个路径，按住【Alt】键不放，单击要选择的路径即可。如果要再选择其他路径，则按住【Alt】+【Shift】组合键。如果要选择的是部分路径，可以用直接选择工具拖出一个矩形框，矩形框套住的路径段即为被选择的路径段。

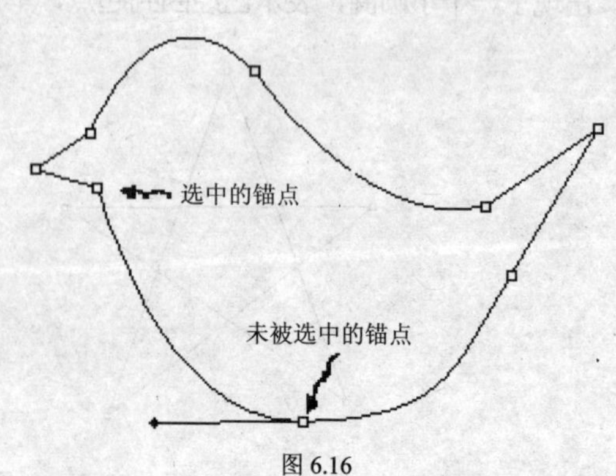

图 6.16

2．移动直线路径

移动直线路径段的操作步骤如下：

（1）从工具箱中单击直接选择工具，并选择要调整的线段；

（2）将所选择的线段拖动到新的位置即可。

3．移动曲线路径

移动曲线路径段的操作步骤如下：

（1）从工具箱中单击直接选择工具，并选择要移动的锚点或线段；

（2）将所选择的锚点或线段拖动到新的位置，拖动时按【Shift】键可以限制按 45 度的倍数角移动。如图 6.17 所示。

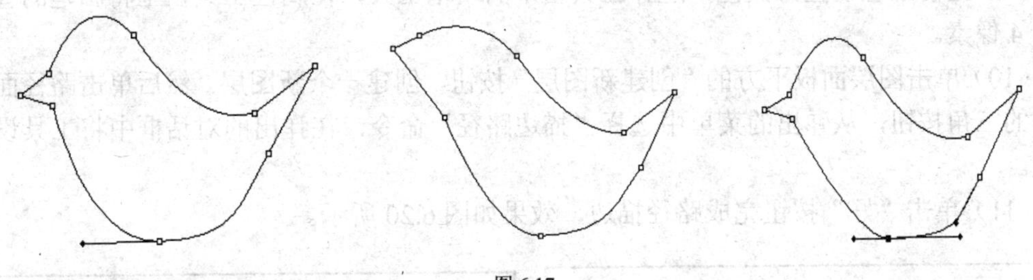

图 6.17

4．改变曲线路径的形状

改变曲线路径段形状的操作步骤如下：

（1）从工具箱中单击直接选择工具，选中要调整的曲线线段，此时会出现该线段的方向线；

（2）为调整曲线段的位置，直接拖动该线段，要调整所选锚点两侧的曲线段的形状，拖动锚点或方向点，拖动时，按【Shift】键可以限制按 45 度的倍数角移动。如图 6.18 所示。

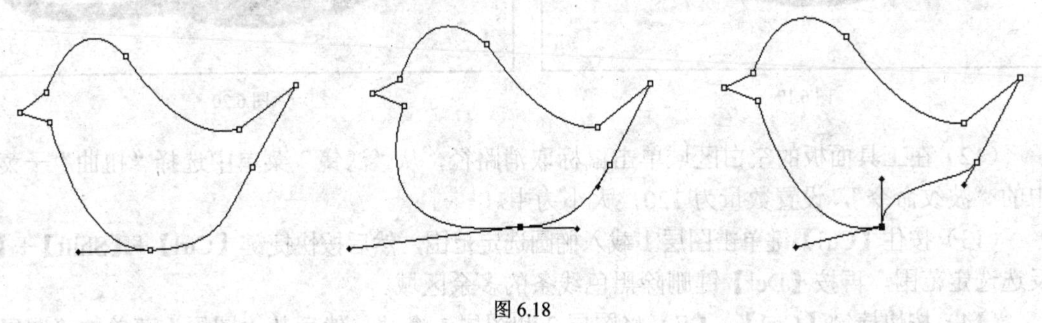

图 6.18

6.1.5　实训案例

实训案例 1：利用路径，绘制西瓜图案。

本实训案例的具体步骤如下。

（1）在工作区创建一个 400×300 像素、白色背景的图像文件。然后单击图层面板下方的“新建图层”按钮创建一个新的图层。

（2）选择工具箱中的椭圆选框工具，按住【Shift】键在工作区内拖动鼠标，创建一个圆形选定范围。

（3）将前景色设置为# CECD7D，把背景色设置为#096204。

（4）选择工具箱中的渐变工具，在属性工具栏上将渐变设置为前景色到背景色渐变，然后单击“径向渐变”按钮。

（5）在选定范围内按住并拖动鼠标创建径向填充效果。

（6）按快捷键【Ctrl】+【T】，然后按住【Alt】键拖动左右两侧的控制点，使图像从中心产生变形。

（7）按【Enter】键确认变形操作，然后按快捷键【Ctrl】+【D】取消选定范围。

（8）使用钢笔工具创建路径，如图 6.19 所示。

（9）把前景色设置为黑色，选择工具箱中的喷枪工具，在属性工具栏上将画笔的直径设置为 4 像素。

（10）单击图层面板下方的“创建新图层”按钮，创建一个新图层。然后单击路径面板右上角的三角按钮，从弹出的菜单中选择“描边路径”命令，在弹出的对话框中将工具设置为喷枪。

（11）单击“好”按钮完成路径描边，效果如图 6.20 所示。

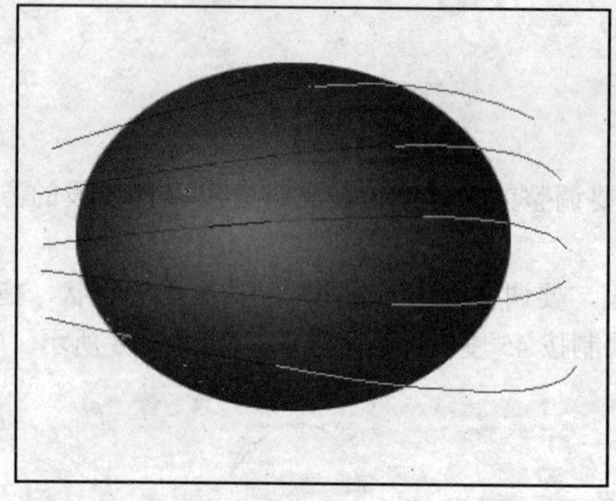

图 6.19

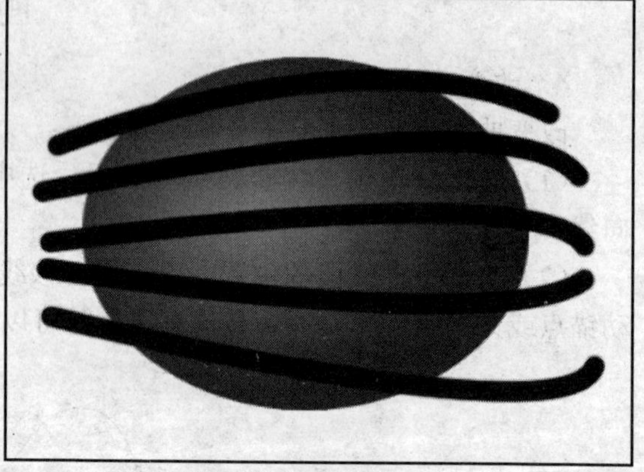

图 6.20

（12）在工具面板的空白区域单击鼠标取消路径，从“滤镜”菜单中选择“扭曲”子菜单中的“波纹命令”，设置数量为 120，大小为中。

（13）按住【Ctrl】键单击图层 1 载入椭圆选定范围，然后按快捷键【Ctrl】+【Shift】+【I】反选选定范围，再按【Del】键删除黑色线条的多余区域。

（14）按快捷键【Ctrl】+【E】将图层 2 和图层 1 合并，然后从“图层”菜单的“图层样式”子菜单中选择“投影”命令，为瓜添加阴影效果。

（15）从“图层”菜单的“图层样式”子菜单中选择“创建图层”命令，将阴影分离为单独的图层。

（16）在图层面板上选择阴影所在的图层，从“编辑”菜单的“变换”子菜单中选择“扭曲”命令，调整控制点改变阴影的形状。

（17）按【Enter】键确认变形操作，从“滤镜”菜单的“模糊”子菜单中选择“高斯模糊”命令，使之半径为 5 像素，得到最终的效果如图 6.21 所示。

图 6.21

实训案例 2：绘制一件缀有仙桃的宝宝衫图案。

本实训案例的具体步骤如下。

（1）在工作区创建一个 400×300 像素、白色背景的图像文件。然后单击图层面板下方的“新建图层”按钮创建一个新的图层。

（2）选择钢笔工具绘制桃子的外形。

（3）选择合适的画笔和颜色进行描边。调整前景色，并进行填充。

（4）使用钢笔工具绘制桃子的叶子部分，并描边填充。结果如图 6.22 所示。

（5）用钢笔工具绘制衣服的轮廓。选择蓝色描边，用魔术棒选择领子区域填充白色，其他部分填充浅蓝色。

（6）选择桃子图案拖拽过来，放到合适的位置。

（7）合并图层，得到如图 6.23 所示效果图。

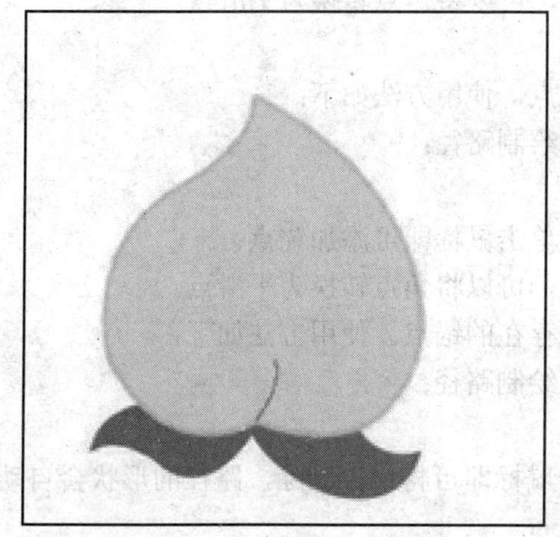

图 6.22

图 6.23

6.2 编辑路径

6.2.1 编辑路径

路径在创建后，除了能够进行修改和调整之外，还能够进行填充、描边以及选区和路径之间的相互转换等编辑操作。

1. 转换锚点

利用转换点工具，可以使锚点在平滑点和角点之间进行转换。

平滑点：它与前后两个锚点之间形成的曲线是连续的弧形，即它有两个方向线。

角点：它与前后两个锚点之间形成的曲线不是连续的弧线，因此，角点使路径中的曲线段变得有棱角了。角点有的没有方向线，有的有一条方向线，有的有两条独立的方向线。

平滑点、角点如图 6.24 所示。

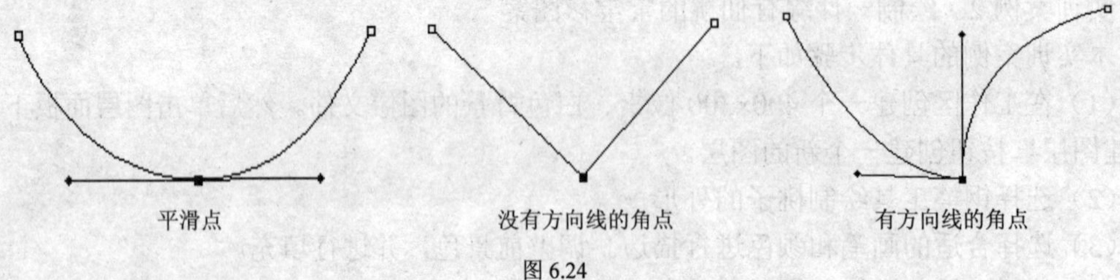

图 6.24

转换方法如下：

（1）使用任意一种路径绘制工具在图像窗口中绘制路径；

（2）选中工具箱中的转换点工具，然后将鼠标指针放在要更改的锚点上；

（3）在平滑点上单击鼠标，可以将其转换为没有方向线的角点；

（4）在角点上单击鼠标并拖动，使方向线出现，可以将角点转换为平滑点。

2. 添加和删除锚点

添加锚点工具用于在绘制完成的路径上添加锚点，使用方法如下：

（1）使用任意一种路径绘制工具在图像窗口中绘制路径；

（2）选中工具箱中的添加锚点工具；

（3）将鼠标指针放在需要添加锚点的路径上，单击鼠标即可添加锚点；

（4）在角点上单击鼠标并拖动，使方向线出现，可以将角点转换为平滑点。

删除锚点工具用于删除绘制完成的路径上已经存在的锚点。使用方法如下：

（1）使用任意一种路径绘制工具在图像窗口中绘制路径；

（2）选中工具箱中的删除锚点工具；

（3）将鼠标指针放在需要删除的锚点上，单击鼠标即可将锚点删除，路径的形状会自动调整以适应其他锚点；

（4）在角点上单击鼠标并拖动，使方向线出现，可以将角点转换为平滑点。

添加和删除锚点的示意如图 6.25 所示。

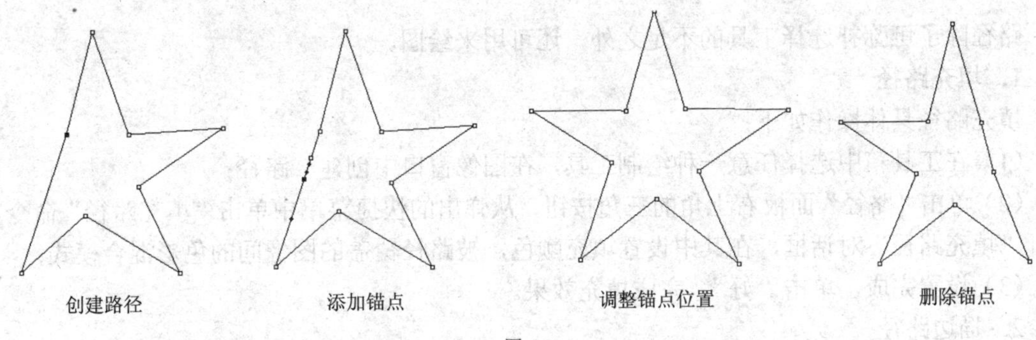

图 6.25

3．变形路径

在 Photoshop 中，如果希望路径产生变形，可以使用编辑菜单下的“自由变换路径”命令，或变换子菜单下的相关命令。具体操作步骤如下。

（1）选中路径组件中的选择工具，然后在欲变形的路径上单击。

（2）选择编辑菜单下的“自由变换路径”命令，或在路径组件工具属性栏上的“显示定界框”复选框上单击，使路径周围显示定界框。

（3）在控制点上按住鼠标左键并拖动鼠标，这样可以调整路径的大小。

（4）单击“编辑”→“变换”子菜单中的相关命令，可以对路径进行扭曲、透视、旋转、缩放、斜切等变形操作。

4．路径与选区的转换

路径的一个最重要功能就是将不太精确的选择区域转换为路径，然后进行细微的编辑和调整，在达到满意的效果后再转换为选区。

（1）选择区域转换为路径

在工具箱中选择任意一种选择工具，在图像窗口中拖拽出需要转换的选区。单击“路径”面板下方的“从选区创建路径”按钮，或者单击“路径”面板右上角的三角按钮，从弹出的菜单中单击“建立工作路径”命令，打开“建立工作路径”对话框。其中，“容差”文本框用于控制转换后路径的平滑度，数值越小，转换为路径后产生的节点越多，线条越平滑；数值越大，转换为路径后产生的锚点越少，线条越粗糙。设置好后，单击“好”按钮，路径面板中将出现由选区转换的工作路径。

（2）将路径转换为选择区域

在工具箱中选择任意一种路径绘制工具，在图像窗口创建路径。单击“路径”面板下方的“将路径作为选区载入”按钮，或者单击“路径”面板右上角的三角按钮，从弹出的菜单中单击“建立选区”命令，打开“建立选区”对话框，如图 6.26 所示。其中，羽化半径用于设置创建选区的羽化半径，如果想得到精彩的选区，必须将该选项设置为 0 像素；消除锯齿复选框是在边缘像素与周围像素之间创建精细的过渡。

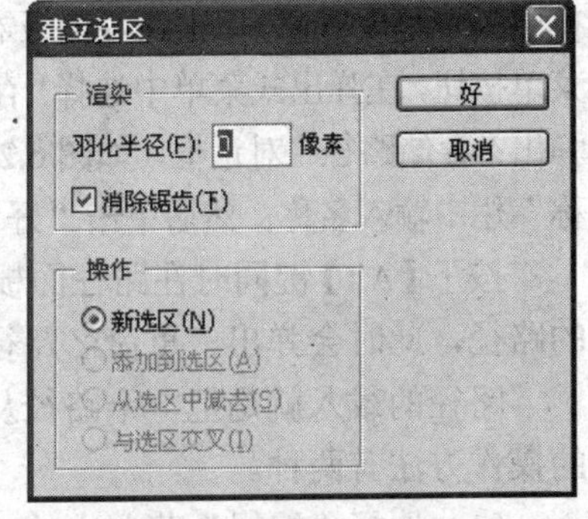

图 6.26

6.2.2 填充与描边

路径除了可弥补选择工具的不足之外，还可用来绘图。

1．填充路径

填充路径具体操作如下：

（1）在工具箱中选择任意一种绘制工具，在图像窗口中创建一路径；

（2）单击“路径”面板右上角的三角按钮，从弹出的快捷菜单中单击“填充路径”命令，打开“填充路径”对话框，在其中设置填充颜色，被路径覆盖的图像间的色彩混合模式；

（3）设置完成，单击“好”，完成填充效果。

2．描边路径

描边就是为路径加上一层修饰，犹如是用加粗钢笔画的线条。具体操作如下：

（1）在工具箱中选择任意一种绘制工具，在图像窗口中创建一路径；

（2）单击“路径”面板右上角的三角按钮，从弹出的快捷菜单中单击“描边路径”命令，打开“描边路径”对话框，在“工具”下拉列表框中选择用来描边的工具；

（3）设置完成，单击“好”，完成描边任务。

在执行描边路径命令之前，要为将要选择的描边工具设置选项，还可以单击路径面板底部的用前景色描边按钮使用前景色描边。如图 6.27 所示。

图 6.27

6.2.3 路径的保存与转换载入

路径创建后经过编辑、存储，才可以载入到其他图像中去。尤其是复杂形状的路径，存储后可以大大提高工作效率。

在路径面板中单击要存储的路径，此时该路径在面板中呈现蓝色。单击路径面板右上角的弹出式菜单按钮，在弹出式菜单中选择“存储路径”命令，弹出“存储路径”对话框，如图 6.28 所示。在“名称”栏中输入名称，然后单击“好”按钮确认。

图 6.28

按下【Alt】键同时在路径面板上双击要命名的路径，此时会弹出“重命名路径”对话框，重新输入名字，经确认即可。

路径的载入就是把一个路径从一个 Photoshop 文档加载到另一个 Photoshop 文档中，主要的操作方法有两种。

（1）选择“编辑”菜单中的“拷贝”和“粘贴”命令就可以对路径进行载入。

（2）同时打开两个文档，激活含有所需路径的文档 1，打开文档 1 的路径面板，在路径面板上选中要载入的目标路径，用鼠标将其拖到文档 2 图像中，此时文档 2 的路径面板会自动增加同名的路径。这种方法也适用于 Adobe Illustrator 文档和 Adobe photoshop 文档进入路径的载入。

路径的输出一般采用“文件”→“输出”→“路径到 Illustrator”菜单命令来实现。

6.2.4 实训案例

实训案例 1：制作邮票图案。

本实训案例的具体步骤如下。

（1）执行【Ctrl】+【N】命令，新建一 RGB 文件，背景填充为黑色。

（2）作邮票图案，可自行设计，也可找一现成图像做图案，将其拖放到新建文件中，调整其大小和位置。如图 6.29 所示。

（3）用矩形选框工具为图案做出白色边框。如图 6.30 所示。

图 6.29

图 6.30

（4）载入图案选区，按住【Ctrl】键，单击图层面板中图案层缩略图。

（5）单击面板下“将选区转换为路径“按钮，将选区转换为路径。

（6）选橡皮擦工具，设置合适的大小笔刷，形状为圆形，调整其间距，如图 6.31 所示。

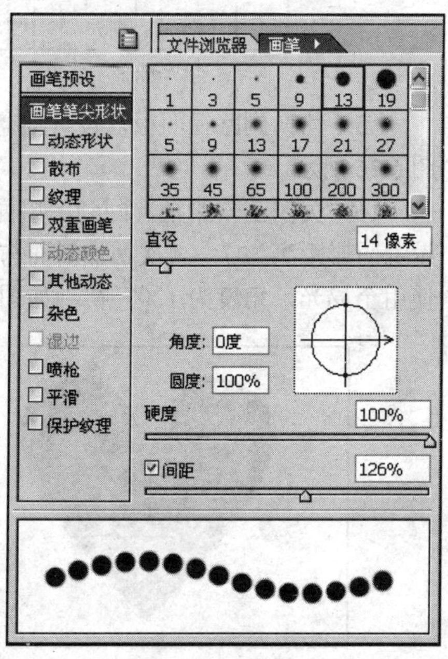

图 6.31

（7）对路径进行描边，做邮票锯齿。为此用鼠标单击路径面板下“描边”按钮，选橡皮擦工具进行描边。结果如图 6.32 所示。

（8）用文字工具，选择不同的字体、颜色和大小，在邮票上写入适当文字，并对文字进行编排。完成后拼合图层，效果如图 6.33 所示。

实训案例 2：制作一幅“心心相印”图案。

本实训案例的具体步骤如下。

（1）在工作区创建一个大小为 640×480 像素的、白色背景的图像文件。然后单击图层面板下方的“新建图层”按钮，创建一个新的图层为“图层 1”。

图 6.32

图 6.33

（2）单击“视图”→“显示”→“网格”命令，显示网格。

（3）选择工具箱中的钢笔工具，在工作区内拖动鼠标，创建一个如图 6.34 所示的形状。

（4）选择钢笔工具组中的转换点工具，在顶上的两个角点处单击并拖动鼠标，得到如图 6.35 所示的形状。

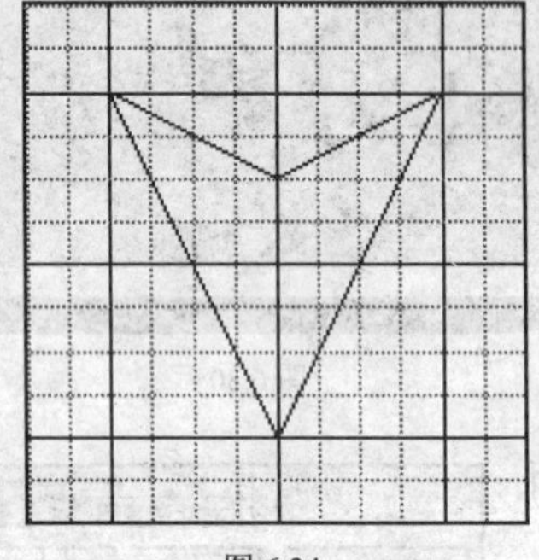

图 6.34

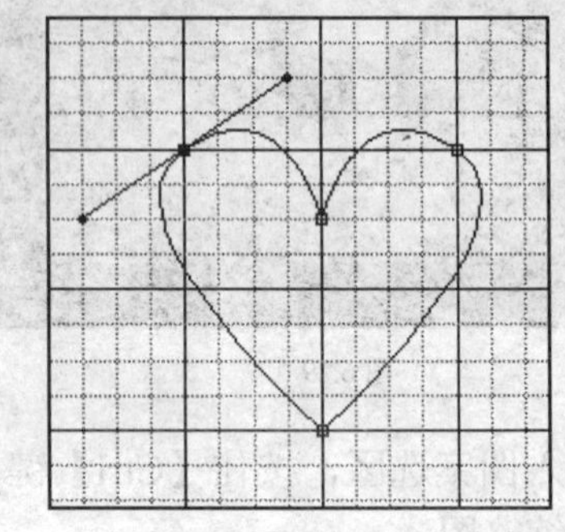

图 6.35

（5）切换到路径面板，设置前景色为红色，选择用前景色填充路径按钮，填充路径后如图 6.36 所示。

（6）关闭工作路径，回到图层面板，为“图层 1”添加图层效果。首先增加投影效果，设置阴影距离为 7；其次增加斜面与浮雕效果，斜面与浮雕的深度为 100，大小为 40 像素，使用全局光，角度为 120。得到如图 6.37 所示的效果。

图 6.36

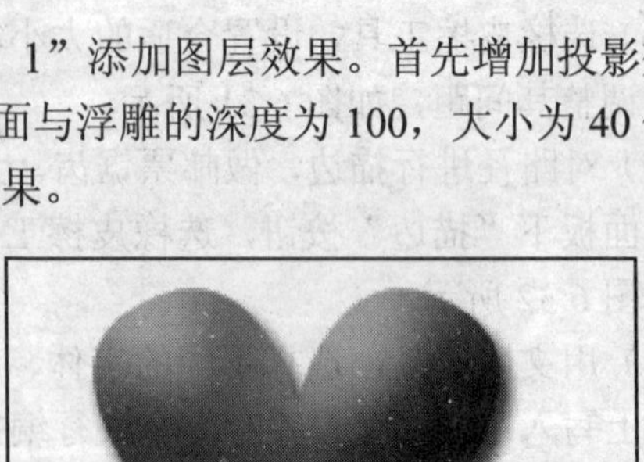

图 6.37

（7）复制“图层 1”中的心形图案，得到另外一个心形，拖放到如图 6.38 所示的位置。

（8）创建一个新的图层。选择形状工具中的自定义形状工具，在形状中选择一个箭头，创建箭头路径。单击“编辑”→“自由变换路径”命令，拖放到如图 6.38 所示位置。

（9）为箭头填充黄色，并为其增加阴影以及斜面与浮雕图层效果。

（10）选择橡皮擦工具，在工具选项模式中设为块状，擦掉箭头的多余部分。得到如图 6.38 所示的效果图。

（11）单击背景图层前面的眼睛，隐藏背景；选择上面绘制好的图形，执行“编辑”→“定义图案”命令，把创建的图形定义为图案。

（12）将背景层设为当前层，单击“图层”→“新填充图层”→“图案填充”命令，选择刚才定义的图案填充，设置其大小为 40%。并调整图层的不透明度，图层的混合模式设置为变暗。

（13）选择渐变工具为背景层填充菱形渐变，如图 6.39 所示。

图 6.38

图 6.39

（14）运用文字工具，为图形增加“心心相印”四个文字，并给文字增加投影、发光、斜面与浮雕、渐变叠加和描边图层样式。参数设置可以自己定义。

（15）最后得到如图 6.39 所示的效果图。

6.3 形状工具

6.3.1 形状工具

Photoshop 的几何形状工具可以创建各种常用几何形状的路径与填充，有矩形工具、圆角矩形工具、椭圆工具、多边形工具、直线工具以及自定义形状工具，如图 6.9 所示。

当选择其中一个工具后，在工具选项栏会显示相应的参数设置及其他工具的切换按钮。比如选择了圆角矩形工具后，工具选项栏就如图 6.40 所示。工具有三种工作模式：选择创建形状图层按钮，在工作区内拖移鼠标的结果是自动产生以当前前景色为填充的新图层，形状工具所拖移的区域为该图层的显示蒙版；选择填充像素按钮时，会在当前层填充所拖移的区域；如果只创建路径，则选择工作路径按钮，结果只创建路径而不填充实际的像素。

图 6.40

1．用矩形、椭圆工具创建路径

选择矩形、圆角矩形、椭圆形形状工具之一后，单击工具选项栏的黑箭头按钮，会弹出参数设置窗口，可以设置绘图的模式，如图 6.41 所示。

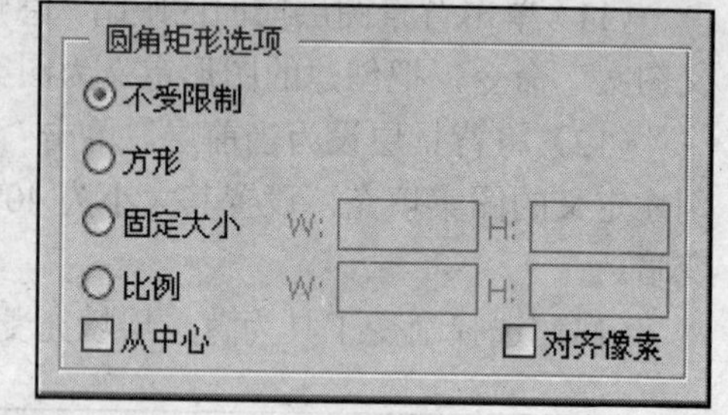

图 6.41

选择“不受限制”单选钮，表示形状的大小是以工具在工作区拖移的范围决定的。

选择“方形”单选钮，表示工具拖移时形状固定为正方形或圆形。

选择“固定大小”单选钮，并在后面的 W，H 框中输入宽度与高度，表示工具拖移时创建一个由 W 和 H 限定大小的形状。

选择“比例”单选钮，并在后面的 W，H 框中输入宽高比，表示工具拖移时形状的宽高比由 W 和 H 控制，保持不变。

选择“从中心”复选框，表示工具拖移时以起始点为中心创建形状。

另外，圆角矩形工具还要设置圆角半径参数，该参数决定圆角的圆度。参数设置完毕，在工作区内拖移鼠标就会创建出所需要的形状路径。

2．用多边形工具创建路径

选择多边形形状工具后，在工具选项栏的“边”选项中输入的数值代表多边形的边数，默认多边形的大小是以工具在工作区拖移的范围决定的。如果要创建星形的路径，可在三角按钮上单击，弹出星形参数设置窗口，如图 6.42 所示。在“半径”选项中输入数值，则创建的是以该数值为半径的多边形；选中“平滑拐角”复选框后，多边形的顶角是平滑无棱的；选中“星型”复选框和输入“缩进边依据”数值，则创建星型路径；选中“平滑缩进”复选框，会平滑星型的边线。

3．用直线工具创建路径

直线工具可以创建各种直线、几何路径，还可以绘制不同形状的带箭头的路径。

在直线工具选项栏中，可在“粗细”选项中设定所绘制直线的粗细，范围为 1～1000 像素。当在工作区按下鼠标拖移时，就会创建出起点到终点的直线路径（按【Shift】键拖移，可以绘制水平、垂直、45° 角的直线），多个直线可连接成不同形状的几何图形。

如果要创建带箭头的路径，可在三角按钮上单击，弹出箭头参数设置窗口如图 6.43 所示。

图 6.42

图 6.43

选中“起点”或“终点”复选框，表示直线的起点或终点带箭头。

“宽度”：输入10%～1000%之间的值，设定箭头相对于直线宽度的百分比。

“长度”：输入10%～5000%之间的值，设定箭头相对于直线长度的百分比。

“凹度”：输入–50%～50%之间的值，设定箭头的凹凸程度，正值为凹，负值为凸。

4．用自定义形状工具创建路径

当选择自定义形状工具后，可在工具选项栏的形状下拉窗中选择某个特殊形状，如图 6.44 所示。然后同使用矩形等形状工具那样在参数窗口中设定创建形状的参数，最后在工作区拖移鼠标来创建特殊形状的路径。以下是各种形状工具图。

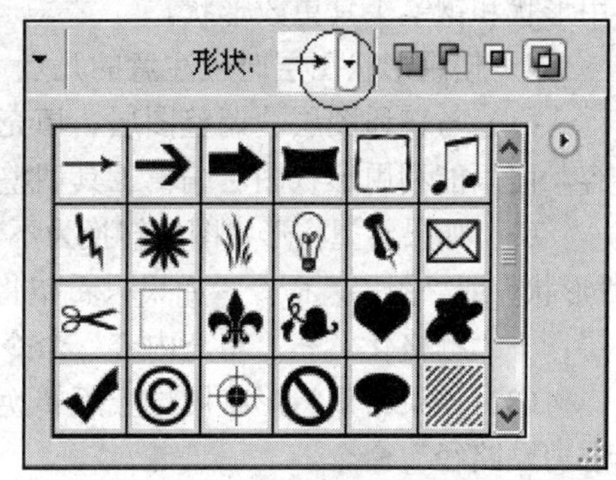

图 6.44

如果创建了特殊的路径并为其填充颜色后，可用“编辑”→“定义形状”命令自己定义新形状，并将其追加到特殊形状窗口中，在窗口右上角的三角按钮上，有管理这些形状的常用的保存、载入、替换等命令。

6.3.2　形状图层

形状图层是链接到矢量蒙版的填充图层。通过编辑形状的填充图层，可以很容易地将填充更改为其他颜色、渐变或图案。也可以编辑形状的矢量蒙版以修改形状轮廓，并对图层应用样式。

1．创建形状图层

通常建立新的形状图层可以按照如下步骤进行。

（1）选取形状工具或笔型工具，然后单击选项列中的“形状图层”按钮。

（2）如果要将样式套用至形状图层，从“样式”弹出的选项中选取预设样式。

（3）如果要更改形状图层的颜色，单击选项列中的颜色选项，选择颜色。

（4）设定其他的工具相关选项，并绘制形状。

2．在图层中绘制多个形状

在图层中绘制多个形状，一般可以按照以下步骤进行。

（1）选取要增加形状的图层。

（2）选取绘图工具，并设定工具相关选项。

（3）在选项列中选择下列选项之一：

“增加至形状区域”可以在现有的形状或路径中增加新的区域；

“从形状区域中减去”可以从现有的形状或路径中移除重叠区域；

“形状区域相交”可以将区域限制为新区域与现有形状或路径的相交部份；

“排除重叠的形状区域”可以排除合并的新区域与现有区域中的重叠区域。

（4）为在图像中绘画，可以单击选项列中的工具按钮，即可轻松地在绘图工具之间切换。

3．编辑形状图层

编辑形状图层大致有如下的操作。

（1）改变形状的颜色：双击图层面板中形状图层的缩览图，然后用拾色器选取一种不同的颜色。

（2）用图案或渐变填充形状：在图层面板中选择形状图层，执行“图层”→“更改图层内容”→“渐变”命令，并设置渐变选项，或选取“图层”→“更改图层内容”→“图案”命令，并设置图案选项。

（3）修改形状轮廓：在图层面板或路径面板中单击形状图层的矢量蒙版缩览图，然后使用形状和钢笔工具更改形状。

4．使用形状图层时应注意的几点

（1）与普通图层、调整图层、填充图层蒙版不同的是，用户无法编辑形状图层的蒙版内容，而只能利用形状图层编辑工具调整形状图的形状或移动形状图层的位置。

（2）如果希望将形状图层转换为不带蒙版的普通图层，可以执行“图层”→“栅格化”→“形状”或“图层”命令，如果只希望将形状图层的基本内容转换为普通图像，可以执行“图层”→“栅格化”→“填充内容”命令。

（3）如果希望将形状图层蒙版转换为普通蒙版，可以执行“图层”→“栅格化”→“图层剪贴路径”命令。

6.3.3 实训案例

实训案例 1：绘制“双鱼戏珠”瓷盘图案。

本实训案例的具体步骤如下。

（1）参考图 6.45，执行【Ctrl】+【N】命令，新建一合适大小的 RGB 文件，用浅蓝色填充背景，并新建“图层 1”。

（2）用椭圆选取工具作一合适大小的椭圆选区，前景色设置为白色，用白色填充。

（3）收缩选区，执行“选择”→“修改”→“收缩”命令，收缩量为 5 个像素。

（4）在按【Alt】键的同时，用鼠标单击路径面板下的“将选区转化为路径”按钮，使椭圆选区转化为路径，转化时容差值为 0.5。

（5）选工具箱中的画笔工具。设置一合适大小及形状的笔刷，设置其画笔有一定间隔，设置一合适的前景色。

（6）对选区描边作“盘的花边”。为此新建“图层 2”，确定工作在“图层 2”，单击面板下描边按钮，对路径进行描边。

（7）进一步作盘子边。将路径转化为选区，羽化半径为 10，执行“选择”→“修改”→“扩边”命令，数值为 10 个像素。

（8）用与描边颜色稍浅的颜色填充带状区域。

（9）新建“图层 3”，绘制盘子中的两条鱼。为此将前景色设置为黑色，运用形状工具，选“鱼形”形状，在盘子中拖出合适大小的两条鱼。

（10）制作鱼眼。运用一合适大小的圆形画笔，前景色设置为白色，在鱼头部画出鱼眼。

（11）新建立一个图层为“图层 4”，选择椭圆选取工具，在两条鱼间绘制一圆形选区，设置前景色为红色，背景色为白色。选择渐变填充工具，渐变方式设置为“径向”，对选区进行渐变填充，制作一个红色的球形。

（12）为红色的球做个阴影，运用与层样式中的阴影选项进行设置。

（13）运用形状工具，前景色为绿色，选择一叶子形状，在图中画出不同大小的叶子。

（14）最后合并所有图层完成工作。根据上述方法，选择不同的笔刷形状和形状图形，可以画出各种各样的作品。

图 6.45

实训案例 2：制作“春游踏青”图案。

本实训案例的具体步骤如下。

（1）参考图 6.46，新建一个适当大小的 RGB 文件，背景为白色，并且建立新图层“图层 1”。

（2）用钢笔工具画出两开放路径，将前景色设置为黑色，用黑色描边路径制作道路的边。

（3）将开放路径转变为闭合路径。用钢笔工具在开放路径的一锚点处单击即可拖动鼠标画出路径，最后和另一路径的锚点重合，就能画出封闭的路径。

（4）单击路径面板底部的“将路径转化为选区”按钮，将路径转化为选区，羽化半径为 0。

（5）运用渐变填充工具，渐变样式为“线性”，前景色与背景色分别设置为浅黄色和桔黄色。在选区拉出线性渐变，制作出道路由近及远的效果。

（6）用魔术选取工具，选中道路的右下角，制作草地。新建图层为“图层 2”，用绿色填充，用各种形状工具画出小草、小花。

（7）把“图层 1”作为当前层，用魔术选取工具选中道路的上边部分制作天空。新建图层为“3”，前景色设置为蓝色，背景色设置为白色，执行“滤镜”→“渲染”→“云彩”命令，制作天空云彩。

（8）把背景层作为当前层。新建图层为“图层 4”，自己设计画一棵树，并复制多个，执行【Ctrl】+【T】命令，进行大小调整，并由大及小放置。

（9）新建图层为“图层 5”。画出飞行的小鸟，用自定义形状工具，把小鸟定义为形状，然后在图中画出一行小鸟图形。

（10）最后合并所有图层，完成作业，制作过程中可以改变花草树木的造型，也可在路上设计行人等，使画面更丰富。

图 6.46

本 章 小 结

路径是 Photoshop 中的重要工具，主要用于创建选区和编辑选区，绘制光滑的线条形状，制作复杂的形状造型，并进行定义形状。路径的功能与作用比较大，通过本章的学习要理解路径的概念和组成，熟悉路径的应用法则，掌握绘制和编辑路径的方法和技巧，从而能够制作出复杂的路径，为图形创作服务。

习 题

1．什么是路径，它的作用是什么？
2．创建路径有哪几种方法？
3．如何在现有路径上增加锚点？
4．如何将直线锚点转换为曲线锚点？
5．如何将路径转换为选区？
6．如何调整路径曲线的弯曲度和倾斜度？
7．路径与选区有何不同？
8．路径是否能复制、粘贴？能否用一个路径制作出多个形状、大小变化的路径？
9．使用路径工具创建一幅卡通图片。

10．根据以上实训项目内容，结合路径的创建及编辑方法，制作一“荷塘夜色图”，如图 6.47 所示。

图 6.47

第 7 章

通道与蒙版的应用

教学目标：通道是 Photoshop 图形图像处理软件的一个重要功能，用于保存图像的颜色信息和存储蒙版。运用通道可以实现许多图像特效，能为图形图像工作人员带来创作技巧与思路。通过本章的学习，应该掌握通道的基本知识，了解通道的性质，并初步能够运用通道制作各种图像特效。

教学内容：通道的基本知识、通道面板的使用、通道的编辑、专色通道、通道的混合运算、蒙版的基本知识、通道和蒙版的实际应用等。

7.1 通道的应用

7.1.1 通道的概念、功能与分类

1．通道的概念

在 Photoshop 中通道不像图层那样容易理解。通道是由分色印刷的印板概念演变而来的。例如生活中司空见惯的五颜六色的彩色印刷品，其实在印刷过程中只用了 C（青）、M（品红）、Y（黄）和 K（黑）四种颜色。在印刷之前先通过计算机或电子分色机将一张彩色图像分解成 C（青）、M（品红）、Y（黄）和 K（黑）四色，并打印出 C（青）、M（品红）、Y（黄）和 K（黑）四张分色胶片进行印刷。Photoshop 采用特殊灰度通道存储图像颜色信息和专色信息，如果图像含有多个图层，则每个图层都有自身的一套颜色通道。打开新图像时，Photoshop 自动创建颜色信息通道，所创建的颜色通道的数量取决于图像采用的颜色模式，而非其图层的数量。例如，RGB 图像有 4 个默认通道：Red（红）、Green（绿）、Blue（蓝）各有一个通道，以及一个用于编辑图像的 RGB 复合通道；如果是一幅 CMYK 图像，就有了五个默认通道：Cyan（蓝绿）、Magenta（紫红）、Yellow（黄）、Black（黑）和 CMYK 复合通道，如图 7.1 所示。一个图像最多可有 56 个通道。通道所需的文件大小由通道中的像素信息决定。某些文件格式（例如 TIFF 和 Photoshop 格式）将压缩通道信息，以便节约存储空间。只要以支持图像颜色模式的格式存储文件，就会保留颜色通道。当以 Adobe Photoshop、PDF、PICT、Pixar、TIFF 或 Raw 格式存储文件时，要保留 Alpha 通道，DCS 2.0 格式只保留专色通道。以其他格式存储文件，可能会导致通道信息的丢失。

2．通道的功能

在图片的通道中记录了图像的大部分信息，这些信息从始至终与各种操作密切相关，具体看起来，通道主要有如下功能。

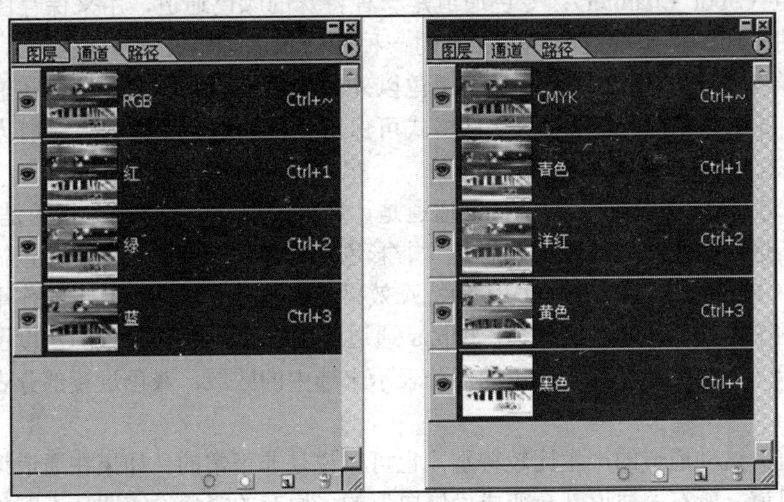

图 7.1

（1）表示选择区域。通道中白色的部分表示被选择的区域，黑色部分表示没有选中。利用通道，一般可以建立精确选区。

（2）表示墨水强度。利用 Info 调板可以体会到这一点，不同的通道都可以用 256 级灰度来表示不同的亮度。在 Red 通道里的一个纯红色的点，在黑色的通道上显示就是纯黑色，即亮度为 0。

（3）表示不透明度。

（4）表示颜色信息。例如预览 Red 通道，无论鼠标怎样移动，Info 调板上都仅有 R 值，其余的都为 0。

3．通道的分类

通道作为图像的组成部分，与图像的格式密不可分。图像颜色、格式的不同，决定了通道的数量和模式，这在通道调板中可以直观的看到。在 Photoshop 软件中涉及的通道，主要有五种：复合通道、颜色通道、专色通道、Alpha 通道、单色通道，下面分别给予简述。

复合通道（Compound Channel）：复合通道不包含任何信息，它只是同时预览并编辑所有颜色通道的一个快捷方式。复合通道通常被用来在单独编辑完一个或多个颜色通道后，使通道调板返回到它的默认状态。复合通道一般在通道调板的最上面，其快捷键为【Ctrl】+【～】。比如，RGB 图像的 RGB 通道、CMYK 图像的 CMYK 通道，都是复合通道。

颜色通道（Color Channel）：颜色通道的作用是保存图像的色彩信息。在 Photoshop 中编辑图像时，实际上就是在编辑颜色通道。这些通道把图像分解成一个或多个色彩成分，图像的色彩模式决定了颜色通道的数量，对于不同模式的图像，其通道的数量是不一样的。在 Photoshop 之中，通道涉及三个模式。对于一个 RGB 图像，有 RGB、R、G、B 四个通道；对于一个 CMYK 图像，有 CMYK、C、M、Y、K 五个通道；对于一个 Lab 模式的图像，有 Lab、L、a、b 四个通道；Bitmap 色彩模式图像只有一个通道，通道只有黑白两个色阶；灰度模式图像只有一个通道，通道中表现的是由黑到白的 256 个灰度色阶的变化；索引色彩模式的图像也只有一个颜色通道，它们包含了所有将被打印或显示的颜色。颜色通道的快捷键通常由【Ctrl】+【1】、【Ctrl】+【2】、【Ctrl】+【3】、【Ctrl】+【4】等来表示。

专色通道（Spot Channel）：专色通道是一种特殊的颜色通道，用来保存图像的专色信息。专色指的是印刷上想要对印刷物加上的一种专门颜色（如银色、金色等），它可以使用除了青色、洋红（有人叫品红）、黄色、黑色以外的颜色来绘制图像。专色在输出时必须占用一个通道，.psd、.tiff、.dcs 2.0 等文件格式可保留专色通道。专色通道一般人用的较少且多与印刷相关。

Alpha 通道（Alpha Channel）：Alpha 通道是计算机图形学中的术语，指的是特别的通道。有时，它特指透明信息，但通常的意思是“非彩色”通道。Alpha 通道是真正需要了解的通道，可以说在 Photoshop 中制作出的各种特殊效果都离不开它。它最基本的作用是保存选取范围，不影响图像的显示和印刷效果。Alpha 通道可以将选区作为 8 位的灰度图像保存，白色的部分表示完全选中的区域，黑色的部分表示未选中的区域，灰色过渡部分表示羽化选中的区域。

单色通道：这种通道的产生比较特别，也可以说是非正常的。如果在通道调板中随便删除其中一个通道，所有的通道都会变成“黑白”的，原有的彩色通道即使不删除也变成灰度的了。这就是单色通道。

4．Alpha 通道的编辑

对图像的编辑实质上是对通道的编辑，这是因为通道是真正记录图像信息的地方，无论色彩的改变、选区的增减、渐变的产生，都可以追溯到通道中去。常见的编辑方法有如下几种。

（1）利用选择工具：Photoshop 中的选择工具包括遮罩工具（Marquee）、套索工具（Lasso）、魔术棒工具（Magic Wand）、字体遮罩（Type Mask）以及由路径转换来的选区等，其中包括不同羽化值的设置。利用这些工具在通道中进行编辑时，与对一个图像的操作是相同的。

（2）利用绘图工具：绘图工具包括喷枪（Airbrush）、画笔（Paintbrush）、铅笔（Pencil）、图章（Stamp）、橡皮擦（Eraser）、渐变（Gradient）、油漆桶（Paint Bucket）、模糊锐化和涂抹（Blur、Sharpen、Smudge）、加深减淡和海绵（Dodge、Burn、Sponge）等。选择区域可以用绘图工具在通道中去创建，去修改。利用绘图工具编辑通道的一个优点在于可以精确的控制笔触，从而得到更为柔和以及足够复杂的边缘。

（3）利用滤镜：在通道中进行滤镜操作，通常在有不同灰度的情况下采用。运用滤镜的原因，通常是因为我们要刻意追求一种出乎意料的效果，或者只是为了控制边缘。原则上讲，可以在通道中运用任何一个滤镜去试验，从而建立更适合的选区。由于各种情况比较复杂，因此需要根据目的的不同做相应处理。

（4）利用调节工具：特别有用的调节工具包括色阶（Level）和曲线（Curves）。在用这些工具调节图像时，会看到对话框上有一个 Channel 选单，在那里可以调整所要编辑的颜色通道。按住【Shift】键，再单击另一个通道，可以强制这些工具同时作用于一个通道。

7.1.2 通道调板的使用

通道面板是比较常用的控制面板，通常用户打开一个新图像时，屏幕上就会显示出通道面板。如果屏幕上没有显示，可以使用“窗口”菜单下的“显示通道”命令。通道面板可以创建并管理通道，用以监视编辑效果。通道面板列出了图像中的所有通道，先是复合通道（对于 RGB、CMYK 和 Lab 图像），然后是单色通道，专色通道，最后是 Alpha 通道。通道内容的缩览图显示在通道名称的左侧；缩览图在编辑通道时自动更新。执行“窗口”→“显示通道”菜单命令，可以显示或隐藏通道面板。通道面板如图 7.2 所示。

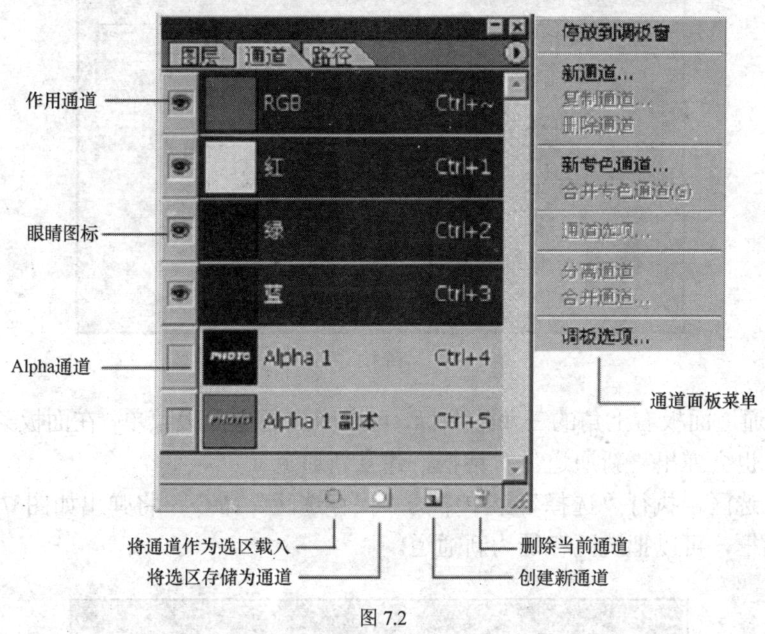

图 7.2

显示或隐藏通道：单击通道旁边的眼睛图标，即可显示或隐藏该通道。单击复合通道，可以查看所有的默认原色通道。只要所有的原色通道可视，就会显示复合通道。单击隐藏某原色通道时，RGB 复合通道会自动隐藏；显示 RGB 复合通道时，各原色通道同时显示。单击某通道，该通道显示为蓝色，表示该通道已被选中。如果要选择多个通道，可以按住【Shift】键不放然后依次单击所要选择的通道即可。

在通道的面板底部有四个工具按钮，将鼠标放在按钮上停留半秒钟以上，会显示按钮的功能解释，它们从左到右分别表示：

将通道作为选区载入（Load Channel As Selection）；

将选区存储为通道（Save Selection As Channel）；

创建新通道（Create New Channel）；

删除当前通道（Delete Current Channel）。

7.1.3　通道的编辑与操作

1. 通道的建立

用户在进行图像处理时，有时会对某一颜色通道进行多种处理，以获得不同的图像效果；有时会把一个图像的通道应用到另一个图像中，进行图像的复合获得需要的效果；但更多时候是对 Alpha 通道进行编辑，以获得特殊的选区和图像效果。在 Photoshop 中用户创建的通道一般是 Alpha 通道，创建 Alpha 通道的方法以下几种。

（1）单击通道面板底部的“创建新通道”按钮，这样建立的通道其属性是默认的。

（2）在按住【Alt】键的同时，单击通道面板底部的“创建新通道”按钮，此时会弹出“新通道”对话框（如图 7.3 所示），用户可以对所要创建的新通道定义名称、色彩指示、颜色和不透明度等。

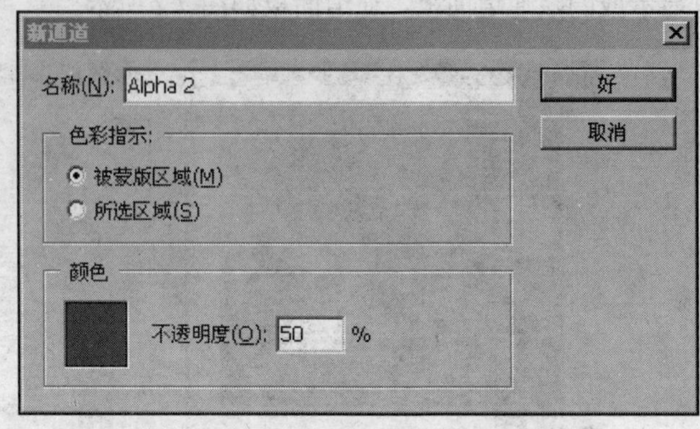

图 7.3

（3）单击通道面板右上角的三角形图标，可以弹出通道面板菜单，在面板菜单中单击“新通道”命令，也会弹出“新通道”对话框，建立新通道。

（4）建立选区，执行“选择”菜单中的“保存选区”命令，将弹出如图 7.4 所示的“存储选区”对话框，可以把选区存储为新通道。

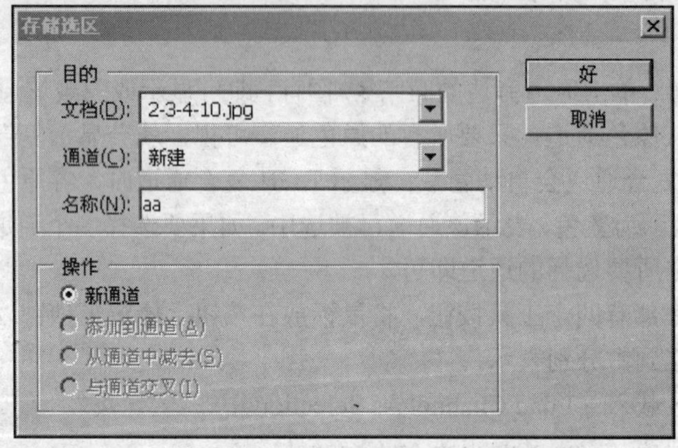

图 7.4

（5）建立选区，单击在通道面板底部的“将选区存储为通道”按钮。

2．通道的复制与删除

在 Photoshop 中用户不但可以在同一图像中复制通道，也可在不同图像之间复制通道。在同一图像中复制通道的方法有：直接把要复制的通道选中后，拖到面板底部的“创建新通道”按钮中，从而创建一个通道副本；也可以在所选择的通道上单击右键，在弹出的通道面板菜单中选择“复制通道”命令。在不同图像间复制通道，先要打开两个图像。如果图像的尺寸大小一样，可以选择要复制的通道，右击或在通道面板菜单中选择“复制通道”命令，显示出如图 7.5 所示的“通道复制”对话框，在对话框“为”的后面输入新通道的名称，在“文档”后面选择目标图像；如果图像的尺寸大小不一样，可以把原图像中要复制的通道直接拖入到目标图像中进行复制。

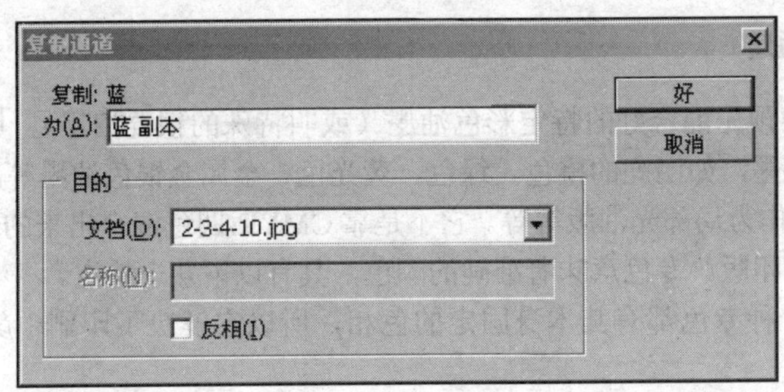

图 7.5

如果对图像的有些通道不满意，可以删除通道。删除通道的操作比较简单，可以直接选中要删除的通道后，单击面板底部的“删除当前通道”按钮；可利用鼠标直接将要删除的通道拖入“删除当前通道”按钮；也可以右击要删除的通道，在弹出菜单中选“删除通道”命令；还可以在面板的菜单中进行删除。

3．通道的合并与分离

在图像处理过程中，有时需要把几个不同的通道进行合并，有时需要将一张图像的通道进行分离，以满足图像制作的需求。

合并通道是将多个灰度图像合并成一个图像，用户打开的灰度图像的数量决定了合并通道时可用的颜色模式，不能将从 RGB 图像中分离出来的通道合并成 CMYK 模式的图像。合并通道的操作步骤如下：

（1）打开想要合并的相同尺寸大小的灰度图像；

（2）选择其中的一个作为当前图像；

（3）在灰度图像的通道面板菜单中选择“合并通道（Merge Channels）”命令，打开“合并通道”对话框，如图 7.6 所示。

（4）在对话框的“模式”项选取想要创建的色彩模式，对应的合并通道数显示在“通道”选项文本框中。

（5）单击“好”按钮，打开对应色彩模式的“合并通道”对话框，如图 7.7 所示。

图 7.6

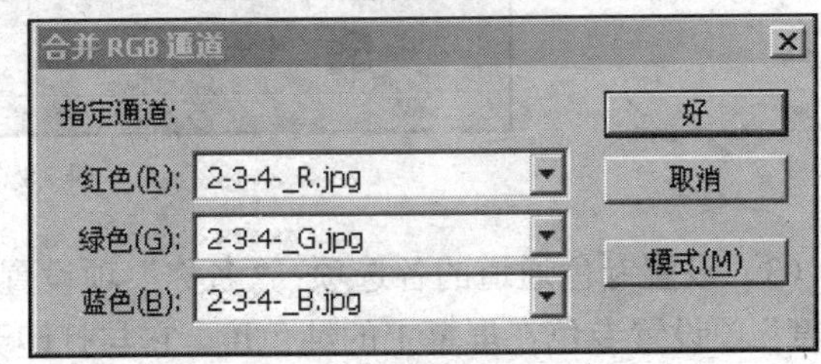

图 7.7

（6）单击“好”按钮，所选的灰度图像即合并成一新图像，原图像被关闭。

分离通道是把一个图像的各个通道分离成几个灰度图像。如果图像太大，不便于存储时，就可以执行分离通道的操作。这时，图像中存在的 Alpha 通道也将分离出来成为一灰度图像。当这些灰度图像进行通道合并后，图像将恢复到原来效果。分离通道只需单击通道面板菜单中的“分离通道（Split Channels）”命令即可。

7.1.4 专色通道

专色是指一种预先混合好的特定彩色油墨（或叫特殊的预混油墨），用来替代或补充印刷色（CMYK）油墨，如明亮的橙色、绿色、荧光色、金属金银色油墨等，或者可以是烫金版、凹凸版，可以作为局部光油版等等。它不是靠CMYK四色混合出来的，每种专色在交付印刷时要求专用的印版。专色意味着准确的颜色，具有以下几个特点。

准确性：每一种专色都有其本身固定的色相，所以它解决了印刷中颜色传递准确性的问题。

实地性：专色一般用实地色定义颜色，而不考虑这种颜色的深浅，当然，也可以给专色加网，以呈现专色的任意深浅色调。

不透明性和透明性：蜡笔色（含有不透明的白色）、黑色阴影（含有黑色）和金属色是相对不透明的，纯色和漆色是相对透明的。

表现色域宽：专色色域很宽，超过了RGB、CMYK的表现色域，大部分颜色是用CMYK四色印刷油墨无法呈现的。

专色通道是可以保存专色信息的通道——即可以作为一个专色版应用到图像和印刷当中，这是它区别于Alpha通道的明显之处。同时，专色通道具有Alpha通道的一切特点：保存选区信息、透明度信息。每个专色通道只是一个以灰度图形式存储相应专色信息，与其在屏幕上的彩色显示无关。

专色通道的创建步骤如下。

（1）选择或载入一个选区，并用专色填充。

（2）从通道面板菜单中选取“新专色通道（New Spot Channel）”，或者按住【Ctrl】键并单击“通道”面板中的“创建新通道”按钮，会弹出“新专色通道”对话框，如图7.8所示。

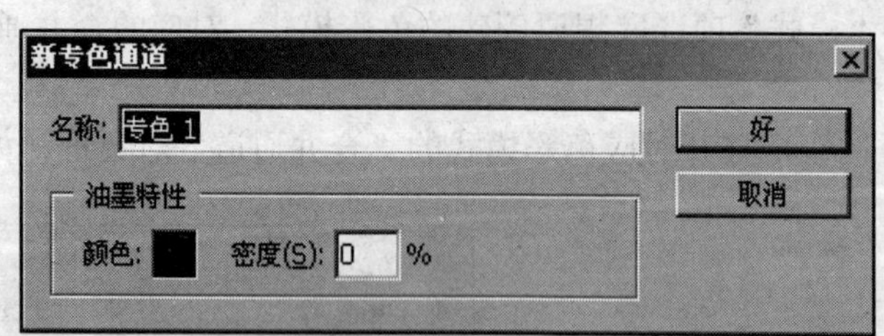

图7.8

（3）设置专色通道的各选项：“名称”项设置专色名称；“颜色”项可以选择一种专色；“密度”项设置专色在屏幕上的纯色度，它与打印无关，值在0%～100%之间。最后单击“好”按钮完成。

专色通道也可以由Alpha通道转变而来。在通道面板中，双击Alpha通道，则弹出“通道选项”对话框，如图7.9所示。在对话框的“色彩指示”栏里选“专色”选项，在“颜色”处选择一种颜色后，单击“好”按钮即可。

另外，专色通道可以用绘图工具或编辑工具进行编辑。也可以应用“合并专色通道”命令合并专色通道。

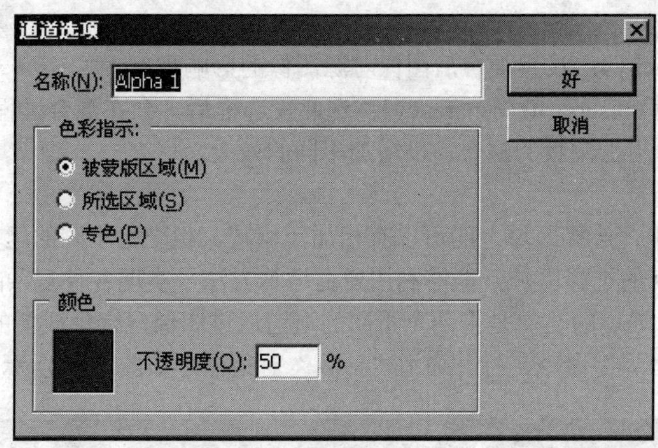

图 7.9

7.1.5　通道的混合运算

所谓“通道的混合运算”，就是把一个或多个图像中的若干个通道做合成计算，以不同的方式进行混合，得到新图像或新的通道。通道混合运算包括“应用图像（Apply image）”和“运算（Caculation）”两个命令。

1．应用图像

通过应用图像可以将源图像中的一个或多个通道进行编辑运算，然后将编辑后的效果应用于目标图像，从而创造出多种合成效果。执行“图像”→“应用图像”命令打开“应用图像”对话框，如图 7.10 所示。对话框中包括的各选项解释如下。

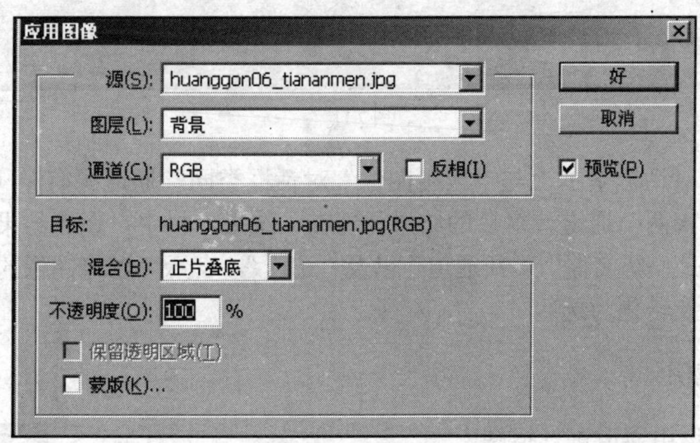

图 7.10

源（Source）：可以在其下拉列表中选择一个图像与当前图像混合，该项默认是当前图像。

图层（Layer）：设置源图像中的哪一层来进行混合。如果不是分层图，则只能选择背景层；如果是分层图，在层的下拉菜单中会列出所有的图层，其中有一个合并选项，选择该项即选中了图像中的所有图层。

通道（Channel）：该选项用于设置源图像中的哪一个通道进行运算，后面的“反相”复选框会将源图像进行反相，然后再混合。

混合（Blending）：设置混合模式。

不透明度（Opacity）：设置混合后图像对源图像的影响程度。

保留透明区域（Preserve Transparency）：选此复选框后，会在混合过程中保留透明区域。

蒙版（Mask）：用于蒙版的混合，以增加不同的效果。

2．通道运算

在 Photoshop 中，选择区域之间可以有相加、相减、相交等不同的运算方法。Alpha 通道实际上是存储起来的选择区域，能够利用通道运算方法来实现各种复杂的图像效果，作出新的选择区域形状。通道的运算是把两个不同的通道通过图像混合生成新的通道，新的选区。执行“图像”→“运算”命令，打开通道“计算”对话框，如图 7.11 所示。

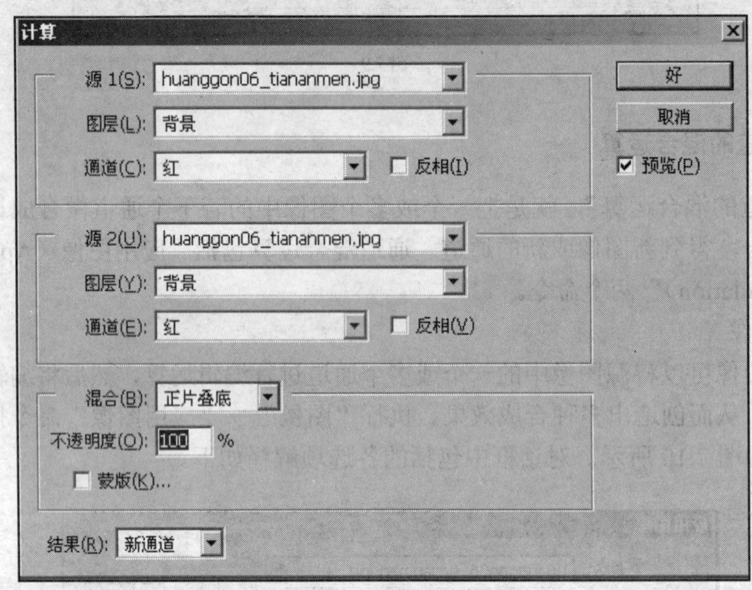

图 7.11

通道“计算”对话框基本上与“应用图像”对话框类同。通道源有源（Source）1 与源（Source）2 两个源，两个通道计算后的结果体现在“结果”栏中，在“结果”下拉列表中，有三个选项，分别是“新文件”、“新通道”以及“选区”，表示可以将图像的运算结果保存到新文件，新通道以及转化为选区。

7.1.6 实训案例

实训案例 1：运用通道进行抠图。

在使用 Photoshop 时，经常要将一些具有复杂形状的图形对象非常干净的“抠”出来，以供制作合成图像时所用。下面列述运用通道进行抠图的步骤和技巧。

（1）打开要合成的两副图像，比如图 7.12 与图 7.13，其中图 7.12 为 CMYK 模式，图 7.13 为.psd 格式文件。两个图像尺寸不相同。

（2）进入图 7.12 的通道面板，选择黑色通道，并复制黑色通道为副本。

图 7.12

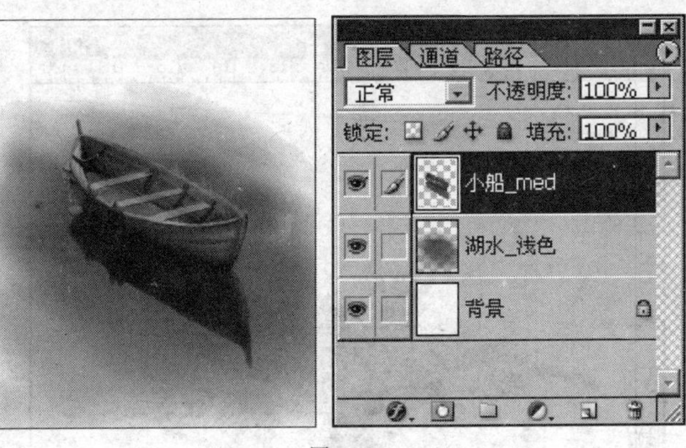

图 7.13

（3）单击黑色通道副本，执行“图像”→“调整”→“曲线”命令，打开“曲线”对话框，设置如图 7.14 所示。

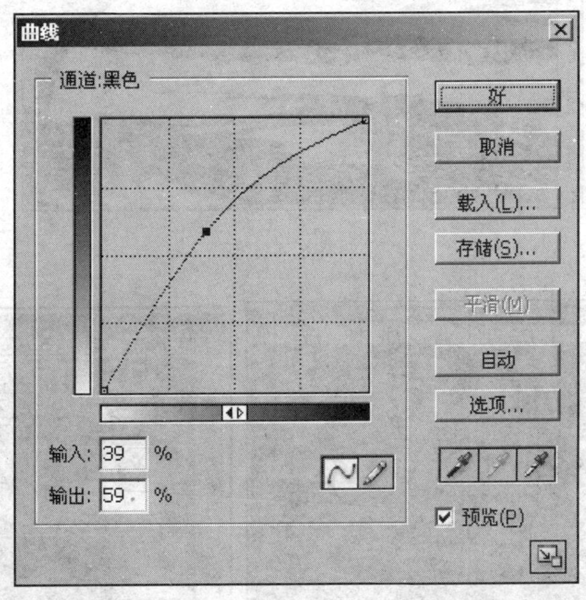

图 7.14

（4）执行“图像”→“调整”→“亮度/对比度”命令，打开“亮度/对比度”调整对话框，参数设置如图 7.15 所示，调整后的效果为图 7.16，按“好”按钮确定。

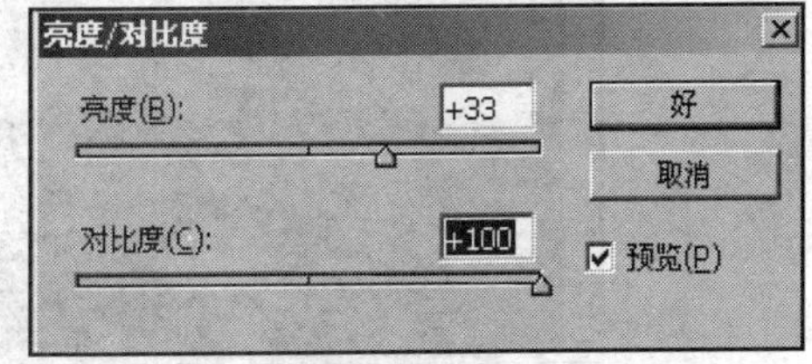

图 7.15

（5）在通道面板上单击 CMYK 通道，返回到 CMYK 通道。

（6）选择图层面板，把图 7.12 惟一的一个背景图层转化为普通图层即图层 0。

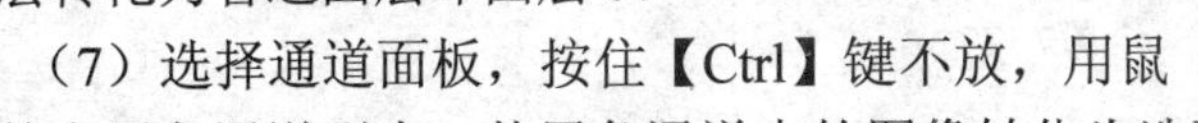

（7）选择通道面板，按住【Ctrl】键不放，用鼠标单击黑色通道副本，使黑色通道中的图像转化为选取。如图 7.17 所示。

（8）在不取消选择的情况下，选择图层面板，回到图层 0，按键盘上的【Del】键删除没有被选择的图像，结果如图 7.18 所示。

图 7.16

图 7.17

（9）最后把图层 0 用鼠标直接拖到图 7.13 中，用【Ctrl】+【T】命令做适当调整，使两副图像合成，合成后的效果如图 7.19 所示。

图 7.18

图 7.19

实训案例 2：运用通道制作文字效果。

本实训案例的具体步骤如下。

（1）执行“文件”→“新建”命令或【Ctrl】+【N】命令，建立新文件，文件大小 20cm×20cm，其他参数设置如图 7.20 所示。

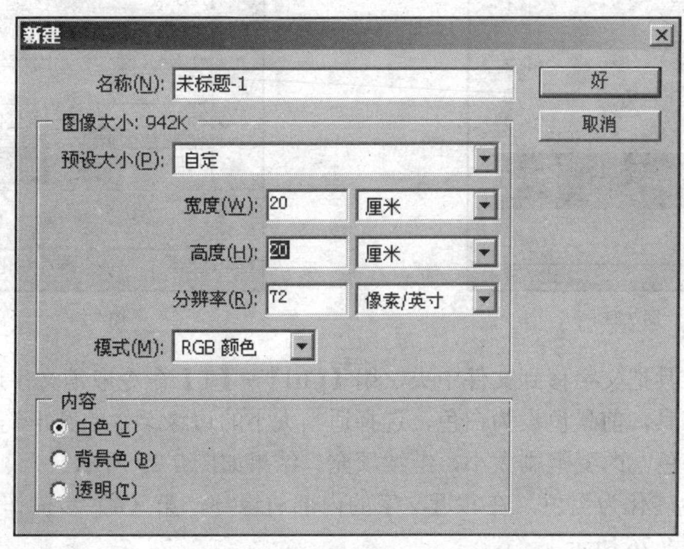

图 7.20

（2）执行“编辑”→“填充”命令，打开“填充”对话框，如图 7.21 所示，进行图案填充，在那里选木质（Wood）图案填充，效果如图 7.22 所示。

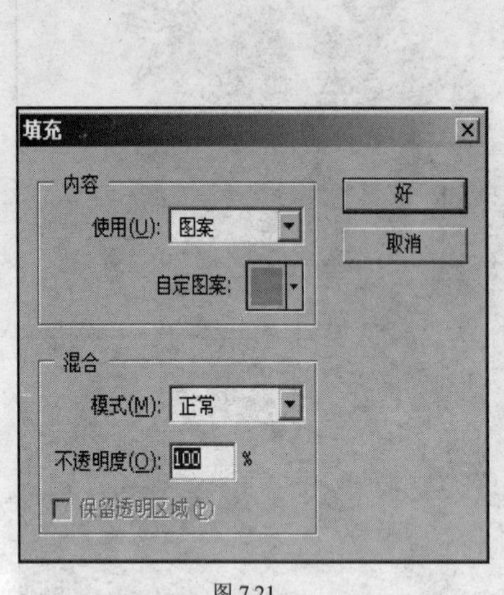

图 7.21

图 7.22

（3）单击通道面板，建立新的 Aphle 通道，确定前景色为白色，如图 7.23 所示。

（4）运用文字 T 工具输入文字“Photo”，设置字体为 Arial Back、大小为 120 点、斜体、大写、加粗。如图 7.24 所示。

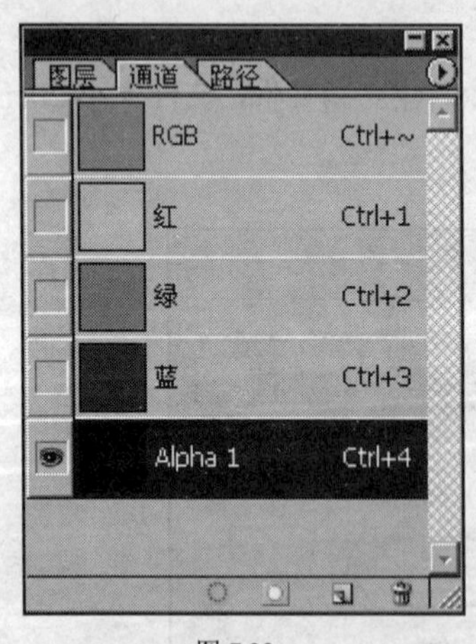

图 7.23

图 7.24

（5）用移动工具把文字移到文件中央，用【Ctrl】+【T】命令取消文字选区。

（6）用毛笔工具，前景色设为白色，选择适当大小的边缘柔软的圆形笔刷，在文字的外部边缘单击填上白色。改变笔刷大小，继续填充。结果如图 7.25 所示。

（7）将前景色转化为黑色，在靠近文字的内部边缘，与第（6）步操作一样，用黑色单击填充，结果如图 7.26 所示。

（8）执行“滤镜”→“风格化”→“扩散”命令，弹出“扩散”对话框，设置如图 7.27 所示。单击“好”按钮后执行【Ctrl】+【F】命令，再运用一次滤镜。结果如图 7.28 所示。

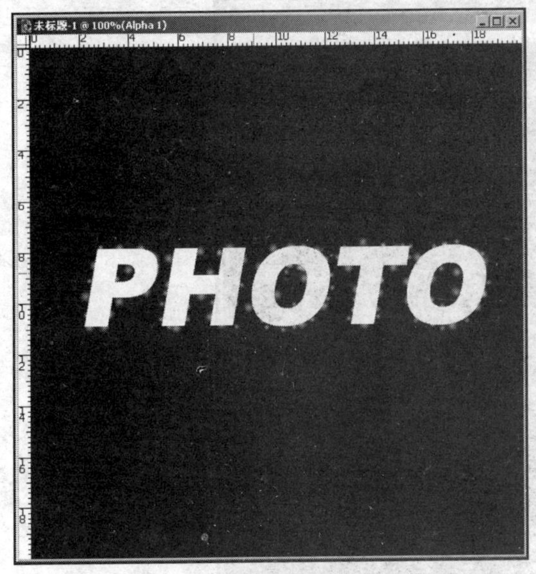

图 7.25

图 7.26

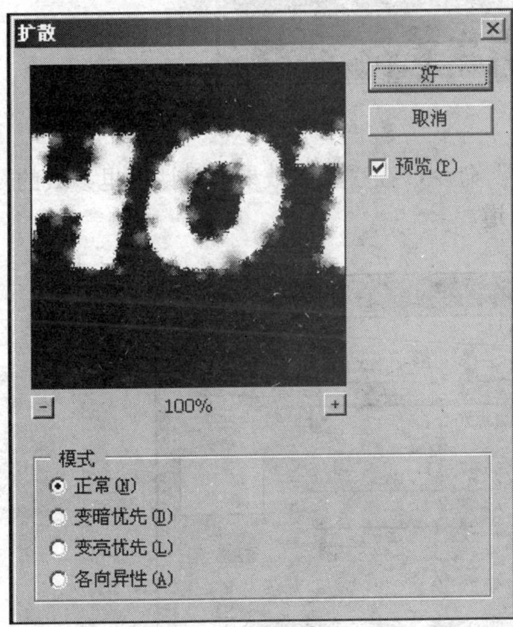

图 7.27

图 7.28

（9）按住【Ctrl】键，在通道面板单击通道 Alpha 1。选中文字，执行“选择”→“修改”→“缩小”命令，缩小选区，缩小量为 5 像素。

（10）执行“选择”→“羽化”命令，羽化值为 5 像素。

（11）把前景色转为黑色，执行【Alt】+【Del】命令，即用黑色填充。执行【Ctrl】+【D】命令，取消选择，结果如图 7.29 所示。

（12）在通道面板中单击 RGB 通道。

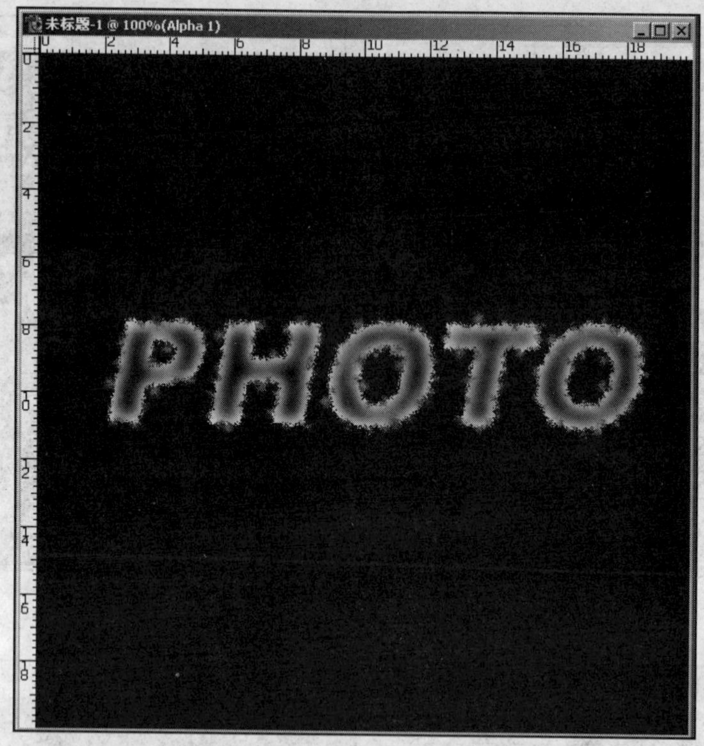

图 7.29

（13）执行“滤镜”→“渲染”→“光照效果”命令，在“光照效果”对话框里参数的设置如图 7.30 所示。注意纹理通道中选 Alpha 1 通道。

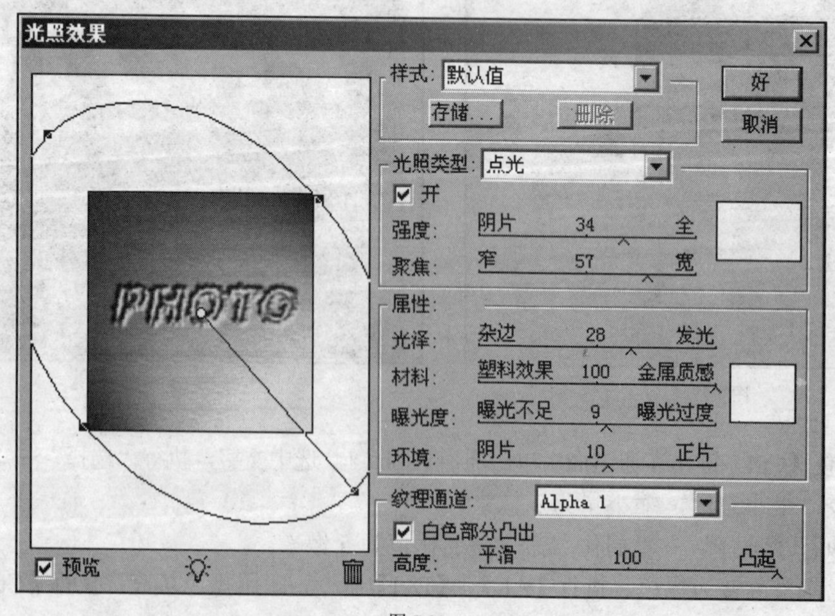

图 7.30

（14）完成后效果如图 7.31 所示。

图 7.31

（15）运用裁剪工具，把图像大小裁剪为如图 7.32 的效果。

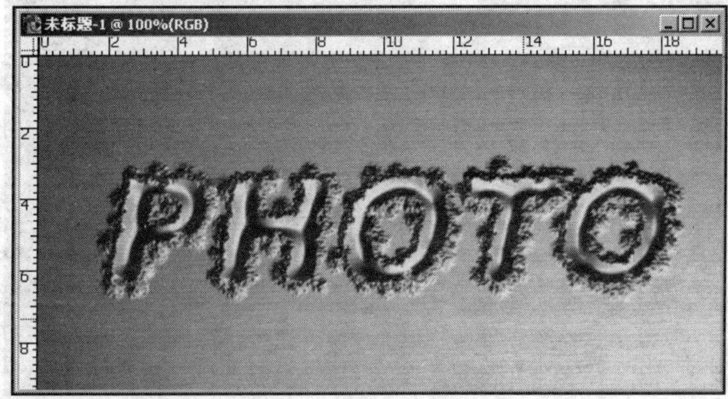

图 7.32

（16）对文件进行修饰，完成的文件如图 7.33 所示。

图 7.33

实训案例 3：运用通道进行图像合成。

本实训案例的具体步骤如下。

（1）打开四张要合成的图像，分别是图 7.34、图 7.35、图 7.36、图 7.37 所示的文件。

图 7.34

图 7.35

图 7.36

图 7.37

（2）在图 7.34 中，选择通道面板，建立三个 Alpha 通道，即 Alpha 1、Alpha 2、Alpha 3。

（3）分别把图 7.35、7.36、7.37 复制并粘贴到 Alpha 1、Alpha 2、Alpha 3 通道中，并把图 7.34 的背景图层转化为图层 0，根据情况需要时可以复制出图层 0 副本。

（4）执行图像菜单下的“运算”命令，打开通道的“计算”对话框，设置如图 7.38 所示。

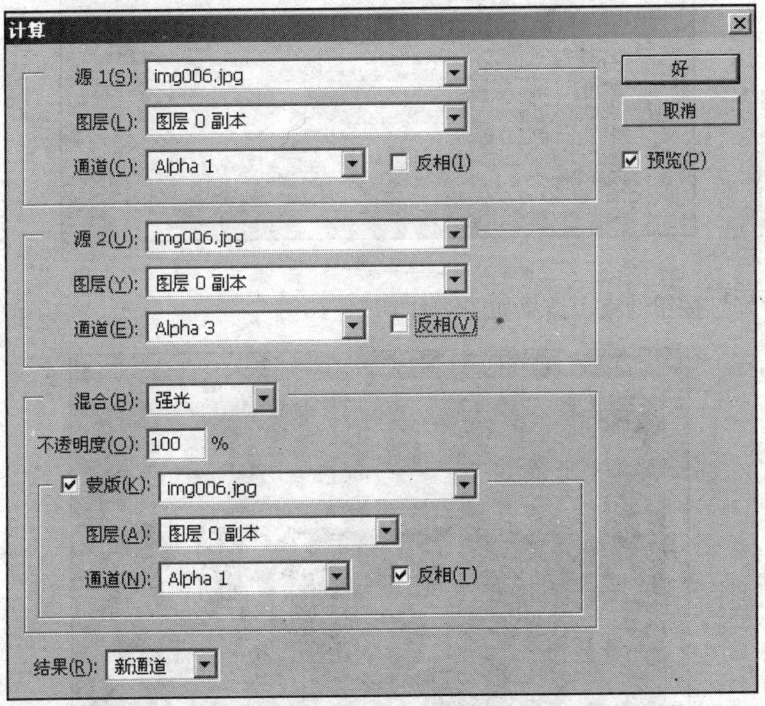

图 7.38

（5）执行图像菜单中的“应用图像”命令，对上一步操作中生成的新通道 Alpha 4 进行应用。具体设置如图 7.39 所示。

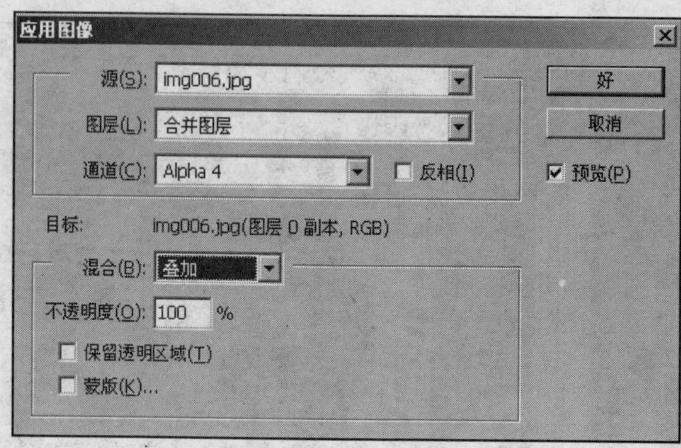

图 7.39

（6）执行图像菜单中的“应用图像”命令，设置如图 7.40 所示。

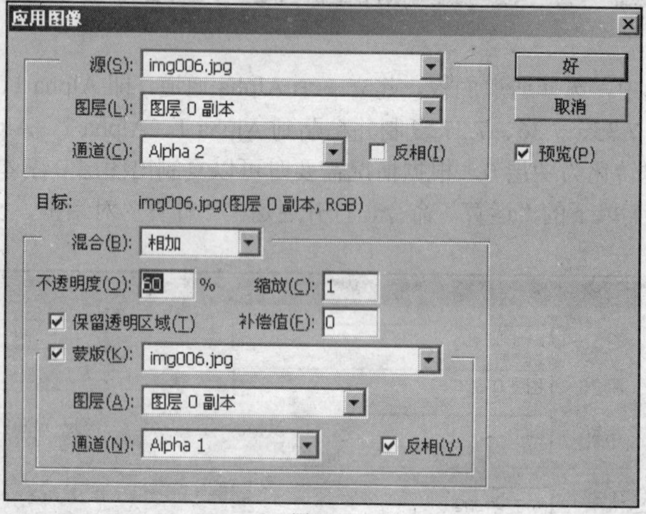

图 7.40

（7）按“好”按钮结束，结果如图 7.41 所示。

图 7.41

实训案例 4：通道的综合应用。

本实训案例的具体步骤如下。

（1）选择一需要的背景图，如图 7.42 所示。

（2）创建一个新的通道 Alpha 1 为通道 4，确定前景色为白色，背景色为黑色，输入文本，然后取消选择，文本的属性如图 7.43 所示。

图 7.42

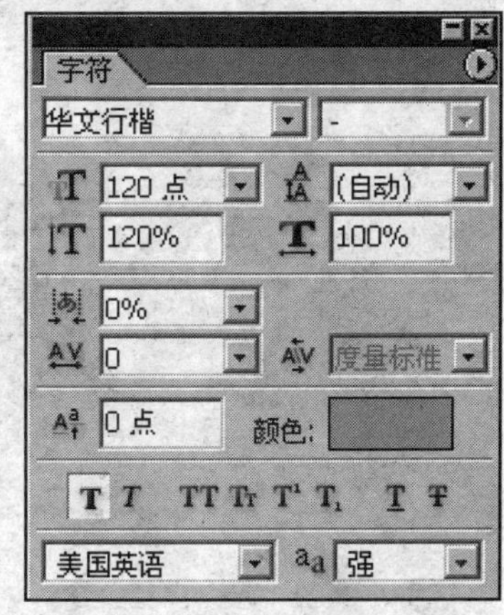

图 7.43

（3）用通道 4 复制出通道 5，再用 4 个像素的“高斯模糊”滤镜柔化，接着用通道 5 复制出通道 6 与通道 7，如图 7.43 所示。

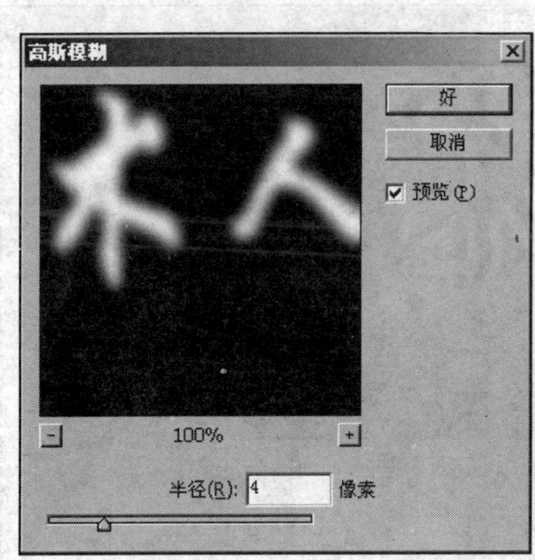

图 7.44

（4）使用“图像”→“调整”菜单下的“亮度/对比度”命令，把通道 5 中的文字变成粗体。调整参数如图 7.45 所示。

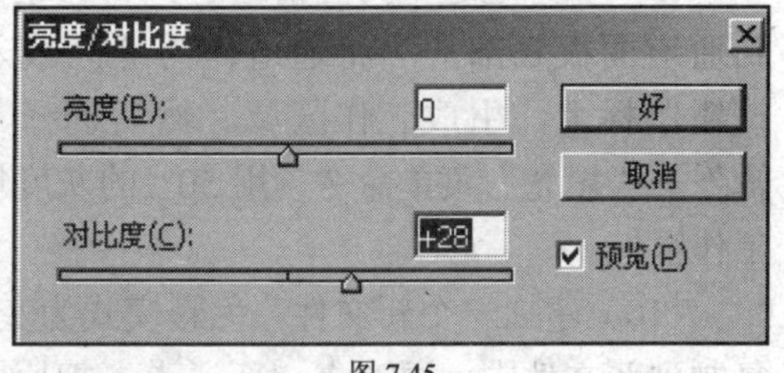

图 7.45

（5）对通道 6 与通道 7 分别使用“滤镜”→“风格化”菜单下的“曝光过度”命令和“图像”→“调整”下的“自动色阶”命令。结果如图 7.46 所示。

图 7.46

（6）选择通道 6，使用“滤镜”→“风格化”菜单下的“浮雕效果”滤镜，参数设置如图 7.47。再用 2 个像素的“高斯模糊”滤镜柔化。

（7）保持通道 6 为当前通道，将通道 5 拖到通道面板底部的“将通道作为选区载入”按钮图标上，生成工作区域。然后选择“编辑”→“填充”菜单命令，用 50%的灰度填充工作区域。

（8）选择通道 7，使用“滤镜”→“风格化”菜单下的“浮雕效果”滤镜，参数设置为：角度–90、高度 4、数量 130。再用 2 个像素的“高斯模糊“滤镜柔化。

（9）保持通道 7 为当前通道，将通道 5 拖到通道面板底部的“将通道作为选区载入”按钮图标上，生成工作区域。然后选择“编辑”→“填充”菜单命令，用 50%的灰度填充工作区域。

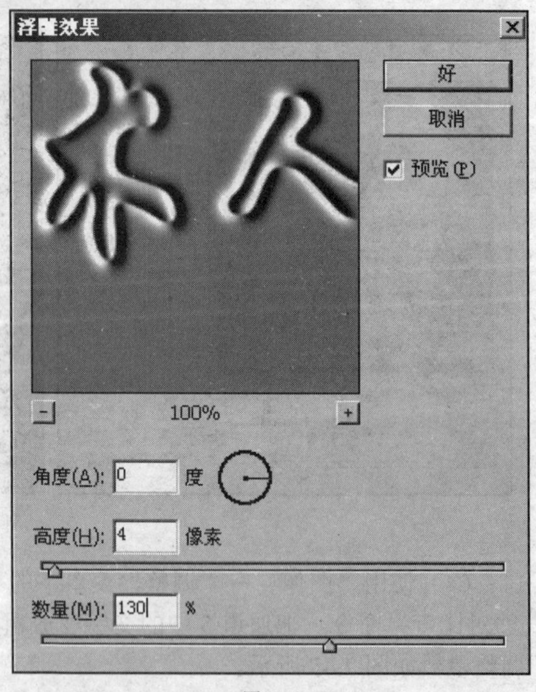

图 7.47

（10）建立一个新文件，色彩模式为灰度模式，大小与现有文件相同。将原图中的通道 6 复制到新文件中。再建立一新通道，把原图中的通道 7 复制粘贴到新文件的新通道中。将新文件存盘为 tongdao.psd 文件，关闭备用。

（11）回到通道 5，使用“图像”→“调整”菜单下的“反相”命令。

（12）建立新的通道 8，以白色为背景。然后将通道 5 生成工作区域，以 50%的灰度填充工作区域。再将前景色设为 75%灰度（H=0；S=0；B=25），使用“编辑”→“描边”命令进行描边，参数如图 7.48 所示。取消选择，用 2 个像素的“高斯模糊”滤镜柔化。

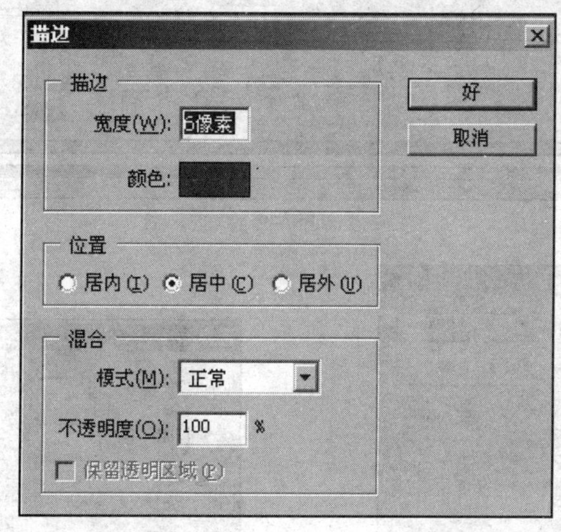

图 7.48

（13）选择 RGB 通道，进入图层面板窗口，建立新的图层 1，将图层的混合模式设置为正片叠底模式。选择“图像”下的“应用图像”命令。设置如图 7.49 所示。

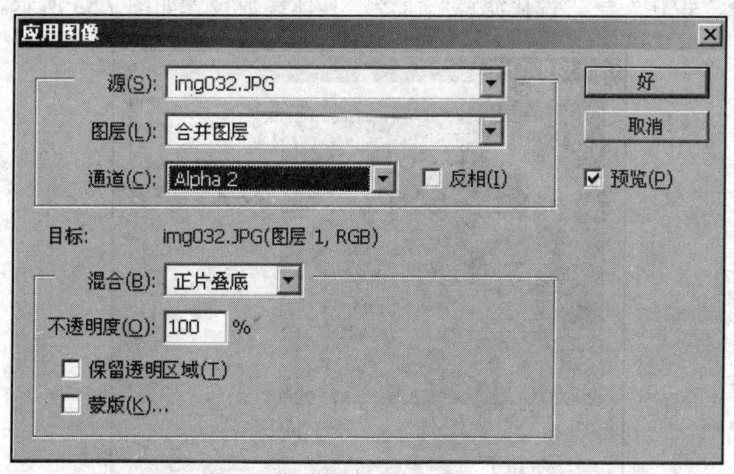

图 7.49

（14）选择“图像”→“调整”下的“色相/饱和度”命令，设置如下图 7.50 所示。再应用“偏移”滤镜将图层 1 向右向下各移动 5 个像素，如图 7.51 所示。

（15）合并图层 1 与背景图层，选择“滤镜”→“扭曲”→“置换”滤镜，设置如图 7.52 所示，单击“好”按钮后，要求指定文件时选择前面已经存盘备用的文件 tongdao.psd。

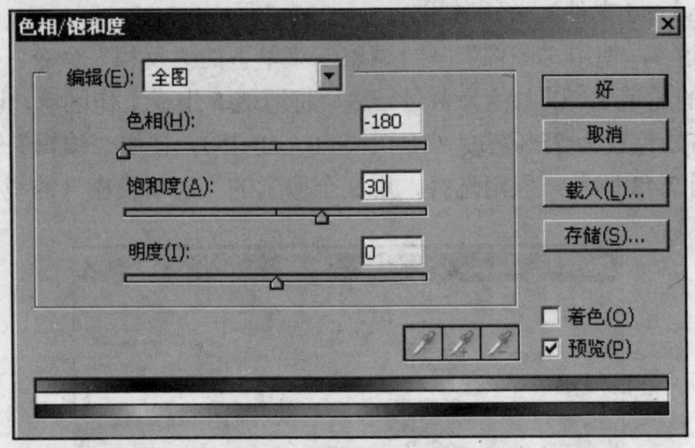

图 7.50

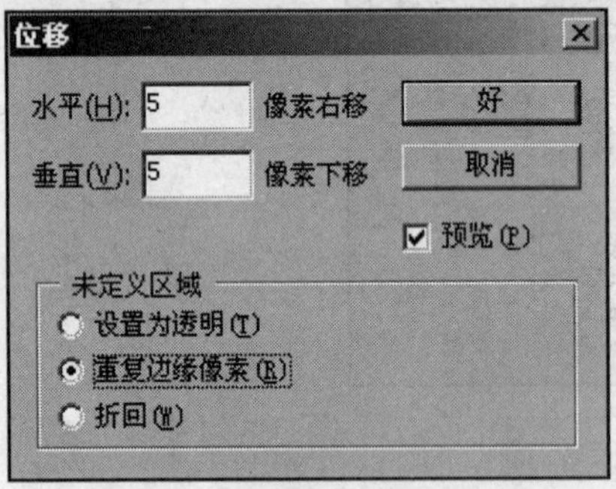

图 7.51

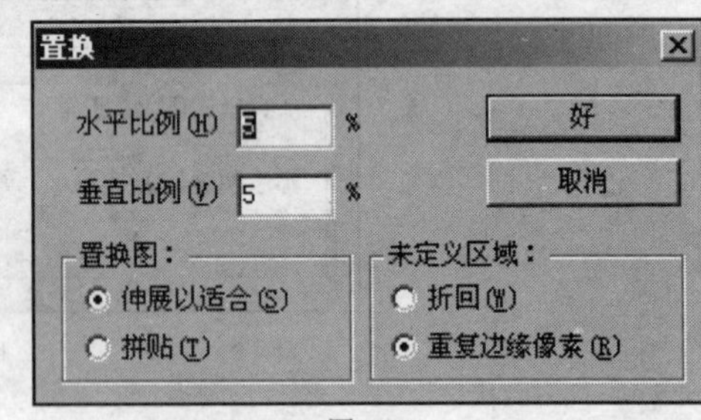

图 7.52

（16）为了调整色彩，使用“选择”→“载入选区”命令载入通道 5，生成工作区域，然后用“滤镜”→“锐化”→“锐化滤镜”命令。具体参数设置如图 7.53 所示。

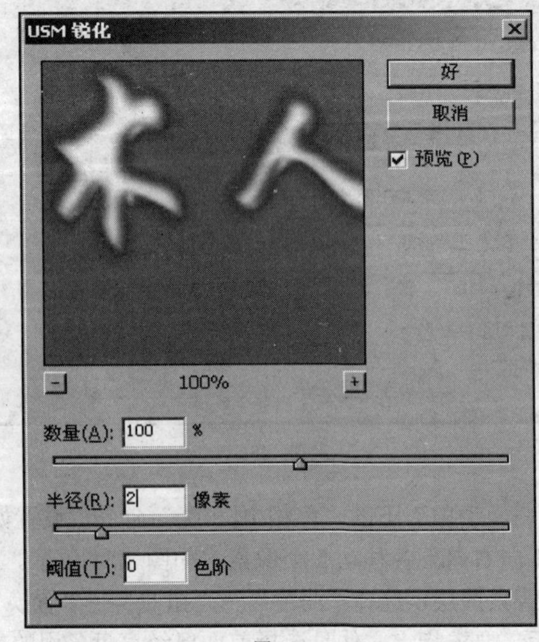

图 7.53

（17）创建一个新的图层为图层 1，将混合模式设置为柔光，并将不透明度设置为 50%。用“选择”→“载入选区”命令载入通道 5，生成工作区域，然后用蓝色填充。接着将图层 1 复制出新的图层，混合模式为 Hue（色相）。并根据背景图调整它的透明度，直到满意为止。

（18）回到通道面板，选择通道 4，用 6 个像素的“高斯模糊”滤镜柔化处理。使用“滤镜”→“风格化”菜单下的“曝光过度”命令。用“自动色阶”命令调节亮度。然后用“滤镜”→“风格化”菜单下的“浮雕效果”滤镜，在“浮雕效果”对话框里，参数的具体设置如图 7.54 所示。

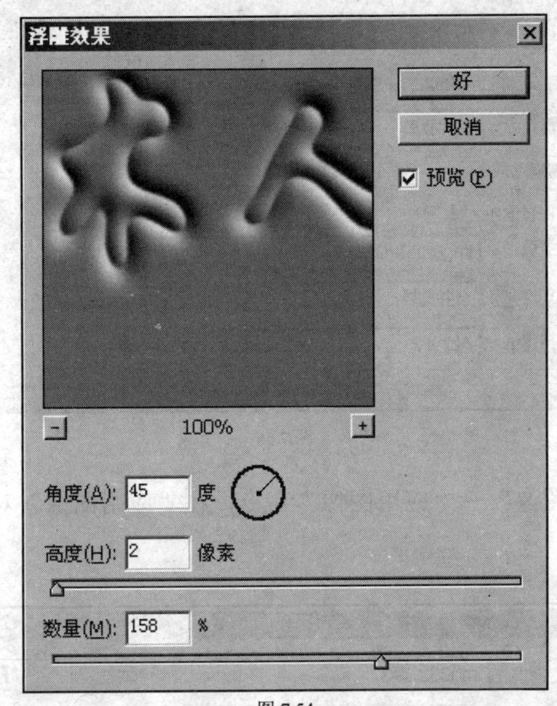

图 7.54

（19）选择“图像”→“调整”下的“色阶”命令，用黑色吸管在背景灰色区域点一下，使背景变黑，如图 7.55 所示。

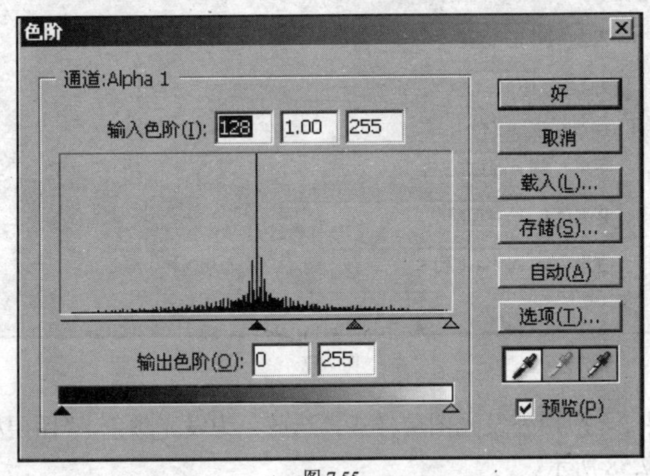

图 7.55

（20）回到 RGB 通道，进入图层面板，建立新的图层 2，设置混合模式为“屏幕”。选择图层 2，使用“图像”→“应用图像”命令，在“应用图像”对话框里的参数设置如图 7.56 所示。

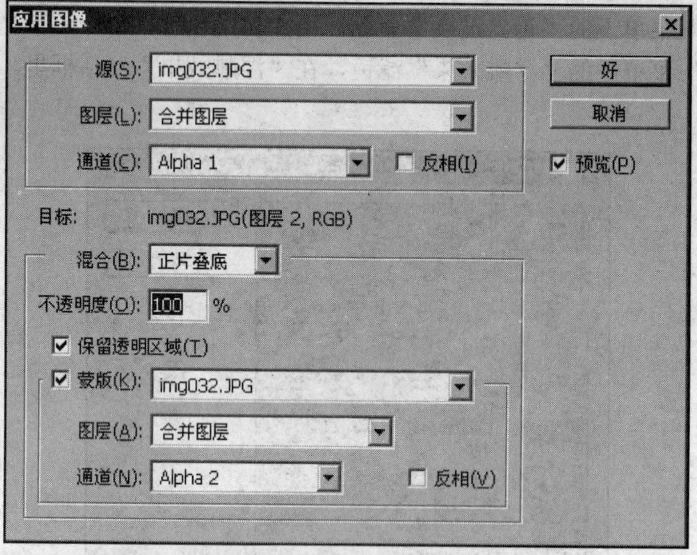

图 7.56

（21）再次使用“图像”→“应用图像”命令，在“应用图像”对话框里的参数设置如图 7.57 所示。

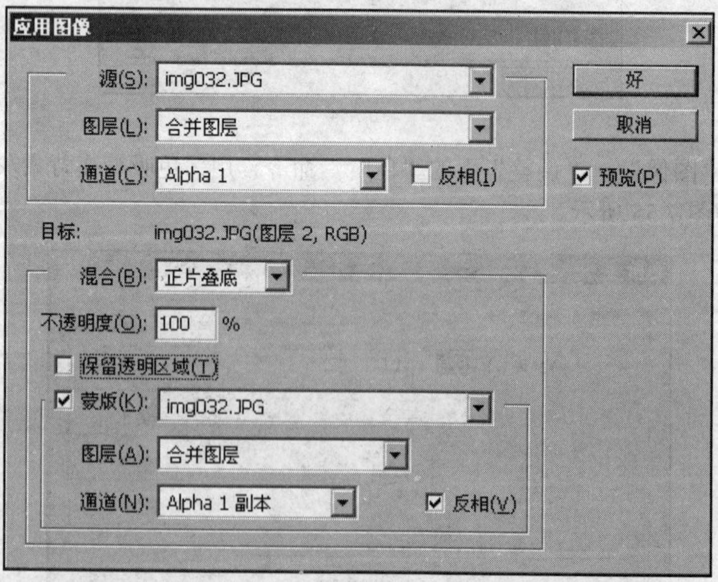

图 7.57

（22）选择图层 2，应用外发光图层样式，选蓝色为发光颜色，“图层样式”对话框里的其他参数设置如图 7.58 所示。

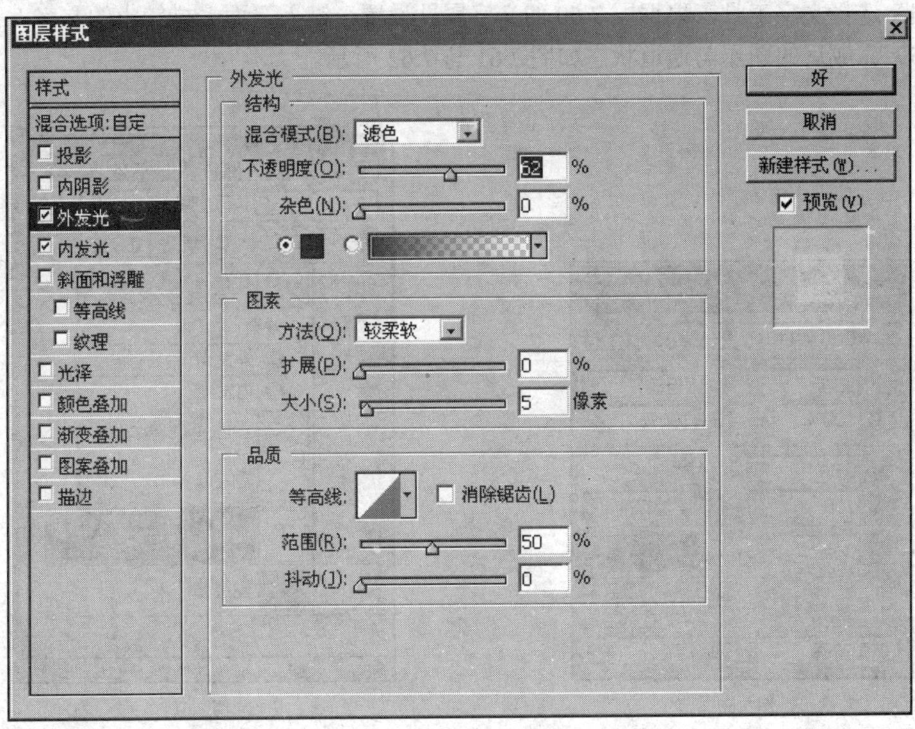

图 7.58

（23）选择图层 2，应用内发光图层样式，选红色为发光颜色，“图层样式”对话框里的其他参数设置如图 7.59 所示。

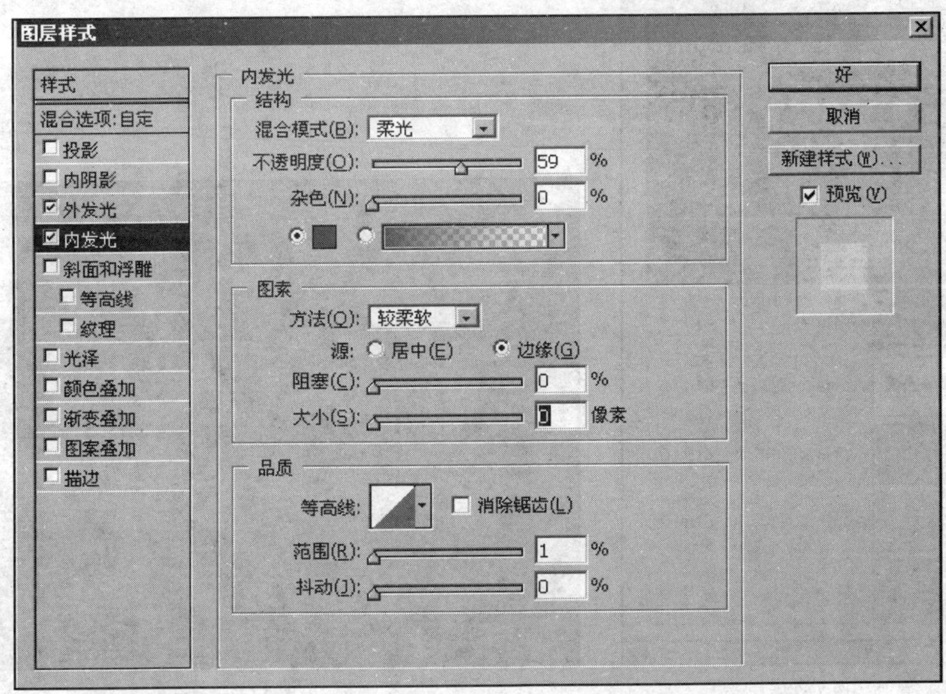

图 7.59

（24）选择文字工具，根据图 7.60 的文字属性设置，键入下面一排较小的文字。

（25）完成后的图层与通道状态如图 7.61 与 7.62 所示。

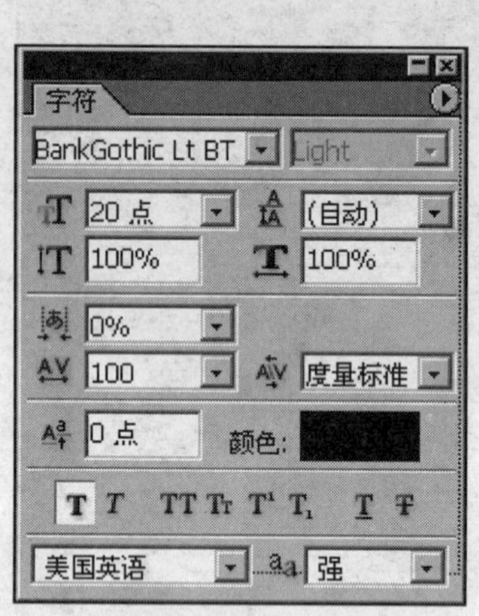

图 7.60

图 7.61

（26）最后完成的效果如图 7.63 所示。

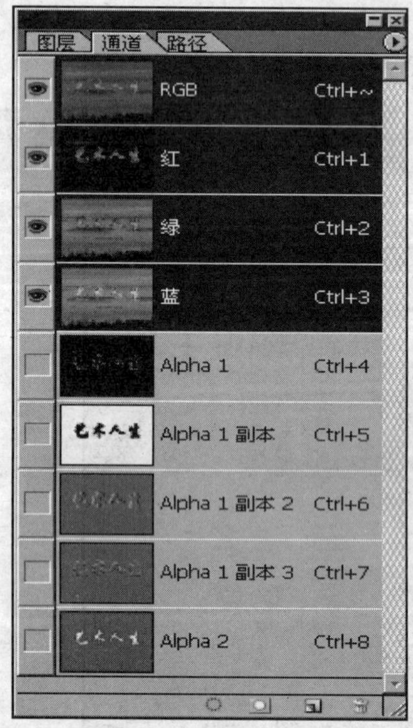

图 7.62

图 7.63

7.2　蒙版的应用

7.2.1　蒙版的基本知识

蒙版（Mask）实际上是绘画与摄影专业的专用名词，它的作用是在对绘画和照片的一部分图像进行编辑时保护不需要编辑的部分。Photoshop 软件在进行图像处理时，允许创作者在图像上创建并使用蒙版，以保护图像的某一特定区域。所以，可以把蒙版简单地理解为蒙在图像上的一层“版”。当图像创作人员要给图像的某些区域应用颜色变化、滤镜和其他变化效果时，蒙版可以隔离和保护图像的其余区域。这与选择有点类似，当选择了部分图像时，没有被选择的区域将被保护而不能编辑。蒙版是用 8 位灰度通道存放的，它可以用所有的绘画工具和编辑工具调整和编辑，也可以执行滤镜、旋转、变形等，能创建复杂蒙版转化为选区后应用到图像中。Photoshop 为用户提供了三种建立蒙版的方式：Quick Mask（快速蒙版）、Alpha 通道蒙版和图层蒙版。下面着重介绍快速蒙版。

1．创建快速蒙版

快速蒙版与 Alpha 通道蒙版都是用来保护图像区域的，但快速蒙版只是一种临时蒙版，不能重复使用，通道蒙版可以作为 Alpha 通道保存在图像中，应用比较方便。

建立快速蒙版的方法是，打开一个图像，使用工具箱中的选择工具，在图像中选择要编辑的区域。在工具箱中单击“以快速蒙版模式编辑”按钮，会在所选区域以外的区域蒙上一层色彩。快速蒙版模式在默认情况下是用 50%的红色来覆盖，如图 7.64 所示。

图 7.64

在快速蒙版下，可以使用绘图工具对蒙版进行编辑，以完成选择的要求，用橡皮擦工具将不需要的选区删除，用画笔工具或其他绘图工具将需要选择的区域填上颜色，这样基本上就能准确的选择出所要选择的图像了。

2．设置快速蒙版选项

在蒙版使用的过程中，可以根据自己的习惯，设置快速蒙版的各个选项。设置快速蒙版选项的方法，是在工具箱中双击“以快速蒙版模式编辑”按钮，打开“快速蒙版选项”对话框，如图 7.65 所示。

在“快速蒙版选项”对话框中，“被蒙版区域”单选钮是“色彩指示”栏的默认选项，这选项使被蒙版区域显示为50%红色，使选择区域显示为白色。而“所选区域”单选钮选项与“被蒙版区域”选项作用相反。如果用户想改变蒙版的颜色，可以通过“颜色”选项修改；如果想改变不透明度，可以在“不透明度”选项中修改，0%表示完全透明，100%表示完全不透明。蒙版的颜色与不透明度只影响蒙版的外观，对其下的区域如何保护没有影响。如果要结束快速蒙版，单击标准模式编辑按钮，蒙版就转化为选区。

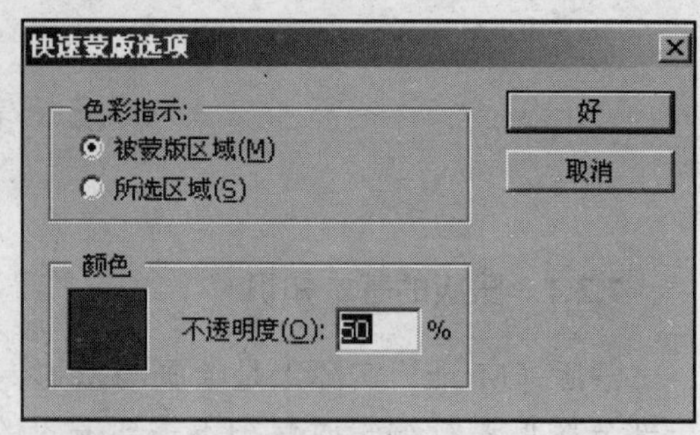

图 7.65

7.2.2 通道、蒙版与选区的转化

在图像处理中有时需要把选区转化为蒙版，有时需要把蒙版转化为通道，以便进行不同的操作。在 Photoshop 中，用户可以对通道、蒙版、选区进行相互转化。

1．将选区转化为 Alpha 通道

对于一个复杂的选区，如果在以后的操作中经常会被用到，就可以将其保存为一个 Alpha 通道，使之成为一个永久蒙版，便于以后重复使用。把选区转化为 Alpha 通道的步骤为：

（1）首先在图像中建立选区，如图 7.66 所示；

图 7.66

（2）在按住【Alt】键的同时，单击通道面板底部的“将选区存储为通道”按钮，弹出“新通道”对话框，如图 7.67 所示，设置其中的属性值即可。

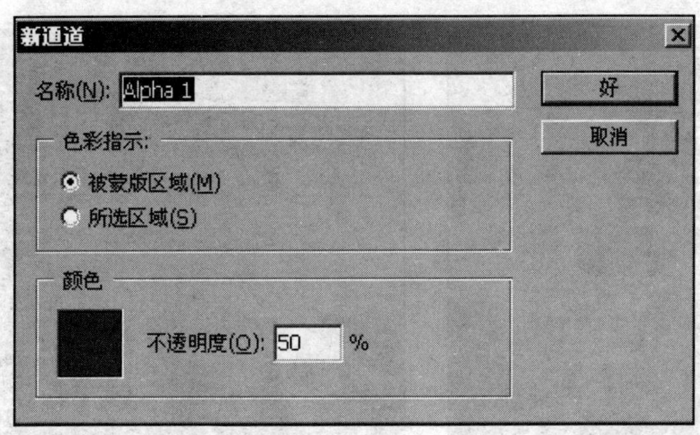

图 7.67

把选区转化为通道的另一种方法是执行“选择”→“存储选区”命令，在弹出的“存储选区”对话框中进行设置即可。对话框如图 7.68 所示。

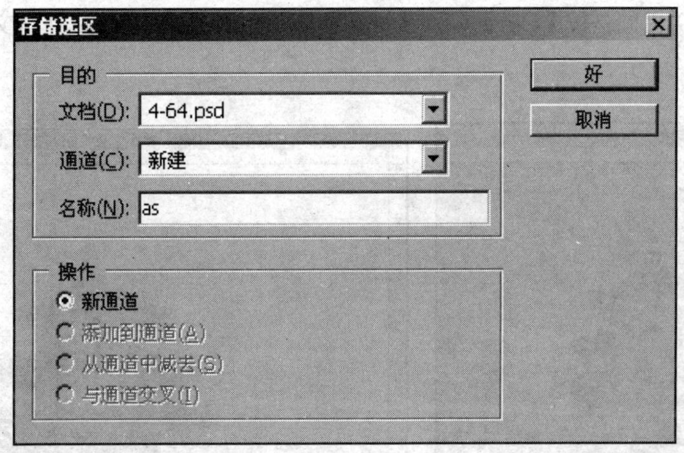

图 7.68

2．Alpha 通道转化为选区

Alpha 通道蒙版的优点在于能多次载入选区，其转化为选区的操作过程，相当于将选区转化为 Alpha 通道的逆过程。操作方法一种是利用通道面板单击把通道转化为选区的按钮，或在按住【Ctrl】键的同时单击包含想要载入选区的通道。另一种方法是执行“选择”→“载入选区”命令，选择需要的通道。具体操作过程，与把选区转化为通道类似，在此不赘述。

7.2.3　实训案例

本实训案例是应用蒙版合成图像，具体步骤如下。

（1）用软件打开两张要合成的照片，如图 7.69 与图 7.70 所示。选择工具箱中的多边形套索工具，将工具选项栏中的“羽化”值设置为 10 个像素，运用多边形套索工具选择图 7.69 中的建筑，如图 7.71 所示。

图 7.69

图 7.70

（2）按【Ctrl】+【C】键，复制所选的建筑造型；用【Ctrl】+【N】建立一个新文件，文件大小与图 7.69 相同；按【Ctrl】+【V】键，将拷贝的建筑图像粘贴到新文件中，如图 7.72 所示。

图 7.71

图 7.72

（3）在工具箱中用鼠标单击快速蒙版编辑模式按钮，切换到快速蒙版编辑模式。

（4）在工具箱中选择渐变工具，在渐变工具选项栏中选择径向渐变类型，用白到黑渐变颜色。在新文件窗口中，将鼠标从中心到四周拖动，产生快速蒙版，如图 7.73 所示。

（5）单击工具箱中的标准编辑模式按钮，把图像切换到标准编辑模式，此时就产生了一个选择范围，如图 7.74 所示。按【Ctrl】+【C】键，复制新文件中被选的图像。

（6）选择前面已经打开的图 7.70，按【Ctrl】+【V】键，将刚才复制的图像粘贴到图 7.70 中，用移动工具把粘贴入的图像移到合适的位置，最后结果如图 7.75 所示。

图 7.73

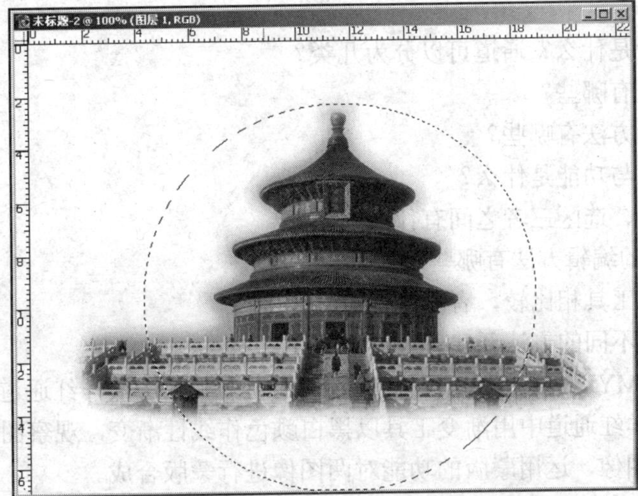

图 7.74

图 7.75

本章小结

本章从通道的概念、分类及功能出发，比较全面地介绍了通道与蒙版的基本知识，讲述了通道与蒙版的操作方法和技巧，重点解决了通道与蒙版在图像处理的实际操作过程中的应用方法。由于图像通道与Alpha通道的应用最为普遍，也最能实现许多激动人心的图像特效，因此着重讲述了Alpha通道与图像通道在应用过程中的操作步骤，在四个实训案例中，第四个案例较为复杂，有一定的难度。本章的知识内容对初学者来说有一定的难度，不很容易理解，但只要加强练习，多思考还是能够掌握的。

习　题

1．通道的概念是什么？通道可以分为几类？

2．通道的作用有哪些？

3．通道的编辑方法有哪些？

4．蒙版的概念与功能是什么？

5．通道、蒙版、选区三者之间有什么关系？

6．Alpha通道的编辑方法有哪些？

7．蒙版与选择工具相比较，有哪些优点？

8．请试用三种不同的方法新建一个通道。

9．打开一个CMYK色彩模式的图像，进入通道面板，降低洋红通道的对比度，观察图像的变化；然后在洋红通道中用渐变工具以黑白颜色作线性渐变，观察图像的变化。

10．打开两个图像，运用蒙版的功能对两图像进行蒙版合成。

11．根据以上实训项目内容，结合通道的编辑方法制作一文字特效。

第 8 章

滤镜的应用技巧

教学目标：滤镜（Filter）是 Photoshop 的特色工具之一。适宜地利用好滤镜，不仅可以改善图像效果，掩盖图像缺陷，还可以在原有图像的基础上产生出许多特殊炫目的效果。本章将通过对滤镜的学习，了解各种不同滤镜的特点、参数设置及效果比较，掌握滤镜的基本用法，并能正确将滤镜效果应用到图像中。

教学内容：滤镜的概念、滤镜的基本操作、滤镜的选项设置、滤镜的使用方法及效果。

8.1 破坏性滤镜效果

滤镜实际上是一些独立开发出的小程序，它们可以被图像编辑程序调用，用来处理已经打开的图像中的像素，通过对原图像像素的颜色及亮度值的重新计算与修改，产生出变化后的图像。Photoshop 除了可以调用自带的滤镜外，还可以调用预知兼容的第三方厂商提供的外挂滤镜，这些滤镜能使图像产生许多特殊的效果。Photoshop 的内置滤镜共有 14 组，多达 100 多种，每种滤镜都有自己不同的功能和图像效果。

在 Photoshop 中，大多数滤镜都是破坏性滤镜，这些滤镜执行的效果非常明显，有时会使被处理的图像面目全非，产生无法恢复的破坏。破坏性滤镜包括：艺术效果滤镜组、画笔描边滤镜组、扭曲滤镜组、像素化滤镜组、渲染滤镜组、素描滤镜组、风格化滤镜组、纹理滤镜组等。

8.1.1 “艺术效果”滤镜组

艺术效果（Artistic）滤镜组模拟天然或传统的艺术效果，运用组中的滤镜可以使图像看上去具有不同画派艺术家使用不同的画笔和颜料创作的艺术品。“艺术效果”滤镜组共包括 15 种滤镜。注意，此组滤镜不能应用于 CMYK 和 Lab 模式的图像。

1．壁画（Fresco）滤镜

壁画滤镜通过在图像中加入大量的黑色斑点，模仿在潮湿的墙上绘制的古壁画效果。在对话框中通过调节画笔大小来控制模仿壁画的画笔粗细；通过画笔细节来控制壁画的细腻程度；通过调节纹理来控制壁画效果颜色之间的柔和程度。图 8.1 是运用此滤镜前后的不同效果。

2．彩色铅笔（Colored Pencil）滤镜

彩色铅笔滤镜的作用是在图像上产生一种铅笔线条绘制的效果，它保持了原图的大部分

图 8.1

色彩，但大片的背景区域会改变成纸张的颜色。当铅笔宽度的值较小时，描绘的线条会较多；当描边压力的值较大时，原图的细节会比较多；纸张颜色是指当前工具箱的背景色从最暗到最亮的颜色，是通过调整纸张亮度的值来得到的。当纸张亮度的亮度为 0，纸张为黑色，亮度为 50 时，纸张为白色，在 0～50 之间，是不同程度的灰色。图 8.2 是运用此滤镜前后的不同效果。

图 8.2

3．粗糙蜡笔（Rough Pastels）滤镜

该滤镜是通过在图像中增加彩色线条和纹理，使图像产生不同纹理浮雕的质地效果。在滤镜参数设置对话框中，线条长度和线条细节用来控制笔画的力度和细节；在纹理的下拉框中可选择预设的不同纹理；可以在光照方向下拉选择框中选择光线照射的不同方向；选择反相时可反转纹理表面的亮色和暗色。图 8.3 是运用此滤镜前后的不同效果。

4．底纹效果（Under Painting）滤镜

底纹效果滤镜是根据所选择纹理的不同，将纹理图与图像融合在一起，产生图像好像是在纹理上直接喷绘的效果。图 8.4 是运用此滤镜前后的不同效果。

5．调色刀（Palette Knife）滤镜

调色刀滤镜可以使图像色调分离，相似的颜色组成色块，色块之间融合在一起，产生写意风格效果。在滤镜设置对话框中，通过调节描边大小值来控制色调分离的程度，值越大，

图 8.3

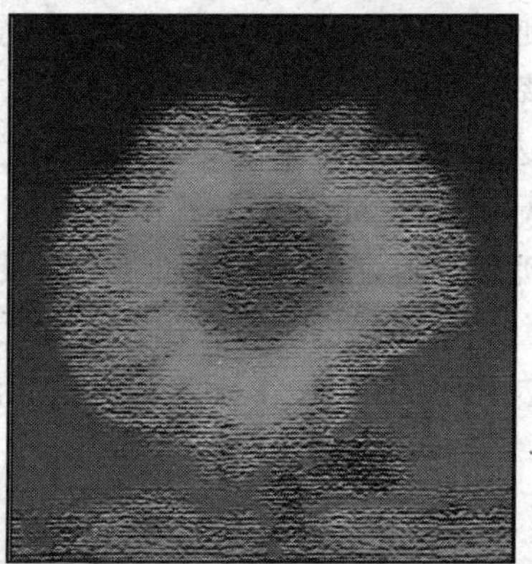

图 8.4

颜色数越少，色块的范围就越大；通过调节线条细节来控制笔触的细腻程度，值越小，画面与原图越接近；通过调节软化度来控制色块之间融合的柔化程度，值越大，越柔和。

6．干画笔（Dry Brush）滤镜

干画笔滤镜能使图像变暗并减少图像的细节，产生一种绘画颜料不充分的、近似干枯的油画效果。在滤镜参数设置框中，通过调节画笔大小来控制模仿油画画笔粗细；通过画笔细节来控制图像的细腻程度，值越大，越细腻；通过调节纹理来控制颜色之间的过渡变形程度。

7．海报边缘（Poster Edges）滤镜

海报边缘滤镜会使图像色调分离，并根据图像相邻点的反差来产生黑色的边界线，使其看起来像手工绘制的招贴画。在滤镜参数设置对话框中，通过调节海报化的值来确定图像的颜色数量；调节边缘厚度的值来控制黑色边界线的宽度；通过调节边缘强度的值来控制黑色的强度。

8．海绵（Sponge）滤镜

海绵滤镜通过产生颜色对比强烈的纹理图，模仿用海绵蘸上颜料在纸上拍击作画的效果。在参数设置对话框中，画笔大小用来控制色块即海绵块的大小；定义值用来控制对比颜色块的反差，值越大，反差越强烈，海绵涂沫的效果越明显；平滑度用来控制对比颜色的平滑过渡，值越大，颜色过渡也更自然。

9．绘画涂抹（Paint Daubs）滤镜

绘画涂抹滤镜通过向图像添加涂抹线条，将图片模拟成绘画作品效果。在滤镜设置对话框中，可在画笔类型下拉选择框中“简单”、“未处理光照”、“未处理深色”、“宽锐化”、“宽模糊”和“火花”六种类型的涂抹方式中选择不同类型的画笔；通过调节画笔大小值来控制涂抹笔画的粗细，值越小，涂抹后的画面越清晰；通过调节锐化程度控制涂抹笔触颜色渐变的柔和程度，值越小，颜色过渡越柔和。

10．胶片颗粒（Film Grain）滤镜

胶片颗粒滤镜的作用是模仿照片放大许多后，化学感光微粒产生的颗粒效果。在滤镜设置对话框中，通过设置颗粒值来控制颗粒的粗细；设置高光区域的值来控制高量颗粒的数量；设置强度来控制颗粒纹理的反差程度。

11．木刻（Cutout）滤镜

木刻滤镜通过把图像中所有颜色均匀简化为少数几种颜色来创建图形的轮廓，效果类似于拼贴画或木刻版画。在参数设置对话框中，色阶数的值决定了简化的颜色层次；简化度的值决定了图像边缘色块的简化程度；边逼真度值决定了简化图像的逼真程度。

12．霓虹灯光（Neon Glow）滤镜

霓虹灯光滤镜通过在图像中添加当前前景色与法光色，使图像产生彩色霓虹灯照射下的效果。首先设置当前前景色，然后在参数设置对话框中，单击发光色块设置发光颜色；光亮度值用来调节发光色的亮度；图 8.5 是运用此滤镜前后的不同效果。

图 8.5

13．水彩（Water Color）滤镜

水彩滤镜通过简化图像的细节、增加暗色调和增加水彩饱和度来模仿绘制水彩风格的图像。在参数设置对话框中，画笔细节用来调整绘画的细腻程度；暗调强度用来控制阴影区的范围，值越高，阴影区面积越多；纹理用来控制水彩颜色的饱和程度，值越大，颜色越饱和，颜色之间的反差就越强烈。

14．塑料包装（Plastic Warp）滤镜

塑料包装滤镜通过在图片上覆盖一层灰色薄膜、并在较大物体的周围产生白色的高亮色带，使图像有一种被凹凸不平的塑料包装膜覆盖的效果。在滤镜设置对话框中，可调节高光强度来控制塑料效果亮色的亮度；调节细节来控制塑料包效果分布的复杂程度；调解平滑度来控制凹凸效果的光滑程度。

15．涂抹棒（Smudge Stick）滤镜

涂抹棒滤镜在图像中产生条状纸条，来模仿手指涂抹绘画效果。即在高光区，为图像添

加一些不规则的条状纹理，而在暗色区，会使色彩更加浓重并且边界变得模糊。在滤镜参数设置对话框中，可调节涂抹线条长度，调节高光区域的值来控制高光区的范围；调节强度值来控制涂抹色彩的反差，值越高，反差越强烈。

8.1.2 “画笔描边”滤镜组

画笔描边（Brush Strokes）滤镜组主要模拟使用不同的画笔和油墨进行描边创造出的绘画效果。该滤镜组共包含 8 个滤镜，可以分别为图像添加杂色、细化边缘、增加纹理的效果。此类滤镜也不能应用在 CMYK 和 Lab 模式下图像。

1．成角线条（Gled Strokes）滤镜

成角线条滤镜通过为图像产生交叉网线，来模拟钢笔画素描效果。在滤镜参数设置对话框中，通过调节方向平衡的值来控制两种交叉线的比例，当值大于 50 时，主要为“|”线条，小于 50 时，主要为“\”线条；线条长度值用来控制线条的长度；锐化程度值用来控制线条的锐利程度，值越小，线条的饱和度就越低，线条之间的反差就降低，图像就越模糊、柔和。

2．喷溅（Spatter）滤镜

喷溅滤镜模仿用颜料在画布上喷洒作画的效果。在参数设置对话框中，调节喷色半径值来控制喷洒的范围；调解平滑度来控制喷洒效果的强弱。图 8.6 是运用此滤镜前后的不同效果。

图 8.6

3．喷色描边（Sprayed Strokes）滤镜

喷色描边滤镜与喷笔类似，产生功能不同笔画方向的喷洒效果。在对话框中，线条长度值用来控制线条的长度；喷色半径用来控制喷洒的范围，值越大范围也越大；描边方向用来控制喷洒线条的方向，共有四种方向:垂直，水平，左对角线和右对角线。

4．强化边缘（Accented Edges）滤镜

强化边缘滤镜通过控制图像中反差较大的区域范围、亮度和对比度来强化图像的边缘，从而使图像的细节和纹理更加突出。在该滤镜参数设置对话框中，边缘宽度用来调节反差较大区域范围；平滑度调节边缘颜色的对比度；边缘亮度控制强化的边缘颜色的亮度。

5．深色线条（Dark Strokes）滤镜

深色线条滤镜通过对图像的暗色区添加短、密的暗色线条，对亮色区添加长的亮色线条来使图像的明暗反差加大，产生阴影的效果。在参数设置对话框中，调节平衡值可用来控制笔触线条的方向；黑色强度值来控制暗色线条的强度；白色强度值来控制亮色线条的强度。

6．烟灰墨（Sumi-e）滤镜

烟灰墨滤镜通过用黑色模糊描绘图像边界来简化图像，模仿在宣纸上用黑墨绘制的效果。在参数设置对话框中，调节线条宽度来控制线条的粗细；调节描边压力来控制线条绘画的力度；调节对比度来控制图像的反差。

7．阴影线（Crosshatch）滤镜

阴影线滤镜用来为图像添加交叉的网线，类似用铅笔阴影线的笔触对所选的图像进行勾画的效果，与成角线条滤镜的效果相似。调节线条长度值来控制交叉网线的长度；锐化程度值用来控制线条的力度；强度值来控制交叉网线的数量。

8．油墨概况（Ink Outlines）滤镜

油墨概况滤镜在图像可识别的边界内添加细的黑、白色线条来加强图像的轮廓，产生钢笔油墨的效果。在参数设置对话框中，线条长度用来调节笔画的长度；深色强度用来控制将图像变暗的程度；光照强度用来控制图像的亮度。图 8.7 是运用此滤镜前后的不同效果。

图 8.7

8.1.3 “扭曲效果”滤镜组

扭曲（Distort）滤镜组通过对图像应用扭曲变形来实现各种效果。该组共包含 12 个滤镜效果，它们在运行时会占用很多内存。因此，在使用扭曲滤镜组时要谨慎处理，并要对达到的变形程度和变形效果进行精心调整。

1．波浪（Wave）滤镜

波浪滤镜使图像产生波浪扭曲效果。其生成器数用来控制产生波的数量，范围是 1 到 999。波长是其最大值与最小值决定相邻波峰之间的距离。波幅是其最大值与最小值决定波的高度。类型有三种：Sine 正弦波、Triangle 三角波和 Aquare 方波。图 8.8 是运用此滤镜前后的不同效果。

图 8.8

2．波纹（Ripple）滤镜

波纹滤镜可以在选取图像上创建起伏的图案，使图像产生出类似水波纹的效果。主要通过调节数量来控制波纹的变形幅度，范围是–999%到 999%，大小有大、中、小三种波纹可供选择。

3．玻璃（Glass）滤镜

玻璃滤镜通过使选区产生细小的纹理变形，使图像看上去如同隔着玻璃观看一样。此滤镜不能应用于 CMYK 和 Lab 模式的图像。图 8.9 是运用此滤镜前后的不同效果。

图 8.9

4．海洋波纹（Ocean Ripple）滤镜

海洋波纹滤镜为图像表面增加随机间隔的纹理，使图像产生出普通的海洋波纹效果。此滤镜不能应用于 CMYK 和 Lab 模式的图像。波纹大小调节波纹的尺寸；波纹幅度控制波纹振动的幅度。

5．极坐标（Polar Coordinates）滤镜

极坐标滤镜可将图像的坐标从平面坐标转换为极坐标，或从极坐标转换为平面坐标，从而产生不同的变形效果。图 8.10 是运用此滤镜前后的不同效果。

6．挤压（Pinch）滤镜

挤压滤镜可以使图像的中心产生凸起或凹下的挤压变形效果。通过调节数量来控制挤压的强度，正值为向内挤压，负值为向外挤压，范围是–100%到 100%。数值越远离 0，挤压效果越明显。

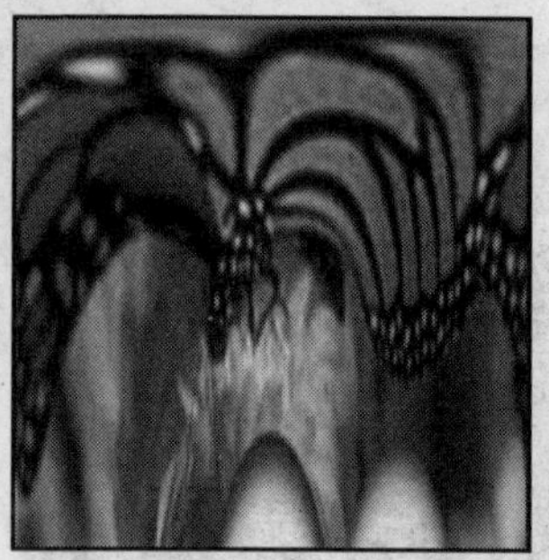

图 8.10

7．扩散亮光（Diffuse Glow）滤镜

扩散亮光滤镜向图像中添加透明的背景色颗粒，在图像的亮区向外进行扩散添加，产生一种类似发光的效果。此滤镜不能应用于 CMYK 和 Lab 模式的图像。

8．切变（Shear）滤镜

切变滤镜可以通过指定点来弯曲图像；通过调节折回，可以将切变后超出图像边缘的部分反卷到图像的对边；调节重复边缘像素，可以将图像中因为切变变形超出图像的部分分布到图像的边界上。

9．球面化（Spherize）滤镜

球面化滤镜可以使选区中心的图像产生凸出或凹陷的球体效果，类似挤压滤镜的效果。图 8.11 是运用此滤镜前后的不同效果。

图 8.11

10．水波（Zigzag）滤镜

水波滤镜是沿径向来扭曲变形图像，使图像产生同心圆状的波纹效果。数量参数控制水波纹扭曲变形的方向和程度，变化值从-100 到+100，越远离中心 0 位，变形效果越明显。图 8.12 是运用此滤镜前后的不同效果。

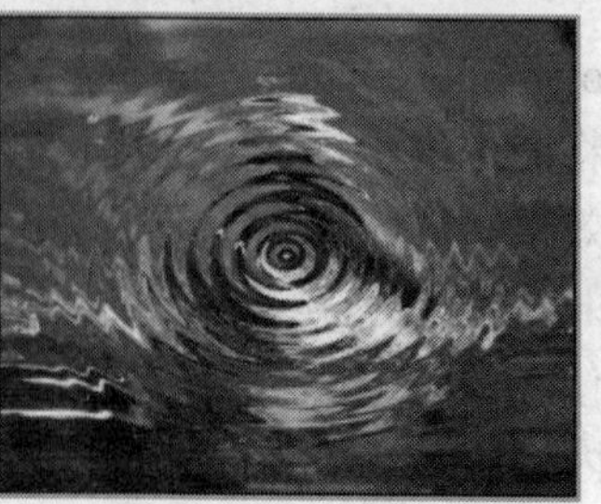

图 8.12

11．旋转扭曲（Twirl）滤镜

旋转扭曲滤镜使图像产生旋转扭曲的效果。形成漩涡时，旋转时中心比边缘变化更强烈。主要的调节参数为角度，用来调节旋转的角度，范围是-999 度到 999 度。

12．置换（Displace）滤镜

置换滤镜可以产生弯曲、碎裂的图像效果。置换滤镜比较特殊的是设置完毕后，还需要选择一个图像文件作为位移图，滤镜根据位移图上的颜色值移动图像像素。置换图必须是 PSD 格式的文件。图 8.13 是运用此滤镜前后的不同效果。

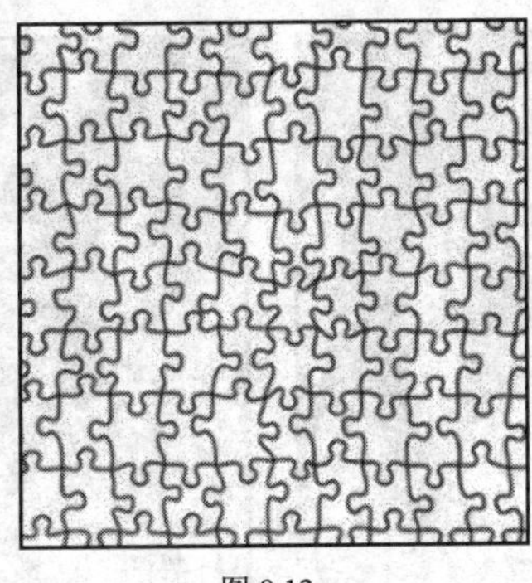

图 8.13

8.1.4　“像素化”滤镜组

像素化滤镜组将图像分成一定的区域，把这些区域转变为相应的色块，再由色块构成图像，类似于色彩构成的效果。

1．彩块化（Facet）滤镜

彩块化滤镜使用纯色或相近颜色的像素结块来重新绘制图像，类似手绘的效果。

2．彩色半调（Color Halftone）滤镜

彩色半调滤镜在图像的每个通道上模拟使用半调网屏绘画的效果。它将一个通道分解为若干个矩形，然后用圆形替换掉矩形，圆形的大小与矩形的亮度成正比。图 8.14 是运用此滤镜前后的不同效果。

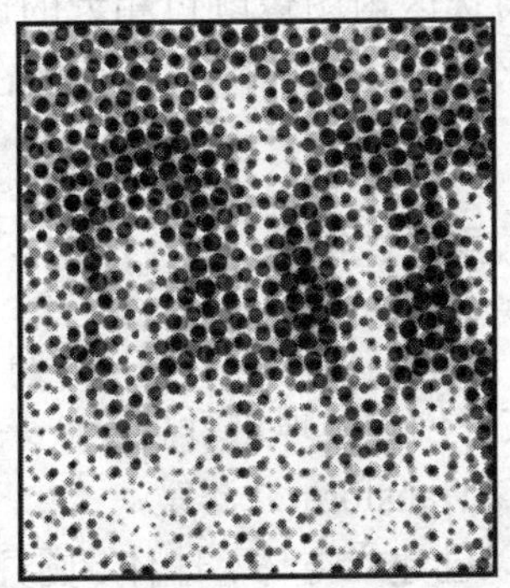

图 8.14

3．点状化（Pointillize）滤镜

点状化滤镜将图像分解为随机分布的网点，模拟点状绘画的效果。使用背景色填充网点

之间的空白区域。用单元格大小参数调整单元格的尺寸，控制网点的大小，范围是 3 到 300。值越大，网点尺寸越大。

4．晶格化（Grystallize）滤镜

晶格化滤镜会将选区图像中颜色相近的像素和在冰岛单色的多边形单元格中的图像简化成由色块组成的类似拼贴图的效果。在参数中，单元格大小的值用来调整结块单元格的尺寸，范围是 3 到 300。值越大，单元格的尺寸越大，图像简化程度越明显。图 8.15 是运用此滤镜前后的不同效果。

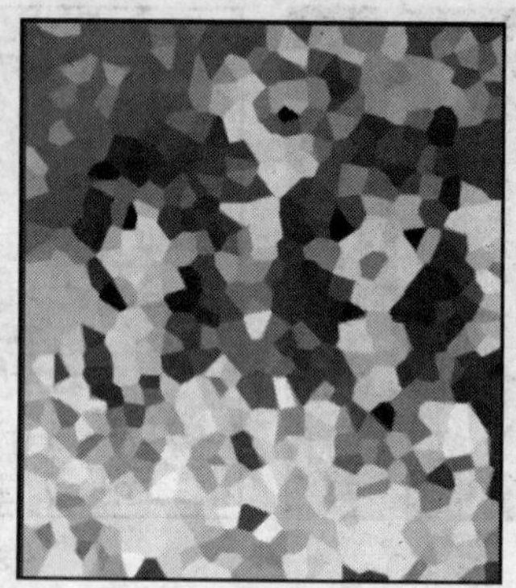

图 8.15

5．碎片（Fragment）滤镜

碎片滤镜是从图像创建四个相互偏移的副本，进行平均和位移等操作，产生类似重影的效果。

6．铜版雕刻（Mezzotint）滤镜

铜版雕刻滤镜根据所选模式的不同，会将灰度图像转换为黑白区域的随机图案，或将彩色图像转换为全饱和颜色的随机图案。它共有 10 种可选择的模式，分别为“精细点”、“中等点”、“粒状点”、“粗网点”、“短线”、“中长直线”、“长线”、“短描边”、“中长描边”和“长边”。

7．马赛克（Mosaic）滤镜

马赛克滤镜会将选区内图像颜色相近的像素合并在方块区域内，产生马赛克块效果。参数单元格大小用来调整色块的尺寸，范围在 2～64 平方像素之间，值越大，马赛克的尺寸越大。

8.1.5 “渲染效果”滤镜组

渲染（Render）滤镜组使图像产生出三维映射云彩图像、折射图像和模拟光线反射等效果，还可以用灰度文件创建纹理进行填充。共包含 6 种滤镜。

1．3D 变换（3D Transform）滤镜

3D 变换滤镜可以创建立方体、球体、圆柱体等几何体，也可把平面图像铺设在立体物的表面制作三维变换效果。此滤镜不能应用于 CMYK 和 Lab 模式的图像。

2．分层云彩（Difference Clouds）滤镜

分层云彩滤镜使用随机生成的介于前景色与背景色之间的值来生成云彩图案，产生类似

于负片的效果。此滤镜和云彩滤镜的区别是该滤镜产生的云彩图案和图像已有的图像以差值模式混合，产生一种特殊的混合效果。不能应用于 Lab 模式的图像。

3．光照效果（Lighting Effects）滤镜

光照效果滤镜可以通过选择不同光源、光照类型和光线等的属性，来为图像添加不同的光线效果。此滤镜不能应用于灰度、CMYK 和 Lab 模式的图像。此滤镜自带 17 种灯光样式，灯光类型有三种可供选择（即“点光”、“平行光”和“全光源”）。此滤镜功能比较强大，图 8.16 是运用此滤镜前后的不同效果。

图 8.16

4．镜头光晕（Lens Flare）滤镜

镜头光晕滤镜模拟亮光照射到相机镜头所产生的光晕效果，通过单击图像缩览图来改变光晕中心的位置。此滤镜不能应用于灰度、CMYK 和 Lab 模式的图像。在参数设置对话框中，可在“光晕中心”框中拖移十字线来指定光源的位置；调节“亮度”值来控制光晕的强度，值越高，光线越强烈。图 8.17 是运用此滤镜前后的不同效果。

图 8.17

5．纹理填充（Texture Fill）滤镜

纹理填充滤镜会在图像选区中填充灰度模式的纹理图案，如果在图像的 Alpha 通道中应用，则会将纹理填充到 Alpha 通道中，此后应用光照效果滤镜时将 Alpha 通道的纹理填充到光照范围。

6．云彩（Clouds）滤镜

云彩滤镜使用介于前景色和背景色之间的随机值生成柔和的云彩效果，如果按住【Alt】键使用云彩滤镜，将会生成色彩相对分明的云彩效果。

8.1.6　“素描”滤镜组

素描（Sketch）滤镜组用于创建手绘图像的效果，简化图像的色彩。共有 14 个滤镜。此类滤镜不能应用在 CMYK 和 Lab 模式下。

1．炭精笔（Conte Crayon）滤镜

炭精笔滤镜用前景色描绘图像中的暗部区，用背景色描绘亮部区，从而产生不同的纹理，用来模拟炭精笔的纹理效果。图 8.18 是运用此滤镜前后的不同效果。

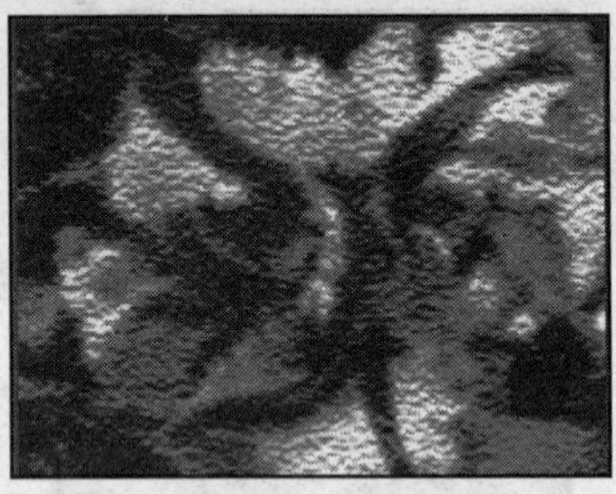

图 8.18

2．半调图案（Halftone Pattern）滤镜

半调图案滤镜用前景色和背景色两种颜色，模拟半调网屏的效果，且保持连续的色调范围。可以在图案类型中选择“圆圈”、“网点”和“直线”三种图案类型。

3．便条纸（Note Paper）滤镜

便条纸滤镜用前景色描绘图像中的暗部区，用背景色描绘亮部区，通过简化图像，在图像中添加颗粒来模仿在手工制成的粗糙纸张上绘制的凹陷浮雕的效果。与颗粒滤镜和浮雕滤镜先后作用于图像所产生的效果类似。

4．粉笔和炭笔（Chalk & Charcoal）滤镜

粉笔和炭笔滤镜创建类似炭笔素描的效果。粉笔绘制图像背景，炭笔线条勾画暗区。粉笔绘制区应用背景色，炭笔绘制区应用前景色。

5．铬黄（Chrome）滤镜

铬黄滤镜将图像处理成银质的铬黄表面效果。亮部为高反射点，暗部为低反射点。图 8.19 是运用此滤镜前后的不同效果。

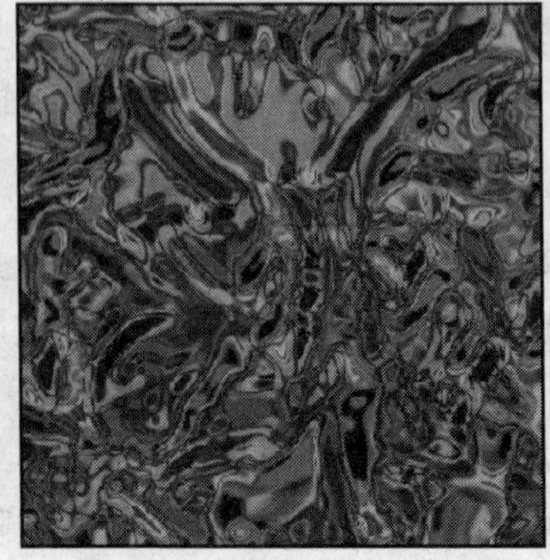

图 8.19

6．绘图笔（Graphic Pen）滤镜

绘图笔滤镜用精细的前景色线条绘制图像的细节，用背景色作为纸张的颜色，使图像产生出手绘素描的效果。其描边方向参数是油墨线条的走向，包含“右对角线”、“左对角线”、“水平”、“垂直”4 个线条走向。

7．基底凸现（Bas Relief）滤镜

基底凸现滤镜通过变换图像，使之呈浮雕和突出光照共同作用下的效果。图像的暗区使用前景色替换，浅色部分使用背景色替换。图 8.20 是运用此滤镜前后的不同效果。

图 8.20

8．水彩画纸（Water Paper）滤镜

水彩画纸滤镜和本组其他滤镜的区别就是图像不受前景色和背景色的影响，在保持图像滋生颜色的前提下，会添加类似纸张纤维的纹理，使图像看似绘制在潮湿的纤维纸上，产生颜料浸湿扩散的效果。

9．撕边（Torn Edges）滤镜

撕边滤镜能重建图像，使之呈现撕破的纸片状，用前景色和背景色对图像着色。对比度参数用来控制撕边效果中前景与背景色的反差，值越大，撕边效果越强烈。

10．塑料效果（Plaster）滤镜

塑料滤镜模拟塑料浮雕效果，使用前景色和背景色为结果图像着色。暗区凸起，亮区凹陷。图 8.21 是运用此滤镜前后的不同效果。

图 8.21

11．炭笔（Charcoal）滤镜

炭笔滤镜使用前景色以粗线条简化描绘图像的暗部区，用对角线描绘图像的中间调区，

用背景色替代图像亮部区，从而产生炭笔绘画的效果。

12．图章（Stamp）滤镜

图章滤镜用前景色简化显示图像的边缘及暗部区，其他区用背景色显示，使之呈现图章盖印的效果。此滤镜用于黑白图像时效果最佳。图 8.22 是运用此滤镜前后的不同效果。

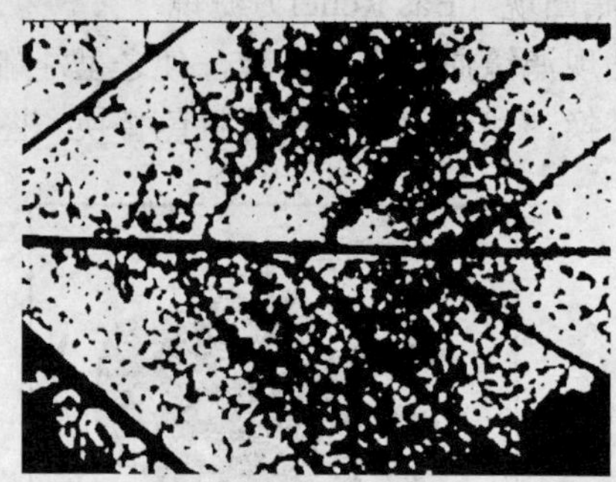

图 8.22

13．网状（Reticulation）滤镜

网状滤镜用前景色描绘图像中的暗部区，用背景色显示亮部区，向图像添加这两种颜色的颗粒来产生网状效果，使图像的暗调区域结块，高光区域好像被轻微颗粒化。

14．影印（Photocopy）滤镜

影印滤镜模拟影印图像效果，暗区趋向于边缘的描绘，中间色调为纯白或纯黑色。

8.1.7 "风格化"滤镜组

风格化（Stylize）滤镜组主要作用于图像的像素，可以强化图像的色彩边界，图像的对比度对此类滤镜的影响较大。风格化滤镜组最终能够营造出的是一种印象派的图像效果。该组共包含 9 种风格化滤镜。

1．查找边缘（Find Edges）滤镜

查找边缘滤镜会自动查找选区图像中明显过渡的区域并强化边缘像素，将高反差区域用深色线条勾画，低反差用两色表示，得到选区的图像轮廓。图 8.23 是运用此滤镜前后的不同效果。

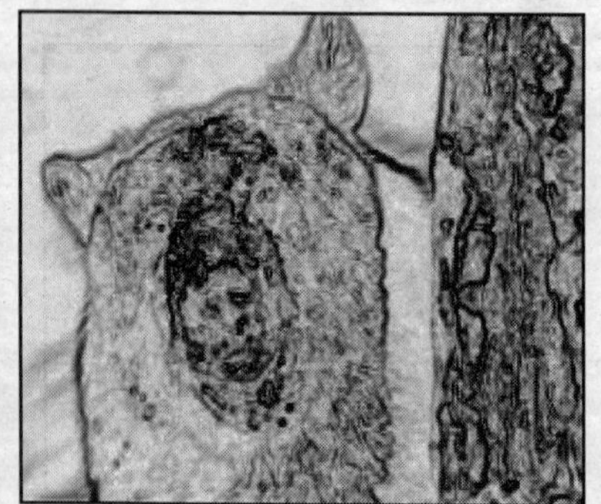

图 8.23

2．等高线（Trace Contour）滤镜

等高线滤镜类似于查找边缘滤镜的效果，但允许指定过渡区域的色调水平，主要作用是

勾画图像的色阶范围。图 8.24 是运用此滤镜前后的不同效果。

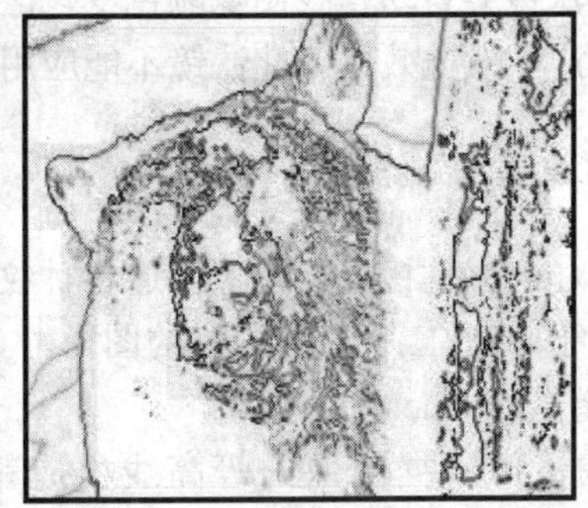

图 8.24

3．风（Wind）滤镜

风滤镜在图像中色彩相差较大的边界上增加细小的水平短线来模拟风的效果。其调节参数是三种强度的风效：“风”代表细腻的微风效果；“大风”代表比“风”效果要强烈，图像改变很大；“飓风”代表最强烈的风效果，图像已发生变形。

4．浮雕效果（Emboss）滤镜

浮雕效果滤镜通过将选区图像的填充颜色转换为灰色，并用原填充色勾画边缘，使选区显得凸出或凹陷，产生浮雕的效果。图像对比度越大的图像，浮雕的效果越明显。

5．扩散（Diffuse）滤镜

扩散滤镜会使图像的像素随机替换，产生模糊聚焦的效果，好像透过磨砂玻璃观看图像的效果。在参数对话框中，根据所选模式的不同，随机替换的方式也不同。选择“正常”会在图像亮度保持不变的前提下随机替换像素，使图像的色彩边界产生毛边的效果。

6．拼贴（Tiles）滤镜

拼贴效果滤镜将图像按指定的值分裂为若干个正方形的拼贴图块，按设置的位移百分比的值进行随机偏移，产生类似瓷砖拼成图像的效果。

7．曝光过度（Solarize）滤镜

曝光过度滤镜使图像产生出与原图像的反相进行混合后的效果，模仿暗室制作的中途曝光的图像效果。此滤镜不能应用在 Lab 模式下。

8．凸出（Extrude）滤镜

凸出滤镜将图像分割为指定的三维立方块或棱锥体，从而使图像具有单位立体效果。此滤镜不能应用在 Lab 模式下。图 8.25 是运用此滤镜前后的不同效果。

图 8.25

9．照亮边缘（Glowing Edges）滤镜

照亮边缘滤镜会自动查找图像颜色变化区域，强调颜色过渡区，添加类似霓虹灯的亮光来使图像边缘产生发光效果。此滤镜不能应用在 Lab、CMYK 和灰度模式下。

8.1.8 “纹理化”滤镜组

纹理（Texture）滤镜组为图像创造各种纹理材质的感觉，共包含 6 种滤镜。此组滤镜大部分不能应用于 CMYK 和 Lab 模式的图像。

1．龟裂缝（Craquelure）滤镜

龟裂缝滤镜可根据图像的等高线生成精细的纹理，应用此纹理使图像产生浮雕的效果。

2．颗粒（Grain）滤镜

颗粒滤镜通过模拟不同的颗粒（常规、软化、喷洒、结块、强反差、扩大、点刻、水平、垂直和斑点）纹理添加到图像的效果。

3．马赛克拼贴（Mosaic Tiles）滤镜

马赛克拼贴滤镜将图像划分为有缝隙的小图块，使图像看起来是由方型的拼贴块组成，使图像呈现出浮雕效果。图 8.26 是运用此滤镜前后的不同效果。

图 8.26

4．拼缀图（Patchwork）滤镜

拼缀图滤镜将图像分解，产生出由若干方型图块组成的效果，图块的颜色由该区域的主色决定。类似于瓷砖拼贴的建筑墙面效果。

5．染色玻璃（Stained Glass）滤镜

染色玻璃滤镜将图像划分为不规则的相邻色块，灭革色块的颜色用该区域像素的平均色填充，并且色块四周用当前前景色描边，使图像看起来像由不规则玻璃格组成的效果。图 8.27 是运用此滤镜前后的不同效果。

6．纹理化（Texturizer）滤镜

纹理化滤镜可对图像直接应用自己选择的纹理。在纹理参数中可以从砖形、粗麻布、画布和砂岩中选择一种纹理，也可以载入其他的已创建的 Psd 格式的纹理。

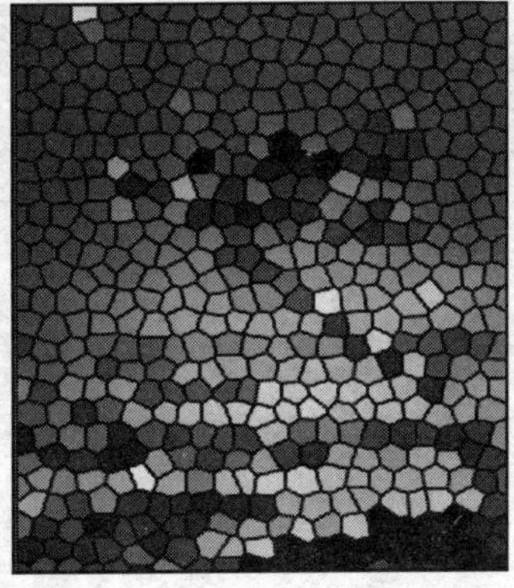

图 8.27

8.1.9　实训案例

实训案例 1：制作一个带有玻璃扭曲效果的球面图案。

本实训案例的具体步骤如下。

（1）在工作区创建一个 300×300 像素、白色背景、RGB 模式的图像文件，然后单击图层面板下方的创建新图层按钮，创建一个新的图层。

（2）选择工具箱中的渐变工具，在属性工具栏上将渐变样式设置为前景色到背景色，然后按下径向渐变按钮。

（3）在新建的图层上按住并拖动鼠标创建渐变效果。如图 8.28 所示。

（4）从“滤镜”菜单中选择“扭曲”子菜单中的“玻璃”命令，设置扭曲度为 15，平滑度为 3，缩放为 10%，应用后效果如图 8.29 所示。

图 8.28

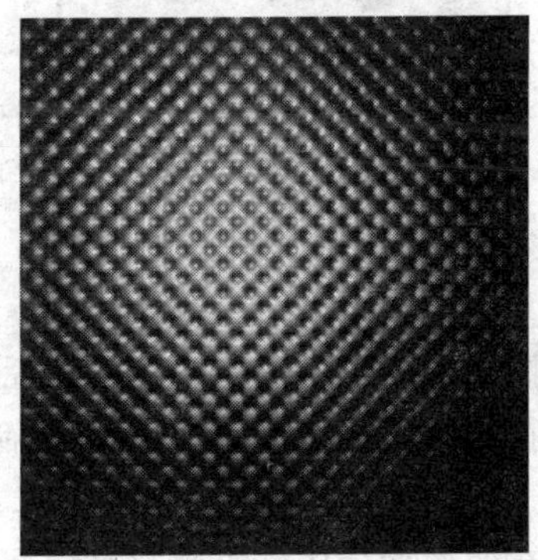

图 8.29

（5）选择椭圆工具箱中的椭圆选框工具，在工作区按住【Shift】键并拖动鼠标创建一个圆形选定范围。

（6）按快捷键【Ctrl】+【Shift】+【I】反选选定范围，然后按【Del】键删除周围的区域。如图 8.30 所示。

（7）再次按快捷键【Ctrl】+【Shift】+【I】反选选定范围，然后从“图像”菜单选择“调整”子菜单中的“色阶”命令，参数设置及应用效果如图 8.31 所示。

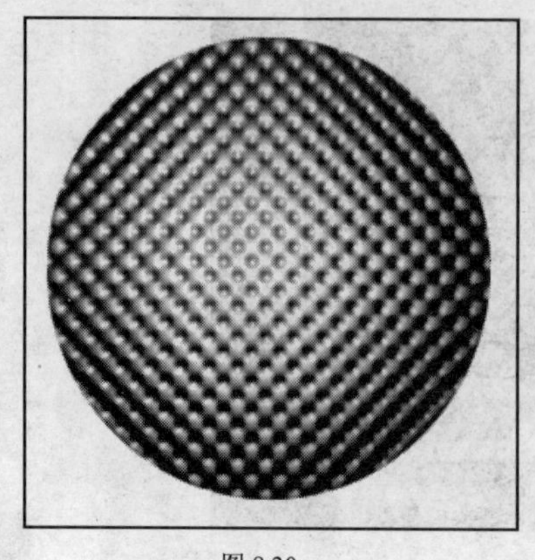

图 8.30

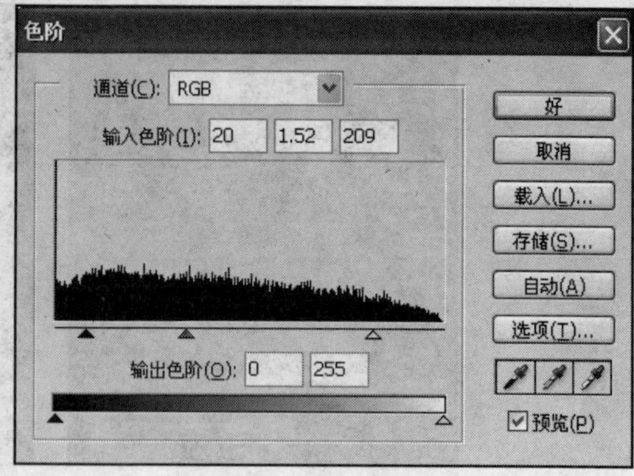

图 8.31

（8）按快捷键【Ctrl】+【D】取消选定范围，从“图层”菜单选择“图层样式”子菜单中的“投影”命令，添加阴影效果。

（9）从“图层”菜单选择“图层样式”子菜单中的“创建图层”命令，将阴影分离为单独的图层。如图 8.32 所示。

（10）在图层面板上选择阴影所在的图层，然后从“编辑”菜单选择“变换”子菜单中的“扭曲”命令，创建倾斜的阴影效果，如图 8.33 所示。

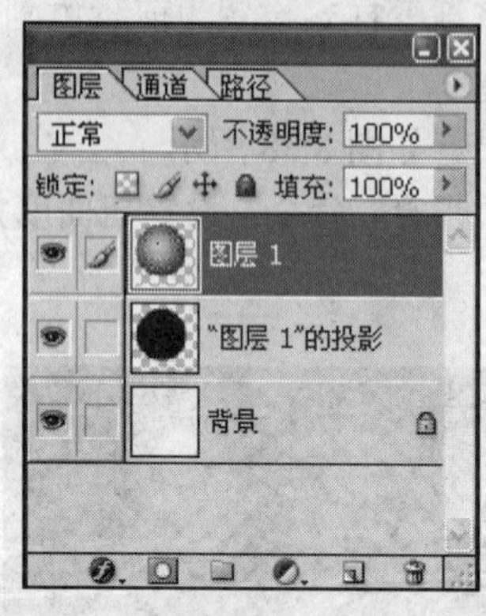

图 8.32

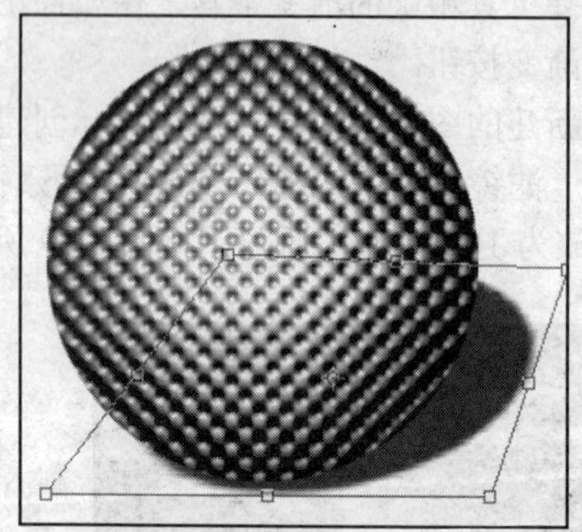

图 8.33

（11）按回车键确认变形操作，然后从“滤镜”菜单选择“模糊”子菜单中的“高斯模糊”命令，使阴影变得柔和。

（12）在图层面板中选择球体所在的图层，然后按住【Ctrl】键单击图层，载入选定范围。

（13）从“滤镜”菜单选择“扭曲”子菜单中的“球面化”命令，设置数量为 100，得到最终的效果如图 8.34 所示。

图 8.34

实训实例 2：在“火焰”文字上，制作一幅具有燃烧效果的图案。

本实训案例的具体步骤如下。

（1）在工作区创建一个 400×300 像素、白色背景 RGB 模式的图像文件，然后单击图层面板下方的创建新图层按钮，创建一个新的图层。

（2）单击工具箱中的文字工具，选择横排文字蒙版工具，单击鼠标，在图像上输入“火焰”二字。

（3）设置字体为华文行楷，字号 150，设置完毕单击属性工具栏上的对号按钮提交，然后将文字选区移动到合适的位置。如图 8.35 所示。

（4）从“窗口”菜单中选择“显示通道”命令，单击通道面板下面的“将选区存储为通道”按钮，建立通道 Alpha1。将 Alpha1 通道拖动到通道面板的“创建新通道”按钮上复制一个通道。

（5）按【Ctrl】+【D】取消选择区域，从“编辑”菜单选择“变换”子菜单中的“旋转 90 度（顺时针）”命令。

（6）从“滤镜”菜单选择“风格化”子菜单中的“风”命令，设置方法为风，方向从左。

（7）按【Ctrl】+【F】，加强滤镜效果。效果如图 8.36 所示。

图 8.35

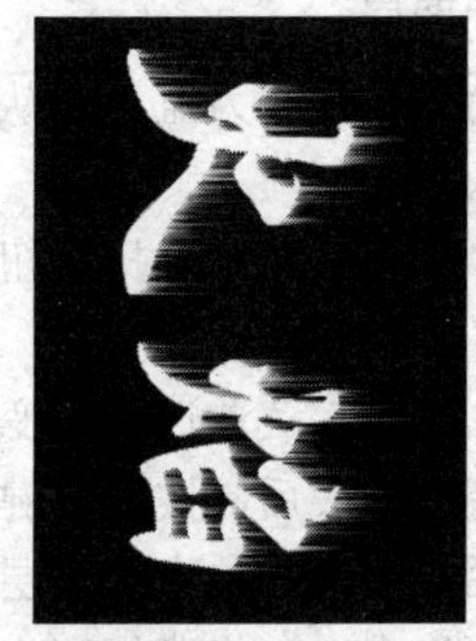

图 8.36

（8）从“滤镜”菜单选择“扭曲”子菜单中的“波纹”命令，波纹数量为 100%，大小为中，添加波纹后效果如图 8.37 所示。

（9）从“编辑”菜单选择“变换”子菜单中的“旋转 90 度（逆时针）”命令，将文字回复到原先的位置。

（10）按住【Ctrl】键单击 Alpha1 副本通道制作选择区域，如图 8.38 所示。切换到图层面板，激活“图层 1”。

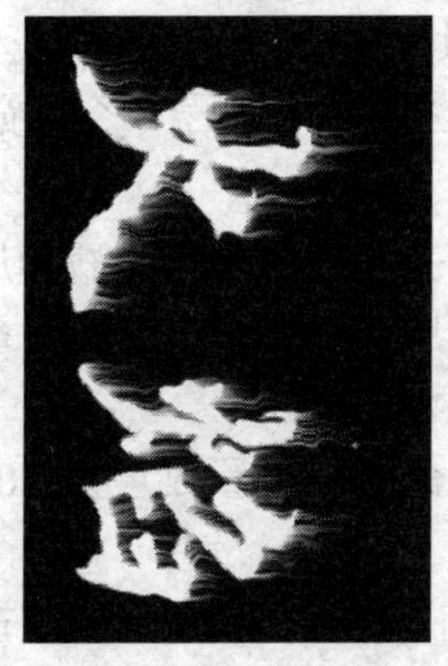

图 8.37

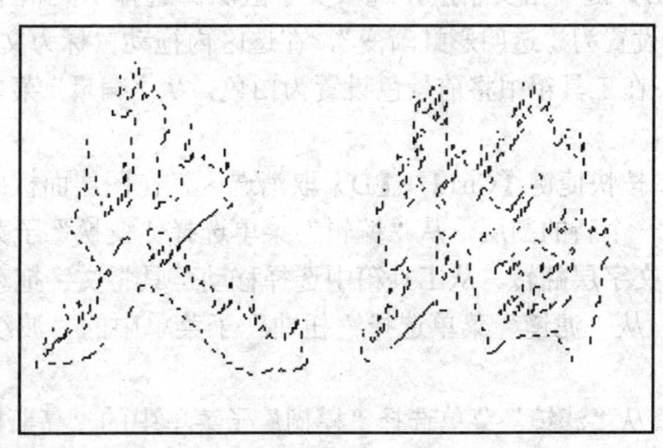

图 8.38

（11）选择工具箱中的渐变工具，单击属性工具栏上的渐变色彩方框，在弹出的对话框中选择“前景色到背景色”。

（12）单击左侧的色标，设置为红色，右侧的色标设置为灰色，中间添加一个色标，设置为黄色，在名称文本框中输入新名称“火焰”，单击“新建”按钮将创建的渐变添加到渐变列表中。

（13）设置完毕后，单击“好”按钮，选择线性渐变，用鼠标在选区拖曳。

（14）将前景色设置为黑色，从“编辑”菜单选择“描边”命令，得到最终效果如图 8.39 所示。

图 8.39

实训案例 3：制作一幅具有倒影效果的文字图案。

本实训案例的具体步骤如下。

（1）按快捷键【Ctrl】+【N】建立一个新文件，然后在图层面板中单击创建新图层按钮，创建一个新的图层。

（2）将前景色设置为蓝色，从“滤镜”菜单选择“渲染”子菜单中的“云彩”命令，制作出蓝天白云。

（3）从“滤镜”菜单选择“扭曲”子菜单中的“海洋波纹”命令，制作波纹效果。设置波纹大小为 5，幅度为 18。

（4）从“编辑”菜单选择“变换”子菜单中的“扭曲”命令，使波纹变形，产生近大远小的效果。调整完成后，按回车键确认。

（5）在图层面板中单击背景层使之成为当前层，从“滤镜”菜单再次选择“渲染”子菜单中的“云彩”命令，将背景变为蓝天白云。

（6）在图层面板中单击水波纹图层，使之成为当前层。从工具箱中选取矩形选框工具，在水波的上边缘画出选区，从“选择”菜单中选择“羽化”命令，将羽化半径设置为 30 像素。

（7）按三次【Del】键，将水波的边缘与蓝天融合，按快捷键【Ctrl】+【D】取消选择范围。

（8）从工具箱中选择文字工具，在图像中键入文字“倒影”。

（9）从“图层”菜单选择“栅格化”子菜单中的“文字”命令，将文字层变为普通层。按住【Ctrl】键单击文字层，选中文字区域。选择工具箱中的渐变工具，在属性工具栏上将渐变样式设置为“透明彩虹渐变”，在选区内拖动鼠标为文字上色。

（10）在工具箱中将前景色设置为白色，从“编辑”菜单选择“描边”子命令，宽度为 1，居外描边。

（11）按快捷键【Ctrl】+【D】取消选区，在图层面板中将文字拖到“创建新图层”按钮上，复制一个新的图层，从“编辑”菜单选择“变换”子菜单中的“垂直反翻转”命令，使新复制的文字层翻转。从工具箱中选择移动工具将文字拖动到水中。

（12）从“滤镜”菜单选择“扭曲”子菜单中的“波纹”命令，设置数量为 200，大小为中。

（13）从“滤镜”菜单选择“模糊”子菜单中的“高斯模糊”命令，使倒影文字产生模糊效果。

（14）从“编辑”菜单选择“变换”子菜单中的“扭曲”命令，使倒影产生近大远小的效果，并调整文字的位置，得到最终效果如图 8.40 所示。

图 8.40

实训案例 4：制作“南孚”电池图案。

本实训案例的具体步骤如下。

（1）新建一个白色背景的 RGB 模式图像文件，新建图层后，根据所画电池的展开比例画一个矩形，填充黑色。再画出一个与黑底同宽的选区，分上下两部分。

（2）选择渐变工具，“渐变编辑器”对话框如图 8.41 所示，水平方向画出金属部分，然后取消选区。渐变填充后效果如图 8.42 所示。

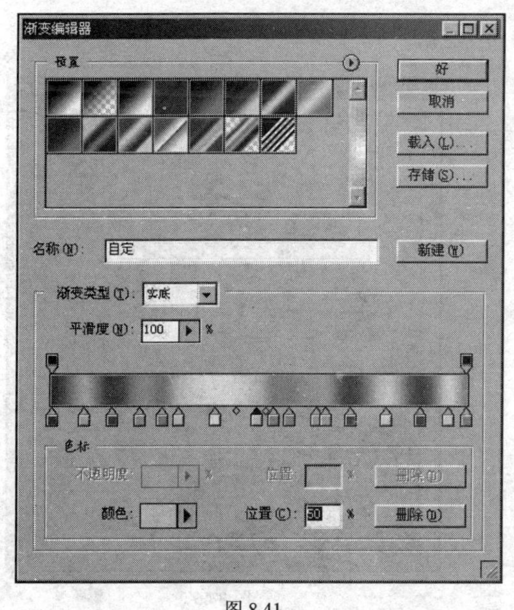

图 8.41

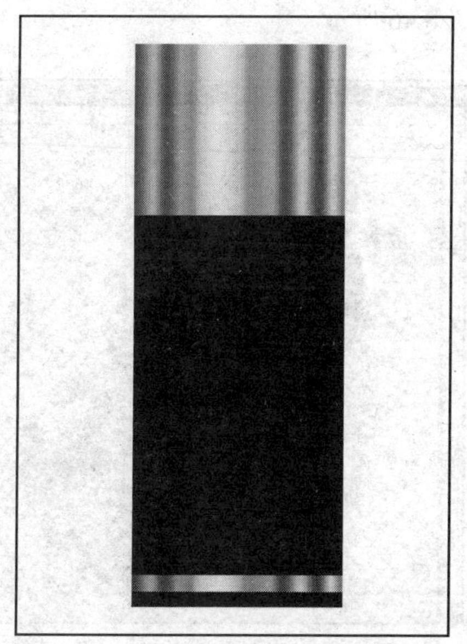

图 8.42

（3）把需要的文字、图案（已经在 Photoshop 里画好的，具体不展开）放在相应位置，用路径勾出白色装饰条，去掉多余的金属部分。关闭背景层右边的眼睛图标，执行【Ctrl】+【A】

命令。全选后，按【Ctrl】+【Shift】+【C】命令合并拷贝，效果如图 8.43 所示。

（4）按【Ctrl】+【V】命令粘贴，关闭其他图层眼睛。选择渲染菜单下的“3D 变换”命令，选择圆柱型 3D 变换，在垂直方向改变角度，移动到适当位置。如图 8.44 所示。

图 8.43

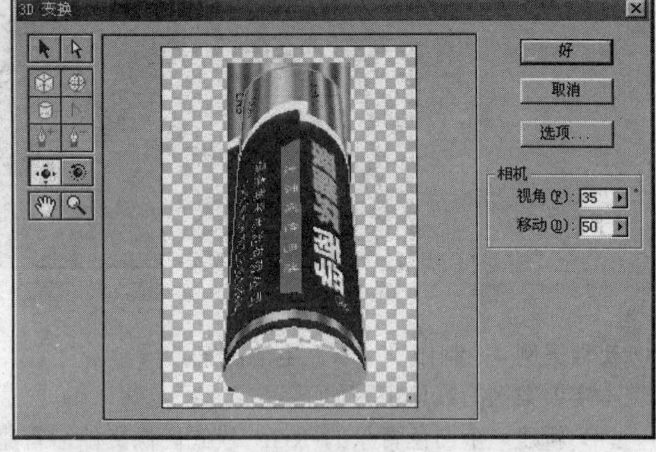

图 8.44

（5）利用钢笔工具勾出变换后的电池轮廓，删除多余部分，按【Ctrl】+【T】命令自由变换至需要的角度和位置。如图 8.45 所示。为画电池底部，新建图层，画一个圆，填充灰色，如图 8.46 所示。

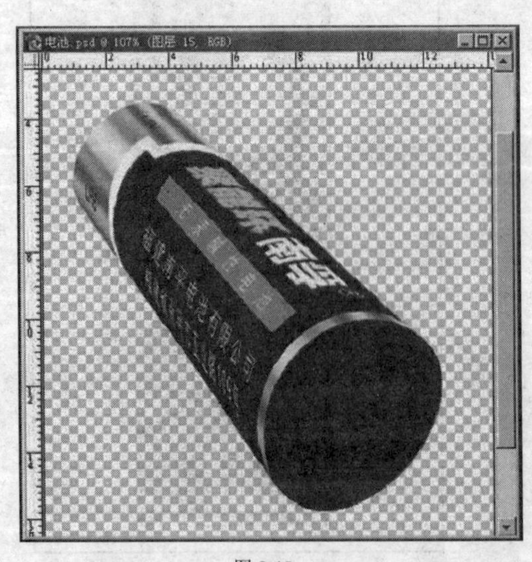

图 8.45

图 8.46

（6）再新建图层，画一个圆形选区，羽化 1～2 像素，并填充灰色。用喷枪、加深工具、减淡工具分别在这两层上画出明暗，并适当模糊。如图 8.47 所示。

（7）合并这两个图层，添加杂色。加底部压字，边缘做得不要太光滑。填充白色，图层透明度改为 30%。如图 8.48 所示。

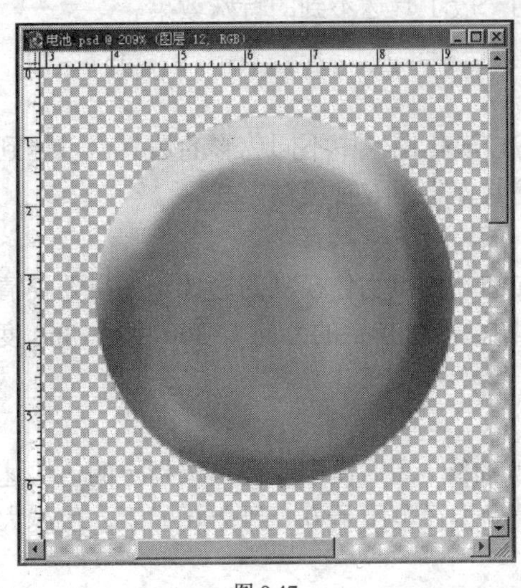

图 8.47

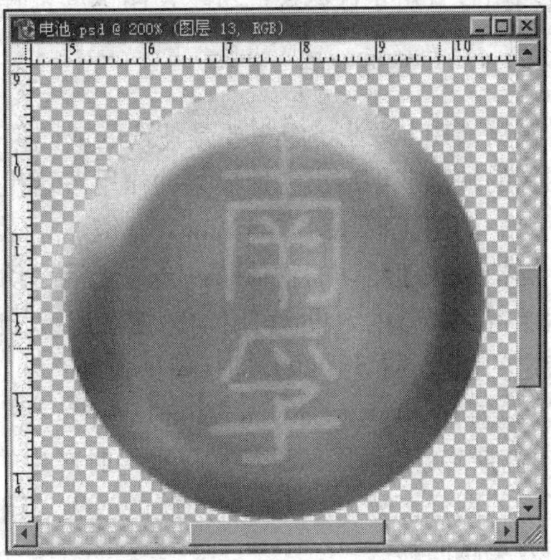

图 8.48

（8）新建图层，画红色的“聚能圈”，使其与电池底部图层对齐，并加杂点。如图 8.49 所示。

（9）用路径工具补足因 3D 变换造成的底部不足的黑色区域，合并电池底部的所有图层，按【Ctrl】+【T】命令进行自由变换，使其适合电池底部。加高光、反光部分，完成后效果如图 8.50 所示。

图 8.49

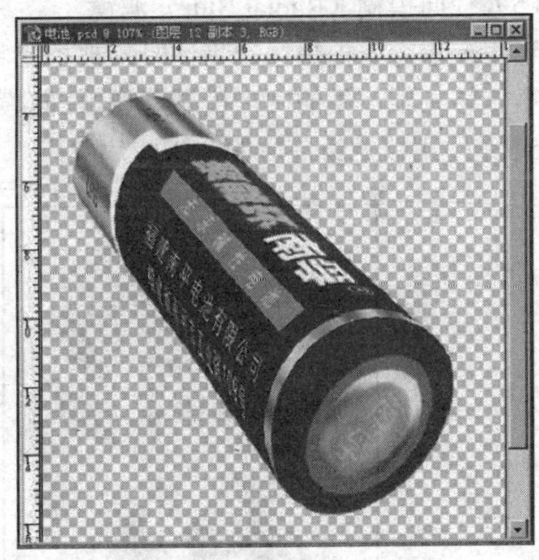

图 8.50

8.2　校正性滤镜效果

校正性滤镜主要用来对图像进行一些校正与修饰，包括改变图像的焦距、颜色深度，以及对图像进行柔化等。这类滤镜的数量较少，主要集中在模糊、锐化与杂色滤镜中。与破坏性滤镜相比，校正滤镜对图像的改变比较轻微，有时甚至不容易观察出来，但结合其他工具综合运用各种矫正性滤镜，可以使图像产生各种用一般工具达不到的特殊效果。

8.2.1 “模糊效果”滤镜

模糊（Blur）滤镜组主要是使选区或图像柔和，淡化图像中不同色彩的边界，以达到掩盖图像的缺陷或创造出特殊效果的作用。这组滤镜共提供了 6 种模糊方式。

（1）动感模糊（Motion Blur）滤镜

当拍摄快速运动的物体时，会得到沿运动方向的被拍摄物体模糊的影像。如果要使清晰的图像得到类似的效果，可用动感模糊滤镜。它对图像沿着指定的方向（–360 度至+360 度），以指定的强度（1 至 999）进行模糊。

（2）高斯模糊（Gaussian Blur）滤镜

“高斯”是指对图像进行加权平均时产生的铃状曲线。高斯模糊滤镜是按指定的值快速模糊选中的图像部分，产生一种朦胧的效果。调节模糊半径范围是 0.1 到 250 像素，值越大，模糊效果越明显。

（3）模糊（Blur）滤镜

模糊滤镜能产生轻微模糊效果，消除图像中的杂色，即通过对相邻像素值进行平均运算，来产生平滑的过度，从而使图像产生模糊柔化的效果。如果只应用一次效果不明显时，可重复应用。

（4）进一步模糊（Blur More）滤镜

进一步模糊滤镜和模糊滤镜的功能相同，只是产生的模糊效果为模糊滤镜效果的 3 至 4 倍。

（5）径向模糊（Radial Blur）滤镜

当用变焦方式拍摄运动物体时，被拍摄物体四周会产生放射状模糊影像，或在曝光过程中轻微旋转相纸产生的圆形模糊影像。径向模糊滤镜就是模拟移动或旋转的相机产生的模糊。图 8.51 是运用该滤镜前后的两张图片效果。

图 8.51

（6）特殊模糊（Smart Blur）滤镜

特殊模糊可以自动查找图像的边缘，只模糊相近的像素，而边缘不受影响。可以产生多种模糊效果，使图像的层次感减弱。

8.2.2　“杂色效果”滤镜

杂色（Noise）是指随机分布色阶的像素，其特征类似于声音中的噪音。杂色滤镜组共包含 4 个滤镜。

（1）蒙尘与划痕（Dust&Scratches）滤镜

蒙尘与划痕滤镜可以捕捉图像或选区中相异的像素，并将其融入到周围的图像中去。该滤镜特别适合去除图像中较大的斑点和痕迹。其主要调节参数为半径与阀值。如果想不降低图片的质量，最好选择含有斑点的小块区域，然后执行该滤镜时选择合适的半径和阈值。

（2）去斑（Despeckle）滤镜

去斑滤镜会自动检测图像边缘颜色变化较大的区域，通过模糊除去边缘以外的其他部分，起到消除杂色的作用，但又不损失图像的细节。该滤镜适合去除扫描图像时产生的网纹和蒙尘。

（3）添加杂色（Add Noise）滤镜

添加杂色滤镜可在图像中产生随机像素点，使图像有一种粗糙颗粒效果。其调节参数为数量，可选择平均分布高斯分布单色等。

（4）中间值（Median）滤镜

中间值滤镜通过查找选区中半径值范围内的相同亮度的像素，去掉与邻近像素亮度差别大的像素，用查找到的像素的中间值替换中心像素，通过混合像素的亮度来减少杂色。图 8.52 是运用该滤镜前后的两张图片效果。

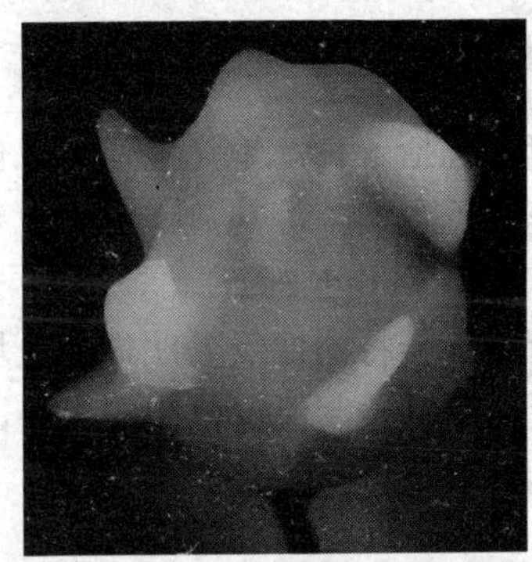

图 8.52

8.2.3　“锐化效果”滤镜

锐化（Sharpen）滤镜组是通过增加相邻像素的对比度来使模糊图像变得清晰。该组共包含 4 个滤镜。

（1）USM 锐化（Unsharp Mask）滤镜

USM 锐化滤镜可以手动调整图像的边缘对比度，从而会在边缘的两侧产生出更亮和更暗的线条，使图像更加清晰。参数中的阈值是指定相邻像素之间的比较值。当阈值设置为低值时，具有较小对比度的边缘也会被强调；阈值过高时，只会强调图像中已经明显差异的边缘。图 8.53 是运用滤镜前与后的图像效果。

图 8.53

（2）锐化（Sharpen）滤镜

锐化滤镜是通过提高图像选区中像素之间的对比度，达到图像清晰的目的，产生简单的锐化效果。

（3）进一步锐化（Sharpen More）滤镜

进一步锐化滤镜和锐化滤镜的功能一样，只是它比锐化滤镜效果更加明显。这两种滤镜使图像中的所有像素对比度加大。注意，如果使用过度，图像中会产生颗粒，使图像质量下降。

（4）锐化边缘（Sharpen Edges）滤镜

锐化边缘滤镜与锐化滤镜的效果相同，但它只是锐化图像的边缘，图像大部分的细节保留。

8.2.4 其他滤镜

其他滤镜组共包括 5 种滤镜，它们可以创建自定义的滤镜、修改蒙版、在图像内移位选区以及进行快速的色彩调整等功能。

（1）高反差保留（High Pass）滤镜

高反差保留滤镜会将图像反差明显的区域内的边缘细节保留，而将图像的其他部分隐藏。调节参数有半径，用以控制保留范围的大小，值越大，保留原图的边缘细节越多。图 8.54 是运用滤镜前与后的效果。

图 8.54

（2）位移（Offset）滤镜

位移滤镜会按照输入的值在水平和垂直方向上移动图像。其调节参数有水平位移值，用来控制水平向右移动的距离；垂直位移值，用来控制垂直向下移动的距离。它们的范围都在–30000～30000 像素之间。

（3）自定义（Custum）滤镜

自定义滤镜可以根据预定义的数学运算更改图像中每个像素的亮度值，可以模拟出锐化、模糊或浮雕的效果，可以将设置的参数存储起来以备日后调用。参数设置对话框中，中心文本框里的数字，用来控制当前像素亮度增加的倍数，范围为–999～999。中心的文本框代表目标像素，其他的代表周围相应的像素。图像中的像素亮度值会以其周围的像素值为基础，依据周围文本框中输入的值，运算后重新得到新的亮度值。图像的整体色调改变后，产生模糊、浮雕等属于自己风格的滤镜效果。

（4）最大值（Maximum）滤镜

最大值滤镜对于修改蒙版非常有用，可以扩大图像的亮区和缩小图像的暗区。当前像素的亮度值将被所设定的半径范围内的像素的最大亮度值替换。通过调节半径，设定图像的亮区和暗区的边界半径。

（5）最小值（Minimum）滤镜

最小值滤镜的效果与最大值滤镜刚好相反，是扩大图像的暗区和缩小图像的亮区。

8.2.5　实训案例

实训案例 1：利用滤镜制作一幅具有动态模糊效果的“荷塘雨色”图案。

本实训案例的具体步骤如下。

（1）在 Photoshop 中打开需要处理的一张图像，将背景层拖到图层面板中的“创建新图层”按钮上，复制一个新的图层。

（2）从“滤镜”菜单选择“像素化”子菜单中的“点状化”命令，设置单元格大小为 3。

（3）从“图像”菜单选择“调整”子菜单中的“阈值”命令，在弹出的对话框中将“阈值色阶”设置为 255。

（4）设置完成，单击“好”按钮。

（5）在图层面板中将背景层的“混合模式”设置为“排除”。

（6）从“滤镜”菜单选择“模糊”子菜单中的“动感模糊”命令，设置角度为–45°，距离为 15 像素。

（7）从“滤镜”菜单选择“锐化”子菜单中的“USM 锐化”命令，设置其数量为 500%，半径为 1 像素。

（8）从“滤镜”菜单选择“模糊”子菜单中的“动感模糊”命令，设置角度为–45°，距离为 26 像素。得到最终的参考效果如图 8.55 所示，改变背景图像和滤镜参数可以做出不同的效果。

图 8.55

实训案例 2：制作一幅具有透明玻璃效果的主体酒杯图案。

本实训案例的具体步骤如下。

（1）新创建一个大小为 400×400 像素、白色背景 RGB 模式，分辨率 72 像素的文档。

（2）设置前景色为白色 RGB（255，255，255），背景色为黑色 RGB（0，0，0）。

（3）新建一个层 Layer1，执行“编辑”→“填充”命令，用白色前景色进行填充。

（4）选择菜单栏上“滤镜”→“杂色”→“添加杂色”命令，添加杂色，数量为 400。

（5）执行“滤镜”→“模糊”→“动态模糊”命令进行动态模糊，角度为 0 度，距离为 999 像素。如图 8.56 所示。

（6）执行“编辑”→“变换”→“顺时针旋转 90 度”命令。

（7）执行“滤镜”→“扭曲”→“旋转”命令，进行旋转扭曲，角度为 50，得到木纹的曲线。如图 8.57 所示。

图 8.56

图 8.57

（8）执行“图像”→“调整”→“色相/饱和度”命令，调整色相和饱和度。选中着色，设置参数为：色相为 0，饱和度为 100，明度为–75，按“确定”按钮，效果如图 8.58 所示。

图 8.58

（9）新建层 Layer2，按下键盘上的【X】键，切换到背景色，执行“编辑”→“填充”命令，用前景色进行填充。然后执行“滤镜”→“渲染”→“3D 变换”命令，进行 3D 变换。不选设置选项面板中“显示背景”前面的复选框。用圆柱工具画出一个圆筒，用增加锚点工具在圆筒的右边分别加入三个锚点。如图 8.59 所示。最后用轨迹球调整好角度，如图 8.60 所示，单击“OK”按钮。

（10）选择魔棒工具单击酒杯的黑色部分，得到酒杯的前部。如图 8.61 所示。

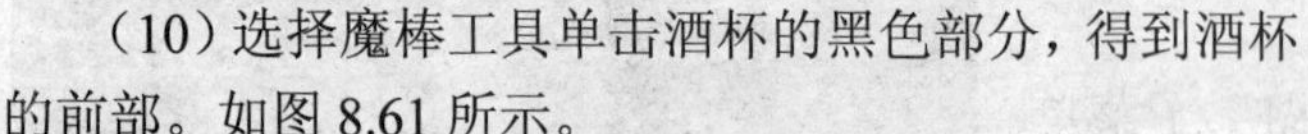

（11）关闭图层面板中 Layer2 左边的眼睛，单击 Layer1 层，执行“滤镜”→“模糊”→“高斯模糊”命令，进行高斯模糊，半径为 2.5。

（12）执行“滤镜”→“扭曲”→“水波”命令，设置水波效果，其中两个参数分别为 30 和 5。

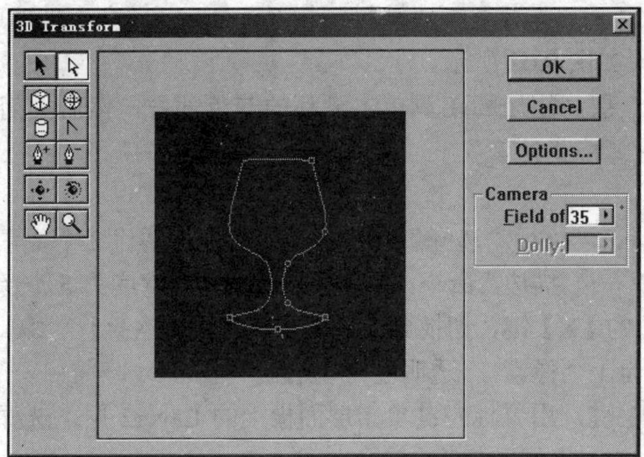

图 8.59

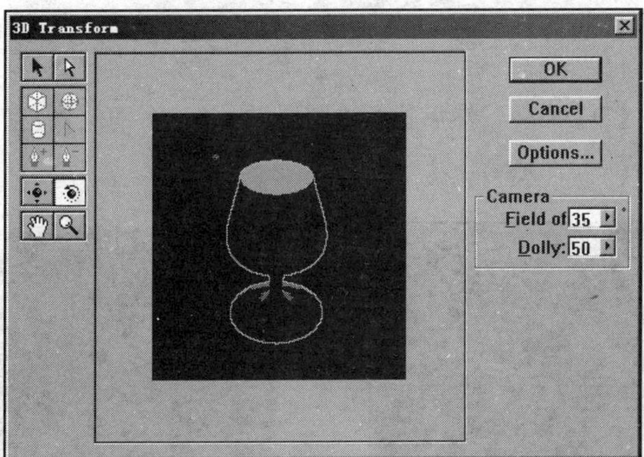

图 8.60

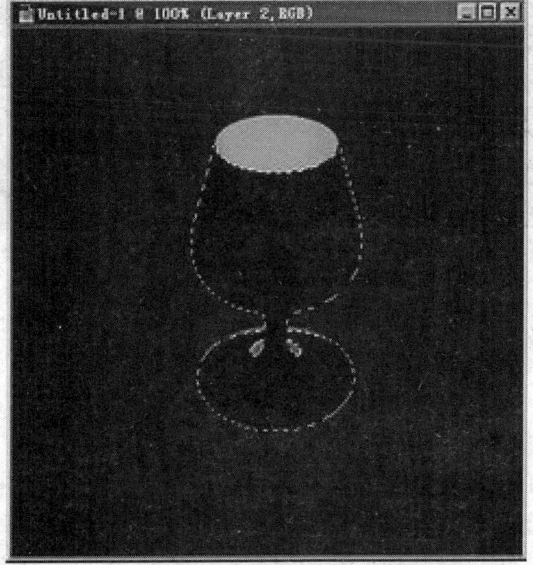

图 8.61

（13）执行“滤镜”→“艺术”→“塑料包装”命令，使其产生玻璃质地的效果，三个参数为 9、10、15。效果如图 8.62 所示。

（14）单击 Layer2 层，用魔棒工具单击酒杯的灰色部份，然后关闭 Layer2 层的眼睛，单击 Layer1 层，执行滤境“滤镜”→“模糊”→“高斯模糊”命令，进行高斯模糊，半径设为 2.0。

（15）新建层 Layer3，执行“选择”→“羽化”命令，羽化 3 个像素。

（16）执行“编辑”→“描边”命令，用黑色进行描边，宽度为 5 个像素，透明度为 40%。

（17）按下键盘上的【X】键，切换到白色前景色，再一次执行“编辑”→“描边”命令，进行描边，其宽度设为 1 个像素， 透明度为 40%。

（18）按住【Ctrl】键，用鼠标左键单击层面板上的 Layer2 层，选择 Layer2 层上的像素范围。

（19）新建一个层 Layer4，执行“选择”→“羽化”命令，羽化 3 个像素。

（20）接着执行“编辑”→“描边”命令，用白色的前景色进行描边，宽度为 3 个像素。

（21）按【Ctrl】+【D】命令，然后执行“图层”→“合并可见图层”命令，合并可见层，完成后如图 8.63 所示。

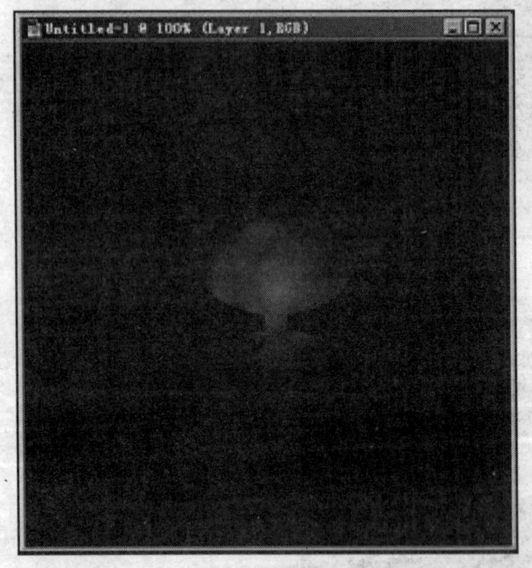

图 8.62

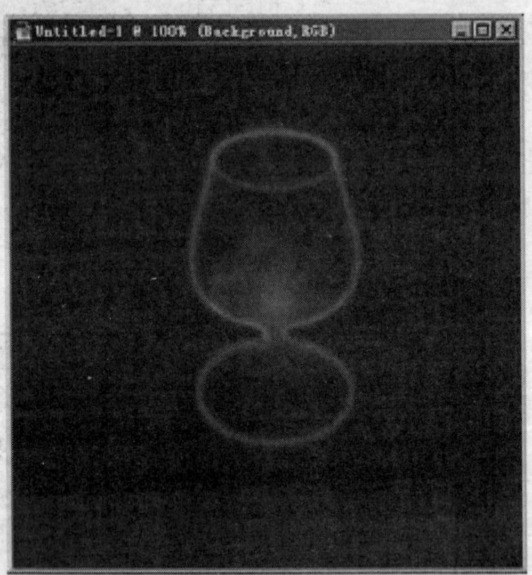

图 8.63

8.3 外挂滤镜效果

虽然 Photoshop 有 100 多种效果各异的滤镜，但对于不同图形图像处理人员来讲，在掌握了基本的滤镜后，还会需要更多产生奇特效果的外部滤镜插件。滤镜插件是 Photoshop 开放式功能的扩展模块，它可以将其他厂商的滤镜程序安装后在 Photoshop 滤镜菜单中调用，使用这些特殊的滤镜可快速制作出更加丰富多样的效果来。

8.3.1　KPT 滤镜

KPT 滤镜是 Metatoola 公司开发的外挂滤镜组，由于其功能强大，在图像处理中应用比较广泛。安装 KPT 后，重新启动 Photoshop，可以发现在“滤镜”菜单下多了一个“KPT 效果”子菜单，展开下一级，便是 KPT 7.0 滤镜组提供的 9 个功能强大的滤镜命令项，如图 8.64 所示。下面就对这 9 个滤镜做简要介绍。

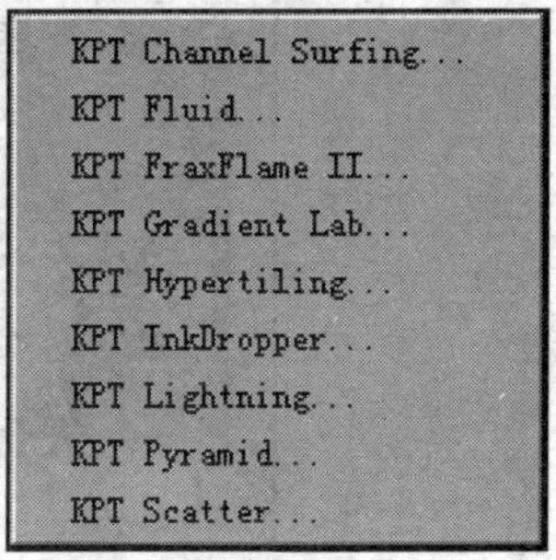

KPT Channel Surfing...
KPT Fluid...
KPT FraxFlame II...
KPT Gradient Lab...
KPT Hypertiling...
KPT InkDropper...
KPT Lightning...
KPT Pyramid...
KPT Scatter...

图 8.64

（1）Channel Surfing：这一滤镜允许单独对图像中的各个通道（Channel）进行效果处理，比如模糊或锐化所选中的通道，调整色彩的对比度、色彩数、透明度等各项属性。这一滤镜对于需要各种效果混合的图像尤其有效。

（2）Fluid：Fluid 滤镜可以在图像中加入模拟液体流动的效果，如扭曲变形效果等。可以运用在需要产生如带水的刷子刷过物体表面时产生的痕迹的那种效果。

（3）Frax Flame：该滤镜能捕捉并修改图像中不规则的几何形状，改变它的颜色、对比度、扭曲等效果。

（4）Gradient Lab：使用此滤镜可以创建不同形状、不同水平高度、不同透明度的复杂色彩组合，并运用在图像中。也可以自定义各种形状、颜色的样式，存储起来，方便以后需要时调用。

（5）Hyper tiling：为了减少图像文件的体积，该滤镜借鉴类似瓷砖贴墙的原理，将相似或相同的图像元素，做成一个可供反复调用的对象。

（6）Ink Dropper：InkDropper 滤镜可以实现如墨水滴入静水中、缓缓散开并产生一种自然舒展美的效果。利用它能产生流动的、静止的、漩涡状的效果。

（7）Lightning：Lightning 滤镜通过简单的设置，便可以在图像中创建出维妙维肖的闪电效果。该滤镜也允许套用系统提供的各种闪电效果。

（8）Pyramid：Pyramid 翻为中文即是“叠罗汉、金字塔”的意思。Pyramid 滤镜就是将源图像转换成具有类似“叠罗汉”一样对称、整齐的效果。

（9）Scatter：如果想要去除原图表面的污点或在图像中创建各种微粒运动的效果，那正是 Scatter 滤镜的用武之地。它甚至可以通过该滤镜控制每一个质点的具体放置、颜色、阴影等。

图 8.65 是 KPT Lightning 滤镜的操作界面，各个 KPT 滤镜有不同的界面，在使用时要充分了解和熟悉其滤镜界面。

8.3.2　EYE CANDY 滤镜

Eye Candy 是 Aline Skin 公司开发的外挂滤镜组，含有 23 种特殊图像效果，可以快速制作出许多特殊效果的文字、图像等。下面只对其中几种常用滤镜做简单介绍。

（1）火焰（Fire）滤镜

火焰滤镜可以生成各种不同样式的火焰和类似火苗的效果。同旧版本相比，EYE CANDY 4000 中的火焰滤镜新加了一个“COLOR GRADIENT EDITOR”，它可使用户创建自定义的色彩主题。

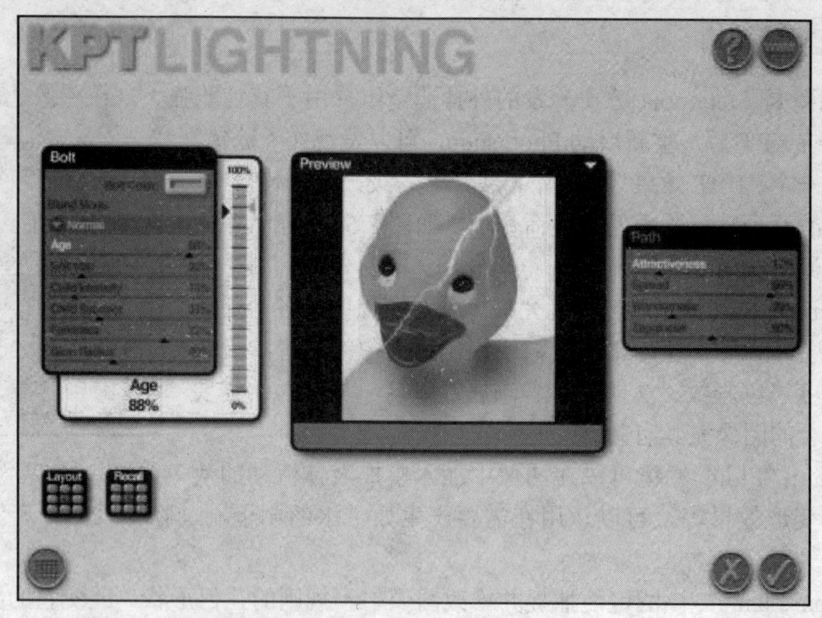

图 8.65

（2）木纹（Wood）滤镜

木纹滤境通过控制形变、年轮色彩、木节点及粒度，来生成各种逼真的木质效果。木纹滤境是 EYE CANDY4000 中最精采的滤境之一，它的逼真程度令人叹服。

（3）玻璃（Glass）滤镜

玻璃滤镜通过模拟折射、滤光和反射效应在选区上面生成一层清晰的、或染色的玻璃区域，可以制作出各种各样的模拟玻璃效果。

（4）运动轨迹（Motion Trail）滤镜

运动轨迹滤镜通过在选区中填加拖尾来形成物体快速移动的效果，用户可以控制拖尾的方向、长度、尾尖、不透明度等。

（5）水滴（Drip）滤镜

水滴滤镜可为文本或图象添加各种水滴效果。

（6）阴影（Shadowlab）滤镜

阴影滤镜用来产生物体的投射阴影和透视阴影，可以控制阴影的方向、距离、不透明度色彩，还可以模糊阴影，增强景深感觉等。

8.3.3 实训案例

实训案例 1：利用滤镜，制作文字“大理石”的分层云彩效果。

本实训案例的具体步骤如下。

（1）打开一幅背景图像，将前景色设置为黑色，选择工具箱中的“横排文字工具”，输入文字“大理石”，设置字体为华文行楷，大小 120，按回车键确认。

（2）从“图层”菜单选择“栅格化”子菜单中的“文字”命令，将文字层转换为普通层。

（3）按住【Ctrl】键单击文字层，载入选择区域。

（4）从“滤镜”菜单选择“渲染”子菜单中的“分层云彩”命令，按快捷键【Ctrl】+【F】，再次使用“分层云彩”滤镜。效果如图 8.66 所示。

图 8.66

（5）从“滤镜”菜单选择“Eye Candy”子菜单中的“Glass”命令，设置参数如图 8.67 所示。

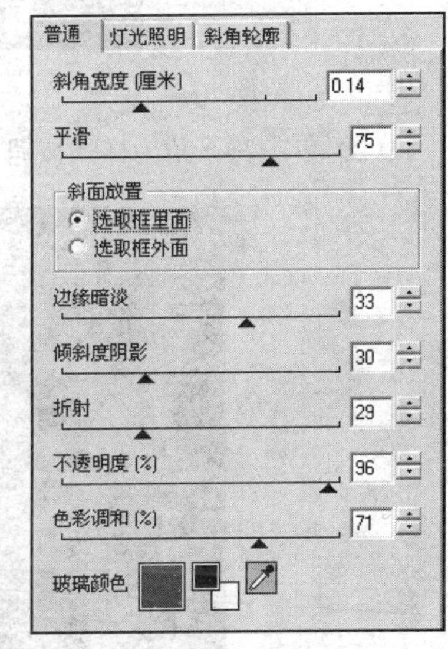

图 8.67

（6）设置完毕，确认操作。将当前图层拖动到图层面板中的“创建新的图层”按钮上，复制一个新的图层。

（7）在图层面板中单击大理石使之成为当前层，从“编辑”菜单选择“描边”命令，描边宽度为 6 像素，居外描边。

（8）从“图层”菜单选择“图层样式”子菜单中的“投影”命令，设置混合模式为正片叠底，不透明度为 75%，角度为 120 度，距离为 5，大小为 5。

（9）从“图像”菜单选择“调整”子菜单中的“亮度/对比度”命令，设置亮度为+16，对比度为+20。

（10）调整完毕单击“好”按钮。也可以选择“调整”子菜单中的“色相/饱和度”命令，将文字调整为自己喜欢的颜色。完成后效果如图 8.68 所示。

图 8.68

实训案例 2：在天空图像中添加“电闪雷鸣”的效果。

本实训案例的具体步骤如下。

（1）在 Photoshop 中打开需要处理效果的图像，如图 8.69 所示。从“滤镜”菜单中选择“KPT 效果”子菜单中的“KPT lightning”命令，打开其操作界面。

图 8.69

（2）单击左下角的样式按钮，选择预制的样式，如图 8.70 所示。

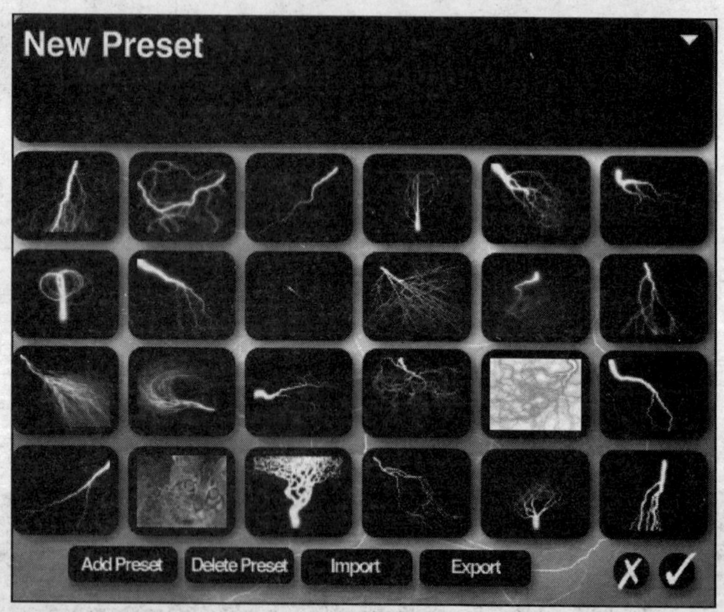

图 8.70

（3）在路径面板中分别设置长度和尺寸，在随后的分支亮度、分叉性质和发热半径三项中，因为不需要过分高的亮度，可适当调节分支形状递减速率的数值为 49。

（4）在 Bolt 面板中设置 Bolt Color 光晕的颜色为白色。

（5）最后的效果在预览窗口中可以看到，等效果满意后保存图像，如图 8.71 所示。

实训案例 3：制作一幅具有镂空效果图案。

本实训案例的具体步骤如下。

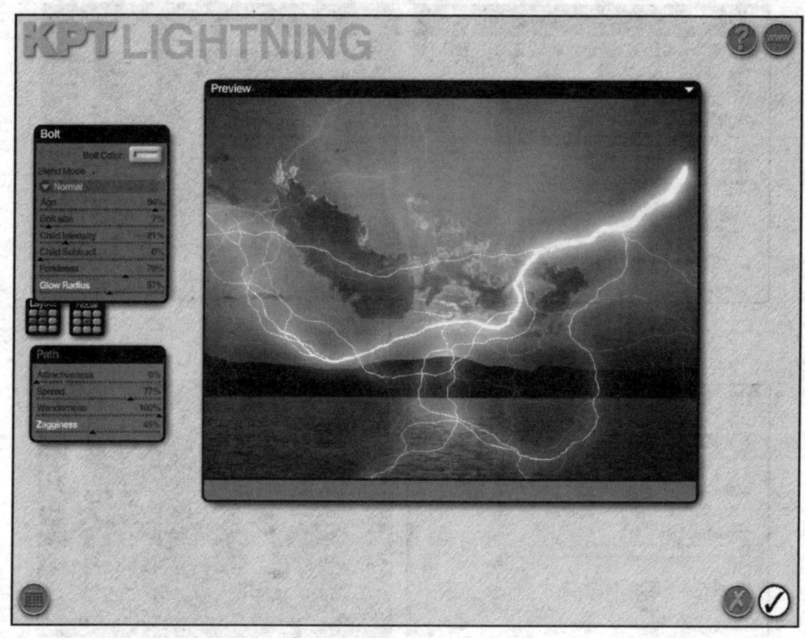

图 8.71

（1）在 photoshop 中打开需要添加边框的图像，按【Ctrl】+【A】键选中整个图像。单击通道面板中的“将选区存储为通道”按钮，建立 Alpha1 通道。如图 8.72 所示。

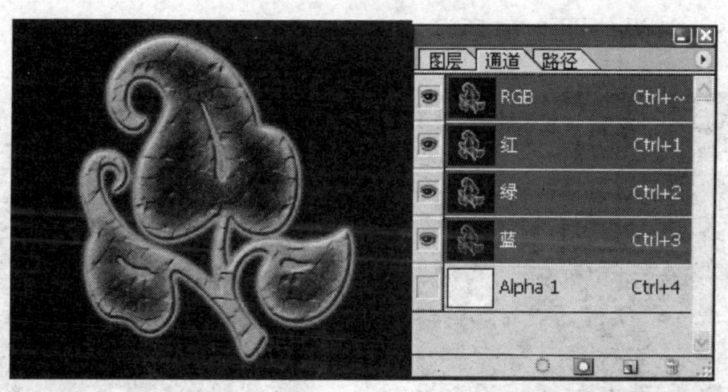

图 8.72

（2）在工具箱中将前景色设置为白色，背景色设置为黑色，从“图像”菜单选择“画布大小”命令，设置宽度高度百分比为 160%。

（3）在图层面板中单击“创建新的图层”按钮，建立一个新的图层，从“编辑”菜单选择“填充”命令填充背景色。

（4）单击通道 Alpha1，调入选择区域，从“滤镜”菜单选择“Eye Candy 4000”子菜单中的“外部发光”命令。设置完成后，单击确定，确认操作。设置和效果如图 8.73 所示。

（5）从“选择”菜单选择“反选”命令，从“滤镜”菜单选择“Eye Candy 4000”子菜单中的“外部发光”命令，设置完成后，单击确定，确认操作，效果如图 8.74 所示。

（6）按快捷键【Ctrl】+【D】取消选择区域，从“滤镜”菜单选择“像素化”子菜单中的“晶格化”命令，设置单元格大小为 35，效果如图 8.75 所示。

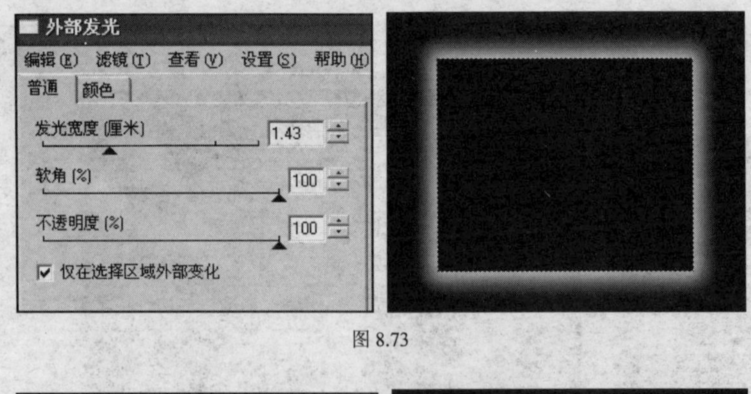

图 8.73

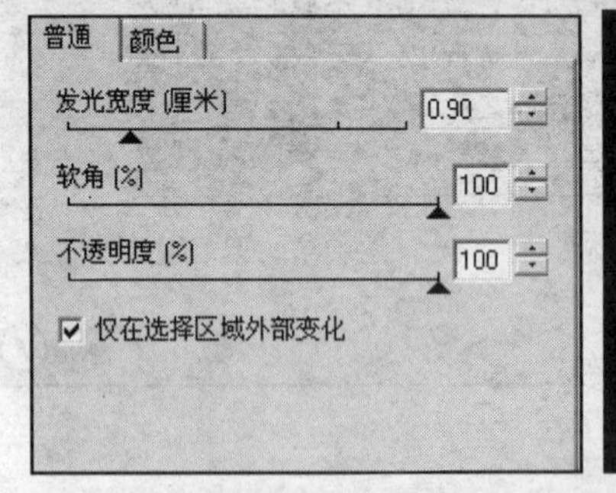

图 8.74

（7）从“滤镜”菜单选择“风格化”子菜单中的“照亮边缘”命令，三个参数的设置数值分别为 2、20、15，效果如图 8.76 所示。

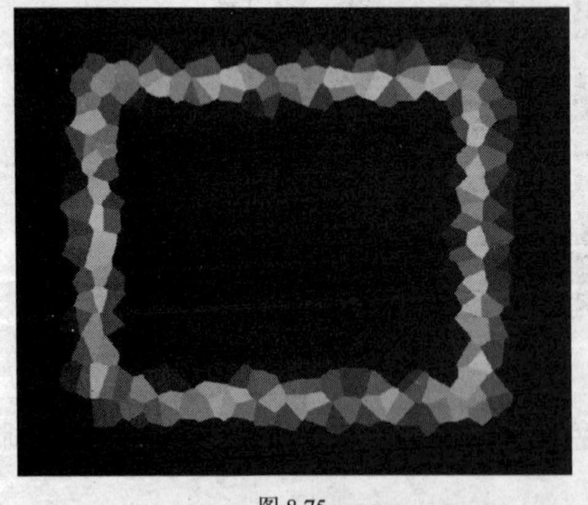

图 8.75

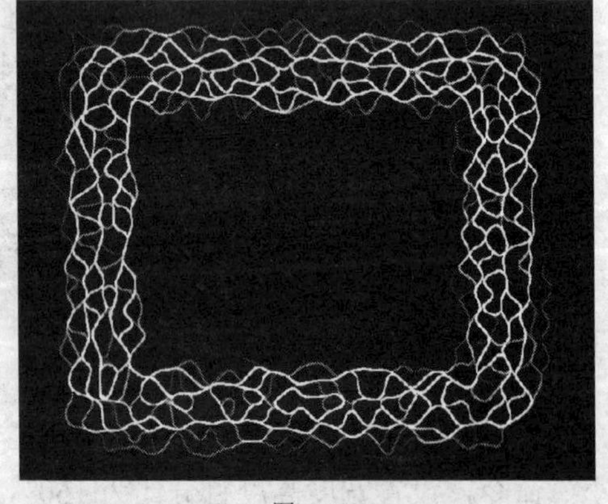

图 8.76

（8）从“选择”菜单选择“色彩范围”命令，选择图像中黑色的部分，执行“选择”菜单中的“反选”命令，将选择区域用白色填充。

（9）在通道面板中单击“将选区存储为通道”按钮，将选择区域保存为通道 Alpha2。

（10）在通道面板中单击“将选区存储为通道”按钮，将选择区域保存为通道 Alpha3。

（11）按快捷键【Ctrl】+【C】拷贝选择内容，并将其粘贴到一个新的图层，按住【Ctrl】键单击 Alpha3 通道载入选区，从“图像”菜单选择“调整”子菜单中的“反相”命令。

（12）从“滤镜”菜单选择“素描”子菜单中的“塑料效果”命令，参数为 50 与 2，效果如图 8.77 所示。

（13）设置角度为–45 度，高度为 5 像素，数量为 100%。

（14）从“选择”菜单选择“修改”子菜单中的“收缩”命令，收缩量为 2 个像素。执行“反选”命令，按【Del】键清除选择区域内容。

（15）从“图层”菜单选择“图层样式”子菜单中的“外发光”命令，为边框增加外发光效果。

（16）在图层面板中将图层 1 删除，显示背景层。

（17）从“图像”菜单选择“调整”子菜单中的“色相/饱和度”命令，在弹出的对话框选中“着色”复选框，设置其色相为 40，饱和度为 40。得到最终效果图如图 8.78 所示。

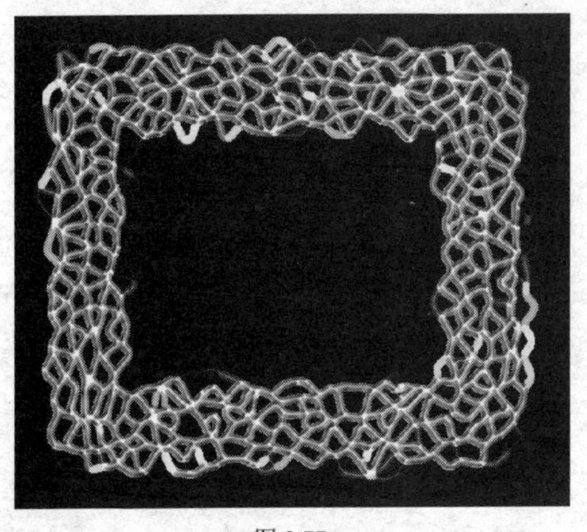

图 8.77

图 8.78

本章小结

本章讲述了 Photoshop 的内置滤镜和外挂滤镜，对它们的功能和效果有了一个总体的认识。可以说，滤镜的应用是 Photoshop 的精华所在，合理地利用滤镜，可以避免很多繁琐的操作，并能制作出各种各样令人叹为观止的图像效果。在应用的同时，还应该结合具体条件的要求，充分发挥自己的想像力，合理的运用滤镜，以便创作出更多更好的作品。

习　题

1．什么是滤镜？滤镜能对图像产生哪些影响？

2．如何去除图像的灰尘和划痕？对于细小和明显的斑点，用哪些方法可以去除？

3．如何制作几何体？

4．如何模仿真实拍摄下的光线效果？

5．置换滤镜是如何对图像进行变形的？

6．能否创建自定义滤镜？如何创建？

7．如何安装外挂滤镜插件？

8．如何用外挂滤镜创建自己所需的纹理效果图？

9．选择几幅图片，运用滤镜，创建图像的一些混合特效。

10．根据实训内容，结合滤镜知识，创建几个具有特殊效果的文字图案。

11．根据实训内容，结合滤镜知识，创建几个具有特殊效果的图像。

第 9 章 历史记录与自动化处理功能

教学目标：本章主要介绍历史记录面板、动作面板的功能、使用方法，以及自动化处理图像的操作及应用。通过学习，能够使用历史记录画笔与艺术画笔，制作出图像的特殊效果；掌握使用动作功能处理大量同一性质的图像的方法。

教学内容：历史记录面板的构成及功能、运行过程及其使用方法，历史记录画笔与艺术画笔的特效应用；动作面板的构成及功能，动作的录制、执行、修改，使用自动化操作对图像进行批处理。

9.1 历史记录面板的使用

利用 Photoshop 处理图像的过程中，如果需要恢复到以前的操作状态，一般可以通过以下两种方式：一是使用文件菜单的恢复命令，该命令可以恢复最近保存前的内容；二是使用编辑菜单的还原命令，该命令只能恢复最近一次的操作。可以看出，它们的恢复功能都是有局限性的，不能满足图像处理人员对操作进行任意恢复的需要。而历史记录控制面板，能够很轻松地进行多次操作的恢复。

9.1.1 历史记录面板

1. 认识历史记录面板

历史记录（History）面板在默认情况下处于打开状态，每当我们对当前图像窗口进行操作时，历史记录面板都会对操作进行记录并按照先后顺序排列出来。如果在窗口中未发现历史记录面板，可以通过“窗口”菜单的“显示历史记录”命令，即可打开该面板。历史记录面板的结构，如图 9.1 所示。

2. 历史记录控制菜单

在历史记录面板右侧有一个黑色的三角形按钮，单击它可弹出一下拉式菜单，称之为历史记录控制菜单，如图 9.2 所示。

“新快照（New Snapshot）”命令是根据当前所指向的操作建立新的快照，“新快照”对话框如图 9.3 所示。快照可以在历史记录控制面板中的历史记录被清除后进行恢复。在历史记录控制面板中可以建立两种形式的快照：（1）根据当前处理的情况建立快照文件，快照文件取决于当前在历史记录控制面板中所执行的命令，此时应选用“新文档”命令；（2）在当前的历史记录控制面板中建立快照，此时应选用“新快照”命令。

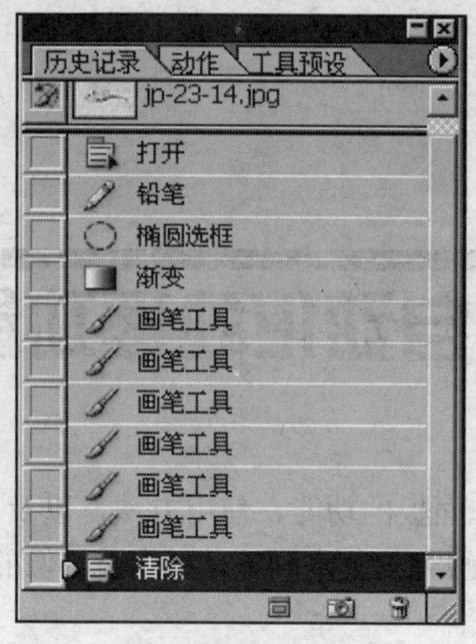

图 9.1

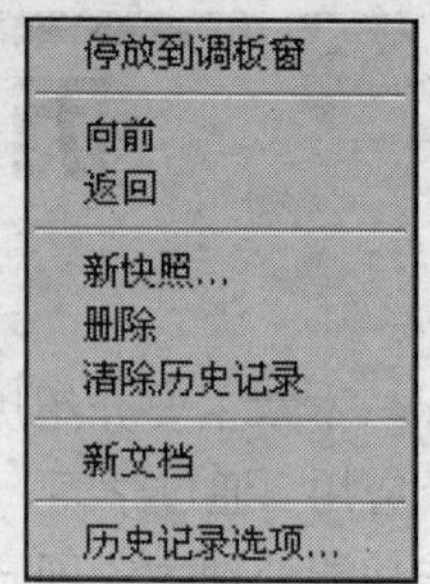

图 9.2

“清除历史记录（Clear History）”命令是清除历史记录面板中除最后一条记录以外的其余历史记录。

“新文档（New Document）”命令是对当前状态或者快照建立新的文件。

“历史记录选项（History Options）”命令是用来对历史记录面板进行设置，执行此命令后调出的“历史记录选项”对话框如图 9.4 所示。

图 9.3

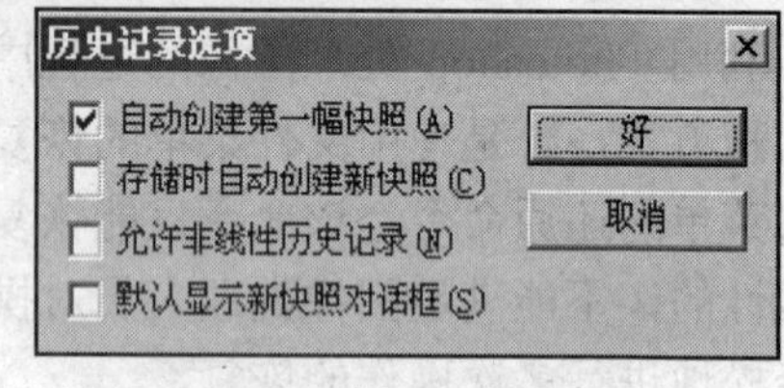

图 9.4

3．历史记录面板的使用

通过下面例子可以了解历史记录面板的使用。

（1）执行“文件”→“打开”命令，在弹出的对话框中选择 Photoshop 自带的文件，单击打开按钮，将图像打开。

（2）这时，在历史记录面板中会看到所记录的“打开”操作步骤。若当前“历史记录选项”对话框中的“自动创建第一幅快照”复选框被选中，则会在 History 面板中自动建立快照，如图 9.5 所示。

（3）图像打开后便可以对它进行相应的操作了。首先进行图像大小的调整，接着进行选取操作，再选择移动工具，移动所选择的区域，使图像发生相应的变化。

（4）再回到历史记录面板，可以看到面板上记录下了刚才相应的三条操作，如图 9.6 所示。

（5）进行上述操作后，这时如果发现执行“移动”操作的效果并不是所想要的效果，就可以使用历史记录面板很容易地恢复到打开文件后所做操作的任何一步。

（6）比如若想恢复到打开文件时的选取状态，只要把历史记录面板上的滑块拖动到图像大小处，即可恢复原来的状态，如图 9.7 所示。

清晨窗景.psd @ 66.7% (湖水_浅色, CMYK)
历史记录
动作
清晨窗景.psd
打开

图 9.5

清晨窗景.psd @ 66.7% (湖...
历史记录
动作
清晨窗景.psd
打开
图像大小
矩形选框
移动

图 9.6

清晨窗景.psd @ 66.7% (湖水_浅色, CMYK)
历史记录
动作
清晨窗景.psd
打开
图像大小
矩形选框
移动

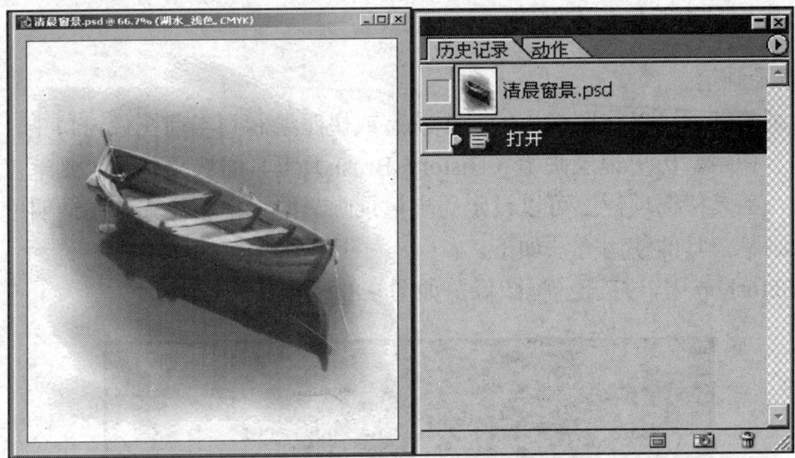

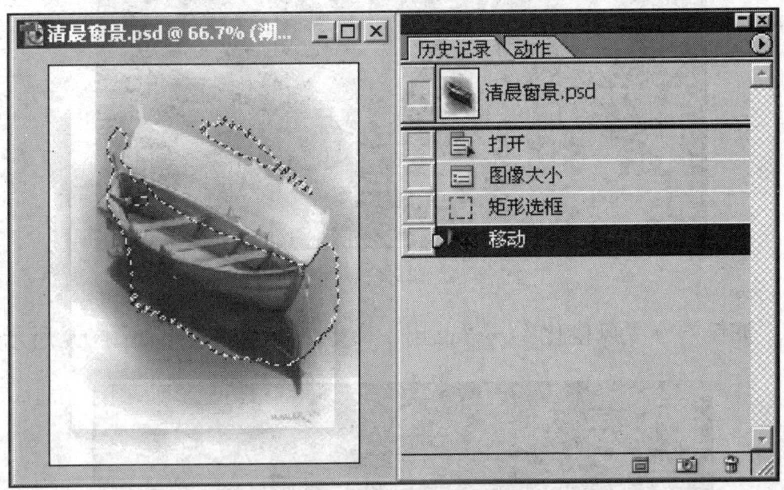

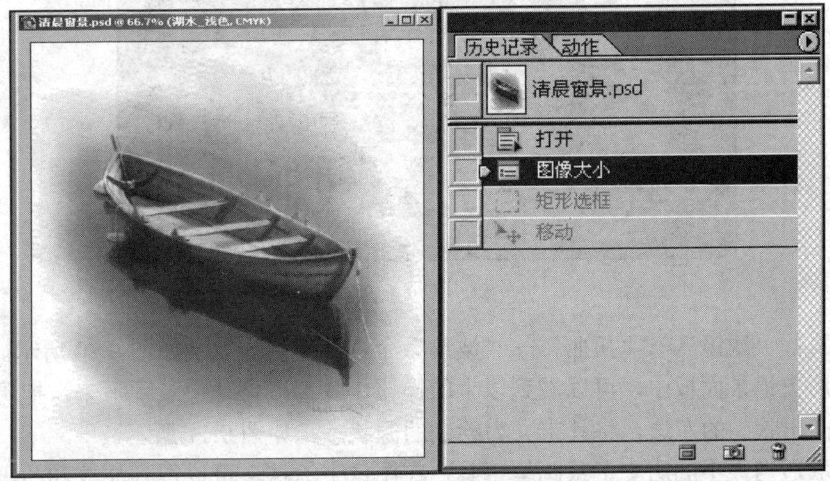

图 9.7

9.1.2 历史记录画笔与艺术画笔

1．历史记录画笔

历史记录画笔工具可以将图像上的一个状态或快照绘制到当前图像窗口中，它必须与历史记录面板配合使用。历史记录画笔（History Brush）工具的选项栏与“画笔工具”的工具选项栏类似，在工具栏选项栏上可以设定历史记录画笔的大小、模式和不透明度等。

历史记录画笔工具的使用方法如下。

（1）在 Photoshop 中，打开一幅图像，如图 9.8 所示。

图 9.8

（2）执行“滤镜”→“风格化”→“凸出”命令，得到的效果如图 9.9 所示。

图 9.9

（3）再执行“滤镜”→“扭曲”→“波纹”命令，得到的效果如图 9.10 所示。

（4）在历史记录面板中，可以看到以上的操作步骤都被自动记录了下来。把历史记录取样画笔放在凸出状态的左边，将其定义为绘制的源状态，如图 9.11 所示。

（5）选取适当大小的历史记录画笔工具，在图像上涂抹，可以得到波纹和凸出状态相混合的效果，如图 9.12 所示。

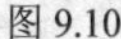
图 9.10

图 9.11

图 9.12

2．历史记录艺术画笔

历史记录艺术画笔可以用指定的历史状态或快照作为绘画源，来绘制各种艺术效果的笔触。在历史记录艺术画笔的选项栏中可以设定各选项，创建不同的艺术效果。

样式（Style）：在使用历史艺术画笔的过程中，画笔的大小和绘制效果密切相关，在样式后面小三角的弹出列表中，可选择不同的笔触样式。

区域（Area）：设定被笔触覆盖的面积大小，数值越大，覆盖的面积越大，笔触的数量也就越多，其范围为 0—500 像素。

容差（Tolerance）：用来限制画笔绘制的范围，数值越大，可限制和绘画源颜色差异大的区域。

历史记录艺术画笔与历史记录画笔工具的使用方法基本相同，可以使用指定的状态作为绘画源。它与历史记录画笔工具的区别是，历史记录画笔工具只是将源状态或是快照中的数据照搬，而历史记录艺术画笔工具是根据绘画源的数据信息和工具选项栏的设置创建出各种不同的、具有艺术感的图像效果。

9.1.3　实训案例

该实训案例利用历史记录画笔和历史记录艺术画笔功能，表现出各种绘画效果。具体的步骤如下。

（1）在 Photoshop 中，打开一幅图像，在历史记录面板中创建新快照，如图 9.13 所示。

图 9.13

（2）选择历史记录艺术画笔工具，在工具选项栏中，选择画笔弹出按钮，将画笔大小调整为 8 像素，如图 9.14 所示。画笔大的时候，图像的轮廓会呈现出不透明状态，所以要尽可能将画笔调整得小一些，这样才可以保持原图像的形态；将样式设定为“绷紧中”。

（3）使用画笔工具，只在中部应用画笔绘画效果，如图 9.15 所示。

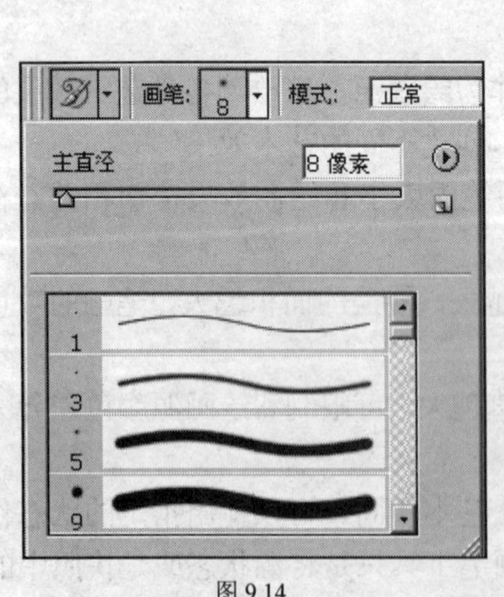

图 9.14

图 9.15

（4）在历史记录面板中单击“创建新快照”，将只在中部应用画笔绘画效果的图像单独保存，这样单击快照可以恢复到所保存的状态了。如图 9.16 所示。

（5）继续用鼠标指针拖动图像的其他部分，应用绘画效果，完成整个图像，如图 9.17 所示。

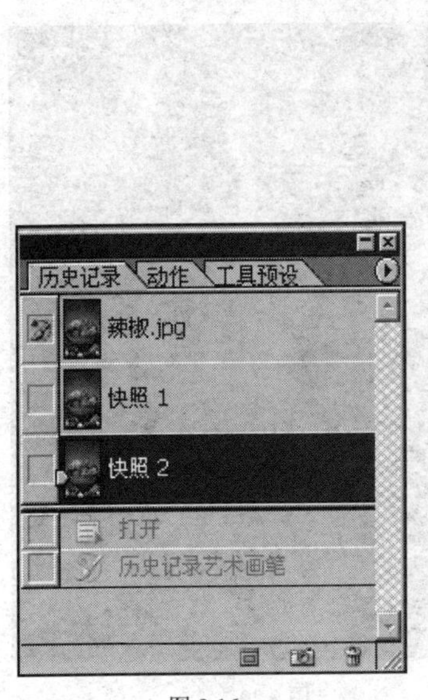

图 9.16

图 9.17

（6）改变背景图像部分的画笔效果，可以在历史记录面板中选择快照 2，回到只在中部用绘画效果的部分，然后在选项栏中改变样式。将样式设定为“轻涂”，这样可以出现出一种涂抹的效果，如图 9.18 所示。

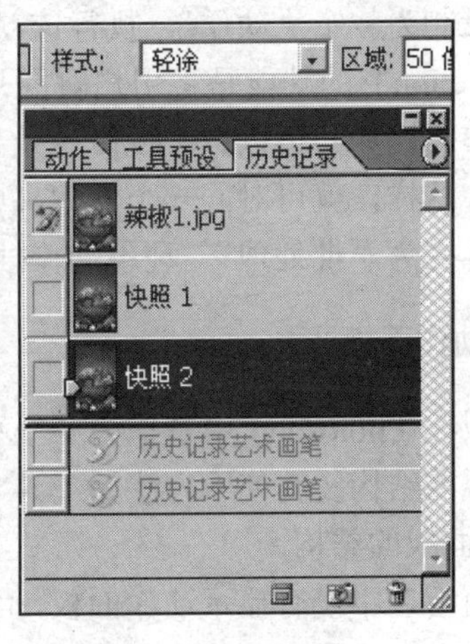

图 9.18

（7）在画笔绘画效果上添加“帆布”材质。选择“滤镜”→“纹理”→“纹理化”命令。在纹理化对话框中将纹理选项设定为“粗麻布”，比例设为 100%，“凸现”值是 4。图像应用纹理效果后如图 9.19 所示。

（8）选择工具箱中的历史记录画笔工具，将鼠标放到要删除画笔绘画效果和滤镜效果部分上进行拖动。可将需要应用图形效果的部分恢复到原状态，采用拖动部分区域的方式删除图形效果，可以制作出具有独特效果的图像，如图 9.20 所示。

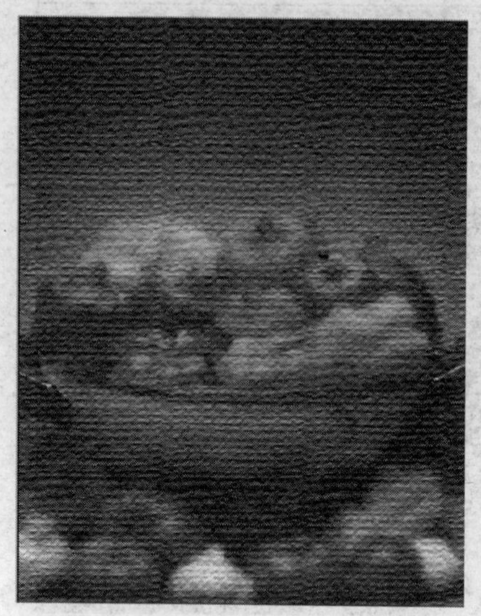

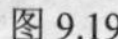

图 9.19

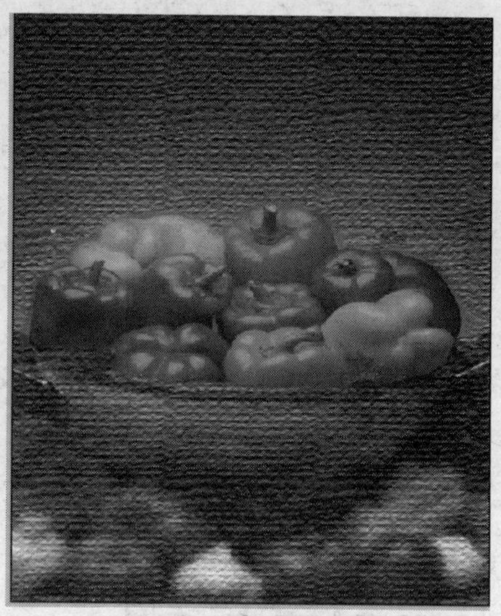

图 9.20

9.2 动作面板的使用

在进行图像处理时，可能经常需要对某些图像进行相同的处理，如果每次都重复这些步骤，显得太繁琐了。为此，Photoshop 提供了一种称为“自动化”的功能，用户可将编辑图像的许多步骤录制为一个“动作”，执行该动作，就相当于执行了其中包含的多条编辑命令。

动作（Action）的功能是将用户对图片的一系列处理命令聚合成操作清单，当作一个命令或单个动作。比如，可以把一批产生效果滤镜的操作步骤或者进行各种转换的重复操作步骤记录下来。这样，就可对同一个文件夹中的一个文件或一批文件进行相同的动作处理，这种工作方式称之为“批处理”。利用动作技术，可以方便地进行一些例行公事似地作业处理。

9.2.1 动作面板

动作面板在 Photoshop 中是作为一个举足轻重的面板出现的，动作面板的结构及其使用方法如下。

1．动作面板的结构

如果当前窗口中没有显示动作面板，可执行“窗口”→“动作面板显示”命令，显示出动作面板，其结构如图 9.21 所示。

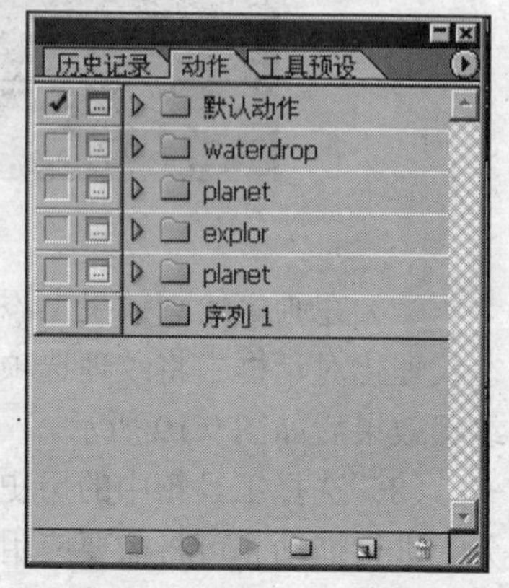

图 9.21

执行面板底部的各按钮命令，可以完成开关、记录、执行、编辑和删除动作等一系列的操作，另外还可以对动作的存储、调入更新做相关的设置。

2．动作控制菜单

单击位于动作面板右侧黑三角形按钮，将弹出动作面板的控制菜单命令，如图 9.22 所示。

动作控制菜单中各命令的功能如下。

按钮模式（Button Mode）：如果选取此项将以按钮的形式显示动作命令，如图 9.23 所示，否则以列表的形式显示动作面板中的所有命令。

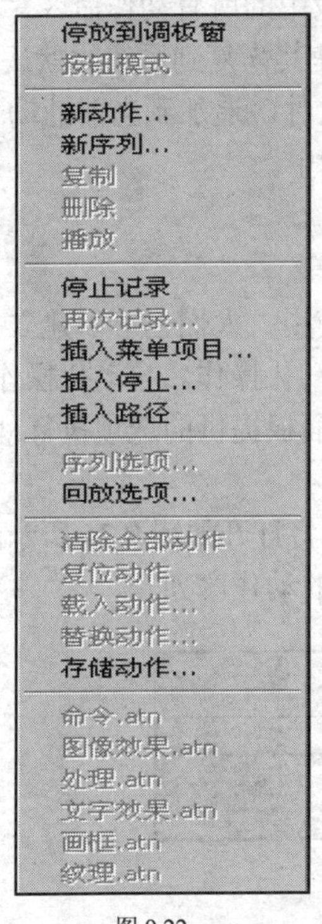

图 9.22

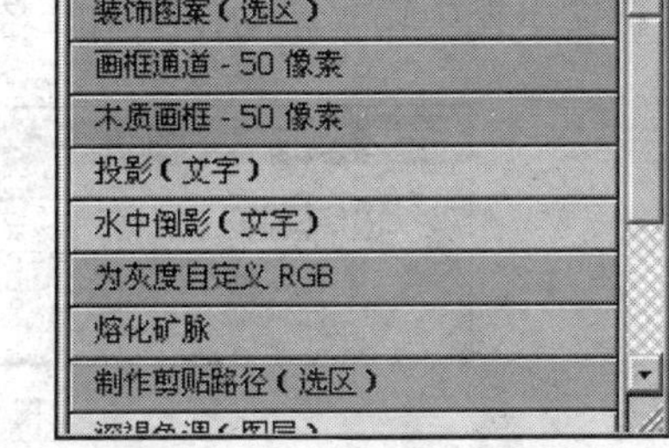

图 9.23

新动作（New Action）：同动作面板下的新建动作按钮，执行此命令将开始录制新的动作命令。

新序列（New Set）：同动作面板下创建新的序列设置按钮。

复制（Duplicate）：复制动作面板中的当前命令，使其成为一个新的动作命令。

删除（Delete）：删除动作面板中光标所在位置的动作命令。

播放（Play）：执行动作面板中所记录的操作步聚，此命令同动作面板下的执行按钮。

开始记录（Start Recording）：执行此命令将开始录制新的动作命令。

重新记录（Record Again）：执行此命令将重新录制动作面板中的当前命令。

插入菜单项目（Insert Menu Item）：在当前的动作面板插入一菜单项，在执行动作时此菜单项将被执行。

插入停止（Insert Stop）：执行此命令将弹出一“插入停止”对话框，可以在对话框中输入信息。在动作执行到此命令时，将弹出对话框，此对话框显示了在插入停止对话框中所输入的信息。随后，单击“继续”按钮，将继续执行；单击“停止”按钮将终止执行。

插入路径（Insert Path）：插入路径到动作面板中。

序列选项（Action Options）：用于设置当前动作的选项，执行此命令将出现一对话框，在对话框中可以对当前的动作进行改名，设置其执行的快捷键等。

回放选项（Playback Options）：此选项用于设置动作执行的性能：快速顺序的执行动作面板中的命令；或逐步地的执行动作面板中的命令；或执行完一条命令后，将暂停指定秒数后，继续向下执行剩余的动作指令。

清除动作（Clear Action）：执行此命令将清除动作面板中的所有动作命令。

复位动作（Reset Action）：重新设置当前动作面板，使其恢复到系统的默认值。

载入动作（Load Action）：装入硬盘中所存储的动作文件。追加到当前的动作之后。

存储动作（Save Action）：保存当前的动作命令到硬盘中。

9.2.2 自动化操作

Photoshop 本身提供了上百个功能各异的动作供人们使用，人们也可以建立自己的动作，把要处理的千篇一律的工作交给动作，由它实现图像的自动化操作。自动化操作的工作过程是：先在动作面板上按照工作顺序显示选项，再通过动作面板提供的选项执行动作操作。

1．录制动作

（1）单击动作面板上的创建新设置（New Set）按钮，将打开如图 9.24 所示的“新序列”对话框。在名称文本框中输入新动作序列的名称，创建新的动作序列。

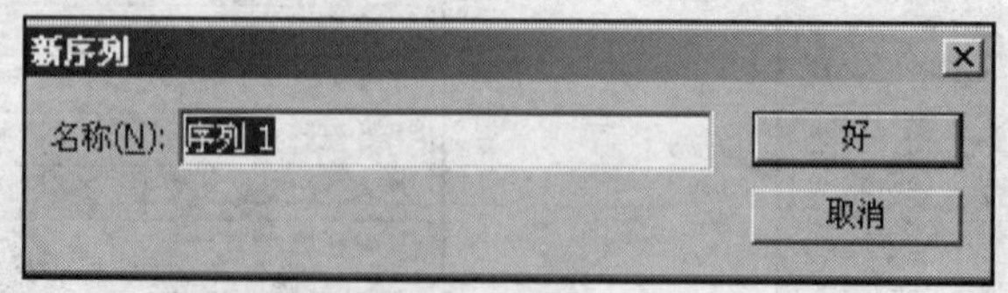

图 9.24

（2）在动作面板的控制菜单中选择创建新动作（New Action）命令，“新动作”对话框如图 9.25 所示，在“名称”文本框处输入与动作执行操作相对应的动作名称。

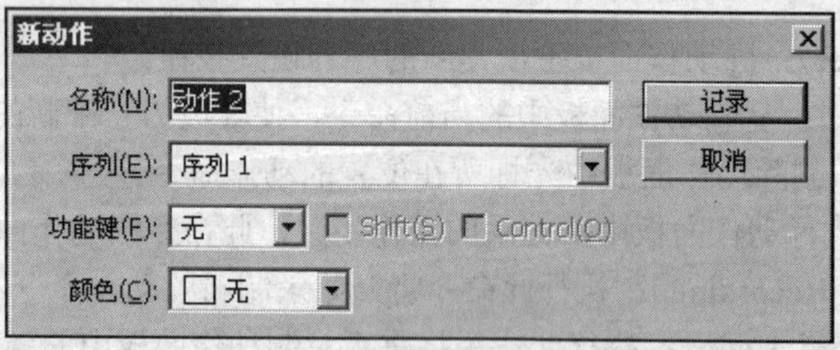

新动作
名称(N): 动作 2
记录
序列(E): 序列 1
取消
功能键(F): 无 Shift(S) Control(O)
颜色(C): 无

图 9.25

序列（SET）：选择存放动作的文件夹。

功能键（Function Key）：在下拉列表框选择执行动作的快捷键，可通过是否选择 Shift 和 Control 复选框，表明是否启用这两个键。

颜色（Color）：设置动作面板中为动作显示的颜色。

在“新动作”对话框里设置好后，单击“记录”按钮，此时动作面板的“开始录制”按钮处于选择状态。

（3）执行系列图像处理命令。

（4）单击“停止”按钮，停止动作的录制。

2．执行动作

需要执行录制的动作时，只需选择动作面板内的动作，然后单击执行动作按钮或选择动作控制菜单中的“播放”命令。可按【Ctrl】键单击动作名称，以选择多个不连续的动作，按【Shift】键可将两次单击之间的动作全部选中，此时播放的是所选的动作。

如果在动作的命令列表中，有的命令执行时有对话框出现并需要确认一些参数，则可以在对话框出现时设置中断，以接受对话框输入的参数，并在确认后返回到断点处，继续往下执行。如果没有对话框或使用缺省参数，则无需设置断点，动作会读取第一次在动作中记录的参数值。

设置断点单击动作命令列表中命令左侧的断点检测框，出现柱状标志为断点设定，否则为无断点。

如果要设置动作的执行方式，可选择动作控制菜单中的“回放选项”命令，弹出的“回放选项”对话框如图 9.26 所示。其中，“加速”单选钮可以获得较快的动作执行速度；“逐步”可以一步一步地执行动作中的每一步操作；“暂停”用于设置每执行一步操作暂停的时间，变化范围在 1～60 秒之间。

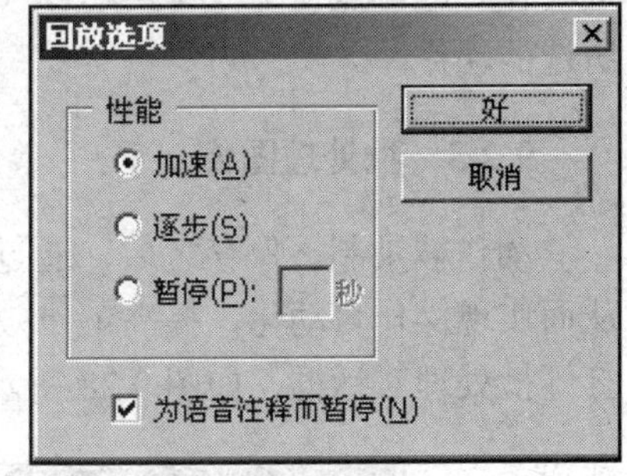

图 9.26

3．修改动作

一个新的动作录制完毕后，用户可以随时根据需要进行相应的修改。在动作面板中双击动作名称会打开动作选项对话框，这时可对动作的名称、快捷键、颜色等进行修改；在动作面板内选择动作后，选择动作控制菜单中的复制命令，或直接将所选的动作拖动到创建新动作按钮，可进行复制动作的操作；如果直接在面板内拖动动作，可以改变动作在面板内的排列顺序。

如果需要修改动作的内容，应先选择该动作，然后选择动作控制菜单中的“开始记录”命令，便可在动作中录制新的操作；选择“重新记录”命令时，可重新录制动作，并仍以该动作中原有的命令为基础，需要设置参数、进行选择时，Photoshop 都会给出相应对话框。

注意，在录制动作时，用画笔、喷枪、铅笔等工具进行绘制图像的操作不能被录制下来，为此可以安排“插入停止”，以便能够在执行动作时停留在这一步上，然后手工完成这些操作。具体是选择动作面板控制菜单的“插入停止”命令，对话框如图 9.27 所示。在信息处输入提示信息，如果选中“允许继续（Allow Continue）”复选框，在执行到此命令时，显示信息的对话框里会给出“继续”按钮，以允许继续执行后续的动作。

图 9.27

4．存储动作

选择需要保存的动作序列后，在动作控制菜单里选择“存储动作”命令。往出现的对话框中输入要存储的文件名及路径，单击“保存”按钮，就会保存当前选择的动作控制面板中的命令。

在 Photoshop 中包含着多个动作样本，可以将它们载入使用。为此执行“载入动作”命令，打开载入对话框，从中选择动作样本将其加载到当前的动作面板内使用。选择控制菜单的“清除动作（Clear Action）”命令时，可以清除动作面板中的所有内容。如果希望替换所选动作时，可以使用“替换动作（Replace Action）”命令，Photoshop 将用所调用的动作代替所选的动作。

9.2.3 批处理图像

动作被录制、保存之后，通过批处理命令可以对多个图像文件执行同一个动作的操作，从而实现操作自动化，提高工作效率。具体是执行“文件”→“自动”→“批处理”命令，打开批处理对话框，如图 9.28 所示。

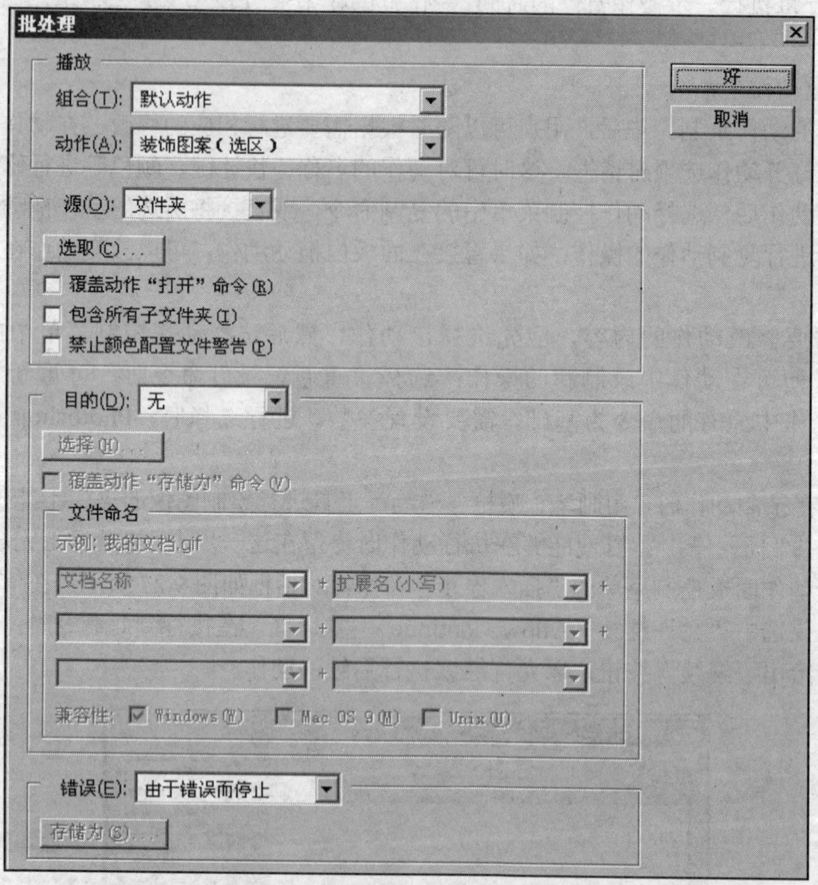

图 9.28

“批处理”对话框中各参数的含义如下。

组合：显示动作面板中的所有序列，打开即可选择。

动作：显示组合列表框中选定的序列里的所有动作。例如设置为图像效果序列下的“依旧照片”，则表示这次批处理操作以这个设置来对所有同一目录下的所有文件执行操作。

源：选择图片的来源，即在执行动作时是从文件夹还是通过输入得到图像。

目的：用于设置执行动作后文件保存的位置（目的地）。若选择“无”，则不保存文件并保持文件打开；若选择“存储并关闭”选项，则保存该文件后关闭；若选择“文件夹”选项，则可以单击选取按钮打开对话框，选择一个指定的文件夹来保存文件，选取“文件夹”作为目标时，要指定文件命名规范并选择处理文件兼容性选项。

文件命名：从弹出式菜单中选择元素，或在要组合为所有文件的默认名称的栏中输入文本。元素包括文档名称、序列号或字母、文件创建日期和文件扩展名。其中的兼容性，选取“Windows”、Mac OS”、“UNIX”，使文件名与相应的操作系统兼容。

错误：用于指定批处理出现错误时的操作。若选择“由于错误而停止”选项，则批处理出现错误时提示信息，并终止往下执行；若选择“将错误记录到文件”选项，则 Photoshop 会将在批处理操作时将出现的错误信息记录下来，保存到文件夹中，选择此项不会终止程序往下执行，但必须单击该下面的“存储为”按钮，指定一个保存的文件名和位置。

批处理命令在实际工作中是非常实用的，特别是在对大量图片进行同一操作时，更显出了它的用处。例如，要将许多张图片都转换成 CMYK 模式，就可以使用批处理命令，在该命令对话框中设置图片的“源文件夹”与“保存文件夹”，指定要执行的动作，也就是转换 CMYK 模式的动作，最后单击“好”按钮。Photoshop 依照所设置的动作，实现自动化操作。在批处理执行的过程中，还可随时按【Esc】键终止批处理。

9.2.4　实训案例

本实训案例使用动作面板来完成每个字母的制作，将文本的栅格化、填充渐变、添加图层样式等设置为动作。通过执行动作，来完成其他文本所需要的相同效果。

（1）打开图片素材文件，如图 9.29 所示。

图 9.29

（2）单击动作面板下方的“创建新设置”按钮，打开“新序列”对话框，设置“新序列”名称，如图 9.30 所示。

图 9.30

（3）单击动作面板下方的“创建新动作”按钮，打开“新动作”对话框，为“新动作”命名，然后单击“记录”按钮开始记录，如图 9.31 所示。

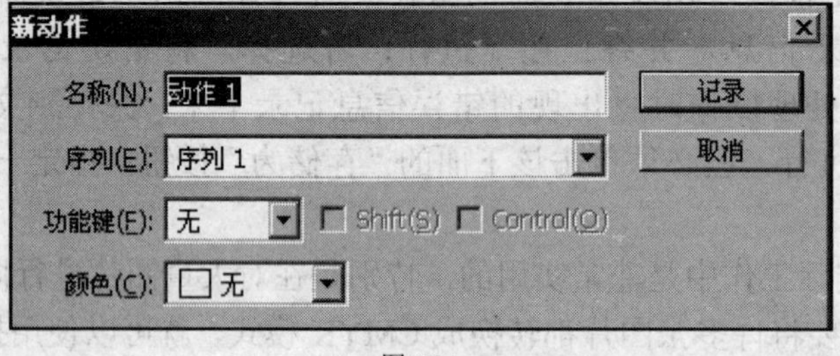

图 9.31

（4）选择工具箱中的文字工具，字体为“IMPACT”，大小为 42 点。在图中单击后输入字母“N”。单击图层面板中的文本层缩览图，完成字母的输入，如图 9.32 所示。

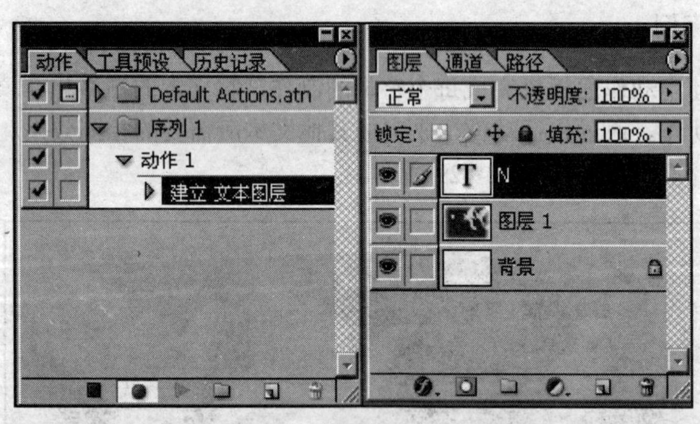

图 9.32

（5）在图层面板中选中文字层，执行“图层”→“栅格化”→“文字”菜单命令，将文字转换为普通层。

（6）按【Ctrl】键的同时单击字母 N 层，调出“N”的选区，选择工具箱中的“渐变”工具，渐变类型为“直线”，前景色为红色，背景色为白色。在选区内由下向上填充渐变色，如图 9.33 所示。

（7）按【Ctrl】+【D】，取消数字选区，单击图层下面的添加图层样式按钮，在打开的菜单中选择“投影”，打开图层样式对话框，设置投影参数如图 9.34 所示。

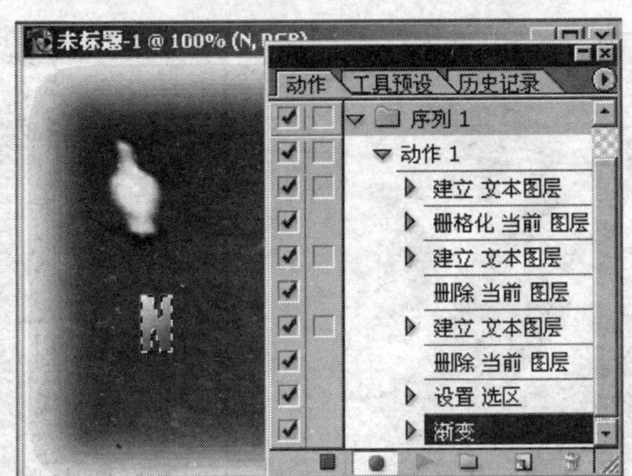

图 9.33

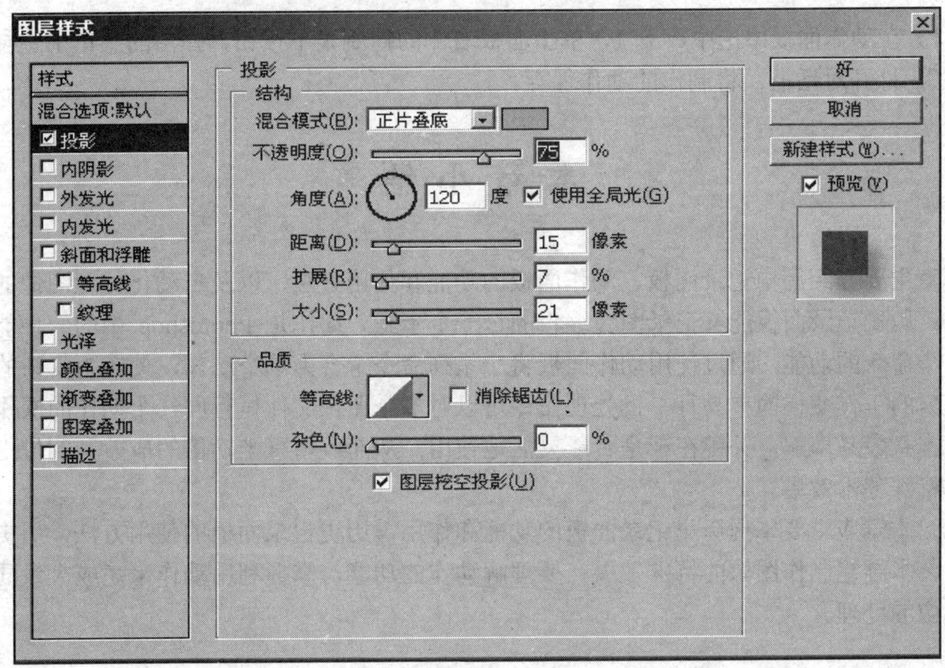

图 9.34

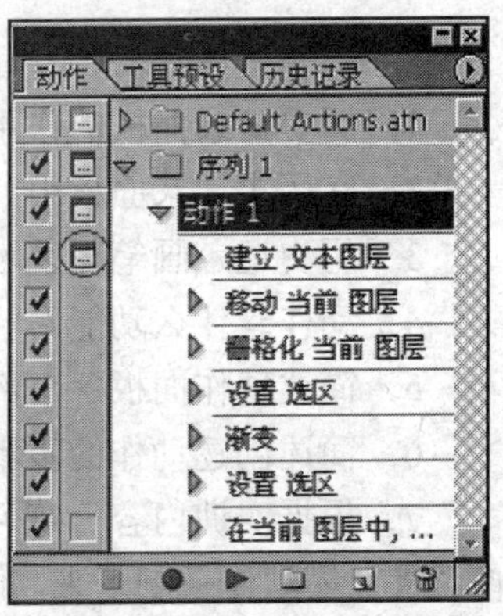

图 9.35

（8）单击动作面板下方的停止按钮，完成动作的录制。单击“动作 1”中的“建立文本图层”命令左侧的“切换对话开关”项，出现对话开关标志，如图 9.35 所示，表示在执行输入文本动作时，会停在文本输入状态，以便输入新内容。

（9）单击动作面板下方的播放按钮，开始播放动作。在执行输入文本动作时，会停在文本输入状态。输入字母“O”，单击图层面板中的“O”图层的缩览图，结束文本的输入，动作继续执行，完成字母“O”的制作，如图 9.36 所示。

（10）按照上述方法，分别制作出其他字母，如图 9.37 所示。

图 9.36

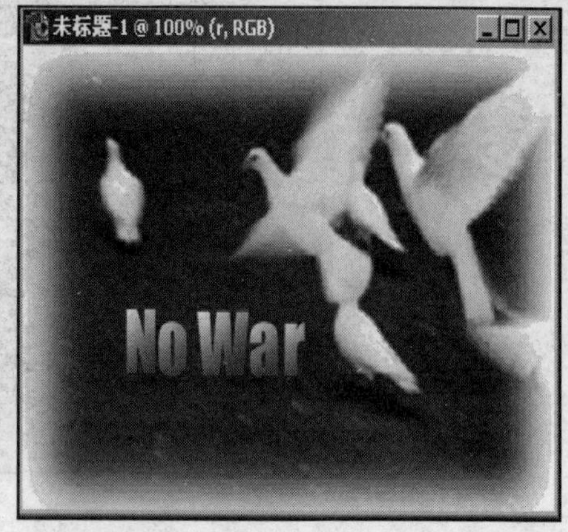

图 9.37

（11）在动作面板中选中序列 1，单击面板右侧的控制菜单按钮，弹出的菜单中选择“存储动作”，打开对话框，将制作的动作保存。

本 章 小 结

本章主要介绍历史记录面板、动作面板的功能和使用方法，以及自动化处理图像的操作及应用。历史记录面板能够记录图像编辑的每一个步骤。动作是 Photoshop 中的一种能自动完成多个命令的功能，通过使用动作面板将一系列命令组合为单个动作，使较为复杂的大量同一性质的工作变得简单易行。批处理命令可以对多个图像文件执行同一个动作的操作，本章内容本身较易理解，关键在于是否能灵活地使用，从而取得事半功倍的成效，制作出与众不同的特殊艺术效果。

学习本章应主要掌握历史记录面板的功能和作用，历史记录面板的使用方法，历史记录画笔与艺术画笔制作图像的特殊效果；要理解动作的功能，掌握利用动作来完成大量同一性质的图像的处理。

习　　题

1．历史记录面板的作用是什么？如何使用历史记录面板返回到以前的图像样式？

2．在历史记录面板中，快照的定义是什么？

3．历史记录画笔与艺术画笔的区别是什么？

4．动作有什么功能？

5．简述动作面板各个部分的功用。

6．简述创建动作的步骤。

7．根据实训内容，练习打开一幅图像，将图像去色，并另存为 JPG 形式，最后关闭图像。将上述动作录制下来，使用录制的动作进行图像批处理。再插入一个暂停，播放该动作，查看发生的变化。

第 10 章 图形对象的编辑与特效制作

教学目标：本章讲解对图形对象编辑与组织时的方法和技巧，要求能熟练应用各种编辑工具，了解对象的复制、拆分、选择、旋转、镜像、焊接、相交和修剪等命令的使用方法，在图形创作中能够运用图层对复杂的对象进行组织和排列，制作出各种具有特殊效果的图形。也要求了解矢量图特效和位图特效的基本知识，掌握各类图形特效工具的使用方法。

教学内容：图形对象的复制、拆分、选择、旋转、镜像、焊接、相交和修剪等编辑工具，调和效果、变形效果、封套效果、立体化效果、阴影效果、三维效果等特效工具。

10.1 图形对象的编辑与组织

10.1.1 图形对象的编辑

1．对象的选择与取消

在 CoreLDRAW 中，编辑一个对象前，首先要选取这个对象。在对象刚建立时，一般呈选取状态，在对象的周围出现由 8 个控制手柄组成的圈选框，对象的中心有一个“X”形的中心标记。当选取多个对象时，多个对象可以共有一个圈选框。可以在群组或嵌套群组中选择可见对象、隐藏对象和单个对象，按创建对象的顺序选择对象；可以同时选择所有对象，也可以同时取消对多个对象的选定。

对象的选择方法很多，大致有用鼠标单击对象、用鼠标拖动方式圈选对象、利用绘图工具选取对象、使用菜单（键盘）命令选取对象、使用快捷键选取对象等。当绘图页面中有多个对象时，选取其中某一个后，按键盘上的【Tab】键，可以依次更改选择对象；按【Shift】+【Tab】键，更改选取的方向相反。

取消对象的选取状态，只要在绘图页面的其他位置单击或按【Esc】键即可。

2．复制、再制、仿制、变换和删除对象

CoreLDRAW 提供了三种复制对象的方法。可以将对象剪切或复制到剪贴板上，然后粘贴到绘图中，还可以再制、仿制对象。对象剪切到剪贴板时，对象将从绘图中移除；对象复制到剪贴板时，原对象保留在绘图中；再制、仿制对象时，对象副本会直接放到绘图窗口中，而非剪贴板上。再制的速度比复制和粘贴快。可以将变换（如旋转、调整大小或倾斜）应用于对象的再制，而不更改原始对象。如果决定要保留原始对象，则可以删除再制。不再需要对象时，可以将其删除。复制、再制、仿制、变换和删除对象命令的使用都比较简单，在“编辑”菜单下能找到。

3．拆分与擦除对象

将位图或矢量对象一拆为二，并且通过重绘其路径进行重塑是对象的拆分。可以沿直线或锯齿线拆分闭合对象。拆分对象可以用“形状工具”下的“刻刀工具”来完成。如图 10.1 所示。CorelDRAW 允许选择将一个对象拆分为两个对象，或者将它保持为一个由两个或多个子路径组成的对象。可以指定是否要自动闭合路径，或者是否一直将它们打开。

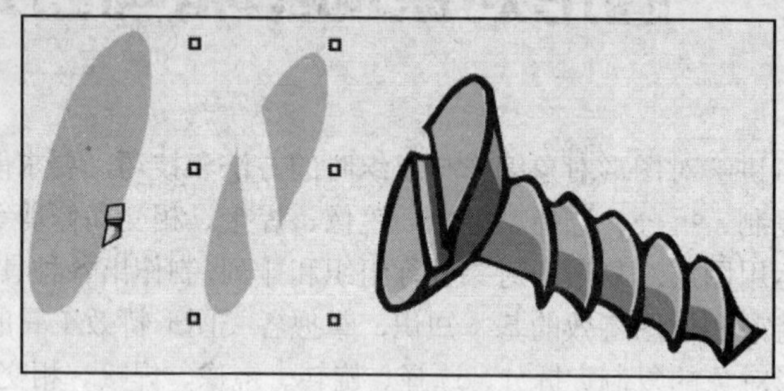

图 10.1

CorelDRAW 允许擦除不需要的位图部分和矢量对象，自动擦除所有受影响的路径，并将对象转换为曲线。如果擦除连线，CorelDRAW 会创建子路径，而不是单个对象。还可以删除两个交叉点之间的部分对象（称为虚拟线段）。

4．调整对象大小和缩放对象

CorelDRAW 允许调整对象的大小和缩放对象。在这两种情况下，都可以通过保持对象的纵横比，按比例改变对象的尺寸。通过指定相应的值或直接改变对象，可以调整对象的大小。缩放可按照指定的百分比改变对象的尺寸。

5．旋转和镜像对象

CorelDRAW 允许旋转和创建对象的镜像图像。通过指定水平坐标和垂直坐标，旋转对象。可以将旋转中心移至特定的标尺坐标或与对象的当前位置相对的点上。镜像对象可以使对象从左到右或从上到下翻转。默认情况下，镜像锚点位于对象的中心。如图 10.2 所示。

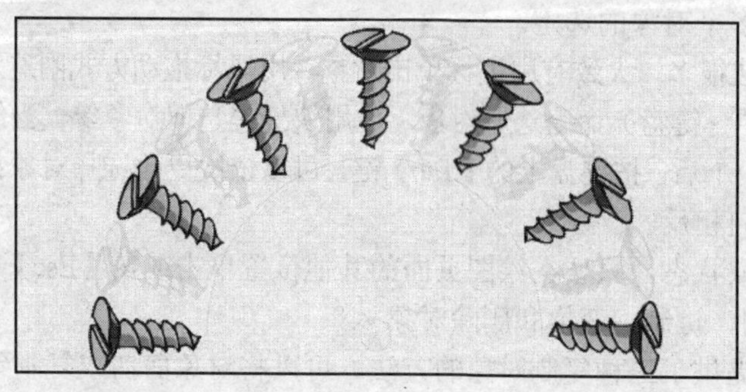

图 10.2

10.1.2 图形对象的组织

在编辑多个对象时，时常希望将图形页面中的对象整齐地、有条理地和美观地加以排列和组织。这就要用到 CorelDRAW 所提供的对齐、分布、顺序及组织工具或命令。

1．对象的对齐与分布

选中多个对象后，单击菜单命令“排列”→“对齐与分布”，或按下属性栏中的（对齐与分布）按钮，即可打开“对齐与分布”对话框，如图 10.3 所示。选择“对齐”标签后，通过选择对齐的方式，就可以对对象进行对齐了。同样选择“分布”标签后，可以对几个对齐的对象进行分布操作。

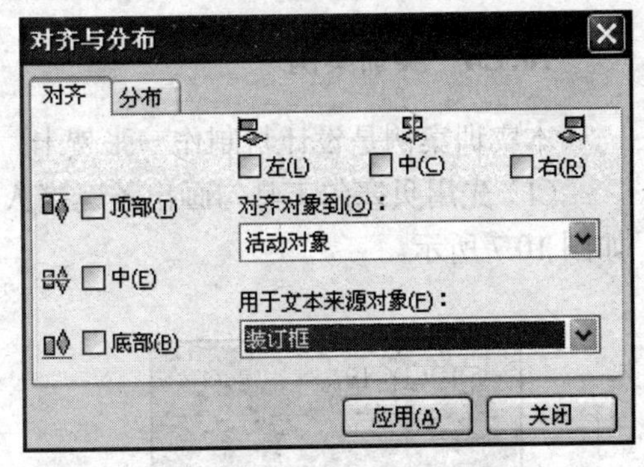

图 10.3

2．对象的群组与组合

从字面上来看“群组”与“组合”的功能似乎有点相似，但它们的使用结果却大相径庭。使用“群组”命令可以将多个不同的对象结合在一起，作为一个整体来统一控制及操作。群组的使用方法如下：

（1）选定要进行群组的所有对象；

（2）单击菜单命令“排列”→“群组”（相当于按快捷键【Ctrl】+【G】），或单击属性栏中的“群组”按钮，即可群组选定的对象；

（3）群组后的对象作为一个整体参于控制或操作，比如移动或填充某个对象的位置时，群组中的其他对象也将被移动或填充。

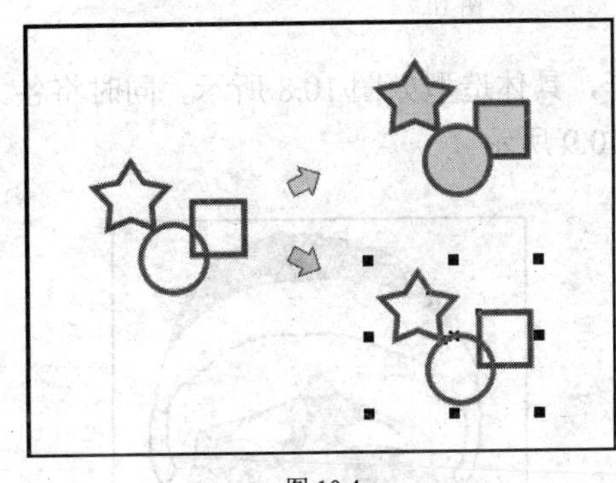

图 10.4

群组后的对象作为一个整体，还可以与其他的对象再次群组。单击属性栏中的“取消群组”和“取消所有群组”按钮，可取消选定对象的群组关系或多次群组关系。

使用“组合”命令可以把不同的对象合并在一起，变为一个新的对象。如图 10.4 所示。如果对象在组合前有颜色填充，那么组合后的对象将显示最后选定的对象（目标对象）的颜色。它的使用方法与群组功能类似。

10.1.3　对象的焊接、相交与修剪

使用 CorelDRAW 提供的“修整”功能，可以更加方便灵活地将简单图形组合成复杂图形，快速地创建曲线图形。在“修整”功能组中，包含有“焊接”、“修剪”、“相交”、“简化”、“前减后”和“后减前”等六种命令。

在选中多个对象后，选定工具属性栏中便会出现焊接、修剪、相交、简化、前减后和后减前六个修整工具按钮，如图 10.5 所示。

图 10.5

单击菜单命令“排列”→“造型”→“造型”，或任意一个修整命令，即可打开包含了六个修整工具的“造型”泊坞窗，如图 10.6 所示。在该泊坞窗中，选定“来源对象”复选框，

可在操作后保留源对象；选定“目标对象”复选框，可在操作后保留目标对象。

10.1.4 实训案例

本实训案例是设计与制作一张贺卡，具体步骤如下。

（1）先用贝塞尔工具勾画出圣诞老人的帽子及边缘，填充为红色，边缘部分填充为白色，如图 10.7 所示。

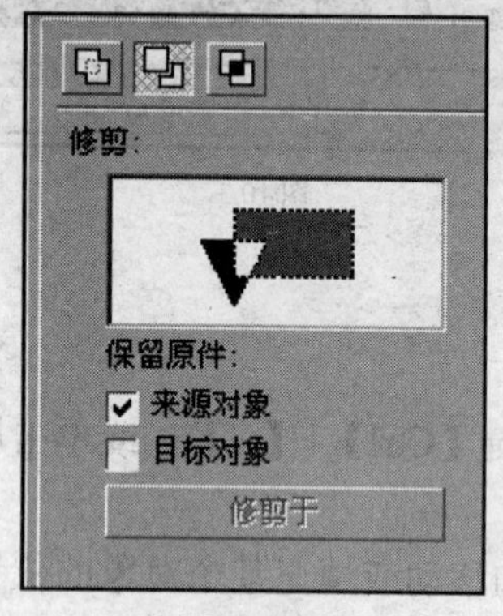

图 10.6

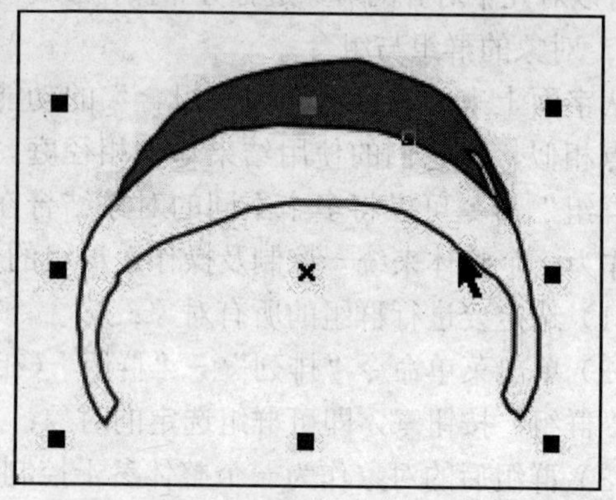

图 10.7

（2）分别绘出圣诞老人的脸庞、眉毛、眼睛和胡子，具体造型如图 10.8 所示，同时将各个部位进行组合，并调整每个部位的层次，使之如图 10.9 所示。

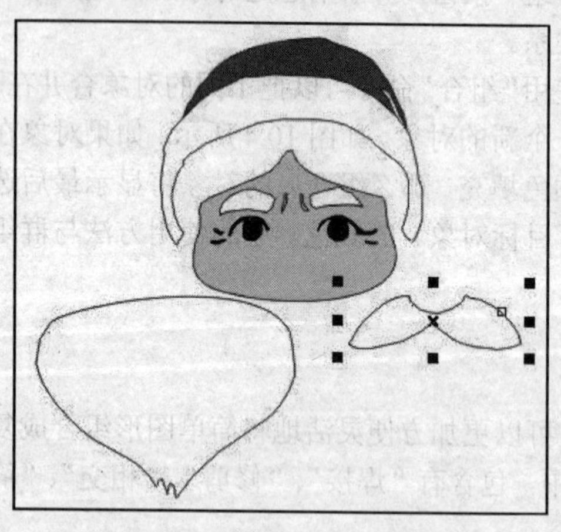

图 10.8

图 10.9

（3）用手绘工具绘制一个半圆弧形，为圣诞老人的鼻子，如图 10.10 所示。至此，圣诞老人的头部就已经完成。

（4）依次绘出圣诞老人的衣服（红色填充）、袖子（白色填充）、手（褐色填充）以及袜子（深红色填充），另外还要绘出圣诞老人的裤带，如图 10.11 所示。然后调整每件物品的前后顺序，并拼成如图 10.12 所示的效果。

（5）分别用圆形工具和贝塞尔工具绘出肩上扛的礼物，如图 10.13 所示，并得出如图 10.14 所示的圣诞老人。

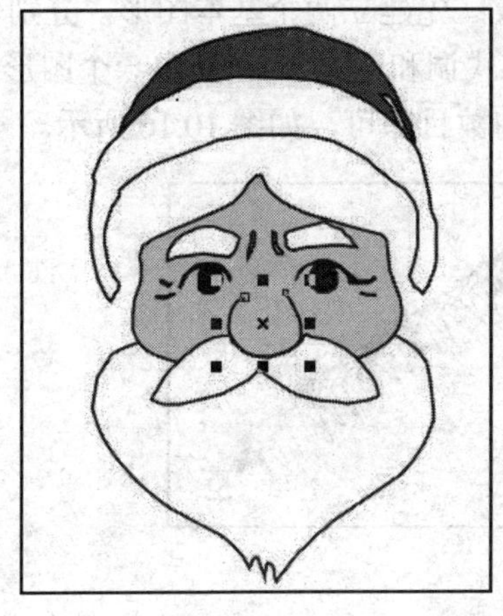

图 10.10

图 10.11

图 10.12

图 10.13

（6）为了防止图形分离，全部选择圣诞老人的各个部件，然后选择“排列”菜单下面的“群组”命令，将圣诞老人组合成一个整体，以方便使用。

（7）同样用贝塞尔工具勾画出电脑的形状并进行填充，得到如图 10.15 所示的图形。

图 10.14

图 10.15

（8）电脑键盘上的按键用“交互式调和工具”完成：先建立两个基本图形，分别作为调和的开始对象和结束对象，然后选择工具栏中的“交互式调和工具”，在其中一个图形上，按住鼠标左键并拖动到另一个对象，完成后，调整调和的数目即可，如图 10.16 所示。

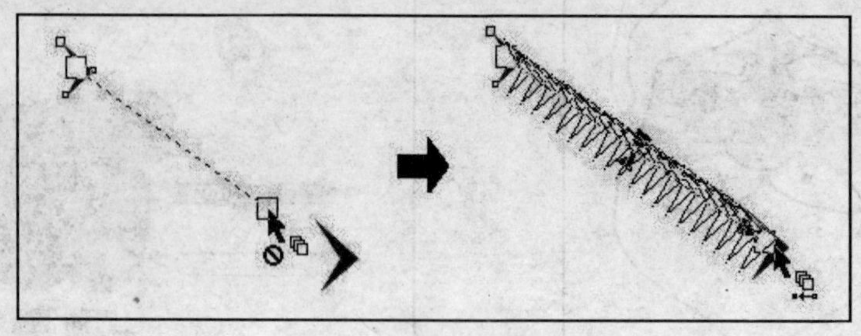

图 10.16

（9）用贝塞尔工具、自然笔工具绘制一张如图 10.17 所示的卡片，并加入到屏幕之中，以表达“在电脑屏幕上敲上问候，深深祝福她”的创意。

（10）用同样的方法，绘制一个雪人、圣诞树和一个大礼包，如图 10.18 所示。

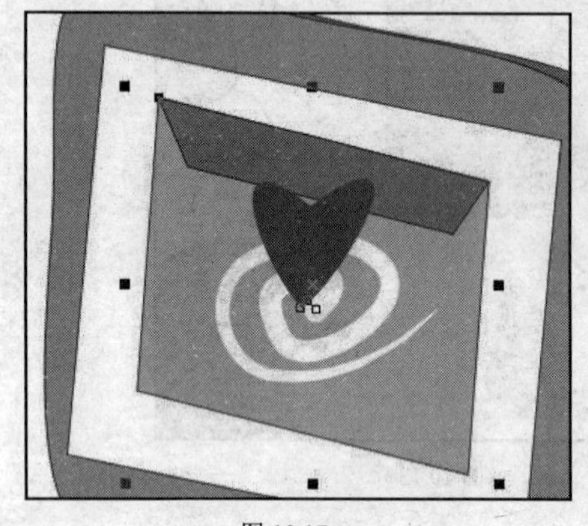

图 10.17

图 10.18

（11）完成了各个图形的绘制后，就可以将它们组合成贺卡了。

（12）设置画面基调。为此画一个贺卡大小的矩形并置于电脑的前一层，使电脑位于矩形的右下角，并调整大小，如图 10.19 所示。

图 10.19

（13）将矩形填充为粉红色，同时选择“交互式透明工具”，并设置透明类型为“线型”，如图 10.20 所示，让靠近电脑的部分通过透明而呈现出来。

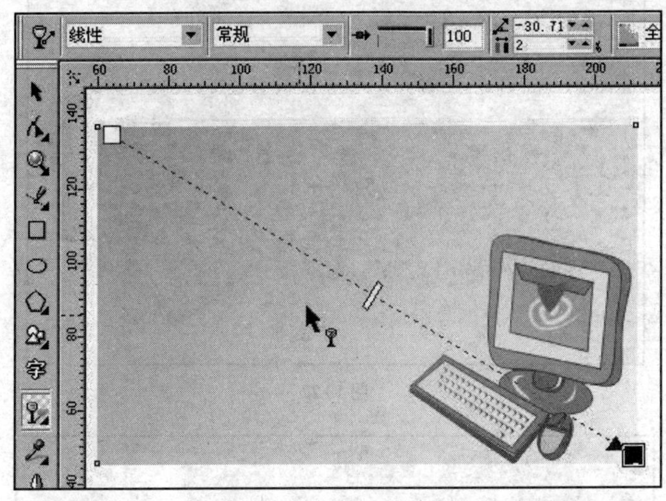

图 10.20

（14）在矩形的上一层建立一个心形图案，并填充为红色，同时用“交互式透明工具”进行线型透明，出现如图 10.21 所示的效果。

图 10.21

（15）复制一个刚才建立的心形图案，并对其进行放大、旋转。由于新的心形图案也被线型透明，所以将产生如图 10.22 所示的效果。

（16）将刚才绘制的圣诞老人、圣诞树、大礼包插入到画面的左边，并移到最上一层。如图 10.23 所示，调整大小和比例。

（17）用“文本工具”输入“圣诞快乐”，设置字体为琥珀体，并将文字转换成曲线。

（18）复制一个。然后选中其中一个，并选择工具栏中的“交互式变形工具”中的“拉链变形”，设置“拉链失真振幅”为“3”，设置“拉链失真频率”为“9”，如图 10.24 所示。

图 10.22

图 10.23

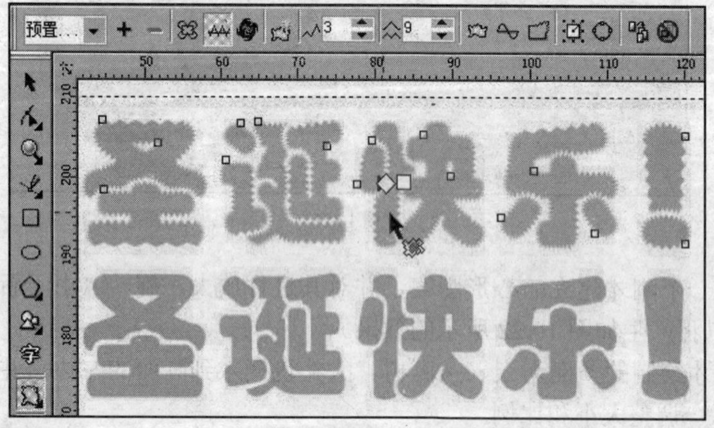

图 10.24

（19）将两组字放到刚才完成的图中，已经变形的文字放到后一层，并设置颜色为白色，前层的文字设置颜色为红色，如图 10.25 所示。这样，一个堆满积雪的文字就做成了。并适当调整大小，使之与图形相匹配。

图 10.25

（20）根据画面需要输入其他文字，完成效果如图 10.26 所示。

图 10.26

10.2　图形对象的特效制作

10.2.1　对象的调和效果

1．简单调和

简单调和也称为直线调和，是通过使用调和工具在调和图形之间拖动而形成的调和方式。若原始对象有填充颜色，则中间对象的填充由系统自动调整两个对象间的光谱颜色。

简单调和的具体操作步骤如下。

（1）单击工具箱中的交互式调和工具。

（2）在圆形上按住鼠标不放并拖动光标到多边形上。

（3）释放鼠标完成调和操作，取消对象的选择。如图 10.27 所示。

图 10.27

2．沿路径进行调和

单击交互式调和工具（Interactive Blend Tool）属性栏中的“路径属性”按钮，可以使选定的调和对象按特定的路径进行调和。操作步骤如下。

（1）使用绘图工具准备好新的路径对象，并选中已建立调和的对象。

（2）单击属性栏中的“路径属性”按钮，在弹出的菜单中选择“新路径”选项。

（3）将已变成曲柄箭头的光标，移动到作为路径的对象上单击即可，如图 10.28 所示。

图 10.28

（4）如果在“路径属性”按钮弹出的菜单中选择“从路径中分离”选项，可以使调和的起始对象和终止对象在路径上，其他的过渡对象不覆盖路径。

（5）在“混合调和选项”按钮的菜单栏中选择“填满调和路径”复选框，可以使调和对象填满整个路径；选择“旋转所有对象”复选框，可以使调和的过渡对象在沿路径调和的同时产生旋转。

10.2.2　对象的封套效果

封套（Envelope）是通过操纵边界框来改变对象的形状，其效果有点类似于印在橡皮上的图案，扯动橡皮则图案会随之变形。

使用工具箱中的交互式封套工具，可以方便快捷地创建对象的封套效果。具体操作步骤如下：

（1）选中工具箱中的交互式封套工具（Interactive Envelope Tool）按钮；

（2）单击需要制作封套效果的对象，此时对象四周出现一个矩形封套虚线控制框；

（3）拖动封套控制框上的节点，即可控制对象的外观（系统默认为非强制模式），如图 10.29 所示。

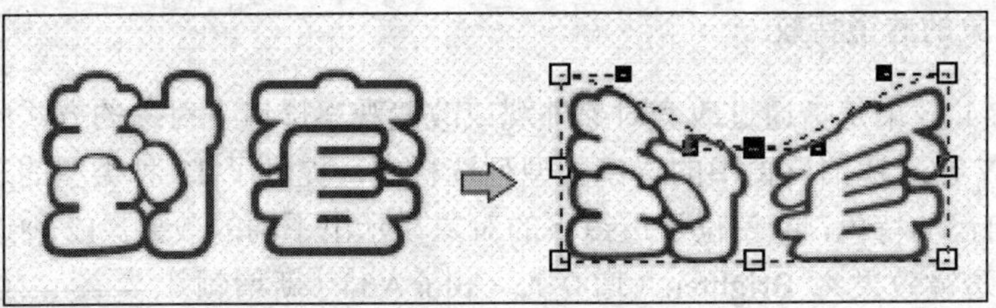

图 10.29

通过对交互式封套工具属性栏（如图 10.30 所示）中的选项设置，可以得到更多的封套效果。

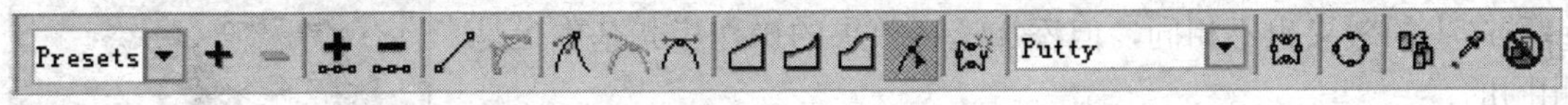

图 10.30

10.2.3　对象的阴影效果

阴影（Drop Shadow）效果是指为对象添加下拉阴影，增加景深感，从而得到一个逼真的外观效果。制作好的阴影效果与选定的对象是动态链接在一起的，如果改变对象的外观，阴影也会随之变化。

使用交互式阴影工具，可以快速地为对象添加下拉阴影效果。具体操作步骤如下。

（1）在工具箱中选择交互式阴影工具（Interactive Drop Shadow Tool）按钮。

（2）选中需要制作阴影效果的对象。

（3）在对象上面按下鼠标左键，然后往阴影投映方向拖动鼠标，此时会出现对象阴影的虚线轮廓框。

（4）至适当位置，释放鼠标即可完成阴影效果的添加。

（5）拖动阴影控制线中间的调节钮，可以调节阴影的不透明程度。越靠近白色方块不透明度越小，阴影越谈；越靠近黑色方块（或其他颜色）不透明度越大，阴影越浓。如图 10.31 所示。

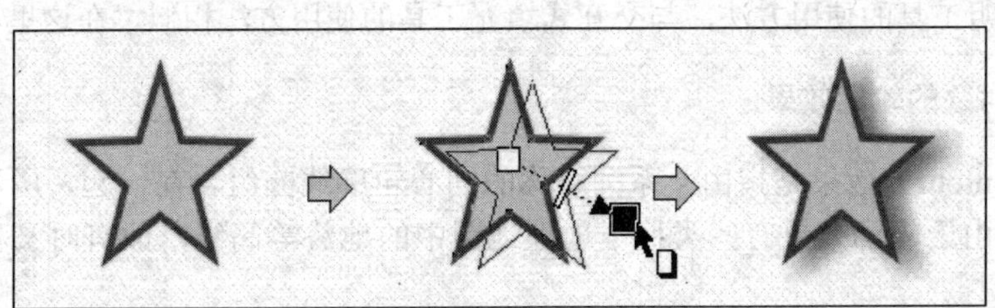

图 10.31

（6）用鼠标从调色板中将颜色色块拖到黑色方块中，方块的颜色则变为选定色，阴影的颜色也会随之改变为选定色。

注意：已经应用了调和、立体化、轮廓化等效果的对象不能添加阴影效果；没有填充颜色或轮廓线条非常细的对象不能添加阴影效果。应用交互式阴影工具属性栏中的参数设置，可以更加精确的控制对象的阴影效果。

10.2.4 对象的透镜特效

透镜（Lens）效果是指通过改变对象外观或改变观察透镜下对象的方式所取得的特殊效果。CorelDRAW 在透镜泊坞窗中的透镜类型列选栏中，提供了 12 种类型的透镜，每一种类型的透镜都有自己的特色，能使位于透镜下的对象显示出不同的效果。12 种透镜分别是：No Lens Effect（无透镜效果）、Brighten（增亮）、Color Add（新增颜色）、Color Limit（颜色限制）、Custom Color Map（定制颜色图）、Fish Eye（鱼眼）、Heat Map（热图）、Invert（反转）、Magnify（放大）、Tinted Grayscale（颜色灰度）、Transparency（透明度）、Wireframe（框架模式）。虽然 CorelDRAW 的透镜比较多，每种透镜所产生的效果也不相同，但添加透镜效果的操作步骤基本上是相同的：

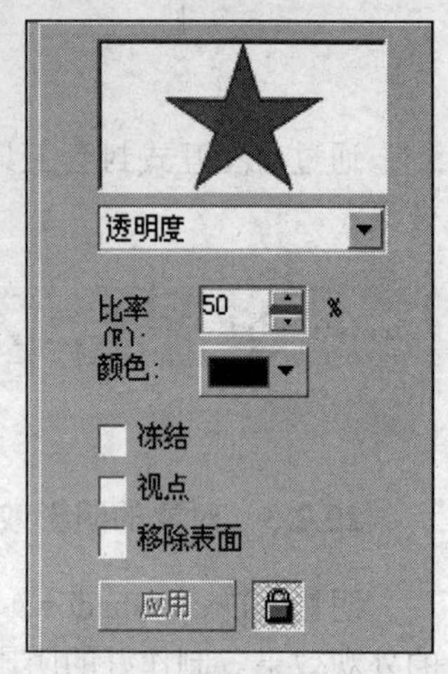

图 10.32

（1）绘制或调入需要添加透镜效果的图形对象；

（2）单击菜单命令“效果”→“透镜”，或按快捷键【Alt】+【F3】，弹出透镜泊坞窗口，如图 10.32 所示；

（3）在透镜泊坞窗预览框下面的透镜类型列选栏中，选择想要应用的透镜效果，比如选用颜色限制透镜效果；

（4）设置选定透镜类型的参数选项（不同的透镜类型的参数选项不同）；

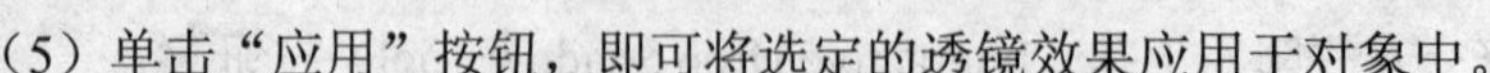
（5）单击“应用”按钮，即可将选定的透镜效果应用于对象中。

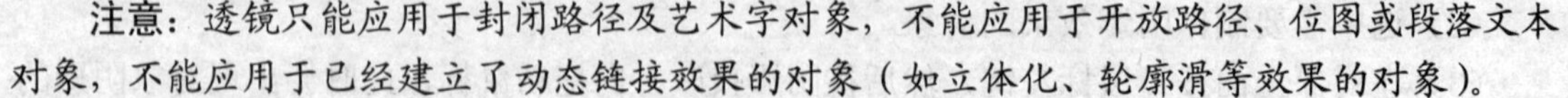
注意：透镜只能应用于封闭路径及艺术字对象，不能应用于开放路径、位图或段落文本对象，不能应用于已经建立了动态链接效果的对象（如立体化、轮廓滑等效果的对象）。

10.2.5 对象的透明效果

透明（Tansparency）效果是通过改变对象填充颜色的透明程度，来创建独特的视觉效果。使用交互式透明工具（Interactive Transparency Tool），可以方便地为对象添加 Uniform（均匀）、Fountain（渐变）、Pattern（图案）及 Texture（材质）等透明效果。

交互式透明工具的使用方法，与交互式填充工具的使用方法相似，在这里不做介绍。

10.2.6 对象的轮廓效果

轮廓（Contour）效果是指由一系列对称的同心轮廓线圈组合在一起，所形成的具有深度感的效果。由于轮廓效果有些类似于地理地图中的地势等高线，故有时又称之为“等高线效果”。

轮廓效果与调和效果相似，也是通过过渡对象来创建轮廓渐变的效果，但轮廓效果只能作用于单个对象，而不能应用于两个或多个对象。具体操作步骤如下：

（1）选中欲添加效果的对象；

（2）在工具箱中选择交互式轮廓工具（Interactive Contour Tool）按钮；

（3）用鼠标向内（或向外）拖动对象的轮廓线，在拖动的过程中可以看到提示的虚线框；

（4）当虚线框达到满意的大小时，释放鼠标即可完成轮廓效果的制作。如图 10.33 所示。

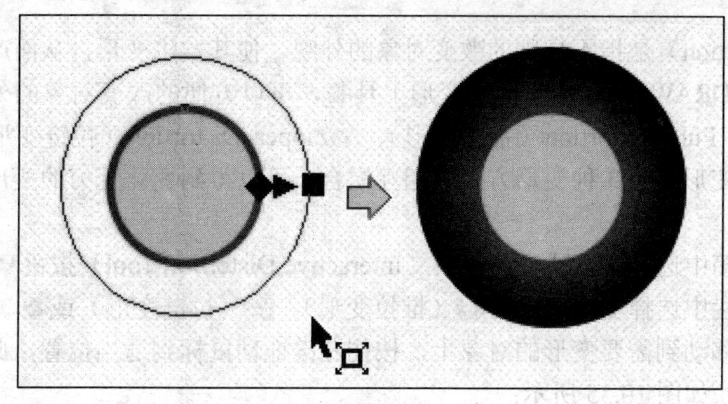

图 10.33

10.2.7　对象的立体化效果

立体化（Extrude）效果是利用三维空间的立体旋转和光源照射功能，为对象添加上产生明暗变化的阴影，从而制作出逼真的三维立体效果。使用工具箱中的交互式立体化工具，可以轻松地为对象添加上具有专业水准的矢量图立体化效果或位图立体化效果。

当选取交互式立体化工具后，属性栏左边的按钮用于选择位图立体化模式，按钮用于选择矢量图立体化模式。系统默认模式是矢量图立体化模式。

使用交互式立体化工具（Interactive Extrude Tool）创建立体化效果的操作步骤如下：

（1）在工具箱选中交互式立体化工具；

（2）选定需要添加立体化效果的对象；

（3）在对象中心按住鼠标左键向添加立体化效果的方向拖动，此时对象上会出现立体化效果的控制虚线；

（4）拖动到适当位置后释放鼠标，即可完成立体化效果的添加，如图 10.34 所示；

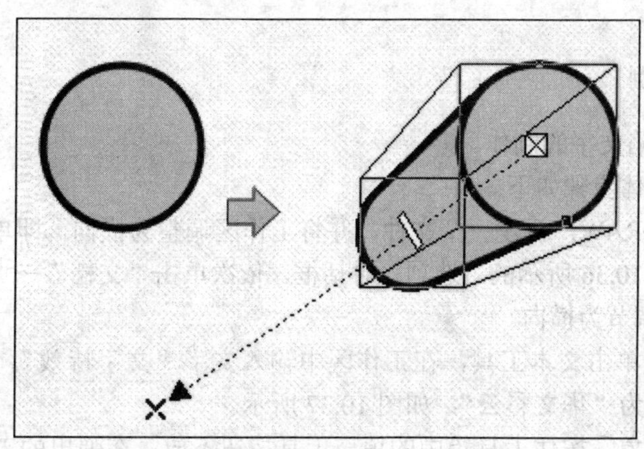

图 10.34

（5）拖动调节钮可以改变对象立体化的深度；

（6）拖动▶×控制点可以改变对象立体化消失点的位置。

10.2.8 对象的变形效果

变形（Distortion）是指不规则的改变对象的外观，使其发生变形，从而产生令人耳目一新的效果。CorelDRAW 提供的交互式变形工具，可以方便的改变对象的外观。通过该工具中Push And Pull Distortion（推拉变形）、Zipper Distortion（拉链变形）和Twister Distortion（缠绕变形）等 3 种变形方式的相互配合，可以得到变化无穷的变形效果。具体操作步骤如下：

（1）在工具箱中选择交互式变形工具（Interactive Distortion Tool）按钮；

（2）在属性栏中选择变形方式为（推拉变形）、（拉链变形）或（缠绕变形）；

（3）将鼠标移动到需要变形的对象上，按住左键拖动鼠标到适当位置，此时可看见蓝色的变形提示虚线，如图 10.35 所示；

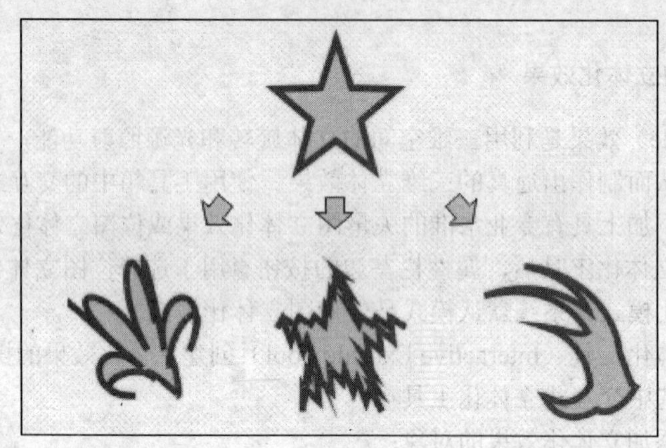

图 10.35

（4）释放鼠标即可完成变形。

变形方式可以混合使用，即对于已经使用了一种变形方式的对象，可以再选用其他的变形方式进行变形操作。

10.2.9 实训案例

实训案例 1：凹陷文字的制作。

本实训案例的具体步骤如下。

（1）打开 CorelDRAW，新建一个文件，并将工作区调整为横向。即单击“工具”→“选项”命令，打开如图 10.36 所示的“选项”对话框，依次单击“文档”→“页面大小”→“横向”，即可把工作区调节为横向。

（2）在工具箱中单击文本工具，在工作区中输入文字“文字特效”。为了更好的突出效果，将文字的字体改为“华文彩云”，如图 10.37 所示。

（3）选中文字对象，按住工具箱中的填充工具按钮不放，在弹出的工具中选择渐变填充工具。在渐变填充对话框中设置渐变类型为射线，并设置好中心偏移点，然后将渐变填充中的颜色调和为从黑到白，单击“确定”按钮进行渐变，如图 10.38 所示。

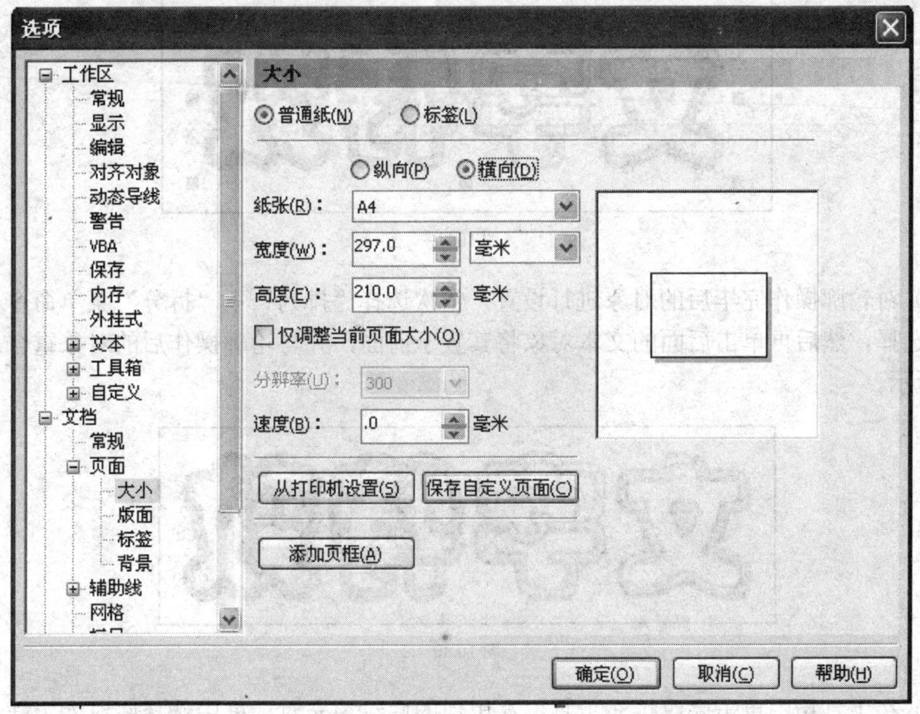

图 10.36

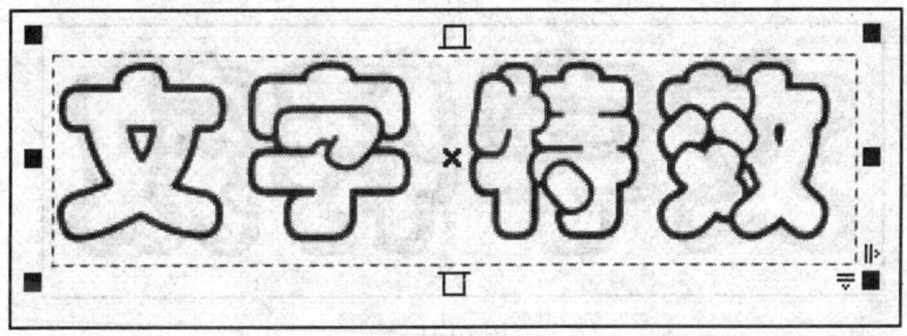

图 10.37

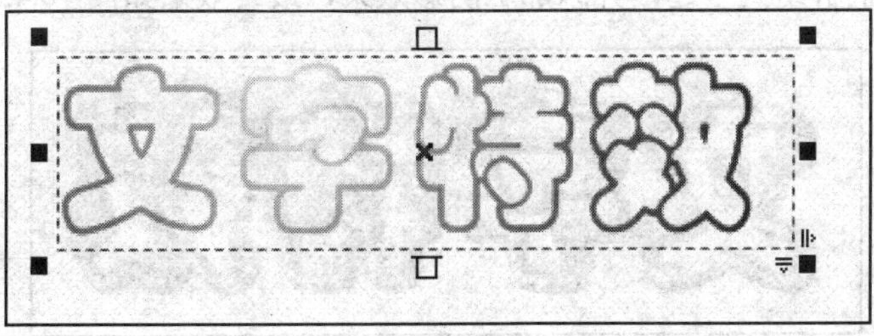

图 10.38

（4）在进行文字特效设计之前，必须将文字转化为美术字。方法为：选择文字，然后单击鼠标右键，选择转到美术字或执行【Ctrl】+【F8】即可。

（5）按住工具箱中的交互式轮廓工具按钮不放，在弹出的工具中选择交互式轮廓工具，接着用鼠标往外拽，不要拽的距离太大。在其属性栏中设置轮廓向外，偏移为 1mm，轮廓图层数为 1，并单击顺时针的轮廓图颜色按钮。效果如图 10.39 所示。

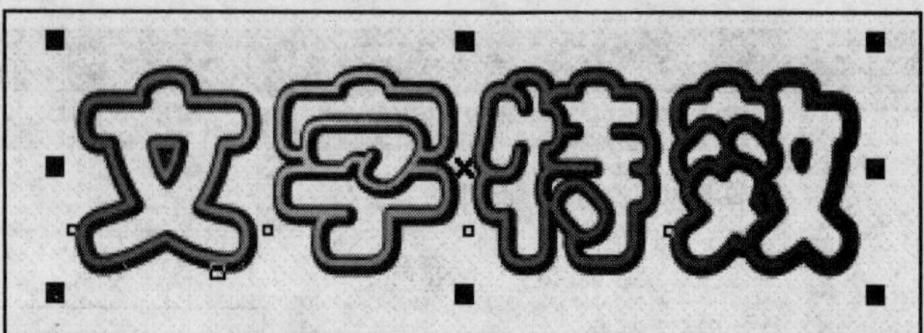

图 10.39

（6）对轮廓操作完毕后的对象进行设置，依次选择“排列”→“拆分”菜单命令，取消对象的选择，然后再单击后面的文本对象将其置于前面，并与轮廓操作后的对象重合。如图 10.40 所示。

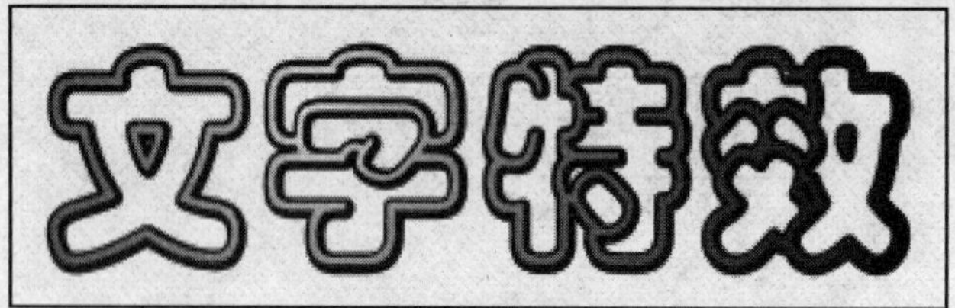

图 10.40

（7）在工具箱中单击底纹填充工具，在出现的底纹填充对话框中选择底纹库为样本 8，在底纹列表中选择水泥给文本对象填充，如图 10.41 所示。

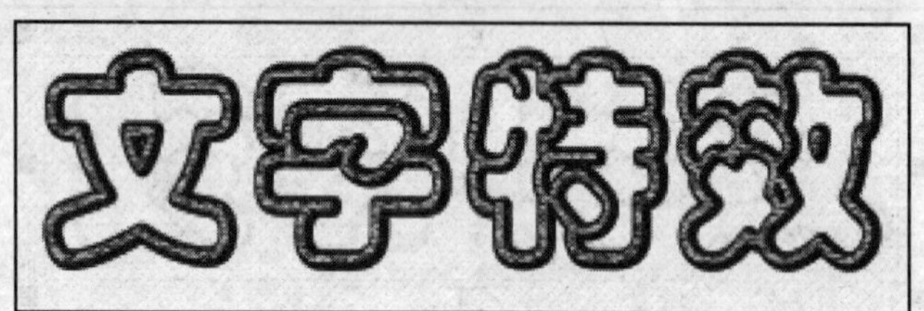

图 10.41

（8）最后将它们群组到一起，并添加上阴影效果，最终效果如图 10.42 所示。

图 10.42

实训案例 2：齿轮绘制。

本实训案例的具体步骤如下。

（1）用 CorelDRAW 建立一个新文件，按住鼠标左键在水平方向拖动，绘制出水平的直线。

（2）执行菜单命令“窗口”→“泊坞窗”→“变换”→“旋转”，打开变换泊坞窗，如图 10.43 所示。

（3）用箭头工具选中刚才画好的直线。若计划画有 20 个角的齿轮，那么 360° 除以 20 就是 18°，在“角度”下设角度为 18 度。中心的 H 和 V 按默认设置。选中“相对中心”的单选框。

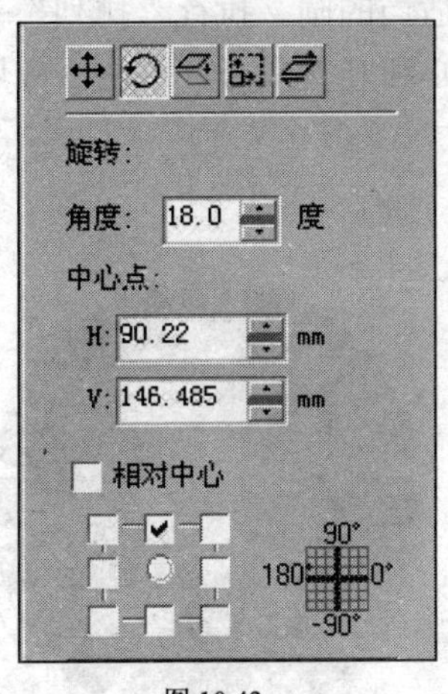

图 10.43

图 10.44

（4）单击“应用到再制”按钮，画好的直线被复制一份，并且相对于原来的直线旋转了 18 度，旋转的角度中心是直线的中点。原来的直线被自动取消了选择，新复制的直线自动被选中。所以，再次单击“应用到再制”按钮，又会复制出一条新的直线，这是第三条线。它相对于第二条直线又是旋转了 18 度。

（5）连续单击“应用到再制”按钮，直线被不断的复制。也可以用快捷键【Ctrl】+【D】。复制出九条直线后，一个星型就做好了。如图 10.44 所示。

（6）用箭头工具选中所有直线，单击轮廓工具按钮，在弹出菜单中选择“轮廓笔对话框”，或按快捷键【F12】，弹出“轮廓笔”对话框，设置一个适当的线宽（220 像素）。即在宽度后的单位列表中设定单位为像素，在列表中直接输入一个数值，确定线宽的像素值。

（7）可以设定线的颜色，也可以通过右击色盘来确定线色，这要比设定方便许多。最后确定设好线宽。过程与效果如图 10.45 所示。

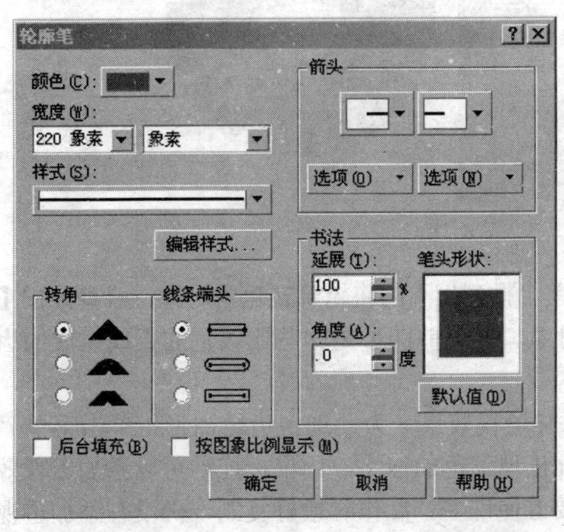

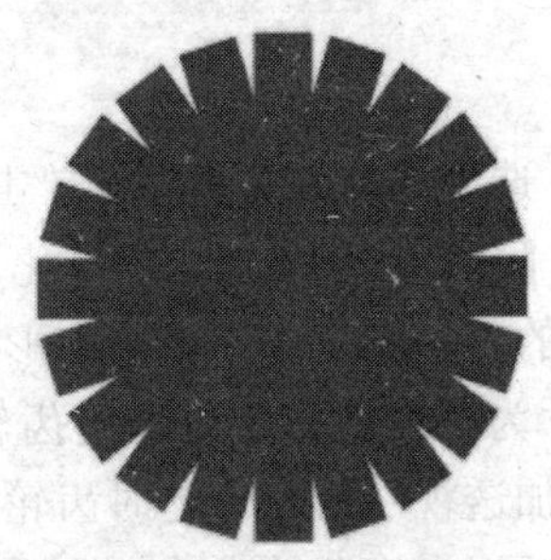
图 10.45

（8）使星形保持在选中状态下，单击菜单“排列”下的“结合”命令，或直接按快捷键【Ctrl】+【L】，把这些线条结合为一个对象。

（9）为给齿轮中心挖一个孔，使用椭圆工具画一个适当的圆。执行“排列”→“对齐与分布”菜单命令，打开对齐与分布对话框，选中水平中心和竖直中心，单击“应用”按钮，对齐图形。过程与效果如图 10.46 所示。

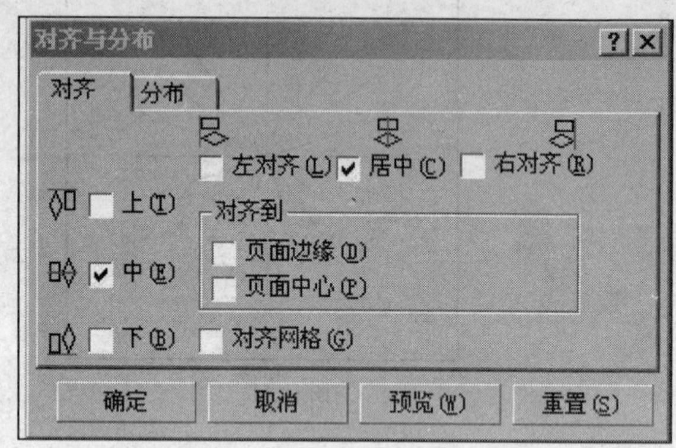

图 10.46

（10）选中小圆，执行“窗口”→“泊坞窗”→“造形”命令，打开造形泊坞窗。在列表中选中修剪项。单击“修剪”按钮，这时光标会发生变化。单击齿轮图形，完成修剪。把两个图形移动，能够看到修剪后的效果。过程与效果如图 10.47 所示。

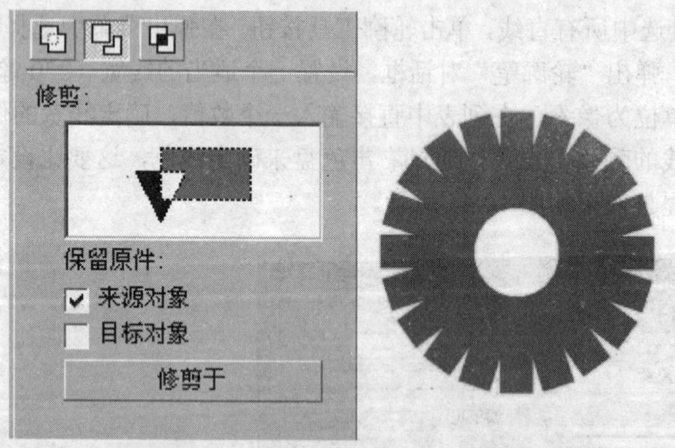

图 10.47

（11）选中修剪好的齿轮，单击菜单“排列”下的将轮廓转化为对象，或直接按【Ctrl】+【Shift】+【Q】命令，把轮廓转化为对象。转化前图形是一些比较宽的直线组成的齿轮，转化后齿轮的外轮廓变成了新的图形。

（12）为了使效果更好，给齿轮添加透视效果。为此选中齿轮图形，单击菜单“效果”下的“添加透视”命令。这时齿轮上面出现红色的网络，用鼠标拖动可以添加透视效果。自动生成的透视，十分的准确，比手绘要方便许多。制作时最好复制一份没有添加透视的齿轮备用。过程与效果如图 10.48 所示。

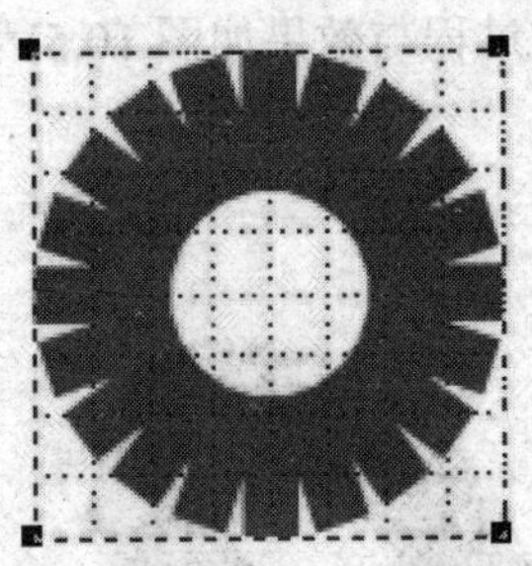
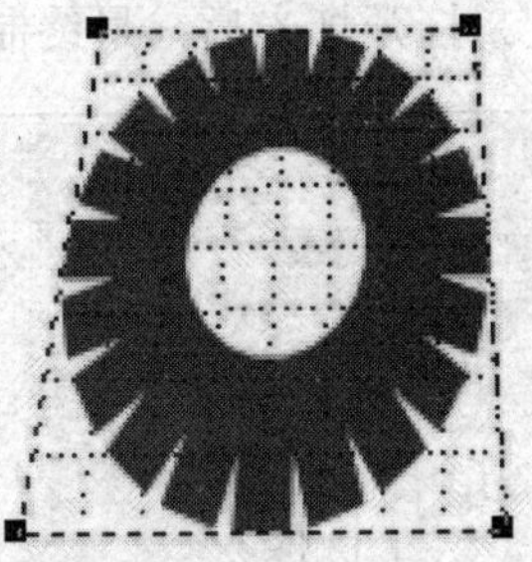

图 10.48

（13）用对象复制工具在原位置复制一个齿轮。按住【Alt】键，单击齿轮选中下层的齿轮（按住【Alt】键可以选中被别的对象挡住了的对象）。单击色盘中的黑色，把下层的齿轮改成黑色。把光标移动到选中标记中心的小“×”符号上面，光标变成十字箭头。拖动鼠标，把下层齿轮移动一点，使两个齿轮错开位置。这样一个简单的有立体感的齿轮就做好了。如图 10.49 所示。

图 10.49

（14）复制一个未添加透视效果的齿轮图形。选用“交互式立体化工具”，单击图形，拖动光标到图形中心。注意一定要拖动到中心。

（15）在工具栏上设定“深度”为“1”，即是设定成一个比较薄的齿轮。如果深度设定比较大，齿轮就会因为太厚，看上去会像一个柱体。单击工具栏上的“立体化旋转按钮”，弹出一个小调节面板，面板上有一个字符“3”，用鼠标左键拖动，把字符“3”转动一个适当的角度。这样就产生了真实的透视效果。过程与效果如图 10.50 所示。

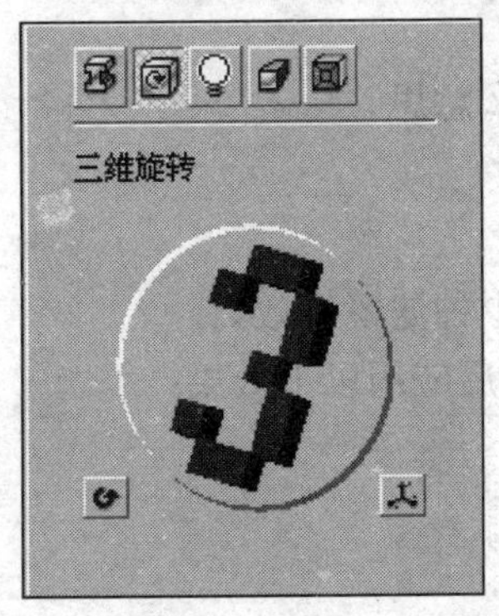

图 10.50

（16）单击工具栏上的“照明”工具，弹出一个调节面板，以便给刚才的 3D 效果增加外部灯光。选用“灯光 1”。打开灯光后，最终制作过程与效果如图 10.51 所示。

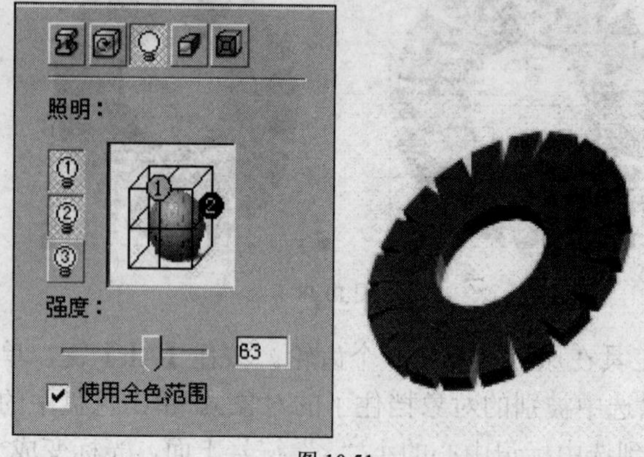

图 10.51

本 章 小 结

本章主要介绍了图形对象的编辑方法和技巧，以及 CorelDRAW 工具箱中各种交互式工具和矢量图特效工具的使用。通过学习要求基本掌握图形对象的复制、移动、缩放、旋转等命令的操作步骤；基本掌握调和、封套、阴影、透镜、透明度、轮廓、立体化、变形等交互式工具包括的功能作用和它们的操作方法，增加图形图像处理的技术手段，开拓创作思路。

应该与 Photoshop 图像处理软件做对比，体会图形处理与图像处理的异同。

习 题

1. 什么叫群组对象？
2. 举例说明怎样来焊接对象。
3. CorelDRAW 提供的交互式变形工具有哪几种？
4. 封套工具在 CorelDRAW 中的作用是什么，又是如何实现这个功能的？
5. 调和工具 3 种基本形式的区别是什么？
6. 调和工具中“旋转”和“回路”是什么意思？
7. 请运用所学知识为自己画像。
8. 运用所学的知识制作一警示牌。
9. 对象的透镜特效的作用是什么？有多少种滤镜特效？
10. 使用文字工具创建一段美术文本，然后应用以下效果：
    为文本添加阴影效果
    改变阴影的方向
    改变阴影的颜色
    改变阴影的位置
11. 运用所学的知识制作一文字特效。

实 训 篇

第 11 章 图形图像制作综合技巧

教学目标：本章是图形图像处理技术的综合应用，通过对几类实用的平面设计基本知识和制作技术的讲解，使学生了解图形图像处理技术的应用范围和应用途径，掌握图形图像处理技术在实际工作中的应用技巧，进一步熟悉和巩固图形图像制作处理软件的操作使用技术和水平。

教学内容：复杂图形图像的制作、标志设计制作、纹理图案的制作、文字特效制作 Logo 设计制作、VI 设计制作。

11.1 复杂图形图像的绘制实践

11.1.1 准备知识

在现代设计领域中，图形图像的应用已经非常广泛。一般地，把各种需要通过输入设备（如扫描仪、数码相机等）输入的位图模式的图片称为图像，而矢量模式的图片称为图形。图形图像包括的内容非常广泛，可以是照片、插图、绘画等等。在具体制作中，主要是根据设计创意的需要进行采集、加工和编辑。图形图像在设计中的重要作用是，它以艺术的形式来表现形象化、真实化的主题，有 4 个方面的特点：直观，几乎所有的人都看得懂，从而可以使媒体拥有更多的读者；形象，可以使人产生如睹实物的真切感，有助于增进了解、认识和信任；生活感，有生活气息的图片具有情绪的感染力，给人以身历其境的感觉，容易产生分享满足的向往；美感，一幅好的广告图片，往往就是一件很美的艺术品，给人以美的享受。

运用计算机进行图形图像设计，是目前流行的一种制作图形图像的手段，可以栩栩如生地创作出各类卡通形象、水果静物、人物 CG 等作品，广泛应用于游戏、多媒体作品、广告、网站等方面。下面以绘制一个草莓的造型，来说明运用图像处理技术制作复杂图形图像的基本方法和技巧。

11.1.2 绘图步骤

（1）新建一个 10×10 像素的文件，如图 11.1 所示。在其上用铅笔工具，选择 1 像素的笔刷，正常色彩模式，100%的不透明度进行作图，结果如图 11.2 所示。

（2）执行“编辑”→“定义笔刷”命令，把整个文件定义为笔刷，起名为 aa。

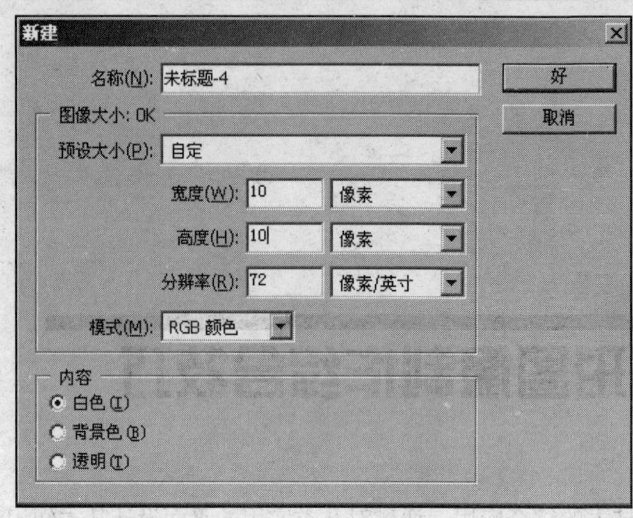

图 11.1

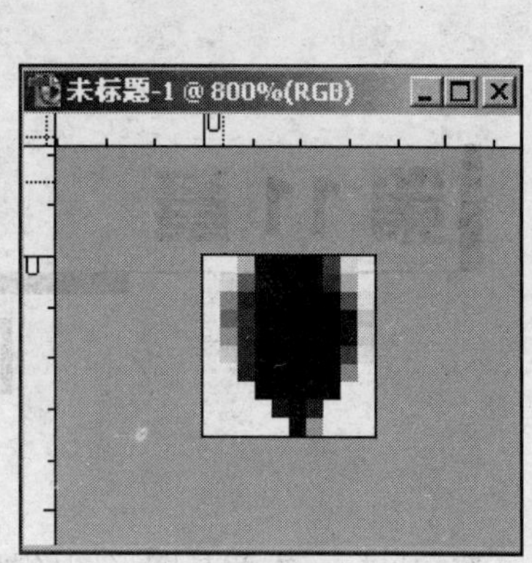

图 11.2

（3）新建一个 100×100 像素的文件，用刚才创建的画笔 aa 作图，如图 11.3 所示。执行“编辑”→“定义笔刷”命令，将其保存为画笔，名称为 bb，如图 11.4 所示。

图 11.3

（4）新建一个 700×700 像素的文件，用钢笔工具。在钢笔工具选项中选择“路径”项，画出如图 11.5 所示的路径。

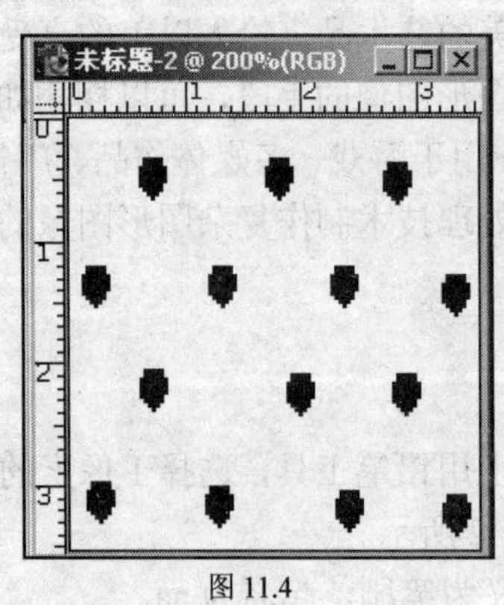

图 11.4

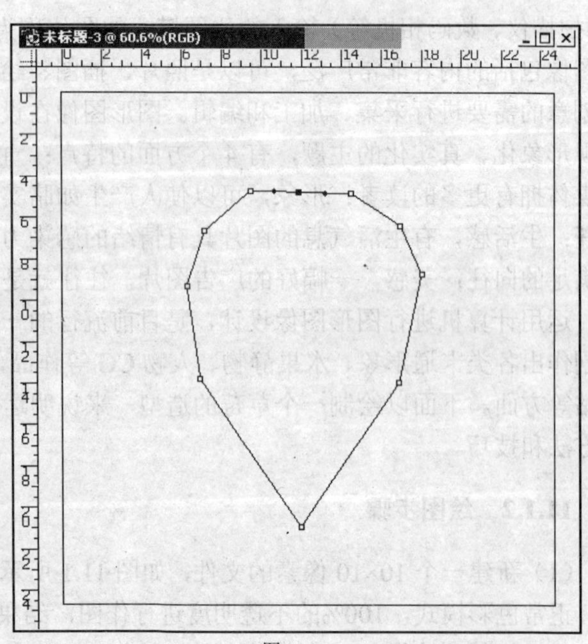

图 11.5

（5）在路径工具箱中运用“直接选择工具”和“转换点工具”，对路径上的锚点，进行编辑、曲线化，使之修改成如图 11.6 的形状，并将其转化为选区。

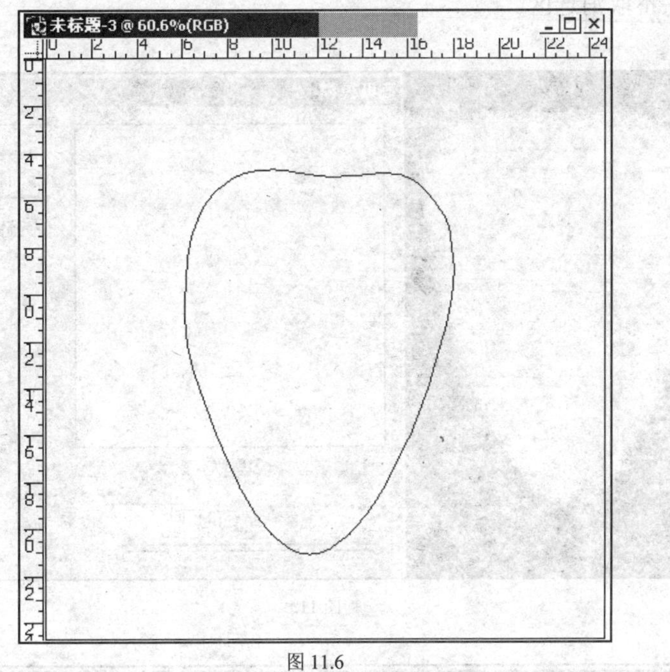

图 11.6

（6）新建 Alpha 通道，用白色填充选区，并用刚才建的第二个画笔 bb 在通道上作图，注意绘图时尽量间隔均匀一点，空缺的地方可以用画笔 aa 修补。结果如图 11.7 所示。

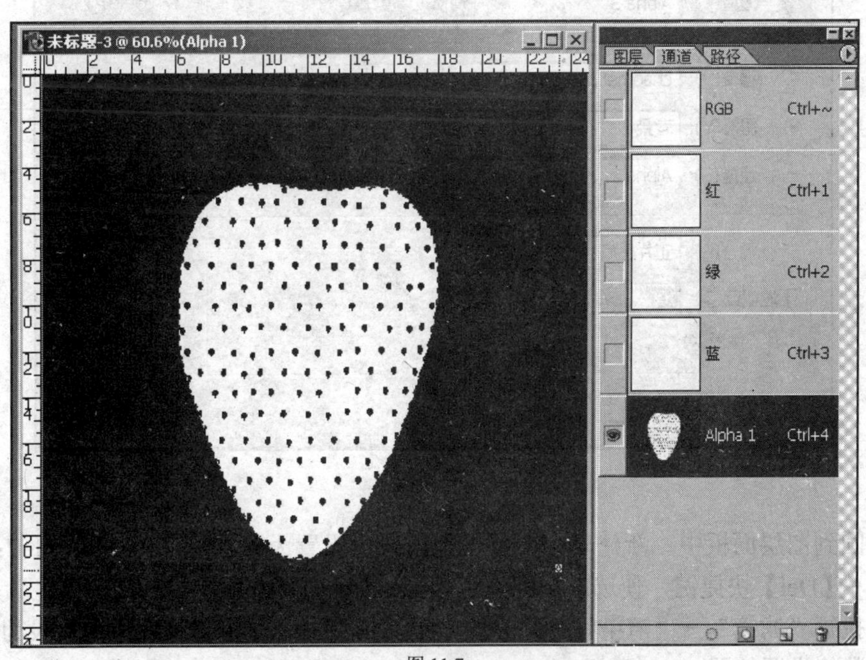

图 11.7

（7）将 Alpha 1 复制两个，成为 Alpha 2、Alpha 3，分别对其进行高斯模糊，模糊值分别为 6 和 4.6，如图 11.8 所示。将这两个通道进行运算生成通道 Alpha 4，通道计算的参数设置如图 11.9 所示。不取消选区。

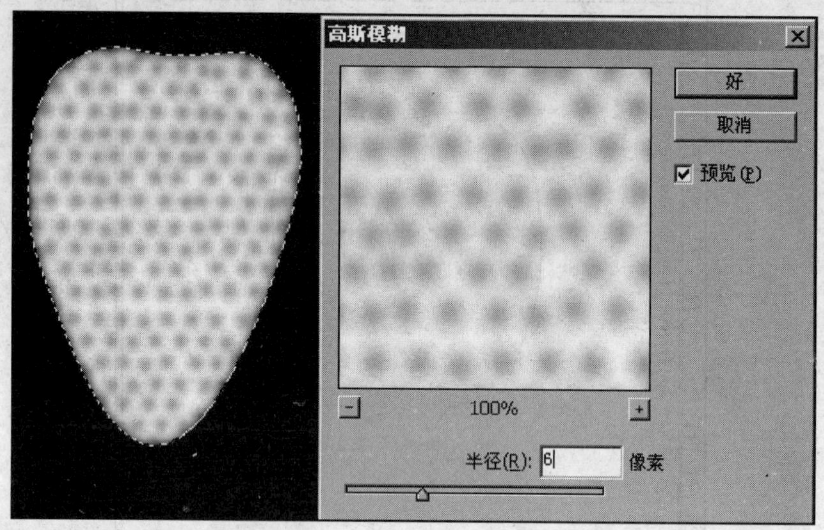

图 11.8

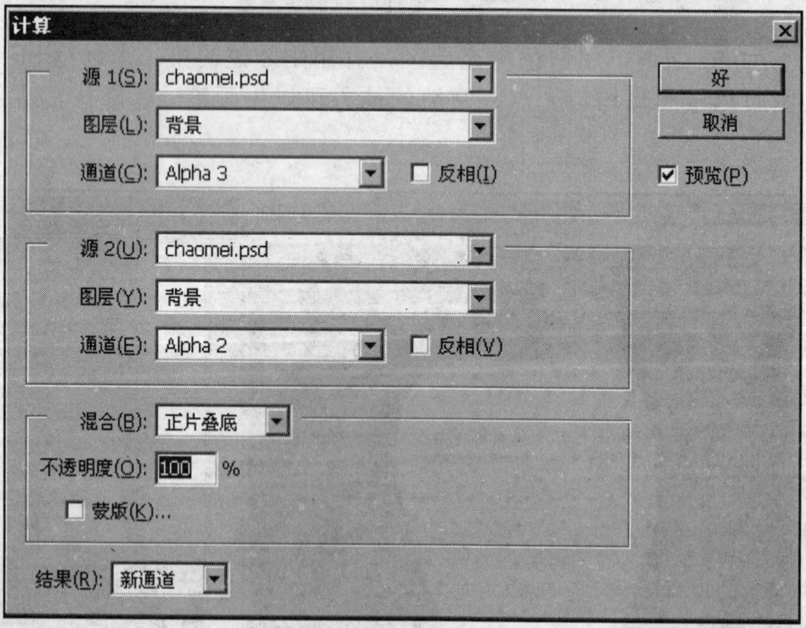

计算

源 1(S): chaomei.psd
图层(L): 背景
通道(C): Alpha 3 反相(I)
源 2(U): chaomei.psd
图层(Y): 背景
通道(E): Alpha 2 反相(V)
混合(B): 正片叠底
不透明度(O): 100 %
蒙版(K)...
结果(R): 新通道
好
取消
预览(P)

图 11.9

（8）回到图层面板中，新建一个图层，把前景色设置为深红色（R=170；G=7；B=7），按【Alt】+【Del】快捷键，使选区用深红色填充，如图 11.10 所示。

（9）执行“滤镜”→“渲染”→“光照效果滤镜”命令，将“纹理通道”设为 Alpha 4，其他各项数值设置如图 11.11 所示。

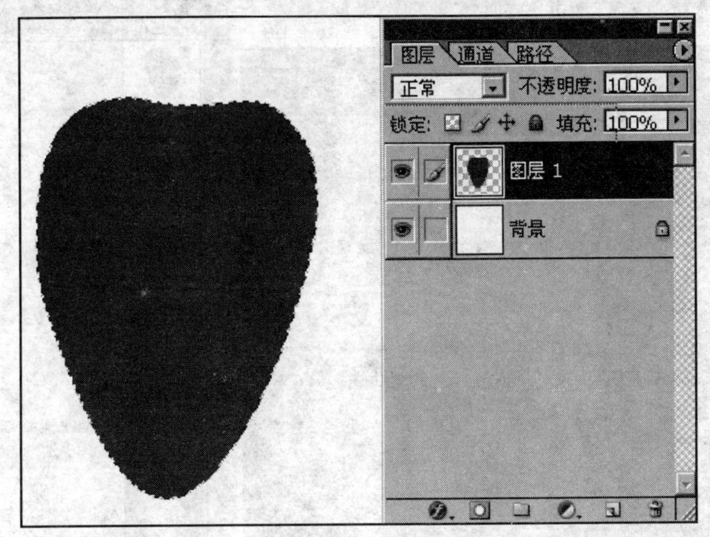

图 11.10

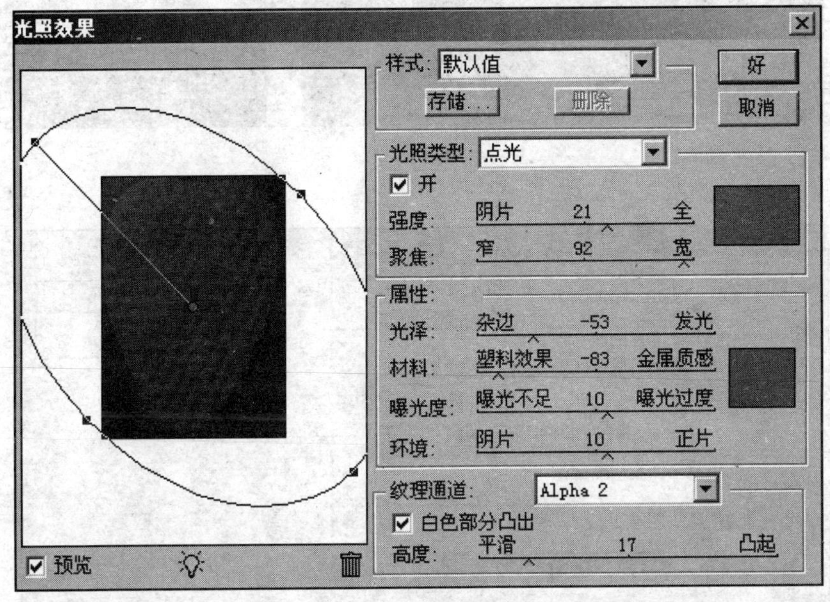

图 11.11

（10）新建一个通道 Alpha 5，将其进行云彩滤镜处理（注意，执行云彩滤镜有一定的随机性，不同的人做出来的效果可能不一样），如图 11.12 所示。然后将其与 Alpha 4 进行通道运算生成通道 6，通道计算设置如图 11.13 所示。再对 Alpha 6 执行“滤镜”→“艺术效果”→“塑料包装滤镜”命令，如图 11.14，参数值可以根据图像情况进行调整。然后将这个通道与图层 1 进行应用图像处理，如图 11.15 所示。得到如图 11.16 所示的效果。

（11）将通道 Alpha 1 再复制一次，生成通道 Alpha 7，对其进行浮雕效果处理。如图 11.17 所示。

chaomei.psd @ 66.7% (图层 1, Alpha 3)
图层
通道
路径
红 Ctrl+1
绿 Ctrl+2
蓝 Ctrl+3
Alpha 1 Ctrl+4
Alpha 1 副本 Ctrl+5
Alpha 1 副... Ctrl+6
Alpha 2 Ctrl+7
Alpha 3 Ctrl+8

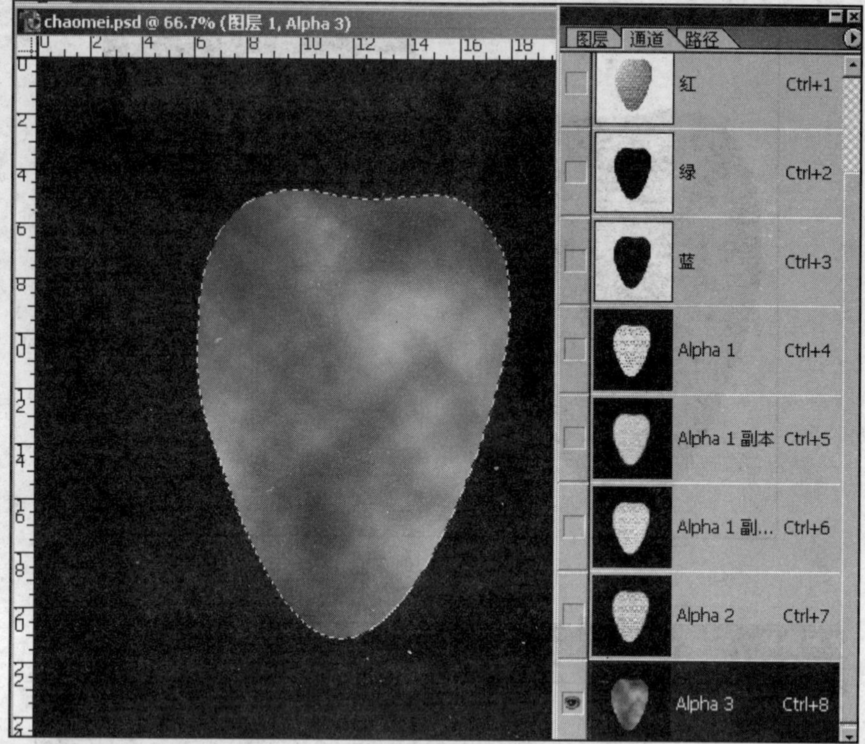

图 11.12

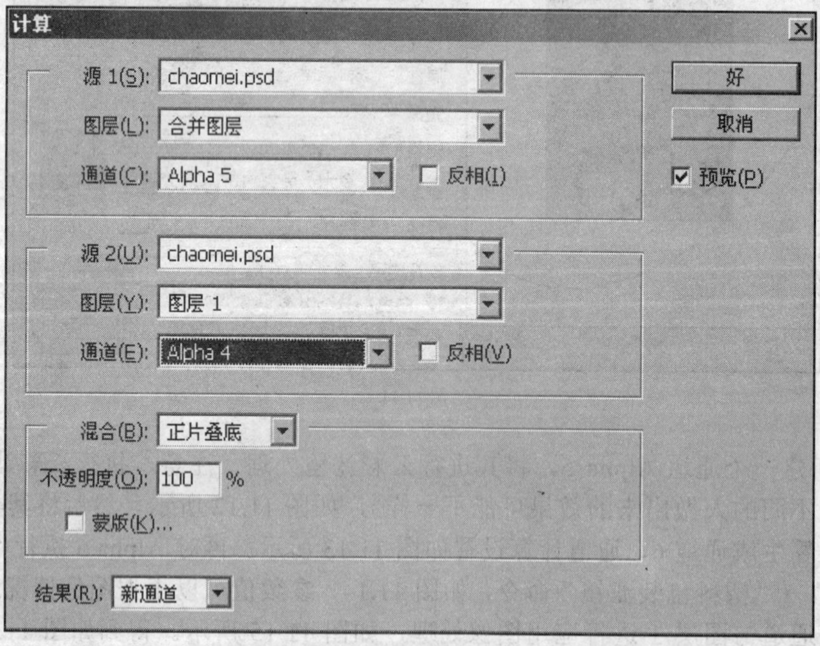

计算
源 1(S): chaomei.psd
图层(L): 合并图层
通道(C): Alpha 5
反相(I)
好
取消
预览(P)
源 2(U): chaomei.psd
图层(Y): 图层 1
通道(E): Alpha 4
反相(V)
混合(B): 正片叠底
不透明度(O): 100 %
蒙版(K)...
结果(R): 新通道

图 11.13

（12）新建图层，用白色填充选区，将 Alpha 7 与其进行应用图像处理，如图 11.18 所示。然后将图层的混合模式设为正片叠底方式，并对图层 1 进行处理，结果如图 11.19 所示。

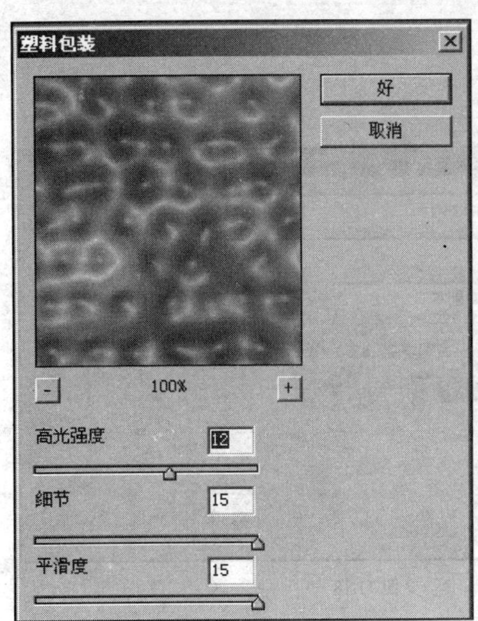

图 11.14

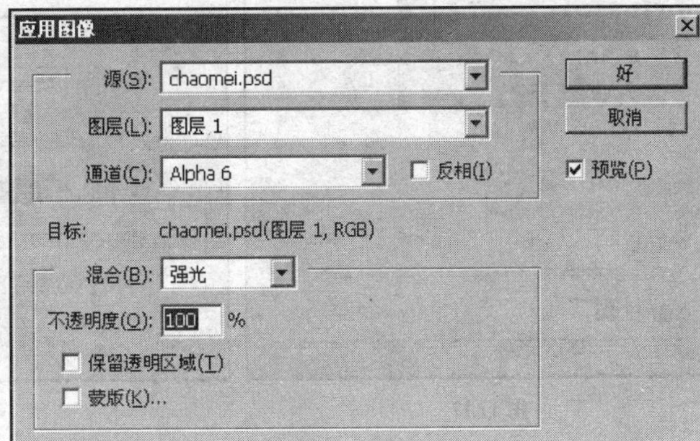

图 11.15

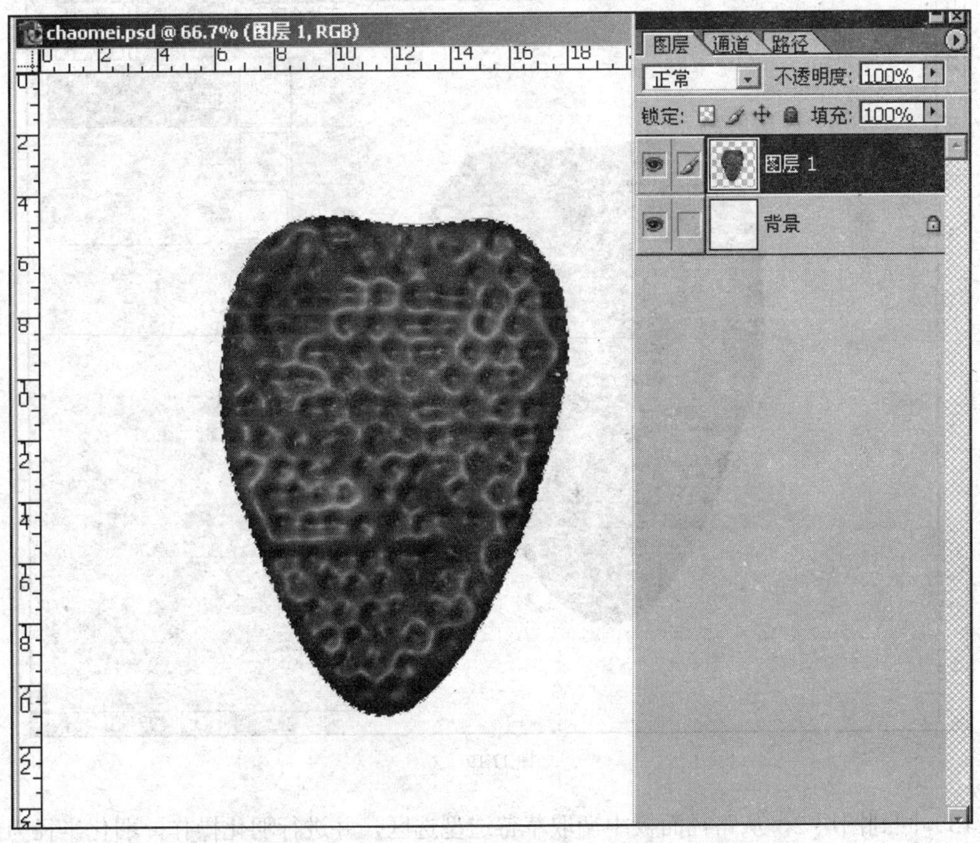

图 11.16

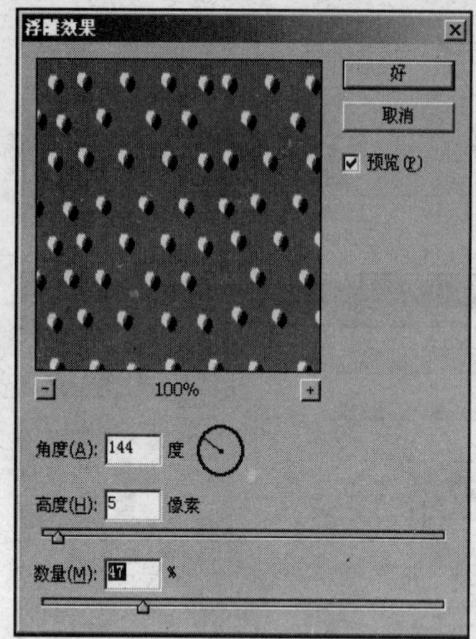

图 11.17

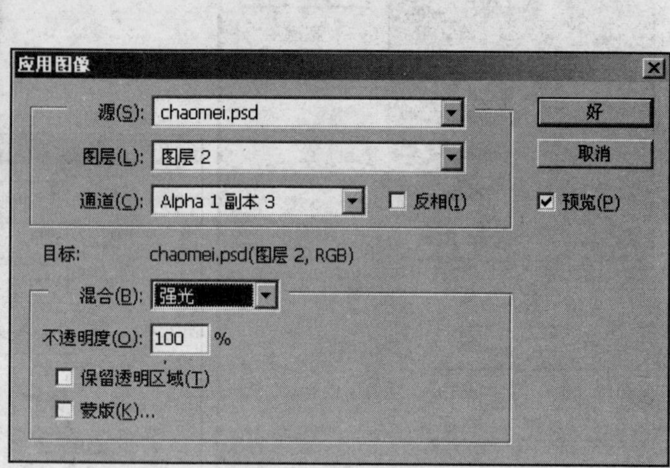

图 11.18

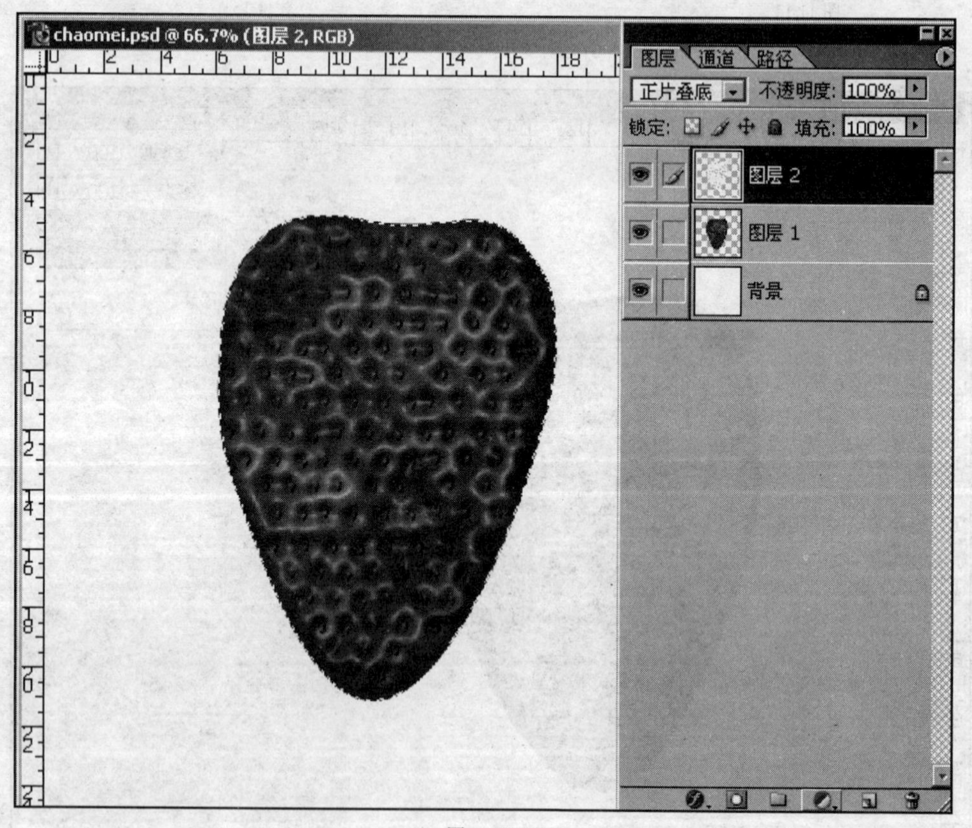

图 11.19

（13）回到图层 2，从路径面板中调取草莓造型选区，并进行羽化操作，羽化半径为 30。然后执行曲线调整命令，调整曲线设置如下图 11.20 所示。

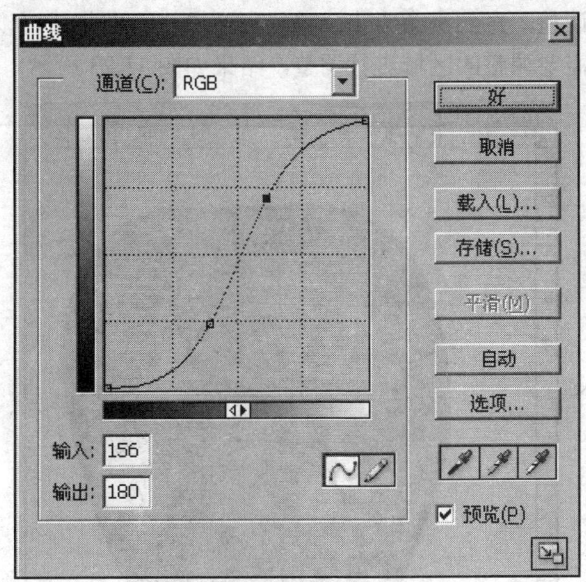

图 11.20

（14）按【Ctrl】+【D】取消掉选择，按【Ctrl】+【E】将图层 1 与图层 2 合并，然后执行“滤镜”→“扭曲”→“球面化滤镜”命令，设置如图 11.21 所示，随后进行球面化处理，其效果如图 11.22 所示。

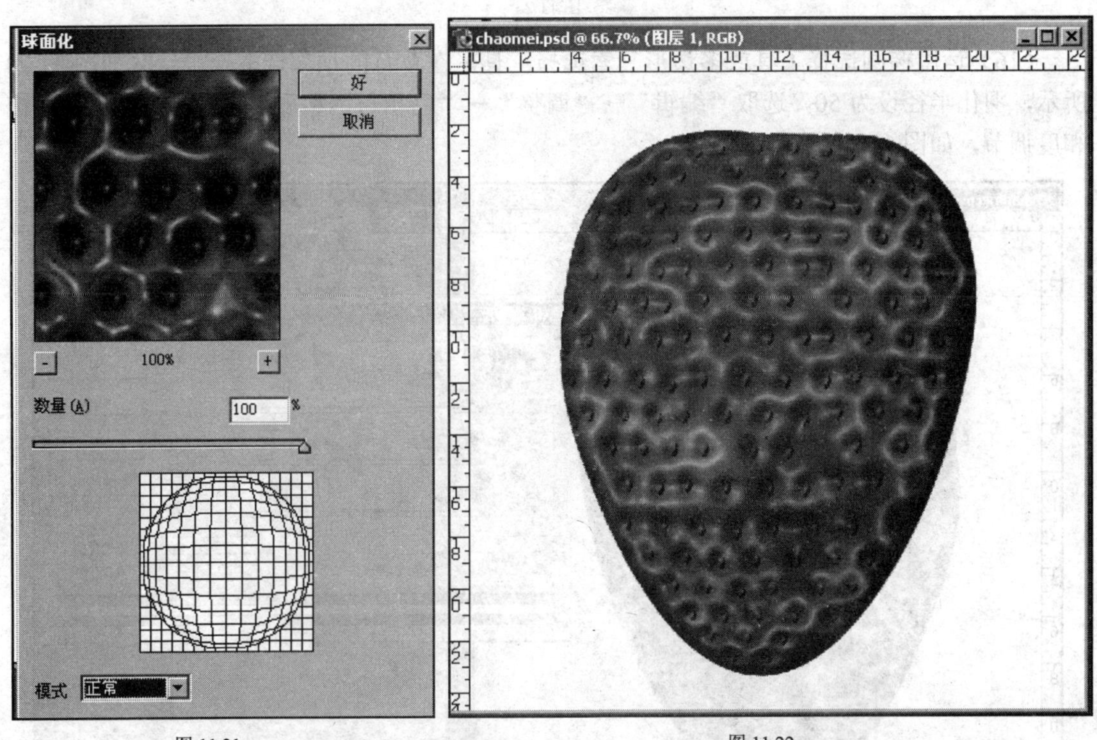

图 11.21 图 11.22

（15）运用椭圆选择工具或多边形套索选择工具选择草莓左上角的较暗区域，运用“选择”→“羽化”命令，进行 30 个像素的羽化。然后执行“编辑”→“调整”→“亮度/对比度”命令对图像进行调整，直到满意为止。重复上述操作，羽化值可以随着选择区域的大小变化，对图像的其他需要调整的区域进行调整，结果如图 11.23 所示。

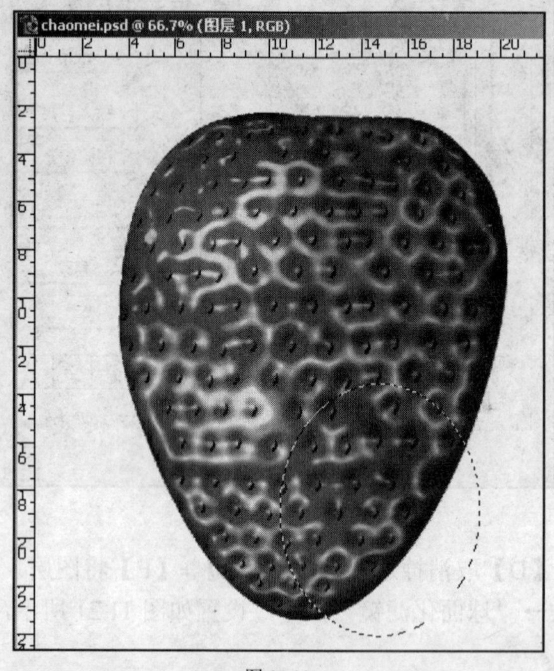

图 11.23

（16）运用椭圆选择工具或多边形套索选择工具，在草莓的顶部选取一个选区如图 11.24 所示，羽化半径设为 50，选取“编辑”→“调整”→“色相与饱和度”命令，进行色相与饱和度调节，如图 11.24 所示。

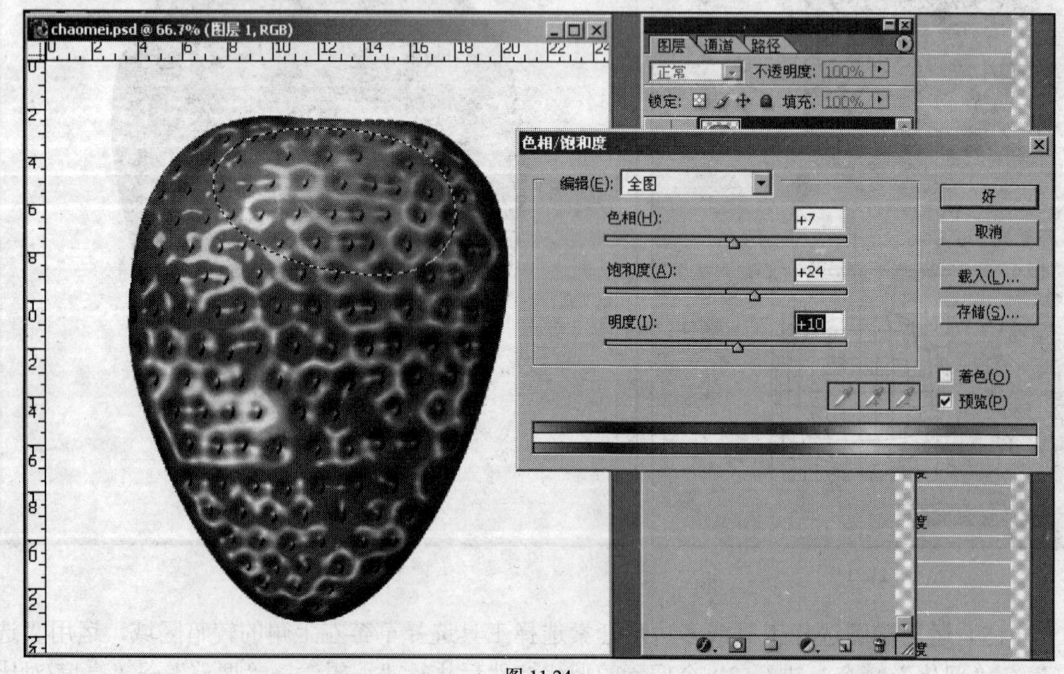

图 11.24

（17）再次在偏上位置选取椭圆选区，设置羽化半径后进行“色彩/饱和度”调节。然后运用多边形套索选择工具，选择图像的右下角，羽化 50 个像素后，进行亮度与对比度调整，如图 11.25 所示。

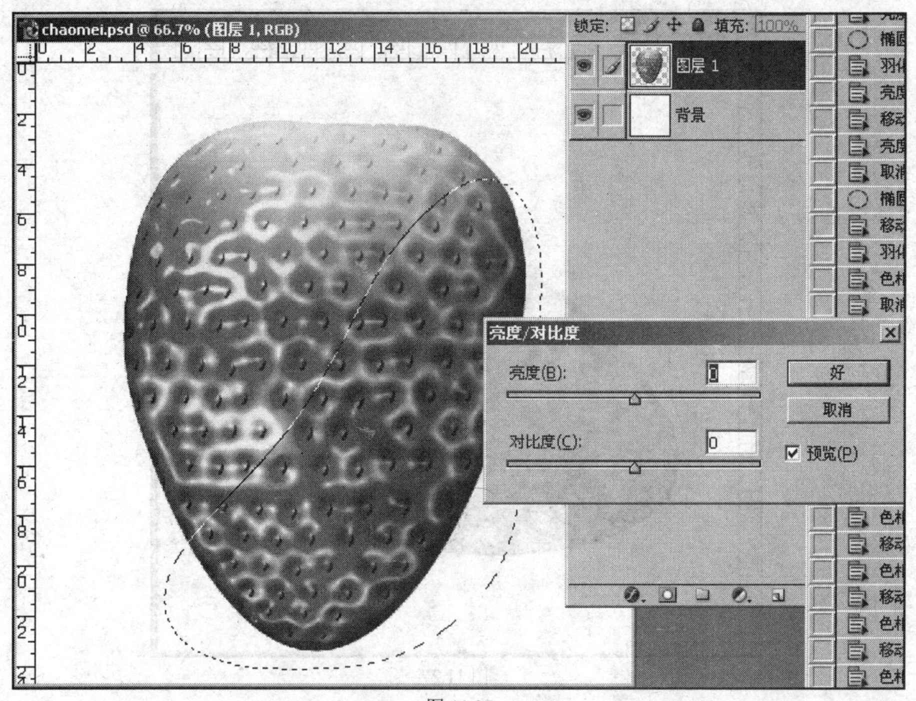

图 11.25

（18）对图像多次进行高光处和暗部的色彩、饱和度、亮度的调节后，得到如图 11.26 所示的效果。

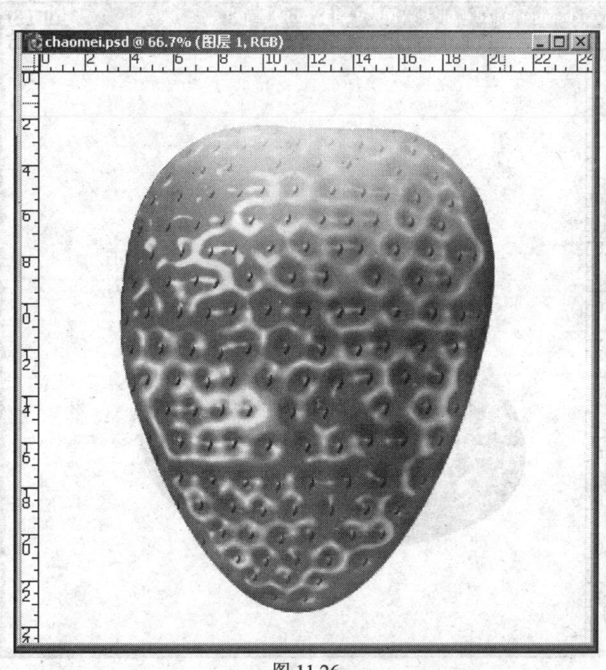

图 11.26

（19）在图层 1（草莓所在的图层），执行【Ctrl】+【T】命令，把草莓转动一个角度。选择钢笔工具，工具选项中设置为“路径”选项，在路径面板重新建立一个新的路径，然后在上面画出草莓绿色的蒂部，如图 11.27 所示。

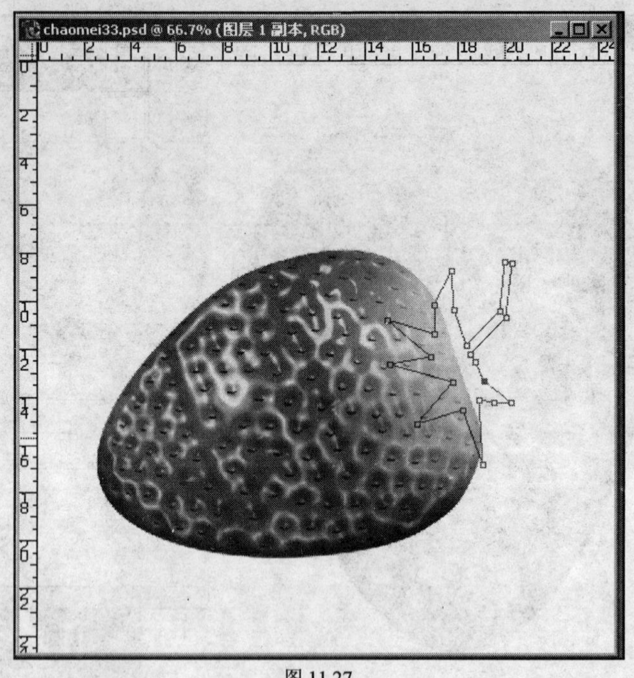

图 11.27

（20）选择路径工具箱中的“直接选择”路径工具和“转换点”工具，对上面画好的路径进行编辑，结果如图 11.28 所示。然后把路径转化为选区。

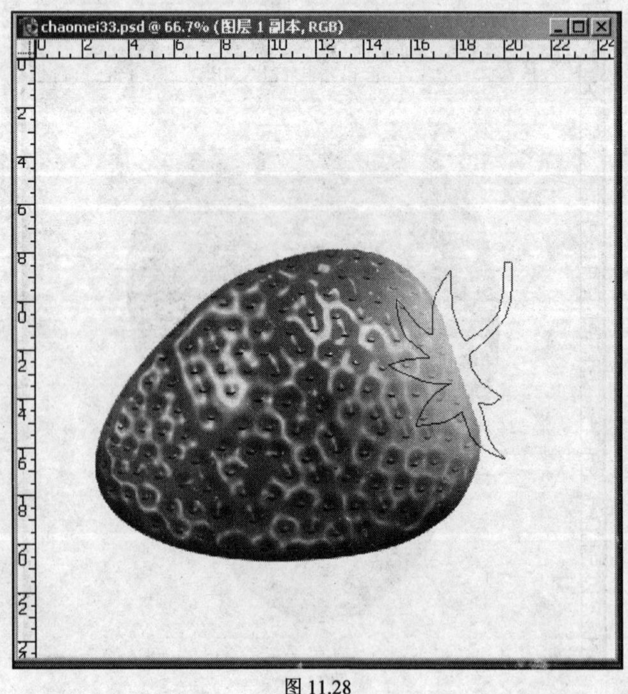

图 11.28

（21）新建一个图层（图层 2），设置前景色为一种淡绿色，选择图层 Layer 2 按【Alt】+【Del】键填充淡绿色。保持选区不变，把前景色设置为一种深绿色，运用毛笔工具，选择合适的笔刷，如图 11.29 所示进行填色。

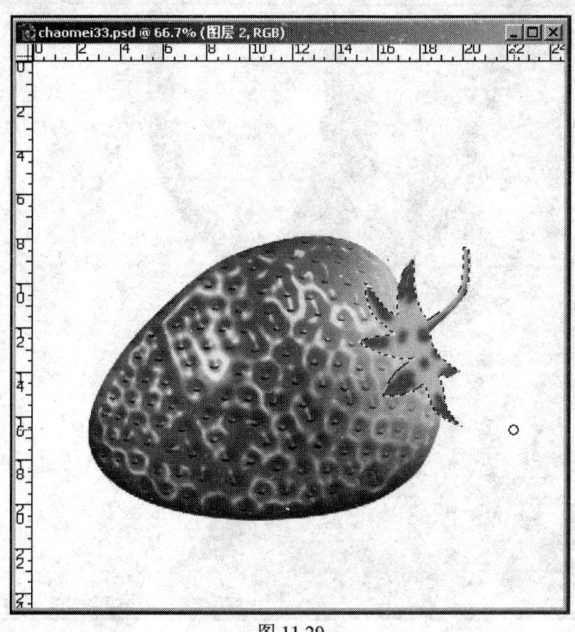

图 11.29

（22）放大草莓绿色的蒂部，在标准工具箱中选择手指涂抹工具，调整边缘柔软笔刷的大小和手指涂抹工具选项中强度百分比的值。保持选区，根据自然界中草莓的视觉形状，对草莓绿色的蒂部进行编辑调整，直到满意为止，如图 11.30、11.31 所示（不同的人制作的结果是不会完全一样的）。最后完成的草莓效果图为图 11.32 所示。

图 11.30

图 11.31

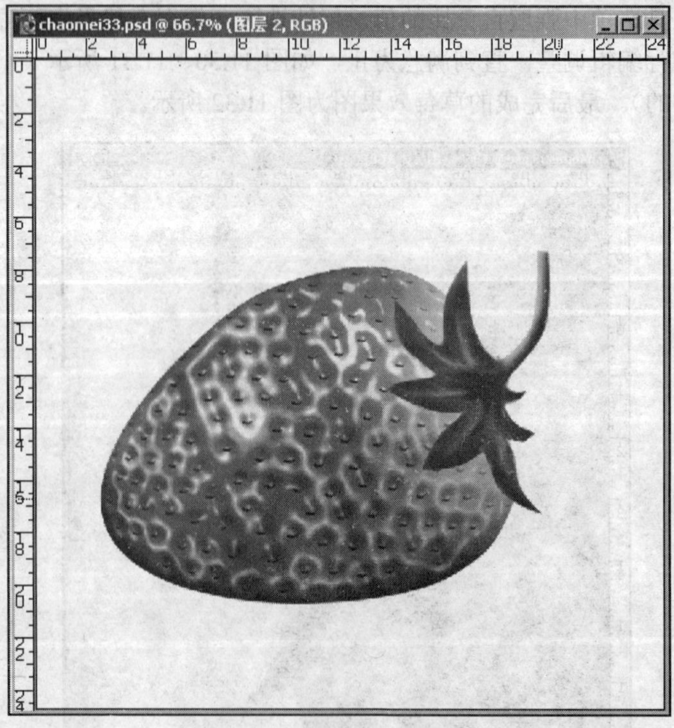

图 11.32

11.2　标志设计制作实践

11.2.1　准备知识

标志，是表明事物特征的记号。它以单纯、显著、精练、易识别的物象、图形或文字符号为直观语言，借助人们的符号识别、联想思维等能力，传达特定的信息。标志除了标示什么、代替什么之外，还具有表达某种意义、情感和指令行动等作用。

标志是一种具有象征性的大众传播符号，传达信息的功能很强，在一定条件下，甚至超过语言文字。标志作为人类直观联系的特殊方式，不但在社会活动与生产活动中无处不在，而且对于国家、社会集团乃至个人的根本利益方面，越来越显示出极为重要的独特作用。例如：国旗、国徽作为一个国家形象的标志，具有任何语言和文字都难以确切表达的特殊意义；公共场所标志、交通标志、安全标志、操作标志等，对于指导人们进行有秩序的正常活动、确保生命财产安全，具有直观、快捷的功效；商标、店标、厂标等专用标志，对于发展经济、创造经济效益、维护企业和消费者权益具有重大实用价值和法律保障作用。因此标志被广泛应用于现代社会的各个方面，同时，标志设计也就成为各设计教学中的一门重要课程。在 CI 视觉识别系统中，标志设计不仅仅是一个图案设计，而是要创造一个具有商业价值、并兼有艺术欣赏价值的符号。

标志是视觉形象的核心，它构成了企业形象的基本特征，体现企业内在气质。标志设计艺术首先是商业艺术，是为商品服务的，它的艺术性隶属于商品性，标志设计构思有别于一般的艺术创作。

标志设计不仅是实用物的设计，也是一种图形艺术设计。它与其他图形艺术表现手段既有相同之处，又有自己的艺术规律。它必须充分体现设计对象的特征与内涵，才能更好地发挥其功能。标志设计的难点是如何准确地把含义转化为视觉形象，而不是简单的象什么或表示什么，由于对其简练、概括、完美的要求十分苛刻，即要成功到几乎找不到更好的替代方案，其难度比之其他任何图形艺术设计都要大得多。 标志设计的一般原则如下：

（1）开展设计前应在详尽了解设计对象的使用目的、适用范畴及有关法规等相关情况，深刻领会其功能性要求；

（2）设计须充分考虑其实现的可行性，针对其应用形式、材料和制作条件采取相应的设计手段，要顾及应用于其他视觉传播方式（如印刷、广告、映像等）和放大、缩小时的视觉效果；

（3）设计要符合作用对象和大众的直观接受能力、审美意识、社会心理和禁忌等；

（4）构思力求深刻、巧妙、新颖、独特，表意准确，能经受住时间的考验；

（5）构图要凝练、美观、适形（适应其应用物的形态）；

（6）图形、符号既要简练、概括，又要讲究艺术性。

下面以设计一个“HG”标志为例，讲述标志的设计制作过程。

11.2.2　绘图步骤

（1）用【Ctrl】+【N】命令，建立一个新文件，高度与宽度均为 10cm，分辨率 72 像素/英寸，如图 11.33 所示。

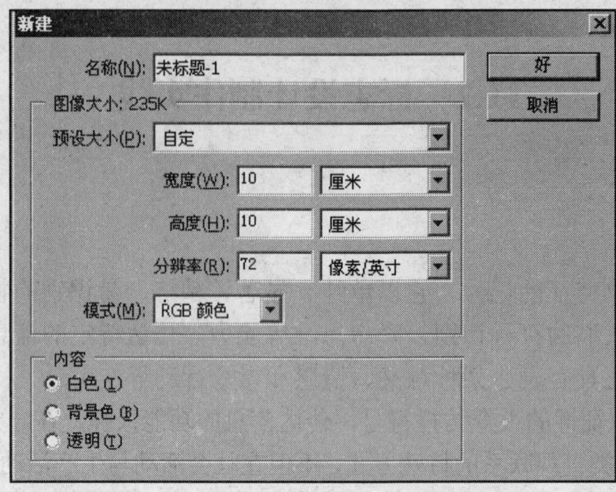

图 11.33

（2）选取工具箱中的文本工具，文字颜色任意，大小为 150 点，字体为 AVANT GARDE BLOCKC 粗体，如图 11.34 所示。分别输入“H”和“G”两个文字，使两个文字高度方向对齐，分别载不同图层，如图 11.35 所示。

图 11.34

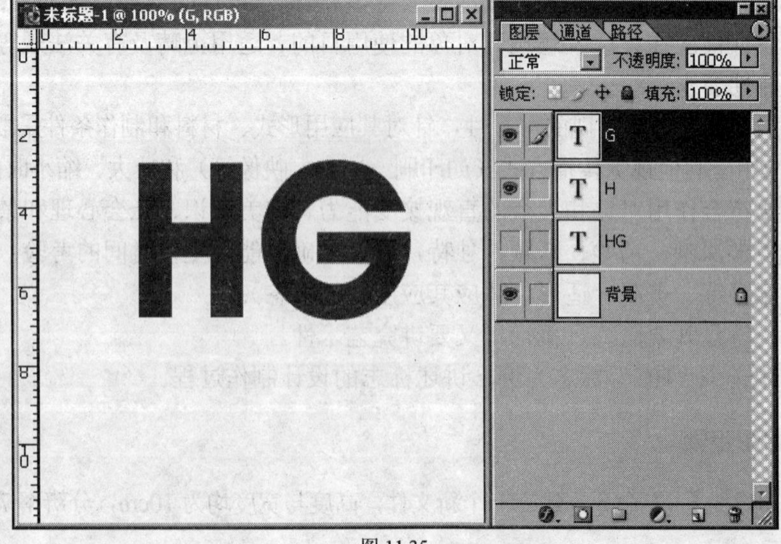

图 11.35

（3）对“H”字做精确的编辑修整，运用放大工具把“H”字放大，使用移动工具，从标尺中拖出辅助参考线，如图 11.36 所示。

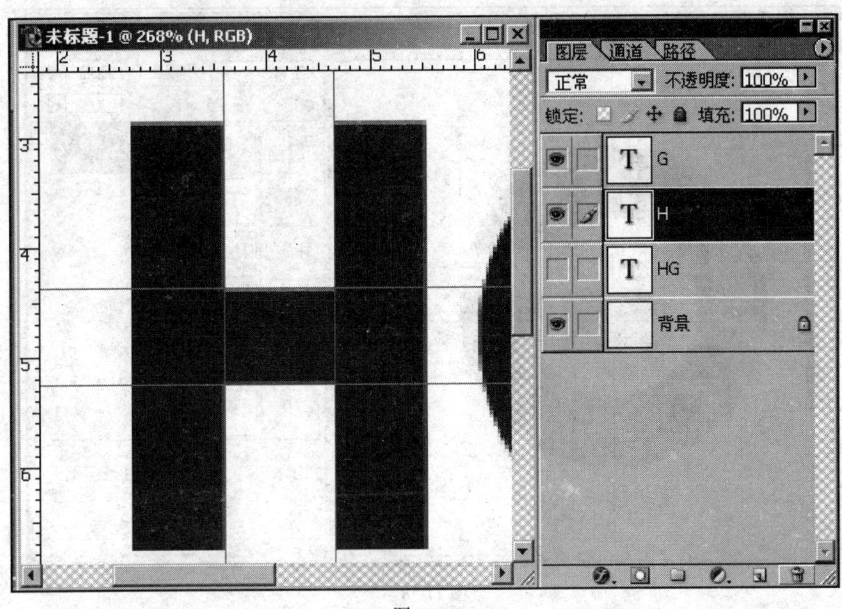

图 11.36

（4）在图层面板，把文字“H”图层拖到图层面板底部的新建图层按钮上，复制图层“H 副本”。执行“图层”→“栅格化”→“文字”命令，把文字图层转化为普通图层。用选择工具沿参考线选择“H”字的中间部分，按【Del】键删除，如图 11.37 所示。

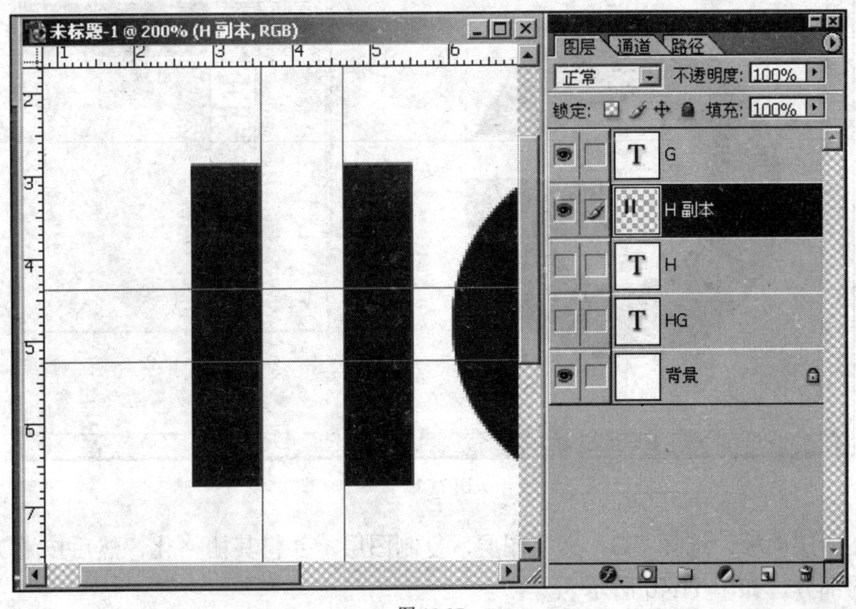

图 11.37

（5）精确编辑“G”字，根据标尺确定“G”字的中心，并用参考线描述。选择多边形套索工具，先在“G”字的中心点单击，然后按住【Shift】键，如图 11.38 所示画出 45°的直角三角形。

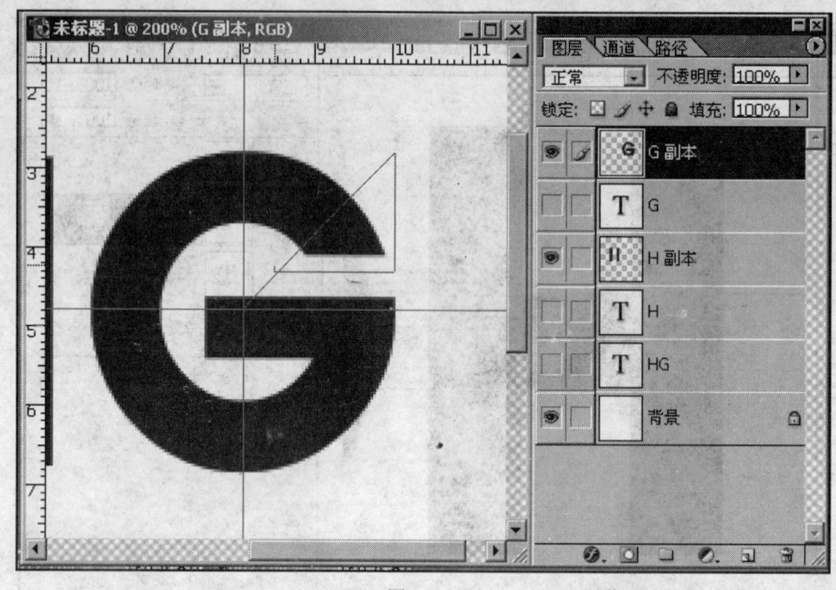

图 11.38

（6）设置左右对称的辅助参考线，用矩形选择工具进行加选。如图 11.39 所示。

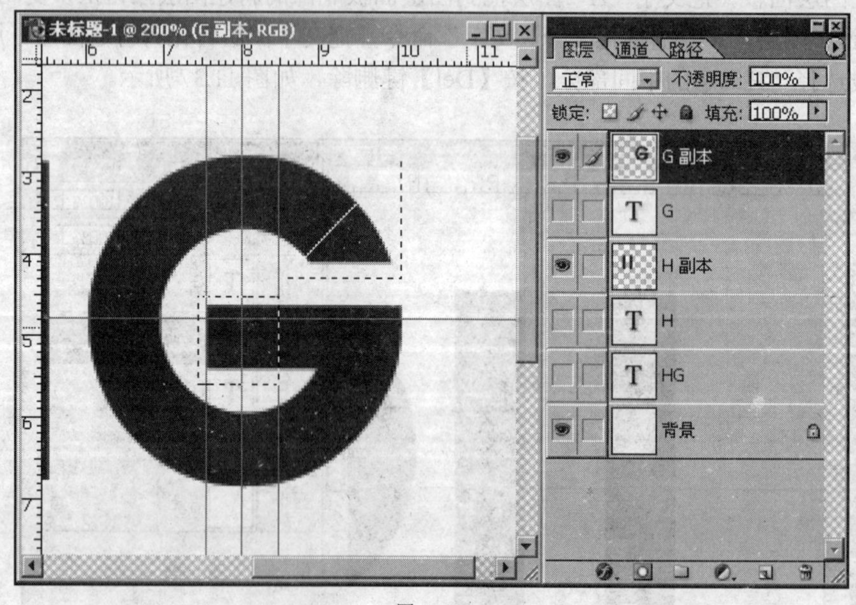

图 11.39

（7）在图层面板，选择“G”文字图层，复制图层，并将其栅格化，然后按【Del】键删除不需要的部分，如图 11.40 所示。

（8）把“G”图层移到“H”的下面，调整“H”与“G”的位置，按住【Ctrl】键单击“G”图层，使之被选；在颜色拾取器中选择颜色（R=175；G=39；B=111）填充，如

图 11.41 所示。

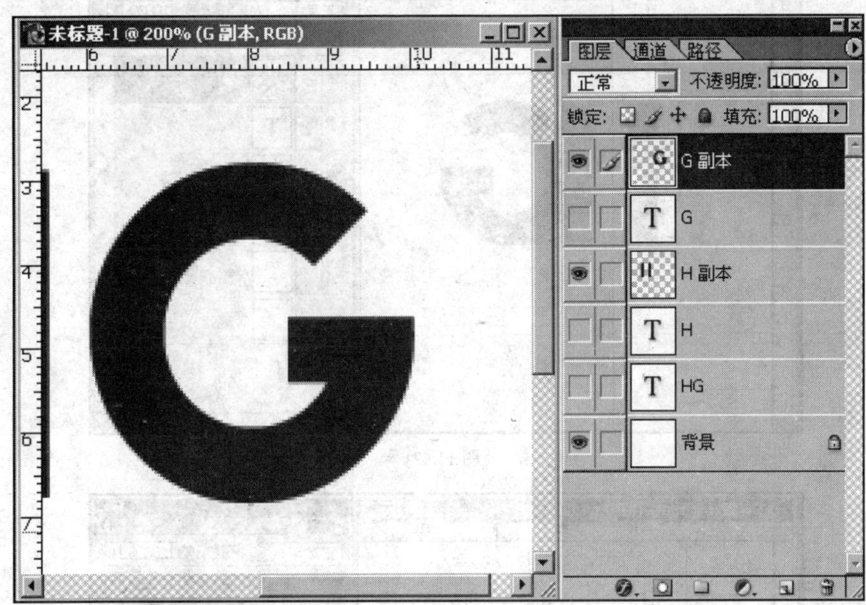

图 11.40

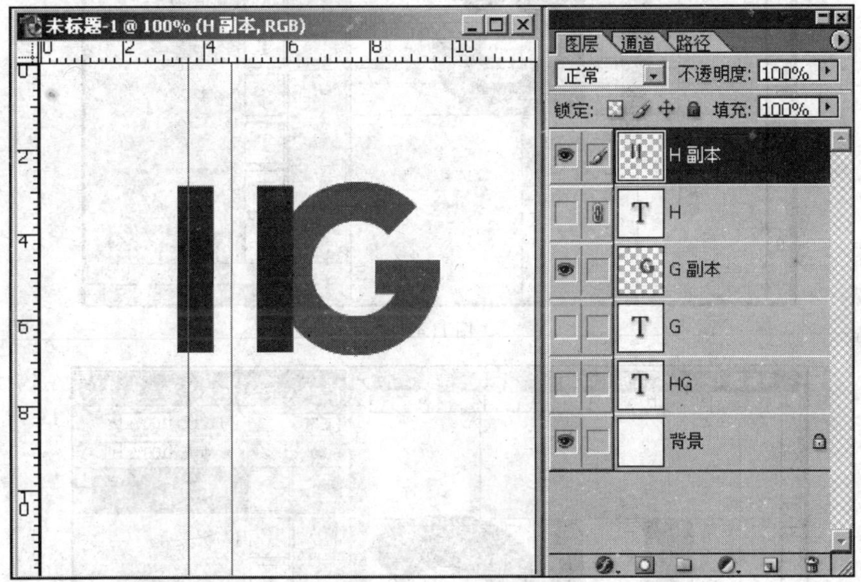

图 11.41

（9）选择“H”图层，按住【Ctrl】键单击，选择“G”图形，在颜色拾取器中选颜色（R=33；G=156；B=191）填充，如图 11.42 所示。

（10）新建立一图层为“图层 1”，用工具箱中的移动工具从标尺中拖出参考线，并根据标尺上的刻度进行编辑，如图 11.43 所示。

（11）放大“H”区域，在工具中选绘制路径的钢笔工具，在钢笔工具选项中设置为“路径”项，根据上一步设置的参考线进行绘图，如图 11.44 所示。

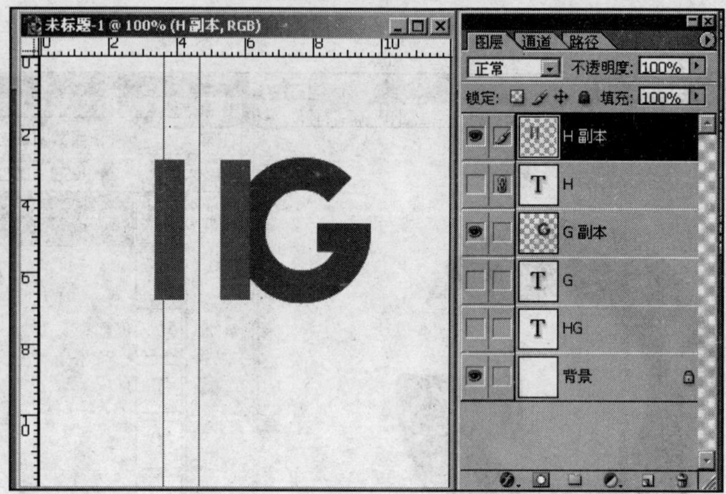

图 11.42

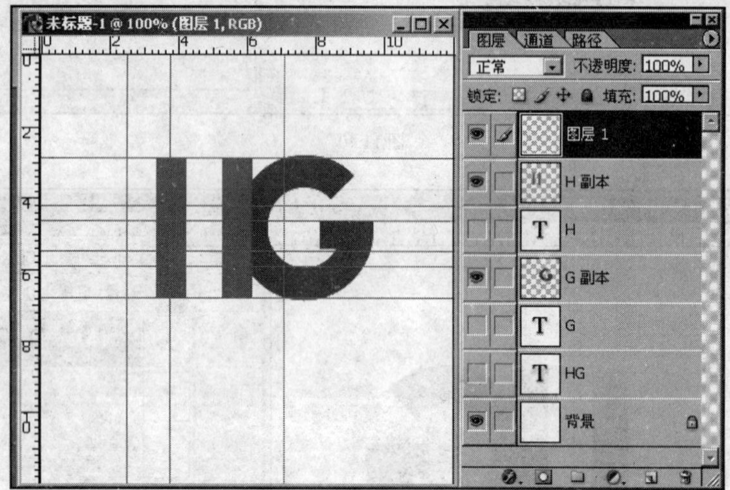

图 11.43

图 11.44

（12）用直接选择工具和转换点工具编辑路径，如图 11.45 所示。

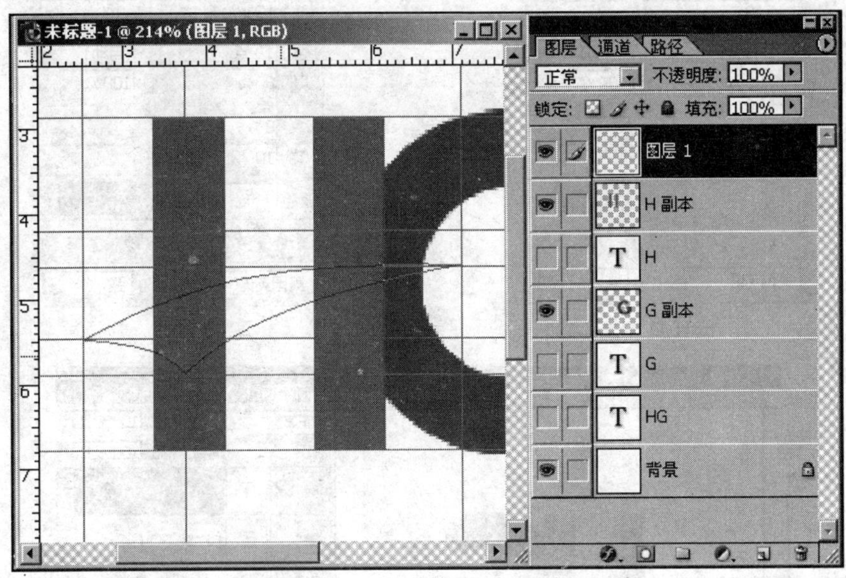

图 11.45

（13）在颜色拾取器中选择颜色（R=211；G=204；B=10）进行填充，如图 11.46 所示。

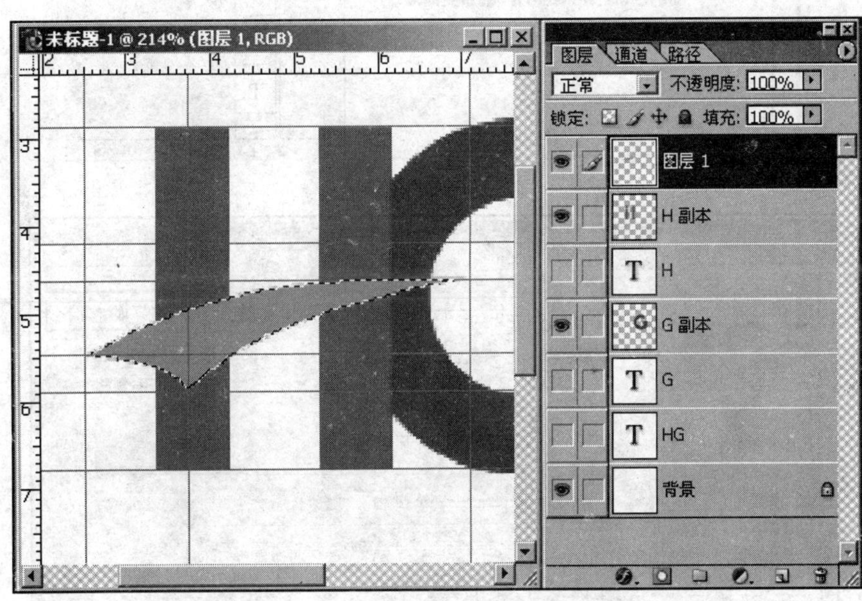

图 11.46

（14）选择文本工具制作下面的两排文字，文本属性设置分别如图 11.47 和图 11.48 所示，颜色分别为（R=31；G=119；B=144）与（R=122；G=22；B=75），对齐文本。结果如图 11.49 所示。

（15）选择“H”图形所在的图层，进行图层样式设置，设置“投影”与“斜面与浮雕”两个选项；参数设置分别如图 11.50 和图 11.51 所示。

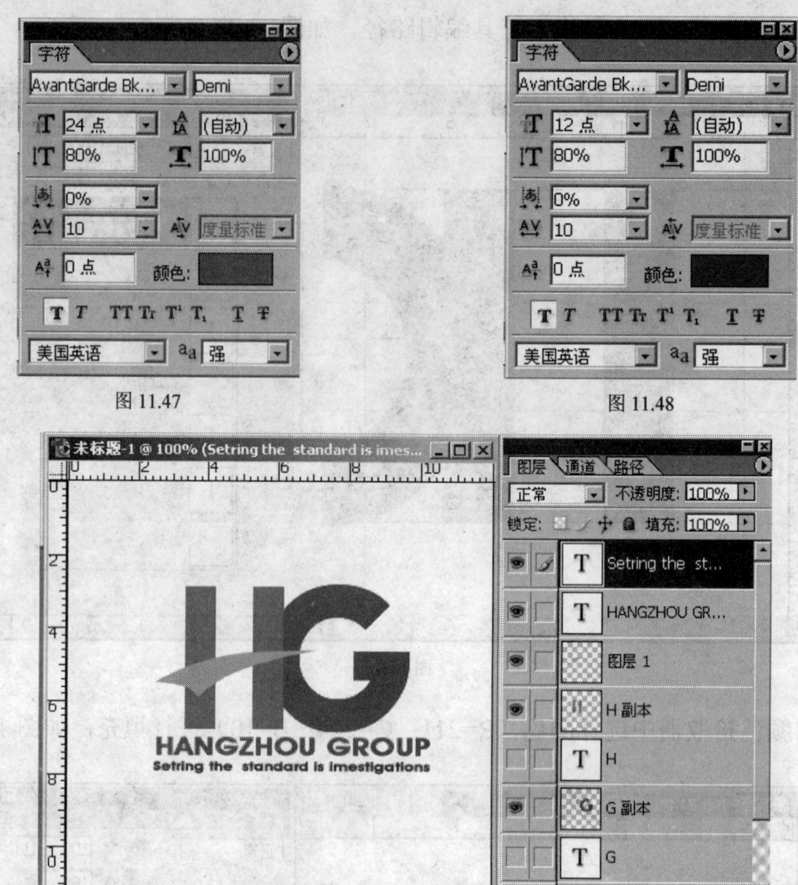

图 11.47

图 11.48

图 11.49

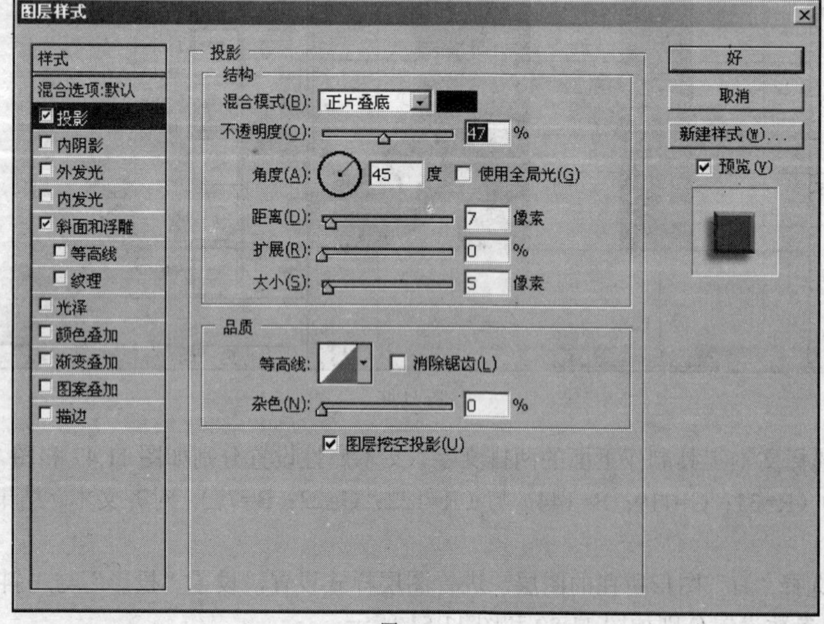

图 11.50

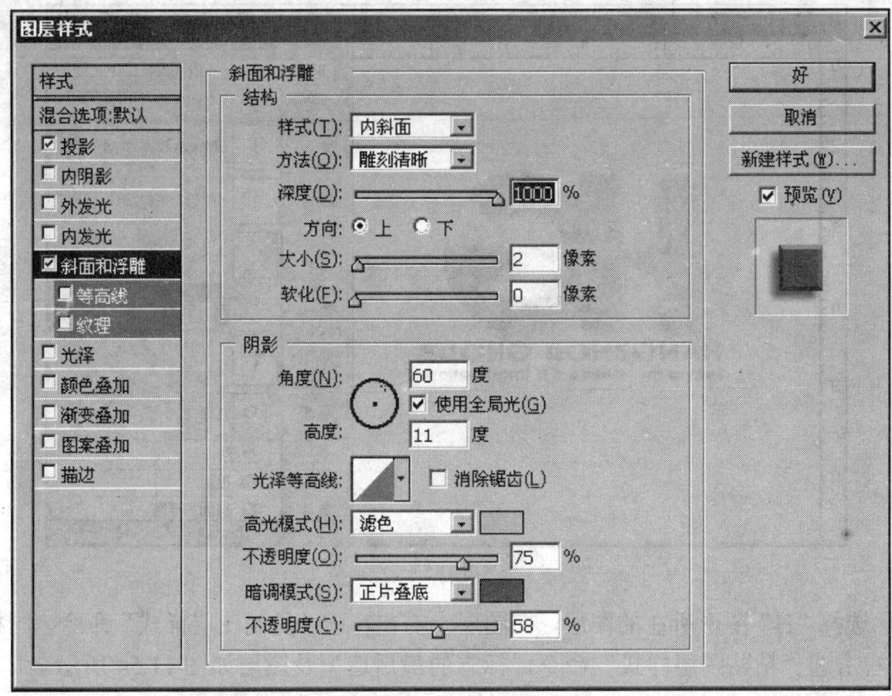

图 11.51

（16）选择“G”图形所在的图层，进行图层样式设置，设置“投影”与“斜面与浮雕”两个选项，“投影”参数设置同上，“斜面与浮雕”参数如图 11.52 所示。效果如图 11.53 所示。

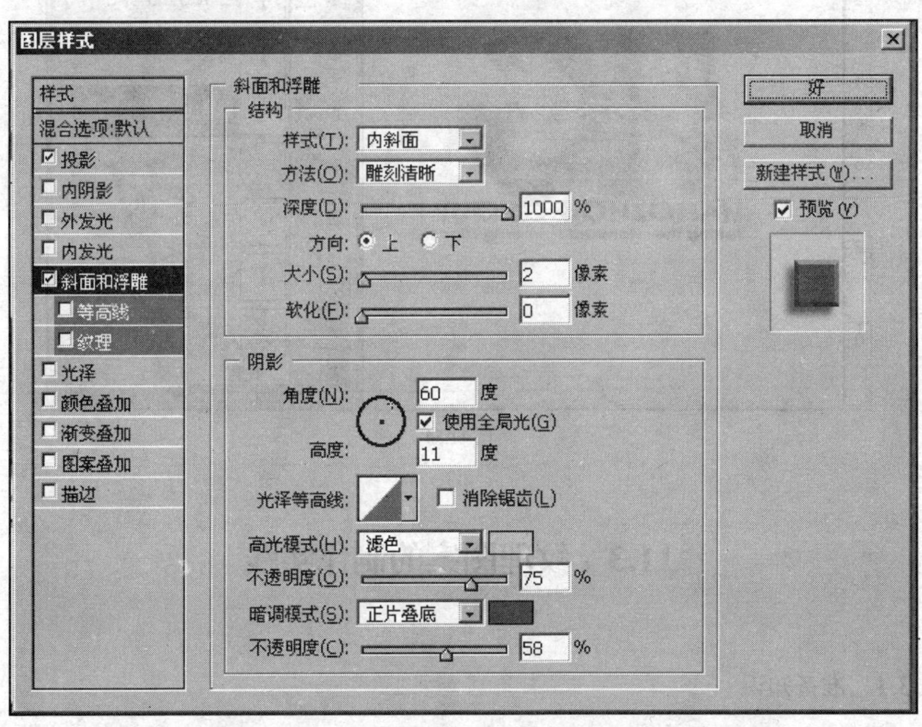

图 11.52

图 11.53

（17）选择“H”图形所在的图层，在图层上右击，选“复制图层样式”命令。同样在“图层 1”上右击选“粘贴图层样式”命令，标志的最后造型及图层如图 11.54 所示。

图 11.54

11.3　纹理图案的制作实践

11.3.1　准备知识

纹理图案是与人们生活密不可分的一种具有装饰性和实用性的美术形式。狭义上讲，纹理图案是指器物上的装饰花纹，广义上讲是指对某种器物的造型结构、色彩、纹饰在进行工艺处理前事先进行的设计方案。一般而言，可以把非再现性的图形表现都称作图案，包括几何图形、视觉艺术、装饰艺术等。在电脑上的各种矢量图也可以称之为图案。

图案的构成法则，就是形式美的规律。就图案而言，图案的处理、加工、设计的过程，就是运用构成法则来安排处理的过程。图案形式美的规律通常有：统一与变化、对比与调和、对称与平衡、条理与反复等。一幅完美的图案应该是丰富的，有规律的，有组织的。图案不论大小都包括图案内容的主次、构图的虚实聚散、形体的大小方圆、线条的长短粗细、色彩的明暗冷暖等各种矛盾关系，这些矛盾关系，使图案生动活泼，形式多样。

图案根据表现形式，可以分为具象图案和抽象图案两类。具象图案根据其内容可以分为花卉图案、风景图案、人物图案、动物图案等等。具象图案在图案设计中占有显著地位，它是人们从具象的自然形态中美化、创造出来的。具象图案的设计要摆脱纯自然的束缚，用归纳手法来获取自然形态，使其具有图案美。设计图案时必须对媒介对象有透彻的了解，并且也要选择适合内容的表达方式。

抽象图案适用于音乐、美术、哲学、宗教、信息等不具有具体外形的内容，以将其可视化。抽象图案在那些特定地域的观光海报，或特定商品的宣传海报上就不太适宜应用。抽象图案在电脑设计上有着惊人的表现力，现在已从先前的点、线、面、色彩和质感的构成中向前更进一步，以色彩或线条所表现的幻觉效果或光线艺术都已经有了有益的尝试。

图案的构成是对变化后的形象根据不同的使用要求、工艺条件、不同的材料及形式美的规律进行重新组合，使图案组织成为有秩序、有规律的一个整体。就平面图案的组织形式而言，概括起来分单独纹样和连续纹样两种。单独纹样，是相对于连续纹样而言的，能单独用于装饰，亦可作为基本形，作为适合图案，为二方连续和四方连续图案服务，它要求纹样形式完整，具有相对独立的特点。连续性的构图是装饰图案中的一种组织形式，它是将一个基本单位纹样作上下左右连续，或向四方重复地连续排列而成的连续纹样。图案纹样有规律的排列，有条理的重叠交叉组合，使其具有淳厚质朴的感觉。下面以树皮图案制作为例，说明图像处理中图案的制作方法。

11.3.2　绘图步骤

（1）执行【Ctrl】+【N】命令，建立一个新文件，尺寸规格为在标准工具箱中设置前景色为一种深遏色（R=98；G=30；B=12），背景色设置为（R=173；G=111；B=52），用背景色填充。如图 11.55 所示。

（2）执行“滤镜”→“纹理”→“颗粒化”命令，参数如图 11.56 所示，结果如图 11.57 所示。

（3）选择执行菜单“滤镜”→“扭曲”→“极坐标”命令，选择 Pectangularto Polar 项。效果如图 11.58 所示。

（4）为调节图像亮度使它和实际的年轮更为接近，使用快捷键【Ctrl】+【L】，打开“色阶”调节器，使用参数“输入色阶”=15：1.00：115，如图 11.59 所示。

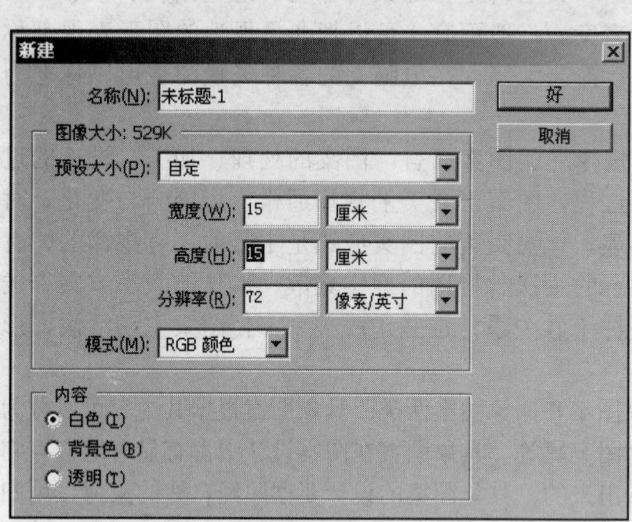

图 11.55

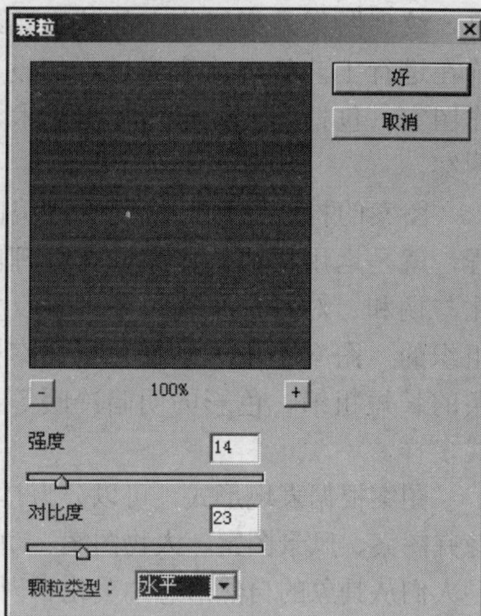

图 11.56

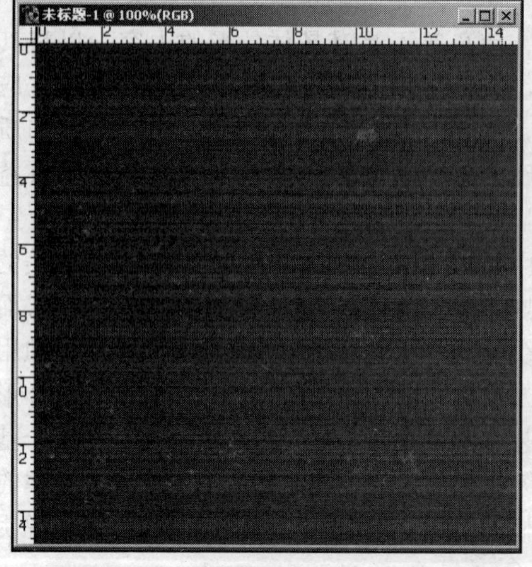

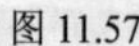

图 11.57

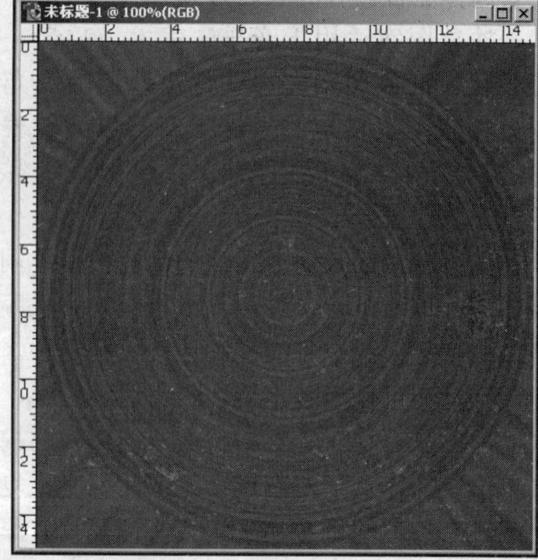

图 11.58

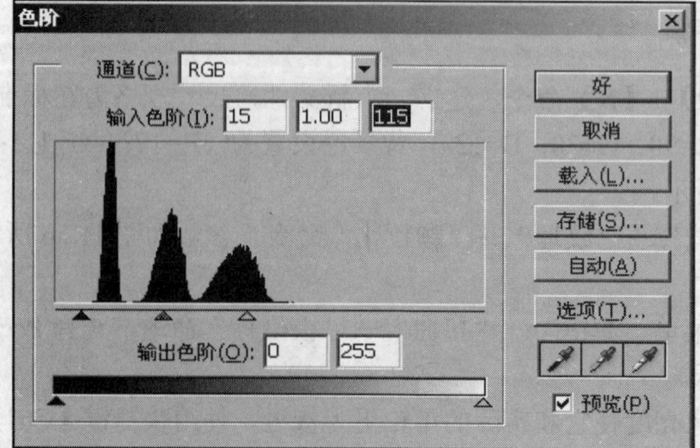

图 11.59

（5）分别从纵坐标和横坐标拉两条辅助线到图片正中位置，以确定图片中心点。选择圆形选择器，按住【Alt】+【Shift】键，以图片中心点为起点选定一个同心正圆区域，按快捷键【Ctrl】+【J】把选区复制到新层，并命名为“年轮”。删除原来的两个层，得到结果见图 11.60。

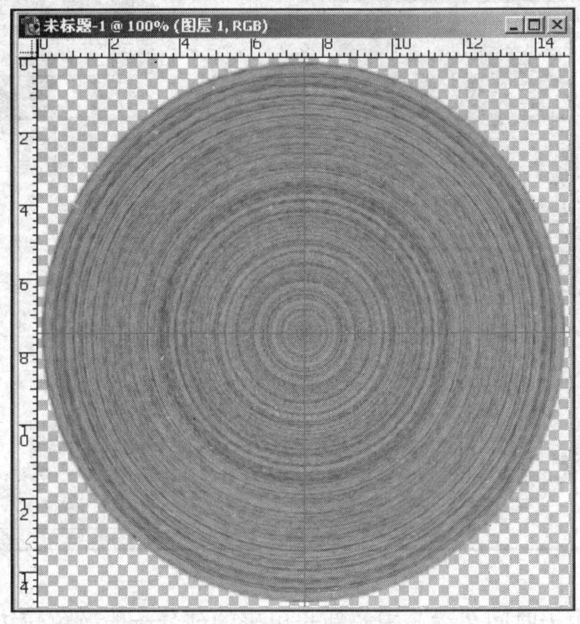

图 11.60

（6）按住【Ctrl】键，用鼠标在图层窗口内单击“年轮”层，以调用这一层的透明选区。执行“选择”→“修改”→“边框”命令，选择数值 15。

（7）再次使用快捷键【Ctrl】+【J】，把选区内图像复制到新层里，把新层命名为“树皮”，如图 11.61 所示。

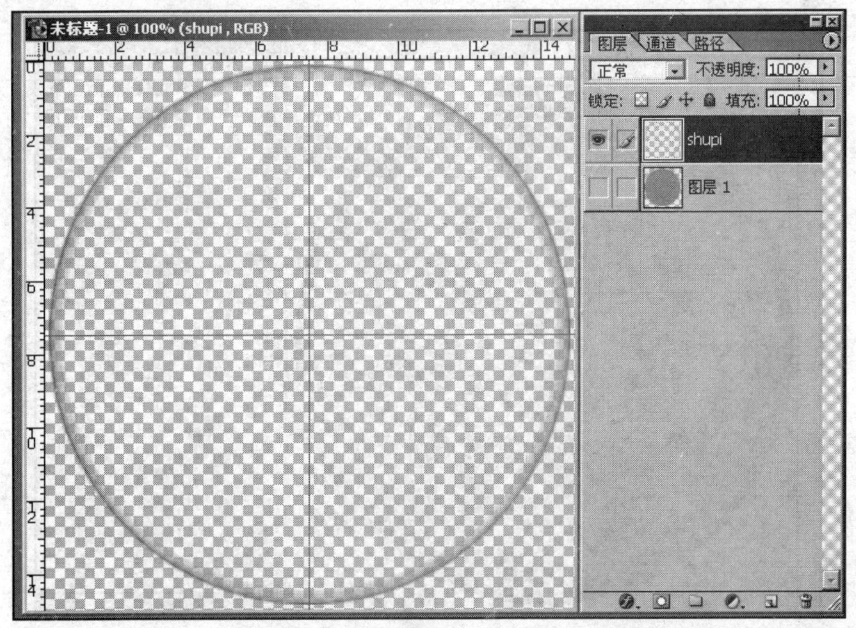

图 11.61

（8）选定“树皮”层，按快捷键【Ctrl】+【L】，进入色阶调节器，设置参数“输入色阶”=207∶1.00∶255，“输出色阶”=0∶78，这一步做出边缘部分的树皮效果，如图 11.62 所示。

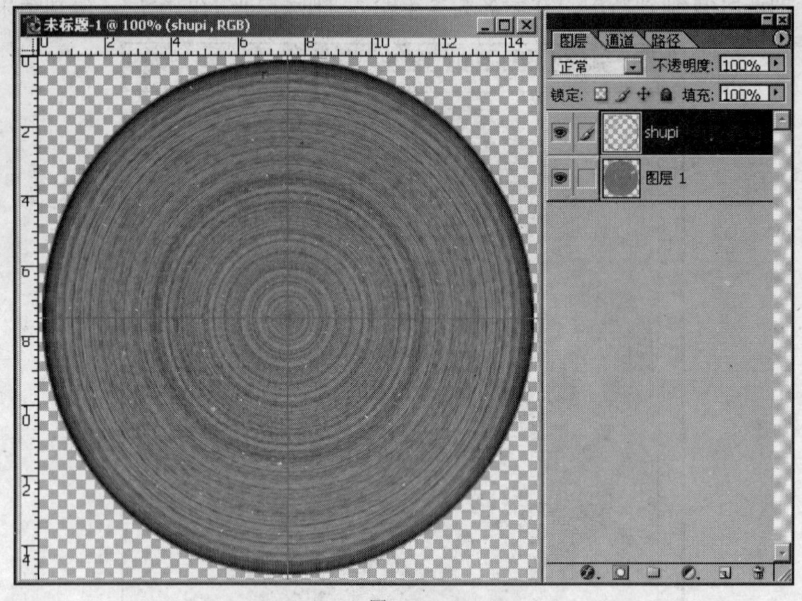

图 11.62

（9）大树的年轮由于时间久远，中心新长出来的部分一般颜色较边缘部分显得淡一些，亮一些。为了做出这种效果，选定“年轮”层，在图层窗口上方选定 Preserve Transparency 选项，按快捷键【Q】进入临时蒙版状态。

（10）选择环状渐变工具，确定前景色为黑色，后景色为白色，渐变模式为 FG TO BG，从圆心到年轮边缘拉出一个渐变。按【Q】键退出临时蒙版状态，可以看到新得到的选区。如图 11.63 所示。

图 11.63

（11）按快捷键【Ctrl】+【L】进入色阶调节器，设置参数“输入色阶”=0：1.74：255。得到的结果见图 11.64 所示，随之取消选择。

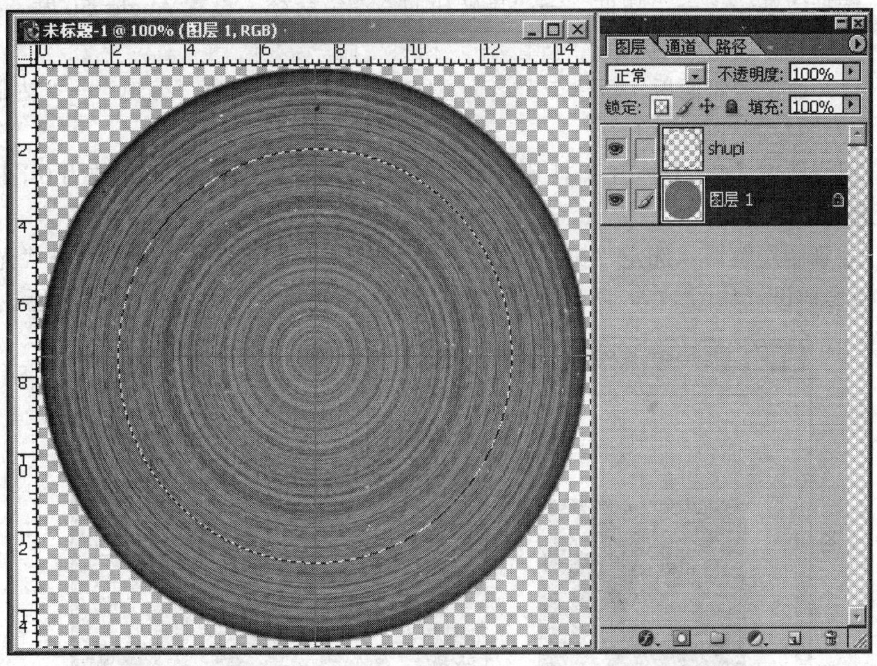

图 11.64

（12）新建一个图层，命名为“树立面表皮”，将前景色设置为黑色，背景色设置为 RGB=75，0，16。用背景色填充文件，如图 11.65 所示。

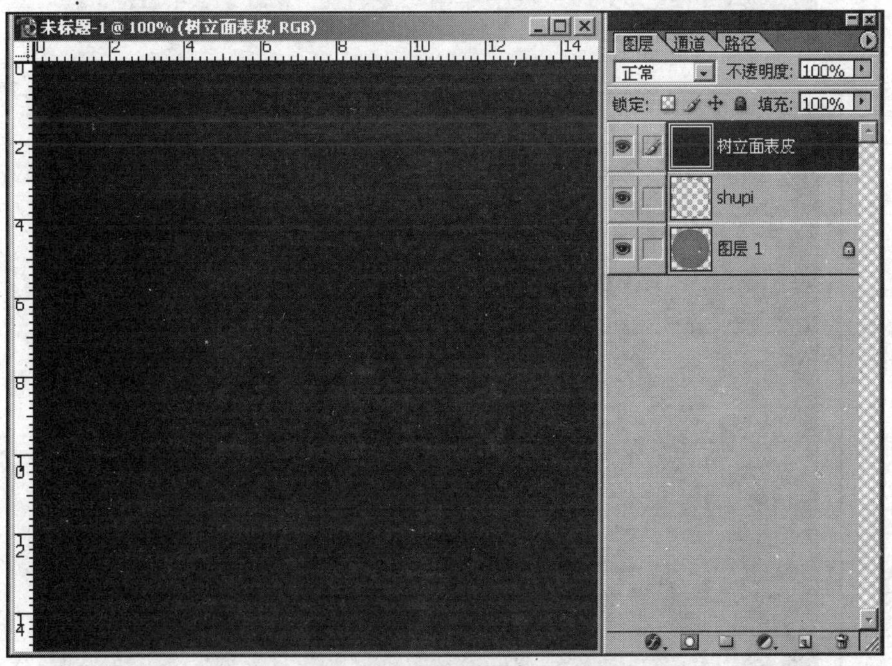

图 11.65

（13）选择“滤镜”→“纹理”→“颗粒”滤镜命令，设置 Grain Type 为水平，Intensity 为 14，Contrast 为 31。

（14）选择“滤镜”→“扭曲”→“旋转扭曲”滤镜命令，设置 Angle=50 度。执行“选择”→“全选”命令，接着执行“编辑”→“拷贝”命令。

（15）打开通道控制面板，新建一个名为 Alpha 1 的通道，执行“编辑”→“粘贴”命令，将图像的灰度图复制到通道中。

（16）用快捷键【Ctrl】+【L】打开色阶调节器，调节“输入色阶”参数为 0∶1.00∶86，以增加通道的对比度。

（17）回到图层窗口，选定“树立面表皮”层。选择“滤镜”→“渲染”→“光照效果”命令，具体参数设置如图 11.66 所示。这时纵向纹理出现了，效果如图 11.67 所示。

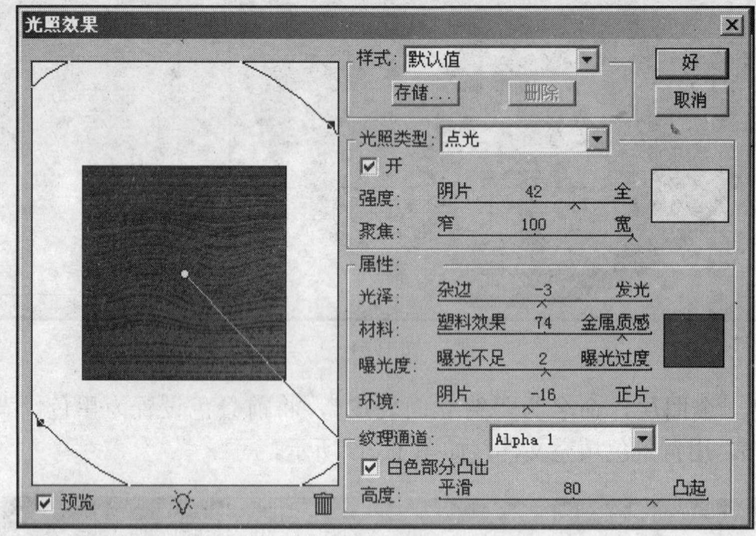

图 11.66

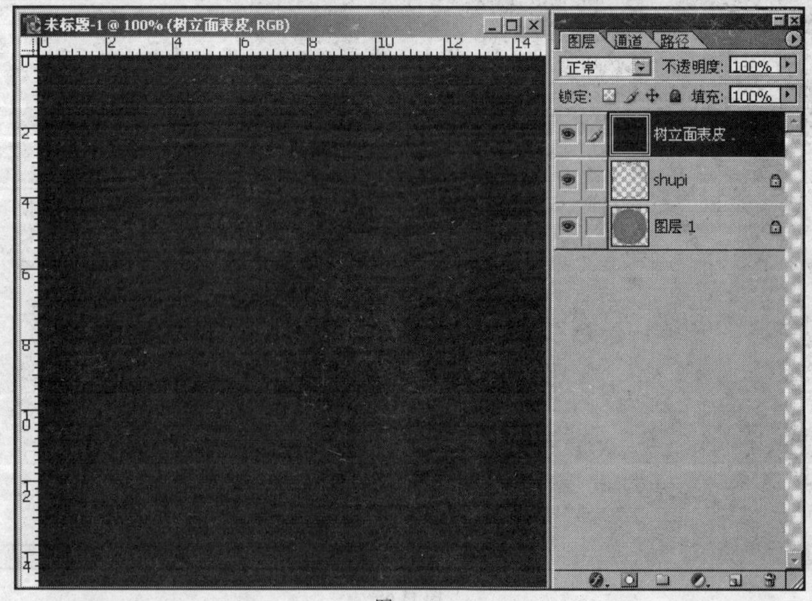

图 11.67

（18）对色相与饱和度进行调整，执行“图像”→“色彩调整”菜单中的“色相和饱和度”命令，参数设置如图 11.68 所示。效果如图 11.69 所示。

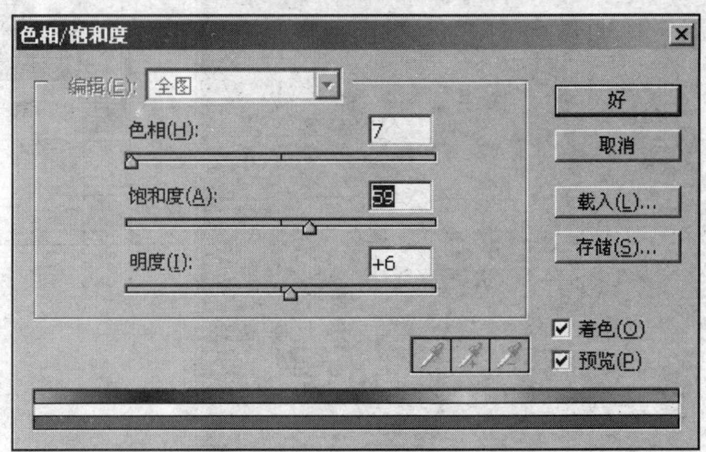

图 11.68

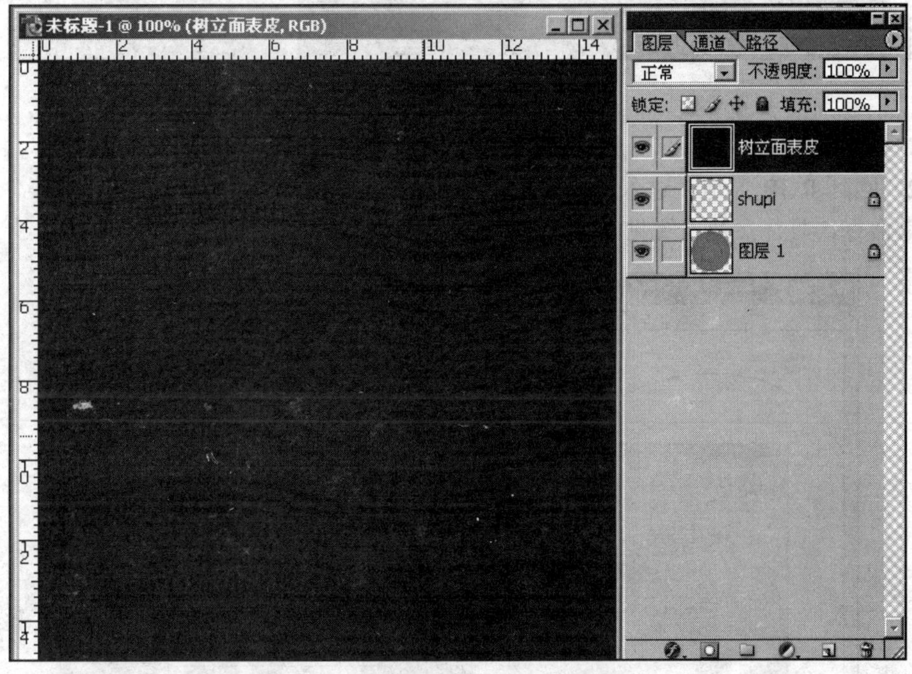

图 11.69

（19）新建图层“图层 2”，选择“滤镜”→“渲染”→“云彩”滤镜命令，然后把新层模式变为“叠加”，这一步赋予了纹理更多的变化，并矫正了纹理的色调。得到的结果见图 11.70 所示。

（20）打开通道控制面板，新建一个名为 Alpha 2 的通道，用灰色填充，选择“滤镜”→“纹理”→“染色玻璃”滤镜命令，参数设置为：Cell Size=12，Border Thickness=4，Light Intensity=0。

图 11.70

（21）选择并执行“滤镜”→“模糊”→“高斯模糊”命令，半径设置为 3.0。

（22）回到 RGB 通道，进入图层面板，工作在图层 2，选择“滤镜”→“渲染”→“光照效果”命令，具体参数设置见图 11.71 所示。效果如图 11.72 所示。

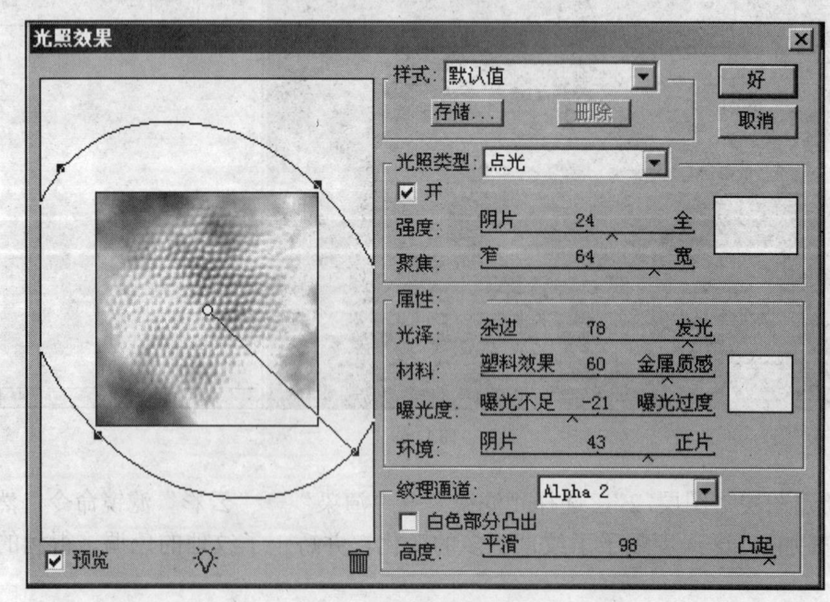

图 11.71

（23）执行【Ctrl】+【T】命令，对图层 2 进行调整。选择并执行“图层”→“合并图层”命令，得到树皮的纹理，结果见图 11.73。

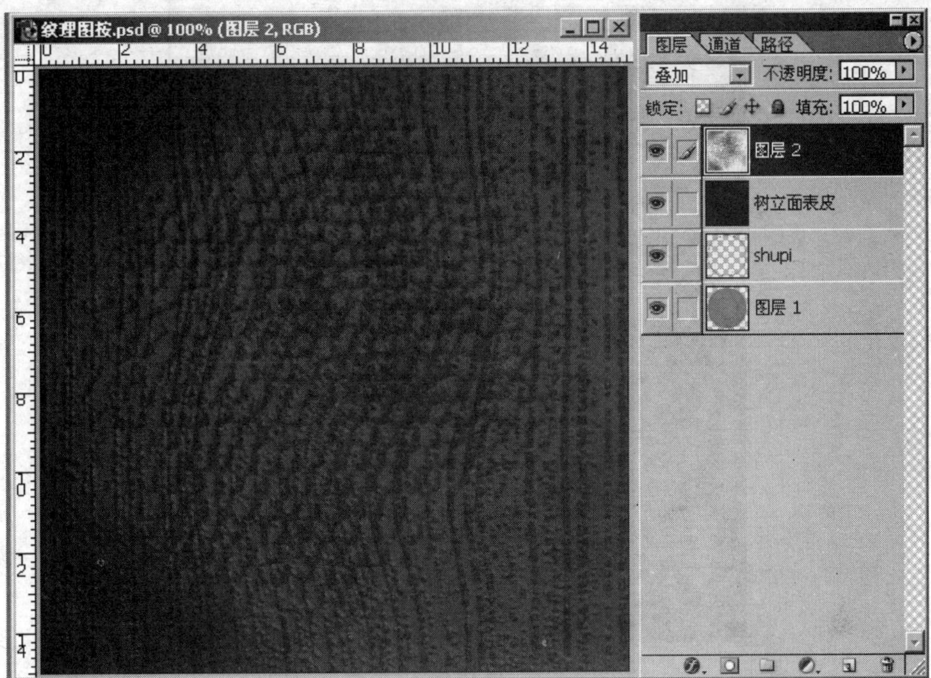

图 11.72

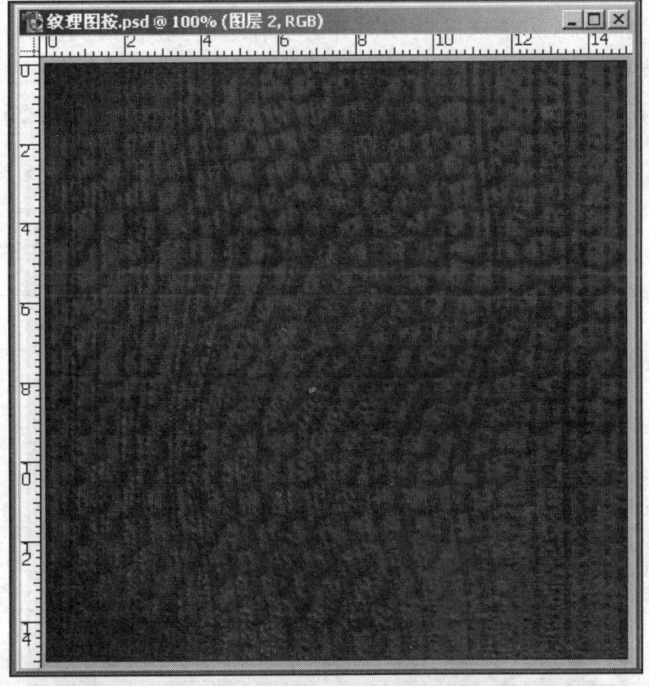

图 11.73

（24）新建一个层命名为“树表面”，拉出辅助线，用矩形选择工具拉出一个长方形选区，如图 11.74 所示，执行“选择”→“保存选区”命令，将选区保存起来，命名为“树皮”。

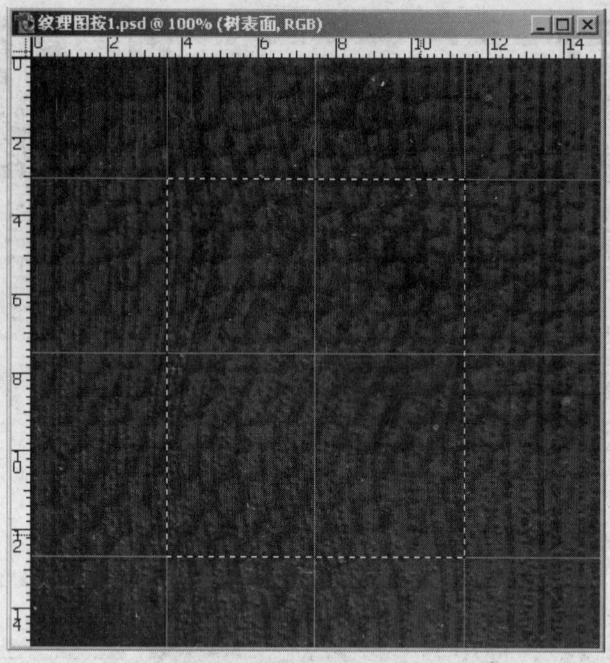

图 11.74

（25）用圆形选择工具在长方形选区上方拉出一个椭圆形选区。按住【Alt】键从中心开始，使这个选区和上面的长方形选区两端对齐。保存选区到新的通道，命名为“截面”。

（26）用圆形选择工具在长方形选区下方拉出一个合适的椭圆形选区，同样和上面那个长方形选区两端对齐，保存选区到新的通道，命名为“树底”。如图 11.75 所示。

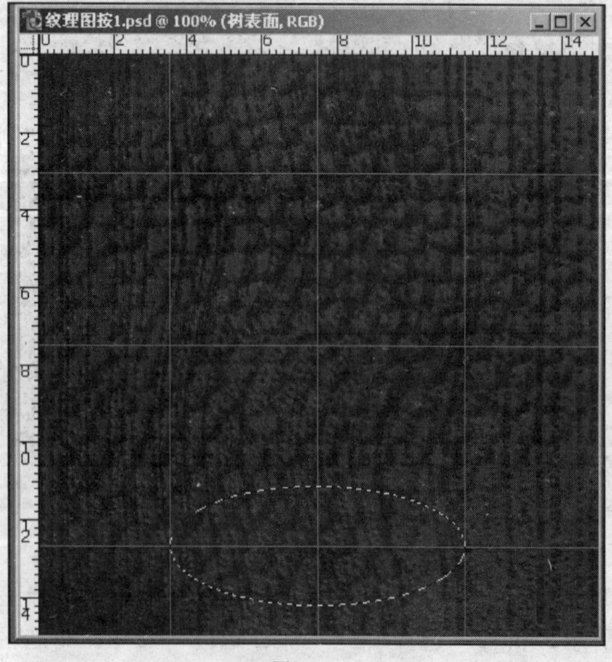

图 11.75

（27）在确认第三个选区激活的状态下，选择菜单“选择”→“读取选区”命令，选择保存第一个选区，也就是长方形选区的通道“树皮”，同时在操作项内选择加选项，将两个选区合并。

（28）设置前景色和背景色为黑白，再按快捷键【G】选择渐变工具，对渐变颜色进行编辑，在选择面板里按“编辑”键设置渐变参数，参见图 11.76。

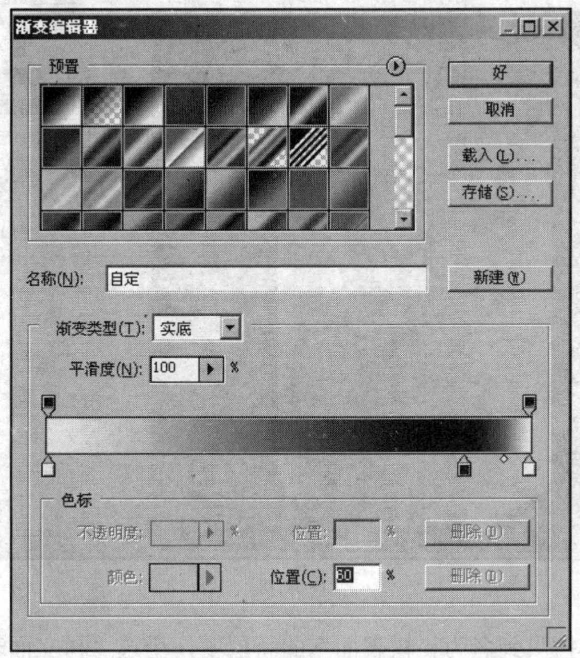

图 11.76

（29）在“树皮”图层，按住【Shift】键，从选区最左端拉一个渐变到最右端，三个反射区就形成了。如图 11.77 所示。

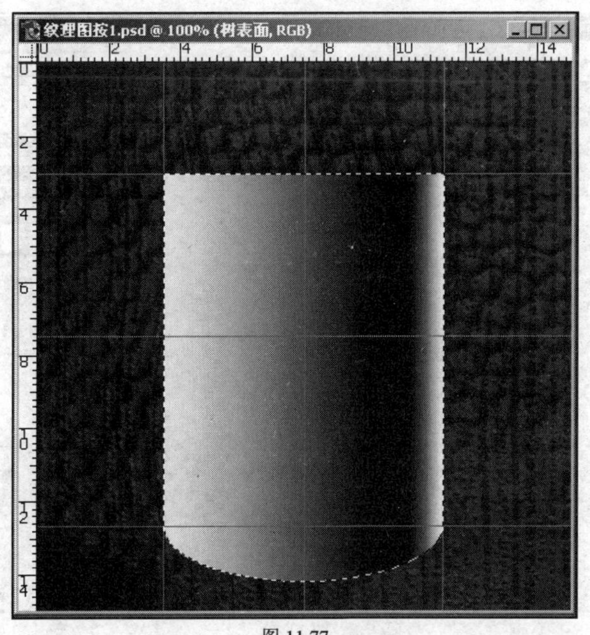

图 11.77

（30）新建一层命名为“截面”，选择菜单“选择”→“读取选区”命令，调用第二个选区，在操作选项中选择新选区。选择菜单“编辑”→“填充”命令，用50%灰度填充选区。圆柱体就完成了。如图11.78所示。

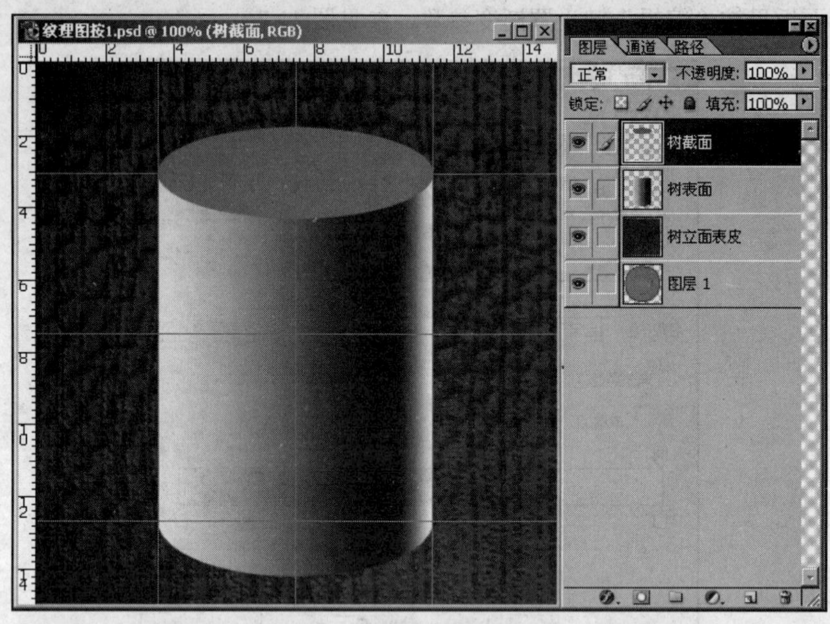

图 11.78

（31）将树皮纹理拷贝到名为“树表面”的新层中，全选“树立面表皮”，按住【Ctrl】+【C】键拷贝，按住【Ctrl】键单击“树表面”图层，形成选区。在“树表面”图层的下面，新建一个图层，按住【Ctrl】+【Shift】+【V】命令，粘贴树皮图案。按【Ctrl】+【T】命令进行图层调整。将“树表面”图层的混合模式设置为“柔光”模式，结果如图11.79所示。

图 11.79

（32）将年轮纹理拷贝到名为“年轮”的新层中。按【Ctrl】单击“图层 1”，使树截面被选，按【Ctrl】+【C】拷贝，取消选择，按住【Ctrl】单击“树截面”图层，获取选区，按住【Ctrl】+【Shift】+【V】命令，粘贴树截面图像，再用【Ctrl】+【T】命令进行调整，结果如图 11.80 所示。

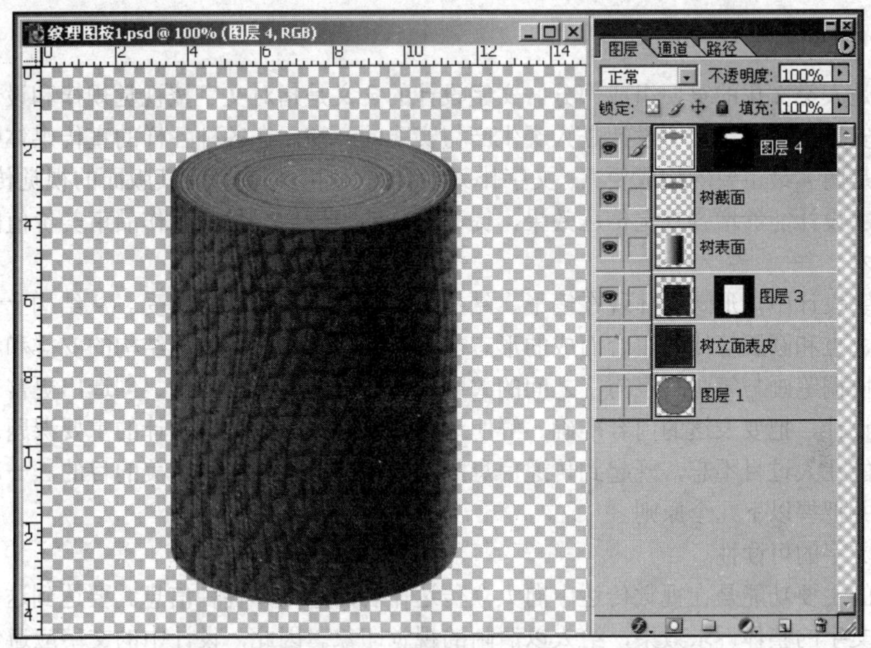

图 11.80

（33）去掉不需要的图层，分别应用“图层 3”与“图层 4”的图层蒙版，合并图层，进行背景制作，结果如图 11.81 所示。

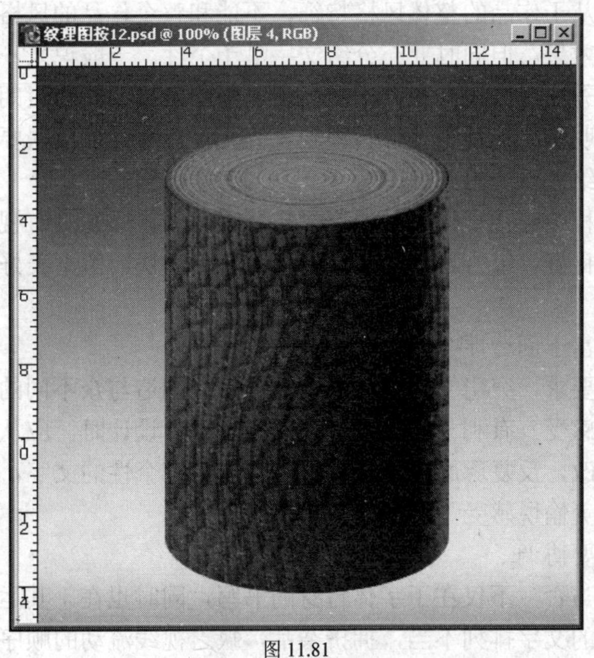

图 11.81

11.4 文字特效制作实践

11.4.1 准备知识

文字是人类文化的重要组成部分。文字设计的含义是指对文字按视觉规律和设计规律加以精心的安排与布置。文字设计是人类生产与实践的产物，在各种各样的宣传媒体中，文字和图片都是两大最主要的构成要素。文字排列组合的好坏，直接影响其版面的视觉传达效果。因此，文字设计能够增强视觉传达效果，提高作品的表达力，是赋予作品审美价值的一种重要构成技术。

在文字设计中，形式美体现在笔形、结构以及整个设计的视觉感受。从结构上讲文字是由横、竖、点和圆弧等线条组合而成的形态。设计文字时，如何处理结构的安排和线条的搭配，怎样协调笔画与笔画、字与字之间的关系，怎样强调节奏与韵律、创造出更富表现力和感染力的设计，把要表达的内容准确、鲜明地传达给观众，是文字设计的重要课题。优秀的字体设计能让人过目不忘，既起到传递信息的功效，又能达到视觉审美的目的。一般文字设计应遵守并把握以下几个原则。

（1）文字的可读性

文字的主要功能是在视觉传达中向大众传达作者的意图和各种信息。要达到这一目的，必须考虑文字的整体诉求效果，给人以清晰的视觉印象。因此，设计中的文字应避免繁杂零乱，要尽量使人易认、易懂，切忌为了设计而设计，而忘记文字设计的根本目的是为了更好、更有效的传达设计的意图，表达设计的主题和构想意念。

（2）赋予文字个性

文字的设计要服从于作品的整体风格特征，不能和整个作品的风格特征相脱离，否则，就会影响文字的表达效果。但同时要充分给文字赋予个性。一般说来，文字的个性大约可以分为以下几种：端庄秀丽、格调高雅、华丽高贵、坚固挺拔、简洁爽朗、深沉厚重、庄严雄伟、欢快轻盈、跳跃明快、苍劲古朴、新颖独特等。设计时可以根据要求采用不同的风格。

（3）在视觉上应给人以美感

在视觉传达的过程中，文字作为画面的形象要素之一，必须具有视觉上的美感，给人以美的感受。字型设计良好，组合巧妙的文字能使人感到愉快，留下美好的印象，从而获得良好的心理反应。

（4）在设计上要富于创造性

根据作品主题的要求，突出文字设计的个性色彩，创造与众不同的独具特色的字体，给人以别开生面的视觉感受，有利于作者设计意图的表现。设计时，应从字的形态特征与组合上进行探求，不断修改，反复琢磨，这样才能创造出富有个性的文字，使其外部形态和设计格调都能唤起人的审美愉悦感受。

（5）文字的组合要协调

文字设计的成功与否，不仅在于字体自身的书写，同时也在于其运用的排列组合是否得当。如果一件作品中的文字排列不当，拥挤杂乱，缺乏视线流动的顺序，不仅会影响字体本身的美感，也不利于观众进行有效的阅读，难以产生良好的视觉传达效果。

下面以一组文字设计为例，说明图形图像处理中文字的制作方法。

11.4.2　绘图步骤

（1）按【Ctrl】+【N】，新建一个 RGB 色彩模式的文件，文件大小为 18cm×8cm，其他设置如图 11.82 所示。

（2）设置文件的背景图层颜色为黑色，用文字工具输入“字体设计”四个字，字符属性如图 11.83 所示，其中文字颜色为白色。把文字移到文件的中央，当前工作的图层设置为背景图层。

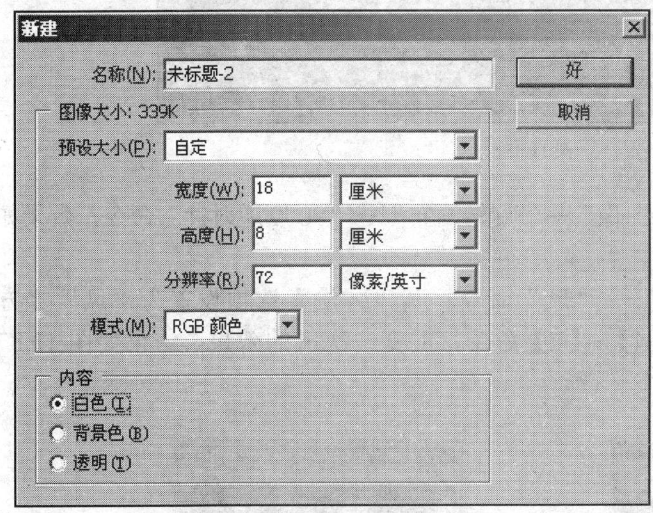

图 11.82

图 11.83

（3）选择通道控制面板，新建一个 Alpha 通道，为“Alpha 1”。

（4）将前景色设置为白色，背景色设置为黑色。运用文字工具与第 2 步一样，在新通道“Alpha 1”上写上“字体设计”四个字，如图 11.84 所示。

图 11.84

（5）执行【Ctrl】+【D】命令，取消文字的选区。

（6）执行“滤镜”→“扭曲”→“极坐标”菜单命令。选择极坐标到平面坐标，结果如图 11.85 所示。

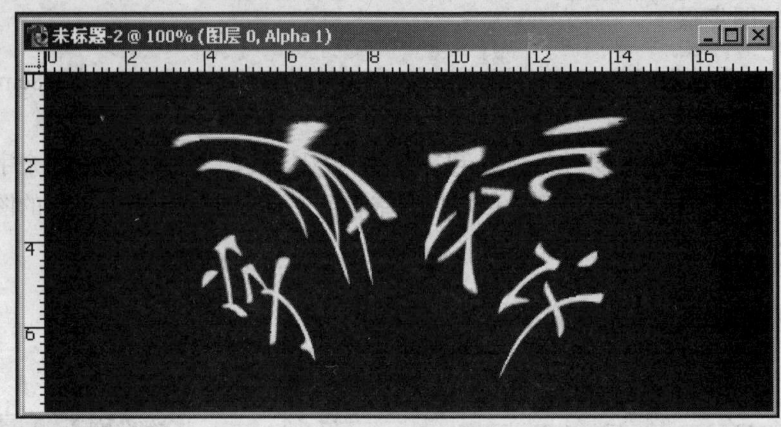

图 11.85

（7）适当向上移动文字，执行“图像”→“旋转画布”→“90 度逆时针”命令，效果如图 11.86 所示。

（8）执行“滤镜”→“风格化”→“风”命令。其“方法”选项设置为“风”，“方向”选项设置为“从左”，执行【Ctrl】+【F】命令，重复一次风的效果，结果如图 11.87 所示。

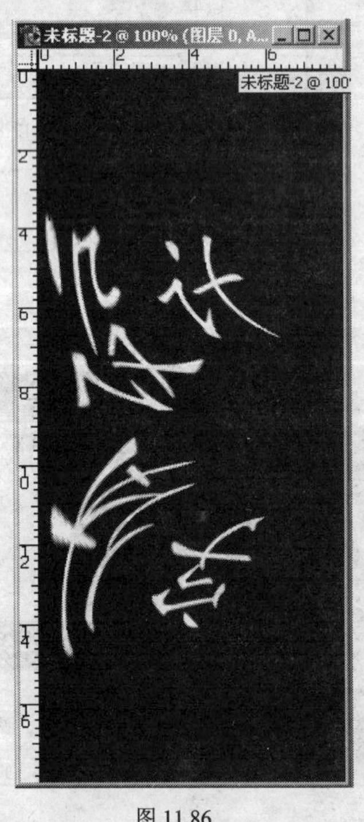

图 11.86

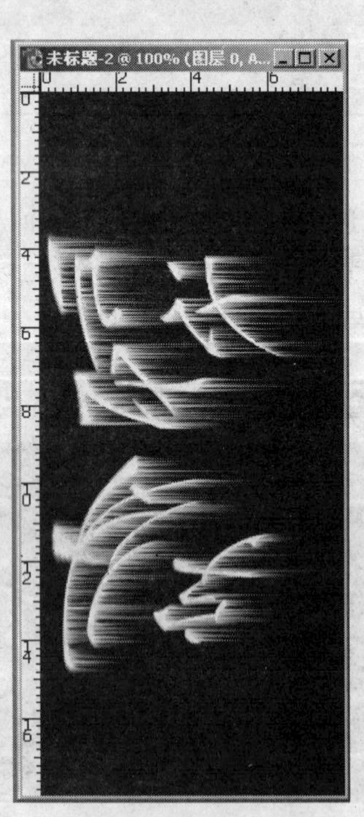

图 11.87

（9）执行“图像”→“旋转画布”→“90 度顺时针”命令，效果如图 11.88 所示。

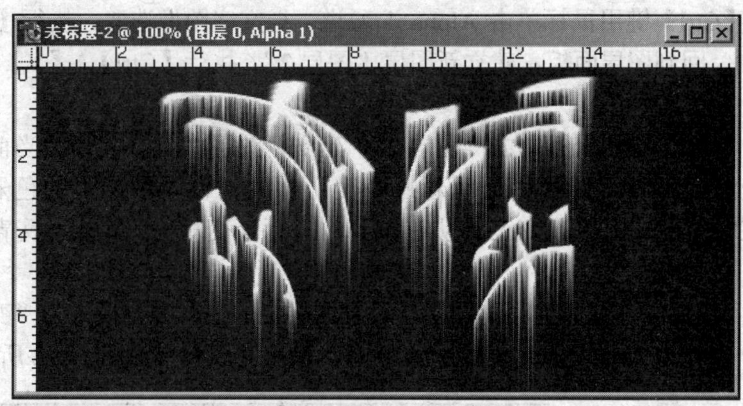

图 11.88

（10）再执行“滤镜”→“扭曲”→“极坐标”菜单命令。选择平面坐标到极坐标，并把文字位置做适当的调整，结果如图 11.89 所示。

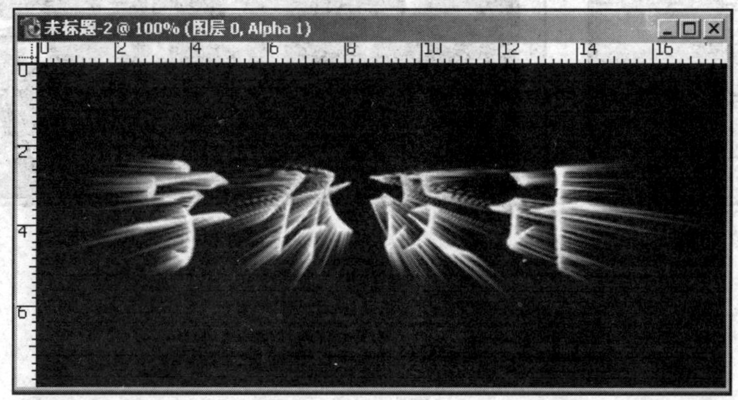

图 11.89

（11）执行【Ctrl】+【A】命令，把图像全选，再执行【Ctrl】+【C】命令，进行复制。回到图层面板，建立新图层“图层 1”，执行【Ctrl】+【V】命令，进行粘贴图像，如图 11.90 所示。

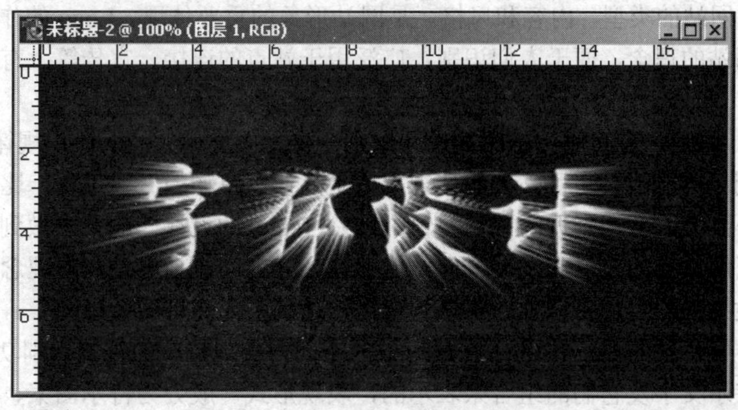

图 11.90

（12）按住【Ctrl】键用鼠标单击 Alpha 1 通道，把文字图像选取，执行【Ctrl】+【C】命令，进行复制。回到图层面板，建立新图层“图层 2”，执行【Ctrl】+【V】命令，进行粘贴图像。

（13）按住【Ctrl】键用鼠标单击“图层 2”，建立新图层“图层 3”，为当前图层。

（14）双击渐变工具，选择“透明彩虹渐变”样式，设置图层上的色彩混合模式为“叠加”，然后在“图层 3”上用渐变工具从左拉到右进行渐变填充。图层面板情况如图 11.91 所示。

（15）单击“图层 2”使成为当前图层，设置图层上的色彩混合模式为“变暗”。输入下面的一排文字，字体为 Arial Black，大小为 10 点。最后完成效果如图 11.92 所示。

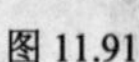

图 11.91

图 11.92

11.5 Logo 设计制作实践

11.5.1 准备知识

Logo 通常可以译为标志、厂标、标志图案等。在网站设计领域，Logo 是标志、徽标的意思，是互联网上各种形形色色的网站用来进行网站链接的图形标志，是各类站点的标志图案。它能够体现网站的类型、内容和风格，是网站形象的重要体现。Logo 的作用很多，但最重要的是表达网站的理念，便于人们识别，广泛用于站点的连接、宣传等。有点类似企业的商标和标志。

Logo 的设计原则，与其他标志图案设计原则一样，应遵循人们的认识规律和视觉规律，突出主题，做到尽可能引人注目。人的认识规律是人认识事物的一般过程，比如从上到下，从左到右，从小到大，从远到近的视觉习惯。网站 Logo 的设计一般要求做到突出主题，设计者必须非常了解站点的定位和发展方向，能够在方寸之间概括出站点的理念和功能作用。并且要求视觉效果强烈，容易识别、辨认和记忆，达到引人注目的效果。

作为具有传媒特性的 Logo，为了在最有效的空间内实现特有的视觉识别功能，一般是通过特示图案、特示文字及它们的组合来表示的，表现形式一般分为特示图案、特示字体、合成字体三种。

（1）特示图案

属于表象符号，独特且醒目。图案本身易被区分和记忆，通过隐寓、联想、概括、抽象等绘画表现手法来表现被标识体，对其理念的表达即概括又形象，与被标识体的关联性不够直接，受众容易记忆图案本身。

（2）特示字体

属于表意符号。一般地说是把在沟通与传播活动中，反复使用的被标识体的名称或是其产品名，用一种文字形态加以统一。涵义明确、直接，与被标识体的联系密切，易于被理解和认知，对所表达的理念也具有说明的作用。但因为文字本身的相似性，容易模糊受众对标识本身的记忆，从而对被标识体的长久记忆发生弱化。因此，特示文字一般作为特示图案的补充，创作时要求选择的字体应与整体风格一致。

（3）合成字体

是一种表象与表意的综合，是指文字与图案相互结合的设计形式，兼具文字与图案的属性，但会导致相关属性的影响力相对弱化。其主要的综合功能是能够直接将被标识体的印象，透过文字造型让读者理解，经过造型后的文字，也比较容易使观者留下深刻印象与记忆。

在网站设计中，Logo 的设计是不可缺少的一个重要环节，Logo 是网站特色和内涵的集中体现。设计 Logo 时一般要注意以下几个问题。①外观尺寸和基本色调要根据站点页面的整体版面设计来确定，要考虑在印刷、制作过程中进行放缩等处理时的效果变化，以便使 Logo 在各种媒体上运用时能保持视觉的相对稳定；②要重视简单设计与表现的法则，简单容易被接收，简单容易产生联想，简单提高了效率，简单就是美；③生活是一切艺术与设计的源泉，设计 Logo 时也要深入生活并从中发现创作的切入点。

下面以一个 Logo 的设计与制作为例，说明 Logo 的制作方法和技巧。

11.5.2　绘图步骤

（1）新建文件，大小为 20cm×24cm，其他设置如图 11.93 所示。

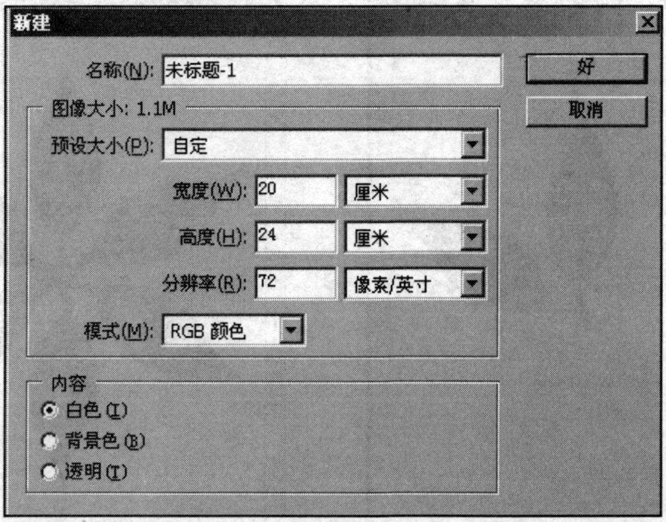

图 11.93

（2）运用自定义形状工具，形状为“叶子 3”。为此新建立一个图层，按住【Shift】键进行绘制，如图 11.94 所示。

（3）在图层面板把“图层 1”拖到“新建”图层按钮 5 次，复制新建的图层五个，如图 11.95 所示。

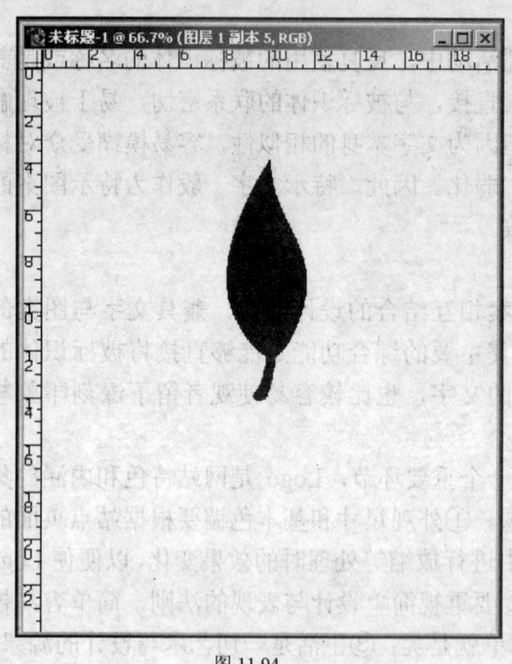

图 11.94

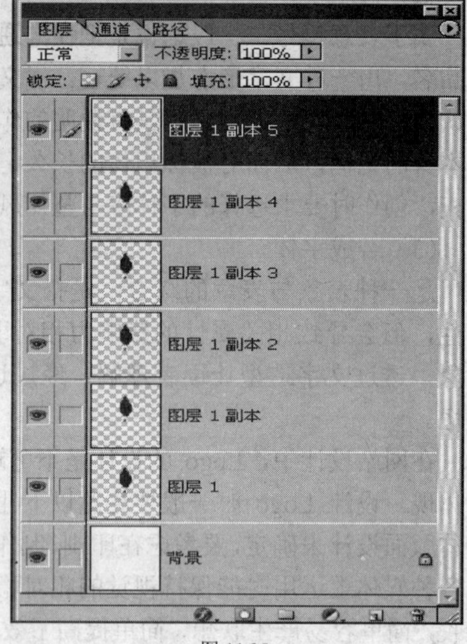

图 11.95

（4）选中“图层 1 副本”图层，执行【Ctrl】+【T】命令，把转动中心移到下面，如图 11.96 所示，然后转动 60°。

（5）重复上述步骤，分别对复制出的其他四个图层进行编辑，完成后结果如图 11.97 所示。

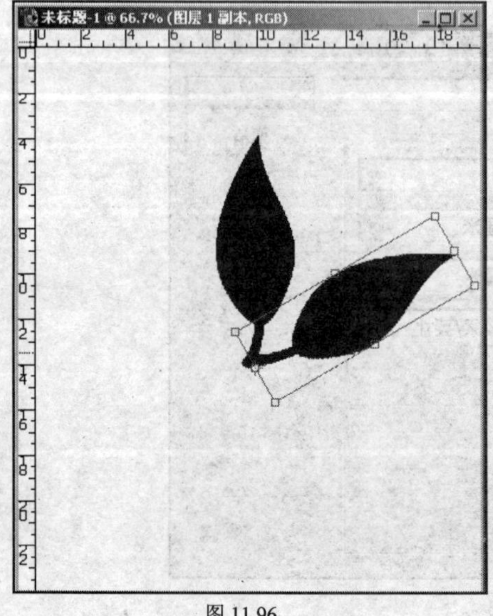

图 11.96

图 11.97

（6）选择图层面板中的第一个图层，执行【Ctrl】+【E】命令，使除背景层以外的图层都合并。

（7）执行菜单“编辑”→“变换”→“扭曲”命令，对“图层 1”进行编辑，效果如图 11.98 所示。

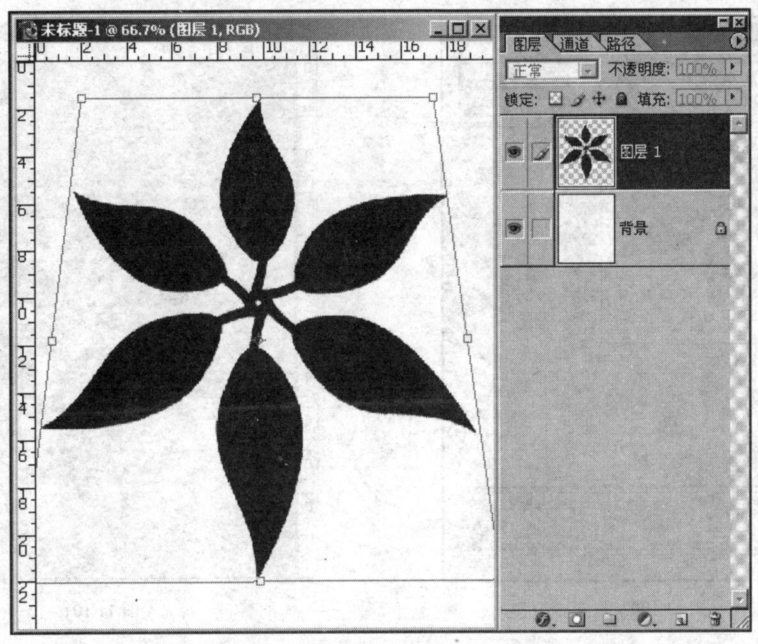

图 11.98

（8）执行菜单“编辑”→“变换”→“缩放”命令，向下拖动顶部的控制点，将图形压缩，如图 11.99 所示。

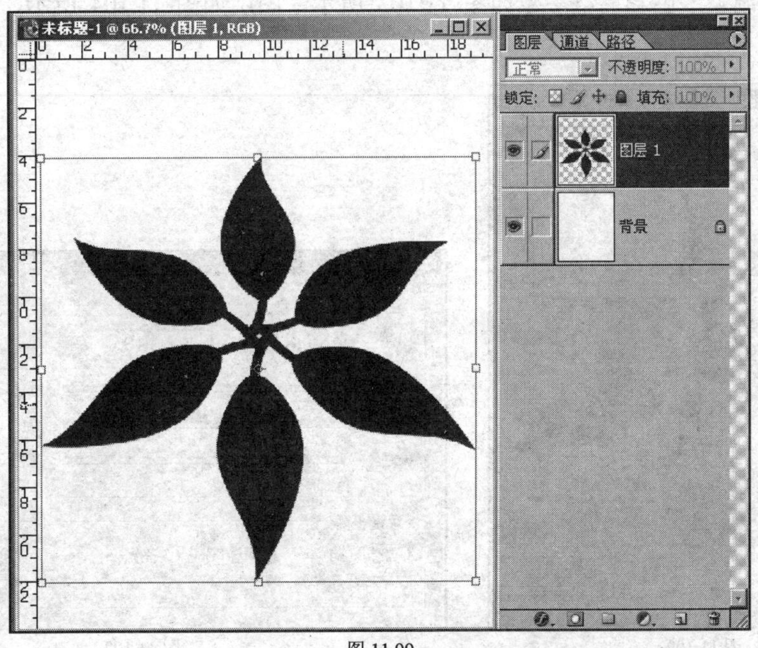

图 11.99

（9）执行菜单“滤镜”→“风格化”→“浮雕效果”命令，参数设置如图 11.100 所示。

（10）设置前景色为 RGB（247；189；189），填充背景图层，复制“图层 1”，使“图层 1 副本”隐藏。把“图层 1”设置为当前工作图层，使“图层 1”中的对象被选，保持选区，执行【Ctrl】+【E】命令，使图层合并，如图 11.101 所示。

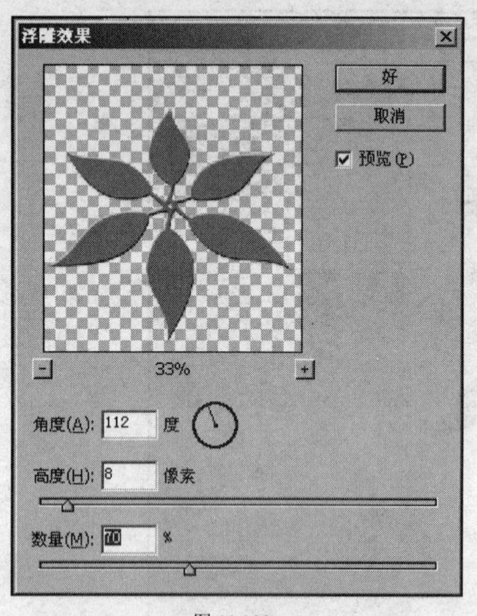

图 11.100

图 11.101

（11）按住【Ctrl】和【Alt】键不放，再按住向上键。这时，Logo 图层会被一遍遍地复制，而且各个复制的 Logo 都会轻微的向上偏移，让人看起来像是三维立体图像，如图 11.102 所示。

（12）运用选择技巧把背景层中的图形取出，背景图层转化为“图层 2”，并使用调整图层，进行色彩调整，色彩调整参数如图 11.103 所示，图层如图 11.104 所示，完成结果如图 11.105 所示。

图 11.102

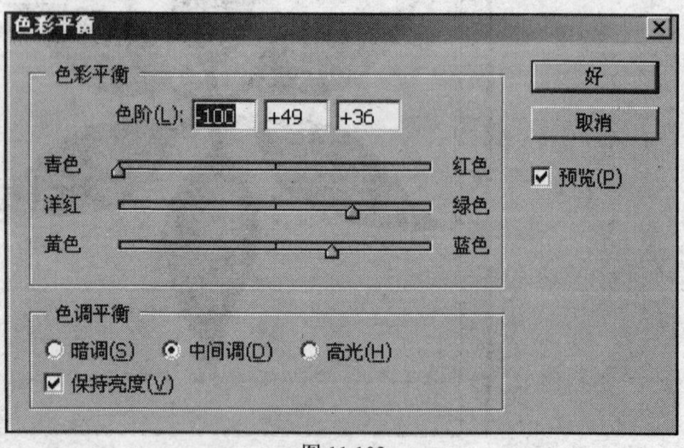

图 11.103

图 11.104

图 11.105

（13）选择“图层 1 副本”，执行图层样式命令，使用渐变叠加，设置如图 11.106 所示，其他图层样式选项采用默认设置。结果如图 11.107 所示。

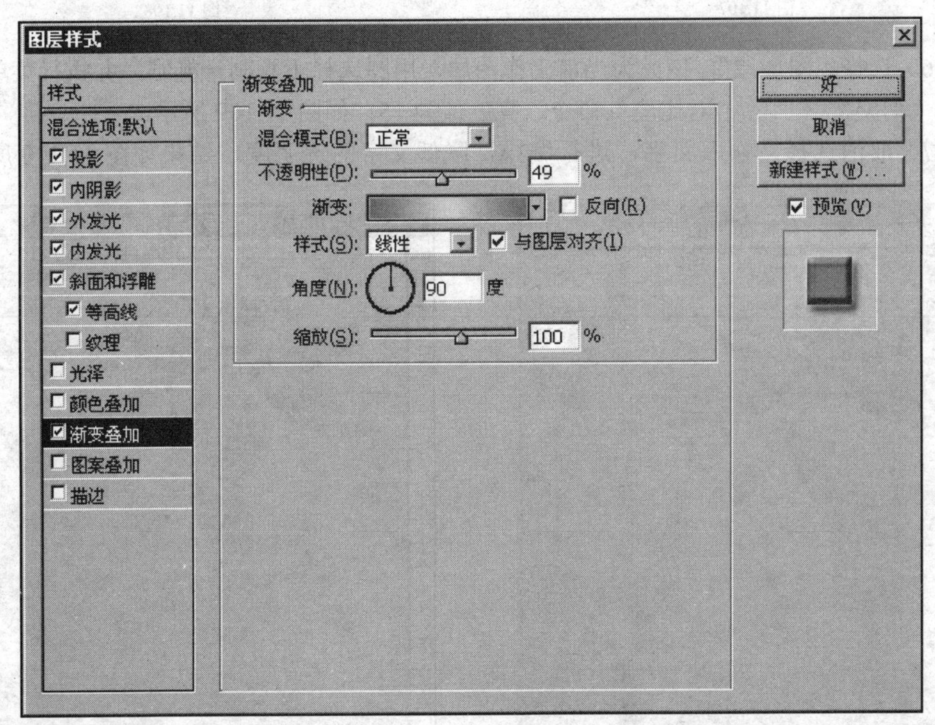

图 11.106

（14）选择“图层 1”，使“图层 1 副本”与“色彩平衡调整图层”链接，执行菜单“图层”→“合并链接图层”命令，使三个图层合并。图层取名为“aaa”。

（15）把图层“aaa”复制出“bbb”和“ccc”，分别对三个图层进行大小、位置与透明度的调整。如图 11.108 所示。

图 11.107

图 11.108

（16）选择“图层 2”，使成为当前工作图层，用圆选择工具画一椭圆，并执行菜单“图像”→“调整”→“亮度/对比度”命令，亮度值为 15，如图 11.109 所示。

（17）取消选择，输入文字，进行编排，降低文字的透明度，结果如图 11.110 所示。

图 11.109

图 11.110

（18）新建图层，运用圆选取工具和渐变工具，分别做出如图 11.111 所示的三个小球，阴影选区的羽化为 3，用灰色填充。

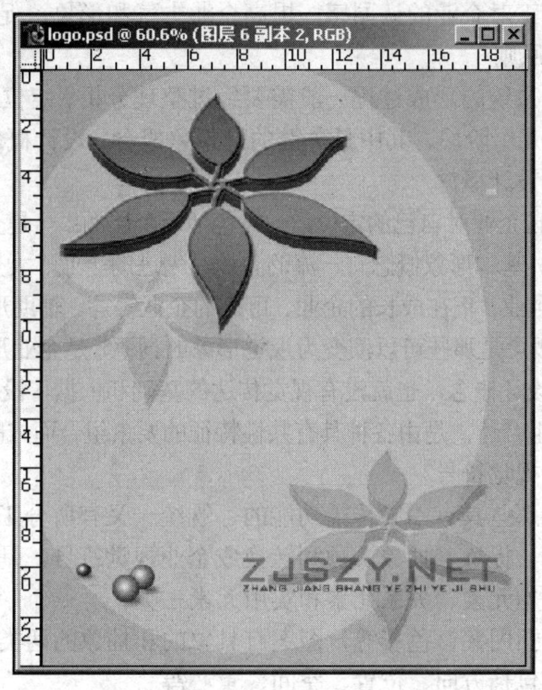

图 11.111

11.6　VI 设计制作实践

11.6.1　准备知识

VI（Visual Identity），通译为视觉形象识别系统，是指在企业经营理念的指导下，利用平面设计等手法将企业的内在气质和市场定位视觉化、形象化，是企业与社会环境相互区别、联系和沟通的最直接和常用的信息平台。VI 设计包括基础部分和应用部分两大内容。其中，基础部分设计包括：企业的名称、标志、标识、标准字体、标准色、辅助图形、标准印刷字体、禁用规则等等；应用部分设计包括：标牌旗帜、办公用品、公关用品、环境设计、办公服装、专用车辆等等。

VI 是 CIS 系统中最具传播力和感染力的部分。是将其非可视化的内容转化为静态的视觉识别符号。它以丰富的应用形式，在最为广泛的层面上，进行最直接的传播。VI 设计对于一个现代企业来说是很重要的。一般地，VI 设计对企业的作用体现在以下几个方面：

（1）明显地将企业与其他企业区分开来，确立该企业的行业特征或重要的自身特征，确保自身在经济活动中的独立性和不可替代性，明确自身的市场定位，是企业无形资产的一个重要组成部分；

（2）传达企业的经营理念和企业文化，以形象的视觉形式和表现手法宣传企业；

（3）以自己特有的视觉符号系统吸引公众的注意力并产生记忆，使消费者对该企业所提供的产品或服务产生一定的品牌知名度和忠诚度；

（4）提高该企业员工对企业的认同感，提高企业士气和形象，促进企业的发展。

1．VI 设计的基本原则

企业视觉形象识别系统的形成过程一般需要经过整理分析、定位、形象概念、设计概念、视觉符号、传达系统等几个阶段，其中最关键的是形象概念、设计概念、视觉符号三个阶段。

（1）从形象概念到设计概念

企业形象的概念来自企业对自己的定位，一般包括两个层面：一是企业的基本形象概念，一是企业的辅助形象概念。基本形象概念有一流的企业、先进的企业、大企业、可信赖的企业、有前途的企业、有实务的企业、正在成长的企业、可靠的企业等等。辅助形象概念是支持基本形象概念的具体内容。设计概念是那些可以演变为视觉形象的词语，是企业形象概念到达视觉符号的必经桥梁，没有明确的设计概念，也就没有视觉传达的基础和依据，没有衡量设计优劣的标准。设计概念是一个有机的组合体，是由各种具有共性特征的要素组合而成的典型的个性特征。

（2）从设计概念到视觉符号

所谓视觉符号是指那些具有不同传播功能的、既统一又有所分工的图形和色彩的总称。如何将企业的信息概括、提炼、抽象，顺利转换成企业视觉符号，是整个传播工程的关键。视觉符号一般可分为基本元素、关系元素和实用元素三类。

基本元素：主要包括图案、色彩等，图案有具象的和抽象的两类。

相关的元素：主要包括方向、位置、空间、重心等。

实用的元素：主要包括材料、结构、工艺等。

要使符号或符号系统成为某个特指企业的象征，或特指企业的某些具体内容的象征，就必须掌握视觉符号的意义，设计、传达的规律与方法，选择合理的艺术表现形式。例如线条形态特征的象征意义有：直线简洁挺拔、曲线柔和流畅、折线明晰果断、粗线浑厚有力、细线精致细腻、几何的线规范而理智、徒手画的线自然而感性等。

把握好形象概念、设计概念、视觉符号三个阶段后，VI 设计总体上应遵守以下基本原则：应多角度、全方位地反映企业的经营理念，风格的统一性原则；强化视觉冲击的原则；强调人性化的原则；增强民族个性与尊重民族风俗的原则；可实施性原则；符合审美规律的原则；严格管理的原则。

2．VI 设计的基本过程

开展 VI 设计可大致分为以下四个阶段。

（1）准备阶段　成立 VI 设计小组，理解消化 VI，确定贯穿 VI 的基本形式，搜集比较相关咨讯。VI 设计的准备工作要从成立专门的工作小组开始，这一小组通常由各方面的专家组成，人数不多。一般有企业的主要负责人、主要管理人员、设计人员、美工、营销人员、市场调研人员、心理学专业人员等。

（2）设计开发阶段　VI 设计小组成立后，首先要充分地理解、消化企业的经营理念，这一工作有赖于 VI 设计人员与企业间的充分沟通。在各项准备工作就绪之后，VI 设计小组即可进入具体的设计阶段，开展基本要素设计和应用要素设计。

（3）反馈修正阶段　在 VI 设计基本定型后，要进行较大范围的调研，以便通过一定数量、不同层次的调研对象的信息反馈，来检验 VI 设计的各个细部。经过几次调研、修正、反馈后，修正设计并最后定型。

·（4）编制 VI 手册　编制 VI 手册是 VI 设计的最后阶段。

下面对 VI 基本设计中的企业标志、名片、信封的设计与制作进行举例。

11.6.2　绘图步骤

1．企业标志设计

（1）执行【Ctrl】+【N】命令，新建立一个文件，命名为“biaoz”，文件大小为 5cm×5cm，背景内容为“透明”，其他设置如图 11.112 所示。

（2）运用标准工具箱中的矩形选择工具，在工具选项中设置样式为“固定长宽比”，其中高度参数为 1.46，宽度参数为 2。然后在文件中画出一个长度约为 1.6cm 的矩形。如图 11.113 所示。

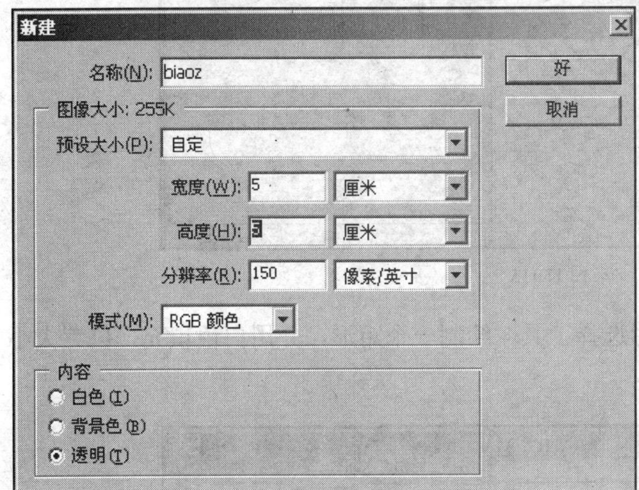

图 11.112

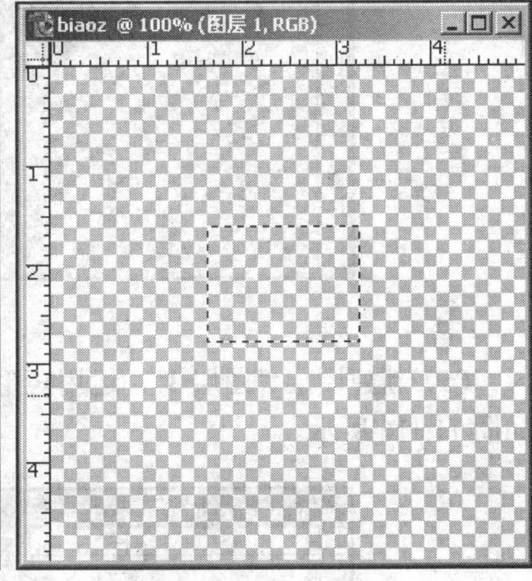

图 11.113

（3）执行“选择”→“变换选区”菜单命令（或按【Ctrl】+【T】），把矩形选区转动 45°。设置前景色为#333399，并在图层 1 填充选区，结果如图 11.114 所示。

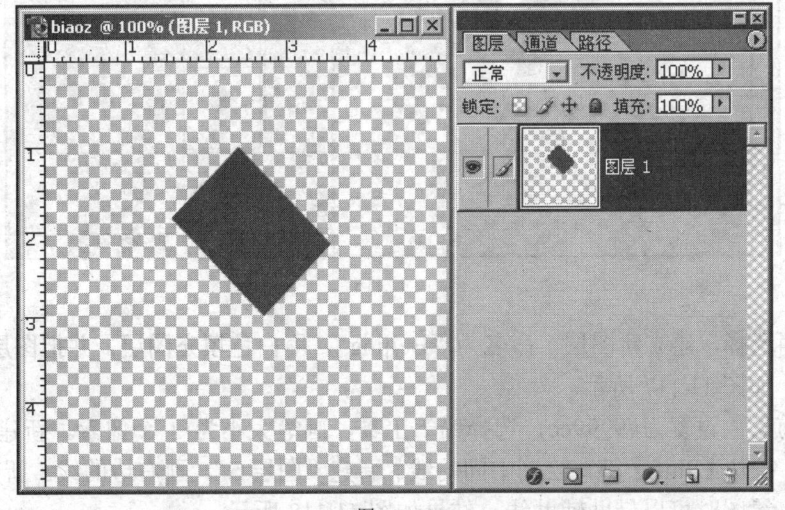

图 11.114

（4）在图层面板上单击新建图层按钮，建立新图层“图层 2”，运用自定义形状工具，设置为“填充像素”方式，形状为“三角形”，前景色为白色。按住【Shift】键在图层 2 中绘制一大一小两个三角形，大的为白色，小的颜色为#333399，并调整位置，结果如图 11.115 所示。

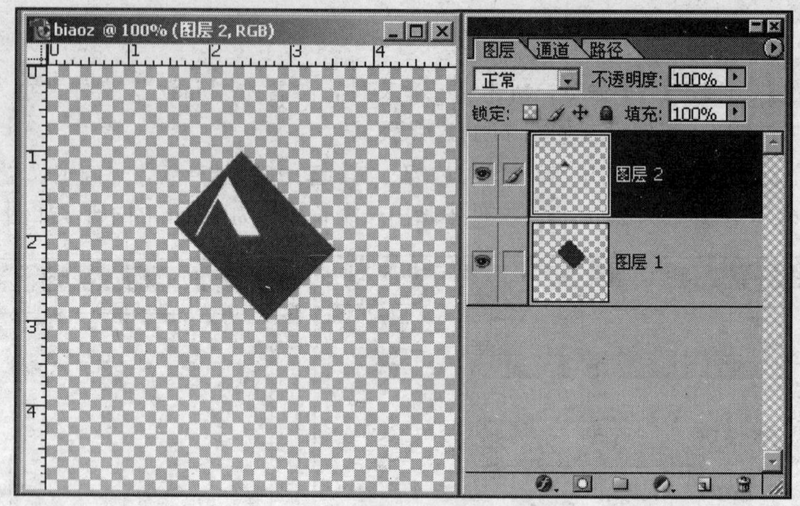

图 11.115

（5）新建图层“图层 3”，运用矩形选择工具，绘制一个矩形，并用白色填充，位置大小如图 11.116 所示。

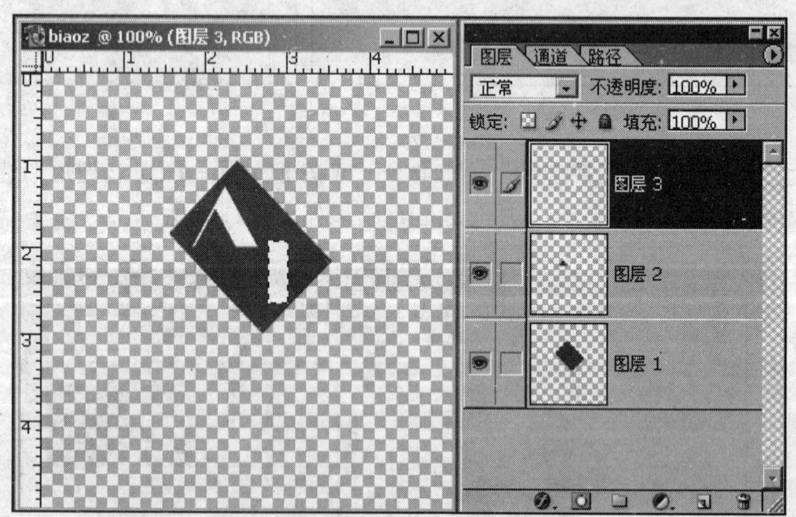

图 11.116

（6）取消选择，建立新图层，命名为“Beijing”，用白色填充图层，并把图层放到图层面板的最下面。如图 11.117 所示。

（7）将前景色设置为#9999cc，选择铅笔工具，画笔大小为 3 个像素。新建“图层 4”，用铅笔工具，按住【Shift】键，绘制中间的线。新建“图层 5”，画右边的线。新建“图层 6”，画左边的线。绘图时可以借助辅助线，结果如图 11.118 所示。

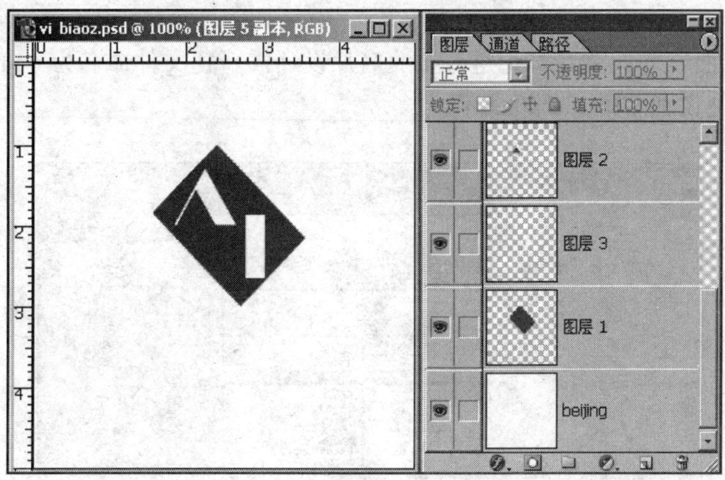

图 11.117

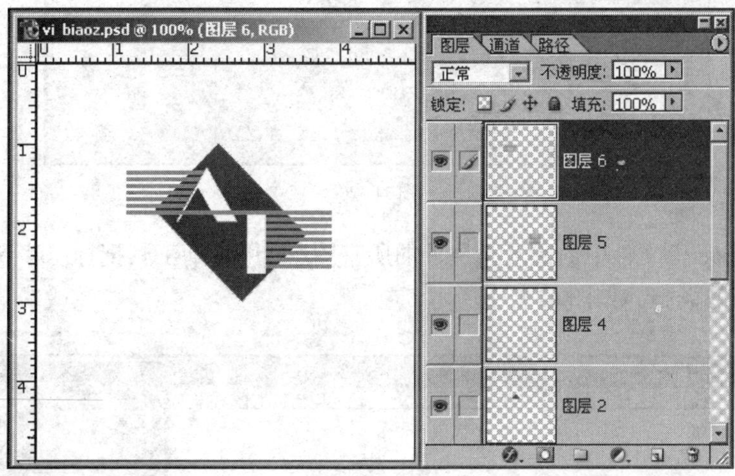

图 11.118

（8）运用文本工具，输入标志文本“zhejiangxinxi”，文本大小为 4 点，文本字间距为 25，字体为“futura lt bt”，粗体。如图 11.119 所示，到此标志制作完成。

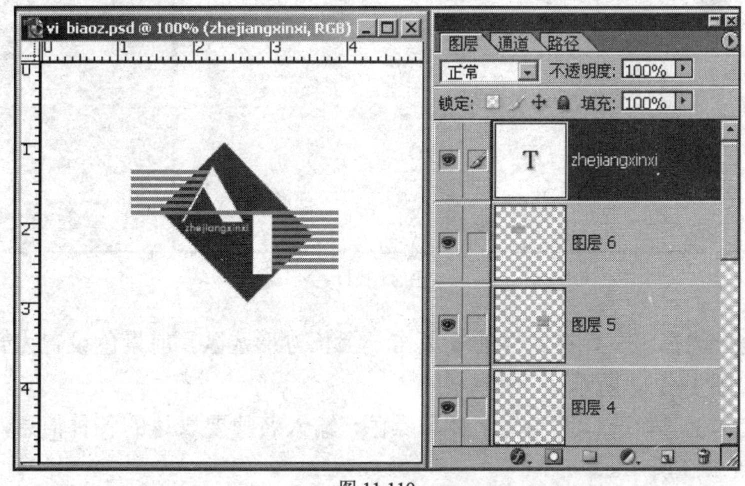

图 11.119

2．名片设计

（1）根据上面制作的企业标记进行企业名片设计，新建文件命名为“mingp”，大小为9cm×5.5cm，其他设置如图 11.120 所示。

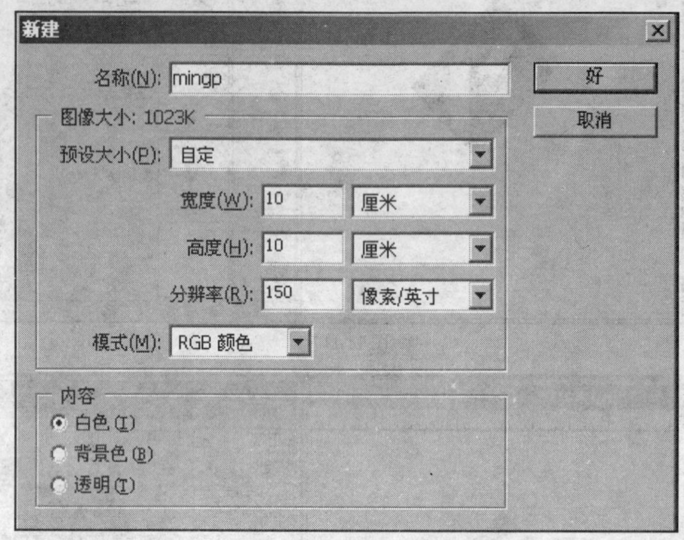

图 11.120

（2）合并“biaoz”文件中的除背景层外的所有图层，用移动工具把标志移到文件“mingp”中，并进行适当的调整。如图 11.121 所示。

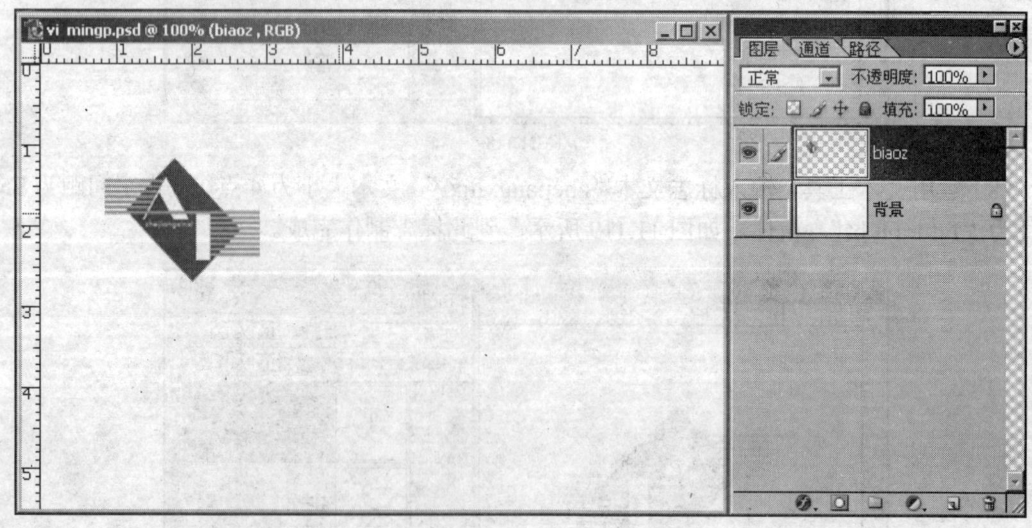

图 11.121

（3）运用矩形选择工具，在文件的底边作一个长方形选区，前景色设置为#333399，对选区填色。结果如图 11.122 所示。

（4）运用文本工具，选择适当的字体与颜色，输入名片要表达的各种信息，并进行编排，完成结果如图 11.123 所示。

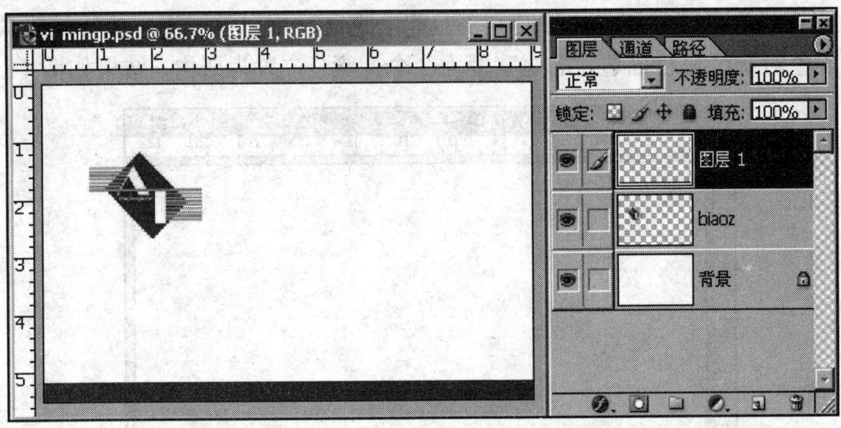

图 11.122

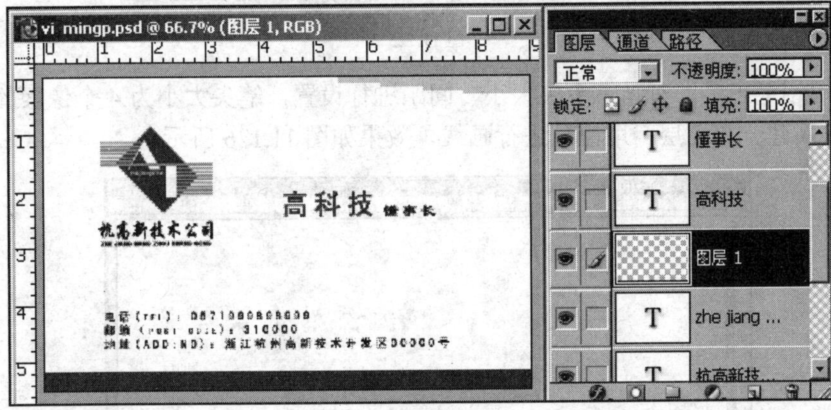

图 11.123

3．信封设计

（1）建立新文件命名为“xinf”，文件大小为 23cm×12cm，背景透明，其他设置如图 11.124 所示。

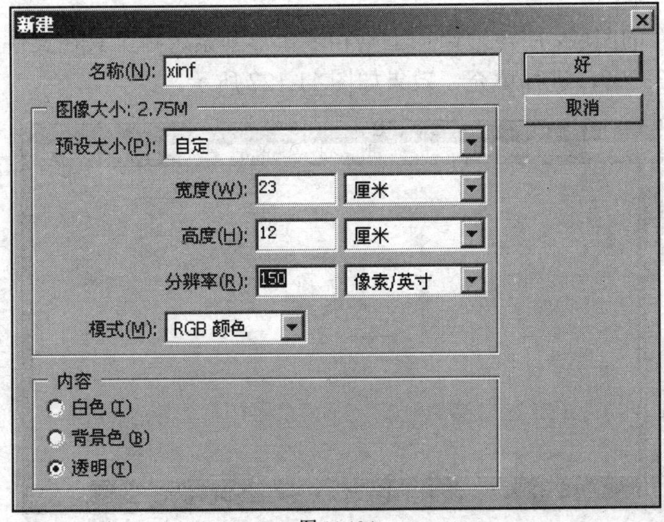

图 11.124

（2）运用矩形选择工具和多边形套索工具建立选区，用白色填充。执行编辑菜单下的描边工具，用黑色对选区进行描边，描边宽度为 2 个像素，位置为居内，结果如图 11.125 所示。

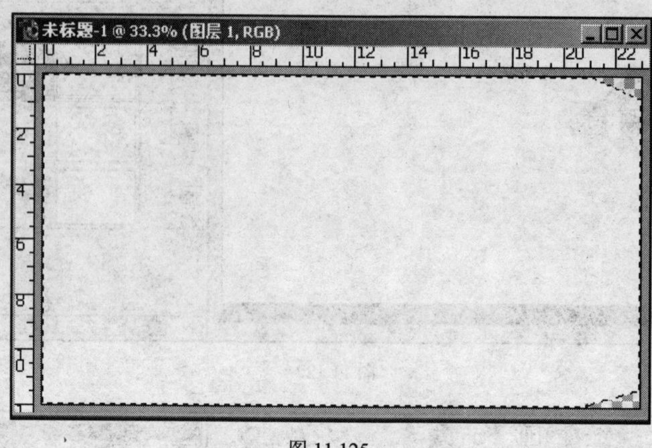

图 11.125

（3）使用铅笔工具，对画笔笔尖大小、间距进行设置，笔尖大小为 4 个像素的圆点，间距为 330%。新建一个图层，用黑色进行画线，效果如图 11.126 所示。

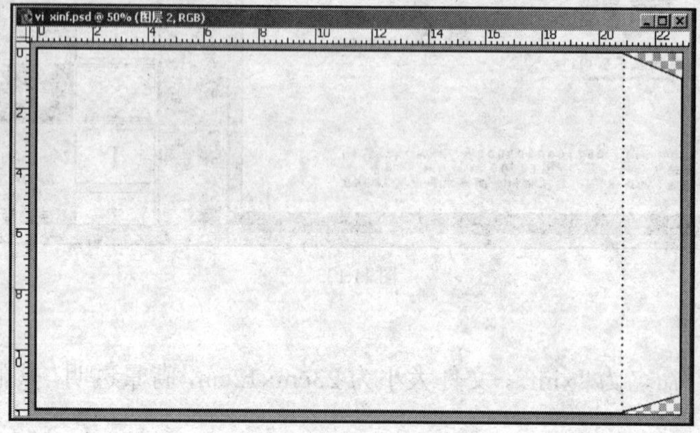

图 11.126

（4）建立一个新的图层，用矩形选择工具和多边形套索选择工具在文件的下边建立选区，将前景色设置为#333399，进行填充，效果如图 11.127 所示。

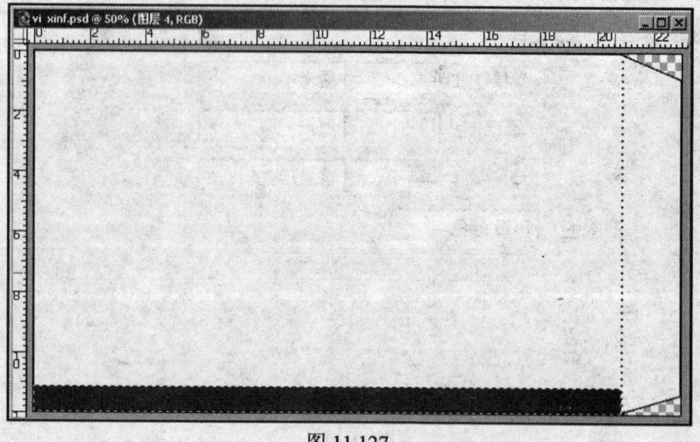

图 11.127

（5）建立一个新的图层，用多边形套索选择工具在信封右边建立选区，将背景色设置为#333399，前景色为#9999cc。选择渐变填充工具，渐变类型为直线对选区进行填充，效果如图 11.128 所示。

图 11.128

（6）打开前面做好的“mingp”文件，运用移动把标志与文本拖到“xinf”文件中，分别形成新的图层，对它们进行编排设计。用矩形选择工具在信封的上边绘制一矩形，用#9999cc颜色填充，结果如图 11.129 所示。

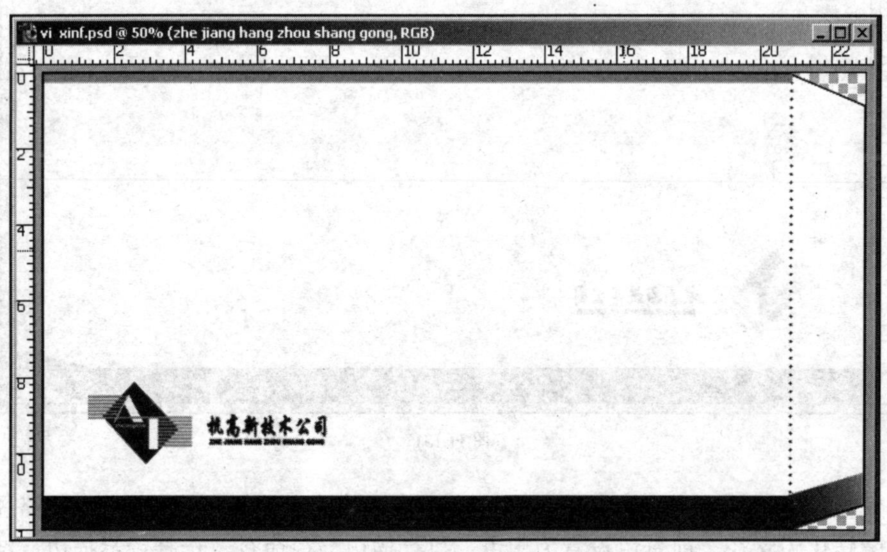

图 11.129

（7）继续应用矩形选择工具，在工具选项中设置样式为固定大小，高度和宽度都为 58 个像素。新建一个图层，用上面设置好的矩形选取工具，制作排成一线的，间距均匀的五个小正方形选区，最后用红色、2 个像素、居中描边，效果如图 11.130 所示。

图 11.130

（8）新建立一个图层，继续应用矩形选择工具，在工具选项中设置样式为固定大小，高度和宽度都为 160 个像素，在文件中建立一个正方形选区。如图 11.131 所示。

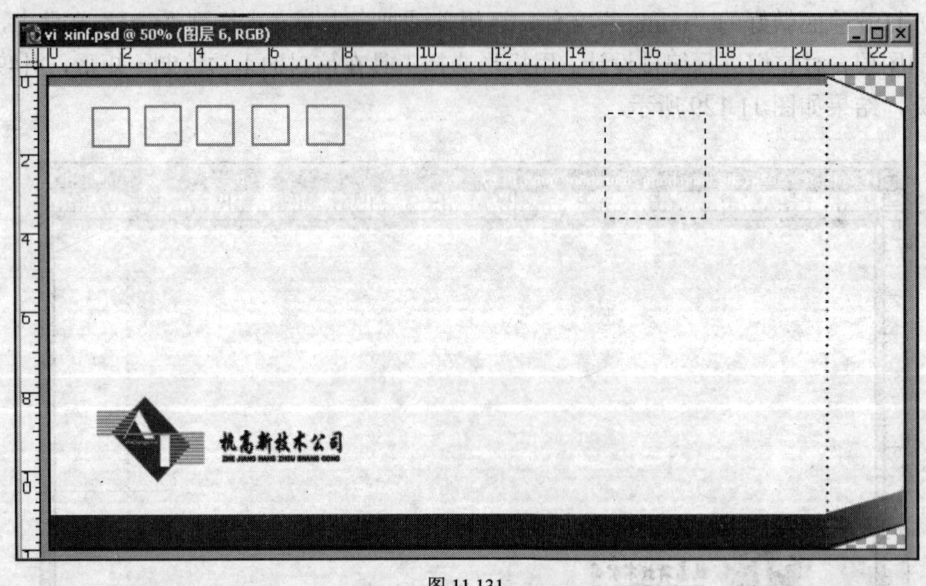

图 11.131

（9）设置铅笔工具的画笔笔尖，形状为 4 个像素的圆点，间距为 330%。在路径面板把正方形选区转化为路径，前景色设置为黑色，执行描边路径命令，选择铅笔描边。结果如图 11.132 所示。

（10）应用矩形选择工具，设置不变，绘制一个同样大小的正方形，用黑色描边，效果如图 11.133 所示。

（11）运用文字工具，输入相关的文字，进行编排，完成后效果如图 11.134 所示。

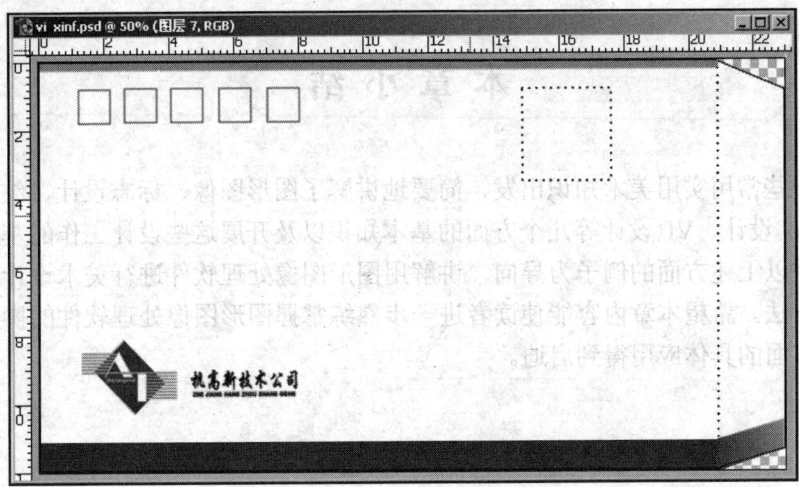

图 11.132

图 11.133

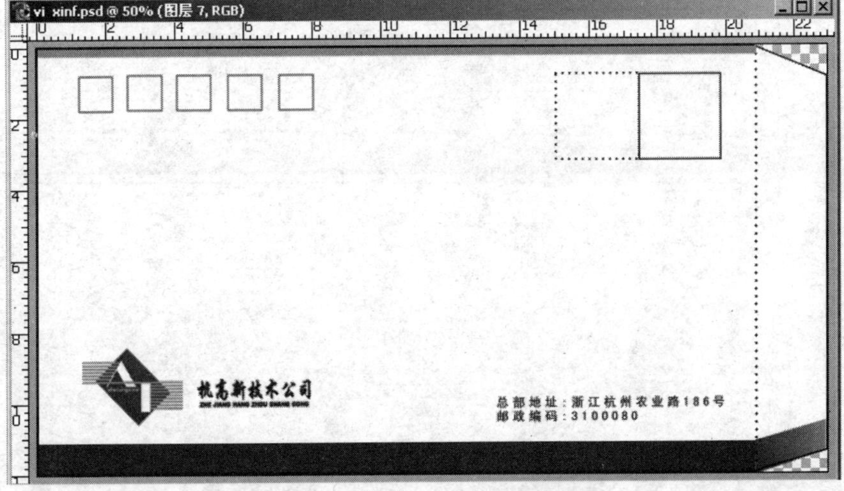

图 11.134

本章小结

本章从一些常用实用美术知识出发，简要地讲解了图形图像、标志设计、纹理图案、文字设计、Logo 设计、VI 设计等几个方面的基本知识以及开展这些设计工作的基本原则、基本方法。着重以上述方面的例子为导向，讲解用图形图像处理软件进行美术设计制作工作的基本思路和方法。希望本章内容能使读者进一步熟练掌握图形图像处理软件的操作技能，能在实用美术方面的具体应用得到启迪。

习题

1．标志的含义与功能是什么？
2．标志设计中字体设计要注意什么？
3．网站 Logo 的含义和作用是什么？
4．什么是 VI 设计？
5．构思、设计并绘制两个企业标志。
6．构思、设计并绘制两个网站 Logo。
7．构思、设计并绘制一组包含几个内容的企业 VI。
8．构思、设计并绘制两个文字特效。
9．构思、设计并绘制一纹理图案效果。
10．构思、设计并绘制一复杂的图像。

参考文献

[1] 耿国华．多媒体艺术基础与应用．北京：高等教育出版社，2004

[2] 应勤．Photoshop 入门与提高．北京：清华大学出版社，2001

[3] 易镜荣．电脑美术基础教程．北京：清华大学出版社，2004

[4] 魏学智．CorelDRAW 经典创作案例．北京：科学出版社，2005

[5] 黄显忠．Photoshop 实例教程．北京：中国铁道出版社，2001

[6] 朱家义．图形图像处理技术（第 2 版）．北京：机械工业出版社，2005

[7] 柳青．图形图像处理实用教程．北京：高等教育出版社，2004